시설물 관리자 및 실무자를 위한

BIM 기반 **시설물 유지관리**

BIM for Facility Managers

시설물 관리자 및 실무자를 위한 BIM 기반 시설물 유지관리

이 책은 기존 전통적인 시설물 운영 유지관리 방법에서 발생하는 다양한 문제들을, 최근 건축 분야에서부터 활용하기 시작한 BIM과 그 외의 최신 기술을 통해 해결해 나가는 방법을 제시한다.

IFMA, IFMA Foundation | 저
Paul Teicholz | editor
강태욱, 심창수, 박진아 | 역

IFMA. | Learn. Connect. Advance.™
International Facility Management Association
Empowering Facility Professionals Worldwide

IFMA FOUNDATION
EDUCATION · RESEARCH · SCHOLARSHIPS

씨아이알

감사의 글

강태욱

한국BIM학회 교육위원회 활동을 하면서 BIM 커리큘럼을 계획할 때 무엇을 다루는 것이 유용한 것인지를 심창수 교수님, 유기찬 소장님과 함께 고민했던 적이 있었다. 몇 가지 중요한 토픽들이 있었는데, 그중에 시설물 및 자산 유지 관리는 응용의 관점에서 특별히 다룰 필요가 있다는 생각을 그때 했었다. 마침 연구원에서도 BIM 기반 시설물 관리를 연구하게 되었고, 관련된 레퍼런스를 찾아보던 중 BIM 기반 시설물 관리에 필요한 컴포넌트들과 매우 실무적인 내용들을 빠트리지 않고 다루고 있는 책을 보게 되었다. 이 경우, 굳이 별도 교재를 저술할 필요가 없을 것 같아, 중앙대 심창수 교수님과 함께 이 책을 번역하기로 하였다. 나중에 참여한 박진아 박사님은 건축을 전공하시고, 일본 건축서를 번역하신 경험이 많아 이 과정에 참여를 부탁드렸다. 이후 약 6개월 동안 번역 작업을 진행하였으며, 역자 분들이 책 내용을 처음부터 균등하게 차례대로 맡아 번역을 진행하였다.

이 책은 기존 전통적인 시설물 운영 유지관리 방법에서 발생되는 다양한 문제들을 최근 건축 분야에서부터 활용되기 시작한 BIM과 그 외의 최신 기술을 통해 해결해나가는 방법을 제시한다. 책 전반부에는 BIM 기반 시설물 운영 유지관리의 필요성과 배경, 정의, 활용되는 기술, 지침, 법, 표준 등을 다룬다. 책 후반부는 COBie등을 이용한 시설물 운영 유지관리 정보 모델링과 실제 이러한 기술과 프로세스가 적용된 사례들을 상세하게 다루고 있다. 이 과정에서 사례에 쓰인 기술, 도구, 지침, 법적 권리, 표준 등이 어떻게 활용되고, 그 과정에서 어떠한 문제가 있었는지, 어떻게 해결하고 무슨 교훈을 얻었는지를 기술하고 있다.

이 책은 최초로 BIM 기반 FM을 다루고 있어 그 내용이 풍부하고 깊다. 학생을 위한 좋은 교재나 실무자를 위한 실용서로 활용될 수 있다고 생각한다.

마지막으로 이 책을 번역하는 동안 옆에서 많은 내조를 해준 아내와 주말에 아빠만의 시간을 허용해준 아이들에게 감사하며, 사랑한다는 말을 전하고 싶다.

강태욱 드림

심창수

2013년 시설물의 운영 유지관리 단계에서 BIM의 활용에 대한 강의를 하면서 이 교재를 사용했는데, 상당히 유용한 내용을 다룬 책으로 생각되어 선뜻 번역 작업에 참여하게 되었다.

우리가 다루는 시설물은 생애주기와 설계, 시공, 운영 및 유지관리에서의 피드백의 주기가 길어서 비효율적인 실무가 반복되는 경우가 많다. 결과적으로 이를 운영하고 유지관리하는 주체 입장에서 비용을 더 사용하게 되는 경우가 많다. BIM에서 가장 중요한 가치 중 하나가 정보의 공유와 재활용이다. 이런 측면에서 NIST 등에서도 BIM의 활용도가 가장 높은 단계를 O&M이라고 평가하였다.

이 책에서는 건설 실무의 기존 방식에서 BIM 기반으로 전환될 때의 추가적인 시간과 비용에 대한 효과를 정량적으로 확보할 수 있는 방안과 그 예시들이 담겨 있기 때문에 관심 있는 독자라면 읽어보고 참고할 만하다.

우리나라에서도 단순히 BIM을 설계나 시공에서 보여주기식으로 적용하고 끝나는 것이 아니라 실질적인 비용 효과를 정량적으로 평가할 수 있도록 O&M 단계까지를 포함한 정보 모델과 활용 전략을 수립해야 한다. 그 결과로 이 책에서 소개하는 사례 연구를 통해 새로운 건설 기술의 패러다임 전환에 중요한 디딤돌이 될 것으로 기대한다.

심창수 드림

박진아

FM에 BIM 활용은 시작되었다. 독자들은 이 책을 통해 BIM과 FM의 통합으로 프로젝트 유지관리를 통한 생산성 향상을 기대할 수 있다. BIM이 도입되어 건물의 설계 및 시공 생산성은 급격하게 향상되었지만, 건물의 유지관리와 건물이 완성된 후 운영단계에서는 별다른 변화 없이 이전과 동일한 방식인 2차원 준공도서에 의거한 FM의 비효율성이 두드러지고 있다.

2004년 미국의 국립표준기술연구소(NIST)가 발표한 보고서(Cost Analysis of Inadequate Interoperability in the U. S. Capital Facilities Industry)에 따르면 건물의 설계, 시공, 운용의 부적절한 정보공유 및 관리로 매년 158억 달러가 불필요하게 낭비되고 있는 것으로 밝혀졌다. 이 전체 금액 중 57%가 건물완공 후 운용단계에서 발생하고 있으며, 매년 90억 달러가 부적절한 정보공유로 낭비되는 액수이다. 건축 설계 및 시공단계에서의 BIM을 활용한 정보공유는 성숙단계에 들어섰다고 할 수 있다. 한편, 유지관리와 개보수 공사 등 운영단계에 보완할 점이 많으나 손을 대지 못하고 있다. 이 원인으로 건물공사가 완료된 경우, 건설업자가 건축주에게 완공건물이 인도되고 사업 관련 각종 문서, 준공도면 관리가 효율적으로 관리가 이루어지지 못하고 있다는 점을 꼽을 수 있다.

이 책에서는 건물 생애주기원가관리(Life Cycle Cost Management)를 위한 BIM과 FM의 통합, GSA(General Services Administration) 지침에 의한 건축주의 계약 업무 처리 및 운영에 필요한 사항, 그리고 시설물 유지관리 시스템 데이터 포맷인 COBie로 필요한 정보들을 어떻게 체계적으로 명시할 것인가에 대해 설명하고 있다. 마지막으로 건설 프로젝트 관리 효율화를 위한 공공과 민간 BIM과 FM 통합 사례 연구를 소개하고 있다.

설계 및 시공단계에서 작성된 BIM 모델 정보를 향후 어떻게 시설물 유지관리에 활용해야 한다고 명시하고 있는 훌륭한 입문서이자 필수적인 안내서라고 할 수 있다. 우선 BIM을 건축주의 입장에서 어떤 방식으로 BIM을 시설물 유지관리에 활용해야 하는지 과정-관계 수립, 즉 상호작용을 재구성하기 위한 연구방법을 제시한다.

또한 색실을 이용해 표현하는 직물 공예인 태피스트리(Tapestry)처럼 수를 놓듯 그림을 짜내기 위한 시작점이 되는 책이다. 'It's all about the data'가 내포하는 데이터의 효율적인 활용을 통해 생산성과 경쟁력을 향상시키는 데 지대한 기여를 할 것이며, 2015년까지 60%의 에너지 절약 목표를 달성하는 데 기여할 수 있을 것이다.

어떤 면에서는 저자들의 경험과 개인적인 배경지식이 이 작업에 많은 영향을 미쳤다고 생각한다. 우선 교수진, 연구진, 업계 리더, 친구와 가족들에게 깊은 감사를 드리며, 아울러 이 책이 완성되기까지 직간접적으로 도움을 주신 많은 분께 감사드린다. 또한 이 책의 초고를 읽고 개선할 수 있도록 제안과 의견을 주신 많은 분들께도 감사드린다. 그 밖에 즐거운 여정이 될 수 있도록 도와주신 도서출판 씨아이알 모든 직원에게 감사드린다.

박진아 드림

Preface

"It's all about the data" 이 문구는 이 책을 시작하게 된 동기이다. 여기서 '데이터'는 시설물 관리자들이 그들의 작업이나 효율적인 시설물 관리를 위해 사용하는 시스템에 필요한 어마한 양의 정보를 지칭한다. 이 책은 현재 BIM과 FM 시스템 간 통합을 구현하는 최신 사례를 기술하고 있으며 이러한 통합을 지원하기 위해 필요한 정보를 어떻게 수집하는지를 다루고 있다. 소유주(Owner)와 FM 직원들이 프로젝트 상에 활용되는 이러한 실무적 지식이 무엇인지를 기술한다. 소유주에 의한 리더십은 계약 조항, 이 책에 설명되어 있는 법적 이슈에 의해 만들어진다.

디자인과 시공 실무를 지원하는 BIM 활용은 급격히 확산되고 있으며 개발 프로세스(development process)의 초기에 프로젝트 팀 간 협업이 강조되고 있다. 이 책은 어떻게 BIM을 사용하는지 모델링 방법에 대한 것은 다루지 않는 반면 프로젝트 초기 단계의 FM 참여의 중요성을 설명한다. 이는 절적한 시점의 정확한 데이터 수집을 돕고, 이런 작업은 이해당사자들이 기대하는 것이 무엇인지 모델링해야 하는 적절한 시점에서 시작된다. 이런 방법은 프로젝트 종료에 시설물 운영과 유지관리를 시작하는 성공적인 방법이다. 관련된 사례들은 이러한 작업 흐름을 설명하고 있으며, BIM FM 통합 초기에 이런 상황을 보여준다.

왜 시설물 관리자를 위해 이 책이 BIM을 다루고 있는가

이 책을 쓴 동기는 빌딩 산업계 교훈을 통해 전문가와 학생들이 소유주 BIM으로부터 얻는 이익이 무엇이며 어떻게 이러한 이익을 획득할 수 있는지에 대한 기회를 포착할 수 있도록 도와주는 역할을 하는 것이다. 오늘날 소유주는 BIM

FM 통합을 구현하기 시작하였으며 이 통합에 필요한 표준들은 개발 초기 단계와 관련되어 있다. 이런 지식과 경험이 이 책에 포함되어 있으며 교육적인 목적으로 활용될 수 있도록 저술하였다. International Facility Management Association(IFMA)는 이 책을 포함해, 컨퍼런스 프레젠테이션, 저널 기사, 소셜네트워크 등 BIM FM 통합을 이해하고 돕기 위해 많은 일을 하고 있다.

이 책에 리포트된 사례들은 초기 노력 과정에서 얻은 어려움과 좌절을 담고 있다. 이러한 경험으로부터 구현 과정의 어려움을 피하고 경험 및 계획 부족으로 인한 예상된 실패를 줄일 수 있다. 이 책이 이러한 좌절과 비용 지출에 도움을 준다면 이 책의 목적대로 유용하게 활용되었다고 볼 수 있을 것이다.

이 책의 콘텐츠는 BIM FM 통합에 대한 배경을 제외하고는 학계와 전문가들로부터 제공된 것이다. 우리는 이 책이 BIM FM 통합을 구현하는 것이 중요하다고 강하게 주장하지는 않지만, 현재까지 결과를 보았을 때는 이런 기술이 점점 활용될 것이라는 점은 약속할 수 있다. 더불어, 우리는 제공된 그림과 기술된 내용이 정확한 사실을 표현할 수 있도록 노력하였다.

이 책은 누구를 위한 것이며 무엇을 담고 있는가

이 책은 빌딩 소유주와 운영자, FM 직원, 건물을 디자인하고 시공하며 시운전하는 AEC 전문가, 건물을 서비스하는 데 필요한 모든 유형의 설비를 제공하는 제품 제조업자, AEC/FM 산업계 학생들을 위한 목적으로 쓰였다. 여기에 기술된 사람들은 BIM FM의 성공적인 구현을 위해 각자의 역할을 가지고 있다. 초기에 기술한 것처럼, 교육된 프로젝트 팀 협업 작업과 효율성을 고려하는 소유주는 성공적인 구현을 위한 핵심 요소이다.

이 책은 다음과 같은 내용을 다루고 있다.

1. 1장은 현재 FM 실무와 연계된 비효율성을 기술하고 전생애주기 각 단계에서 빌딩의 정보 통합 부족에 따른 큰 비용 지출이 발생되고 있음을 보여준

다. 그리고 BIM FM 통합의 주요 개념을 소개하고 어떻게 구현되는지를 확인한다. 통합에 대한 ROI를 계산하는 방법을 확인하며 이와 관련된 비용과 이익을 기술한다.

2. 2장은 BIM 기술의 개요를 설명하며 BIM FM 통합에서 중요한 역할을 하게 될 떠오르는 신기술을 설명한다. 이 장은 BIM에 대한 것만을 다루는 것이 아니라 FM 시스템과 BIM을 연계하기 위한 다양한 방법을 다룬다.

3. 3장은 BIM FM 통합을 위한 소유주 지침을 설명하며, 특히 GSA 지침에 대해 초점을 둔다. 이 장은 소유주가 계약 시 이슈 해결 항목 등 필요한 것이 무엇인지 이해하도록 도와주며 프로젝트 팀의 BIM 수행 계획에 대해 설명한다.

4. 4장은 BIM 활용(FM 통합 문제를 고려해) 시 프로젝트에 보증될 필요가 있는 계약 서류 상 이슈가 무엇인지 법적 지침을 알려준다. 이 부분은 다음 내용을 포함한다.

■ 모델과 계약적 상태가 무엇인지
■ 모델 소유권
■ 지적 재산 소유권
■ 상호운용성과 데이터 교환에 관한 법적 이슈

4장은 또한 FM 통합을 고려한 프로젝트에 대한 계약 언어 기술의 예를 포함한다.

5. 5장은 COBie(construction operations building information exchange)를 기술하고 어떻게 빌딩 데이터를 수집하는 데 COBie가 활용되는지, 언제 데이터 각 유형이 수집되는지, 활용되는 명칭체계 표준이 무엇인지, 이 정보가 어떻게 FM 시스템에 입력되는지를 다룬다. COBie는 BIM FM 통합을 위해 개발되는 주요 표준이며 실무적으로 중요한 점이 있다. 많은 공공 및 민간 소유주가 프로젝트에서 COBie 활용을 요구하고 있다. 그러므로 어떻게 이를 적절히 효과적으로 활용하는가가 중요하다.

6. 6장은 공공 및 민간 소유주에 대한 BIM FM 통합의 6개 사례 연구를 포함하고 있다. 독자는 이러한 사례 연구를 주의 깊게 읽어볼 필요가 있으며 이를 통해 활용되고 있는 기술의 중요성, 문제 해결 방식, 획득할 수 있는 이익이 무엇인지를 알 수 있다. 이런 사례들은 초기 예이며 통합의 이익을 충분히 보여줄 수 있는 만큼 진행되지 않는 것들도 있다. 하지만, 이 사례 중 몇몇은 데이터 통합 품질을 기반으로 좋은 결과를 기대할 수 있다는 것을 명확히 보여준다.

7. 부록 A는 이 책에 활용된 약어 리스트를 포함하고 있다. 다만, 사례 연구 4에 정의된 U.S. 정부 관련 약어는 제외한다.

8. 부록 B는 책에 언급된 소프트웨어 패키지 리스트를 웹사이트와 더불어 기술하고 있다. 이는 독자가 원하는 소프트웨어에 대한 정보를 얻는 데 도움을 줄 것이다.

어떻게 이 책을 활용하는가

많은 독자들은 BIM FM 통합과 관련된 아이디어와 요구사항 개발 시 필요한 유용한 리소스를 이 책에서 확인할 수 있다. 만약 이 경우 관련된 장을 바로 읽을 수 있다. 만약 일반적인 이해를 원한다면 1장부터 시작하라. 이 장은 통합의 배경이 되는 내용이 설명되어 있다. 이 장은 일반적인 내용부터 상세한 내용까지 일련의 설명을 제공하고 있다. 만약 독자가 순서대로 읽어 나간다면 책 내용을 쉽게 받아드릴 수 있다. 독자가 이 기술에 대한 일반적인 이해를 얻기를 원한다면 6장 사례 연구부터 유용할 수 있다. 이 장은 각 사례 배경에 대한 상세한 내용과 통찰을 준다.

우리는 이 책이 여러분에게 유용한 정보가 될 수 있기를 바라며 여러분이 투자한 시간이나 노력 이상으로 통찰이나 아디이어를 줄 수 있기를 희망한다.

Acknowledgments

이 책의 연구와 글은 많은 전문가와 연구자들의 공헌으로 얻어진 것이다. 우리는 이 책에 포함된 내용을 공헌한 Louise Sabol(2장), Kymberli A. Aguilar과 Howard W. Ashcraft(4장), William East(5장)에게 깊이 감사한다. 사례 연구는 졸업 학생들과 전문가들에 의해 쓰인 것이다. 몇몇 내용은 이 사례들이 충분히 정리되기 전에 쓰인 것이다. Georgia Institute of Technology School of Building Construction의 Kathy Roper 교수가 가리킨 Integrated Facility Management 수업과 같은 대학 School of Architecture의 Charles Eastman 교수 수업에 대한 졸업 학생들의 작업 내용 일부가 포함되어 있다. 각 사례 연구에 대한 기술에 이 학생들을 크레딧하였다. 특히, Angela Lewis는 사례 연구의 3개의 장을 저술해 이 책에 공헌했다. 사례 연구는 프로젝트 참여자의 공헌을 통해 가능하였으며 이들의 이해와 통찰을 공유하고 있다. EcoDomus의 lgor Starkov에게도 특히 감사하며 그는 이 책에 유용한 그림과 제안을 해주었다.

이 책을 지원한 IFMA를 언급하고 싶다. 특히, IFMA의 board director와 IFMA Foundation Board of Trustees인 Eric Teicholz(본인의 형제)와 Michael Schley는 이 책의 저술을 가이드해주었다. 이들은 이 책의 기술적이고 운영적인 문제를 해결하는 데 도움을 주었다. 이 점에 대해 매우 고맙다.

이 책을 저술하는 데 용기를 주고 IFMA와 책 저술과 관련된 문제를 해결하는 데 도움을 준 John Wiley & Sons의 수석 편집인인 Kathryn Malm Bourgoine에게 감사하고 싶다. 추가로 Amy Odum 수석 출판 편집인은 이 책을 편집과 출판과정에서 훌륭하게 조율하였다. 이에 감사를 드린다.

목차_Contents

Chapter 1 소 개

Chapter 2 FM을 위한 BIM 기술

Chapter 3 FM 지침을 위한 발주자 BIM

Chapter 4 FM에 BIM 활용을 고려할 때 법적 이슈

Chapter 5 COBie 활용

Chapter 6 사례 연구들

Chapter 1
소 개

Chapter 1 소 개

이 장의 첫 번째 섹션은 현재 시설물 관리(FM, Facility Management) 실무와 디자인, 시공, FM에 사용되는 정보 시스템 간 부실한 데이터 저장과 상호운용성 부족 원인으로 발생하는 비효율성에 대해 기술하고 있다. 이런 이슈는 2004년 12월에 문서화된 National Institute of Standards & Technology (NIST) 연구 결과로 기술되어 있으며 연구 이름은 Cost Analysis of Inadequate Interoperability in U.S. Capital Facilities Industry(NIST GCR 04-867)로 알려져 있다.

이 장의 두 번째 섹션은 BIM FM 통합으로 이런 문제를 어떻게 해결할 수 있는지 확인하고 ROI (Return On Investment)를 어떻게 계산할 수 있는지를 다루고 있다. 이는 BIM FM 기술 투자비에 대해 얻는 이익을 고려하고 있으며 프로세스와 연계해 다루고 있다. 이런 결과로 ROI는 약 64%에 이르고 투자환수기간(playback period)은 1.56에 불과하다는 사실을 확인할 수 있다.

소 개

Paul Teicholz

관리방법 요약

그림 1.1은 발주자가 BIM과 FM을 통합해 얻을 수 있는 이익을 설명하고 있다. 이런 이익들이 무엇인지 이 장에서 상세히 설명하고 이 책의 나머지 부분은 이 목적을 획득하기 위해 사용되는 기술과 프로세스를 설명한다. 이 책의 주요 목적은 발주자와 실무자가 어떻게 이 다이어그램에 보인 이익을 얻도록 BIM FM 통합을 구현하여 성공할 수 있는지 이해시키고 돕는 것에 있다.

이 장은 현재 FM 실무에 대해 기술하고 디자인, 시공, FM에 사용되는 정보 시스템 간 부실한 데이터 저장과 상호운용성 부족이 어떤 비효율성을 초래하는지 설명한다. 이 내용은 2004년 12월에 문서화된 National Institute of Standards & Technology(NIST) 연구인 Cost Analysis of Inadepquate Interoperability in the U.S. Capital Facilites Industry(NIST GCR 04-867)에 기술되어 있다. 상호운용성의 추가 비용은 매년 전체 비용의 약 12.4%를 차지하고 이는 빌딩 운영 기간 동안 발생되고 있어 중요하다.

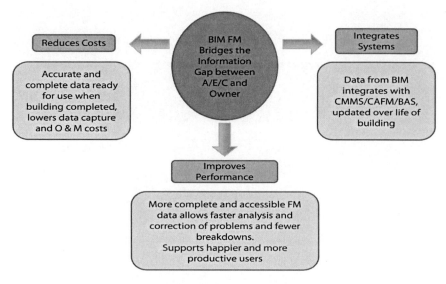

그림 1.1 BIM과 FM의 통합을 통한 주요 이점

이 장의 두 번째 섹션은 어떻게 BIM FM 통합이 이런 문제를 해결할 수 있고 프로세스와 연계되어 BIM 기술 투자에 의해 획득되는 ROI를 계산할 수 있는 지를 확인한다. 이런 결과로 ROI는 약 64%에 이르고 투자환수기간(playback period)은 1.56에 불과하다는 사실을 확인할 수 있다. 이 분석에 사용된 가정 은 보수적이었으며 BIM FM 통합은 의미 있는 사용자 이익을 제공할 수 있다 고 말하고 있다.

이런 이익은 디자인과 시공 프로세스 상에 수집되는 데이터에서 절감을 얻을 수 있으며 이는 건물 정보의 디지털 데이터베이스 지능적인 활용을 통해 작업 지연 시간 등을 줄임으로써 가능하다. 이런 데이터베이스는 FM 관리자와 스 텝이 좀 더 빠른 의사결정을 가능하게 하고 높은 품질의 건물 성능을 얻을 수 있게 도와준다. 이 데이터베이스는 건물 활용정보를 제공할 수 있고 전생 애주기 동안 정보 수정에 효과적으로 활용할 수 있다. 이런 영역에서 발주자 와 건물 운영자를 위한 의미 있는 것들이 많다.

이 부분들은 이 책에서 5장에 걸쳐 기술되어 있고 독자는 그들의 관심사나 백그라운드에 기반을 둔 이 책을 읽을 수 있다.

현재 FM 실무 문제점

효과적인 시설물 유지보수와 운영을 위해 필요한 정보의 문서화를 고려한다면 이 정보를 수집, 접근, 갱신하는 효과적인 방법을 찾는 것이 매우 중요하다. 대부분 기존 건물들은 이 정보를 종이 문서로 저장해 놓는다. 예를 들어 도면 롤 등으로 관리되며 건축가, 엔지니어, 시설물 종류별 매뉴얼 폴더, 유지보수 기록 파일 폴더 등으로 관리되고 있다. 이 문서들은 보통 계약서로써 발주자에 의해 시공 후 건네진 것들이며 몇 달 이상이 된 것들도 많다. 지하실에 보관되어 있는 경우가 많아 접근성이 어렵다. 그림 1.2a, 1.2b는 FM 문서의 실제 보관되고 있는 모습이다.

그림 1.2a 계약자에 의해 제출된 후 FM 정보 문서 보관 모습(출처 : EcoDomus, Inc.)

그림 1.2b 계약자에 의해 제출된 후 FM 정보 문서 보관 모습(출처 : EcoDomus, Inc.)

2004년 12월 NIST에서 「Cost Analysis of Inadequate Interoperability in the U.S. Capital Facilities Industry(NIST GCR 04-867)」[1]을 출판하였다. 이 문서는 건축가, 엔지니어, 계약자, 소유주 사이의 데이터 상호운용 부족의 비용 영향을 분석하고 있으며 건물 전생애주기상에 모든 이해당사자들에 대한 영향도를 깊게 분석한 과정이 있었다. 이 보고서는 소유주, 운영자에 대한 영향을 다음과 같이 요약하고 있다.

이전 업무방식에서는 과도한 시간이 특정 시설물과 프로젝트 정보를 찾고 검토하는 데 쓰이고 있다. 예를 들어 As-built 도면(시공과 유지보수 운영 목적으로 만든 문서)는 주기적으로 제공되지 않고 있으며, 현장 기록 도면은 갱신되지 않는다. 비슷하게 시설물 조건, 수리 부품 상태, 프로젝트 계약과 재정상황은 찾고 유지보수하는 것이 어렵다.

---

1) Available at www.nist.gov/manuscript-publication-search.cfm?pub_id=101287

컴퓨터 기반 유지보수 관리 시스템(CMMS, Computerized Maintenance Management System)을 사용하기로 결정한 사용자는 이런 설비와 다른 건물 정보를 디지털 파일로 변환할 필요가 있다. 일반적으로 이는 FM 직원에 의해 시간이 있을 때 손으로 작업된다. 그러므로 시스템의 효과적인 사용은 필요한 데이터가 갖춰지고 정확성과 완전성이 체크될 때까지 지연된다. 이런 상황이 CAFM 사용 시 발생된다. 이 시스템에 필요한 정보를 입력, 검증, 갱신하는 비용과 시간이 이 보고서에서 확인된 상호운용에 소모되는 비용이다.

이 보고서의 단원 6.5(pp.9~20)는 추가 지출되는 비용이 사용자/운영자에게 미치는 내용을 언급하고 있다. 여기서 이 내용을 다루기에는 너무 상세하여 표 1.1과 1.2 그리고 그림 1.3에 데이터를 요약하였다.

우리는 소유주, 운영자가 이런 비용을 확인하고 있는 것을 볼 수 있으며 운영과 유지보수 단계(57.5%)[2]에서 대부분의 비용이 지출되고 있는 것을 알 수 있다. 추가적인 운영과 유지보수 비용(O&M)은 평방피트(Square Feet)당 $0.24이고 이는 2009년 국제 시설물 관리 협회(IFMA, International Facility Management Association) 유지보수 조사[3]에서 알려졌다. 이는 전체 1년 예산의 12.4%가 O&M 비용[4]이라는 것을 의미한다.

표 1.2는 소유주, 운영자에 의해 발생된 비용을 어떻게 처리하고 완화하는지 보여준다.

---

2) The unit costs for the design and construction phases are based on 1,137 million SF of new construction in 2002. The unit costs for O&M are based on 38,600 million SF of new and existing buildings.

3) Available at www.ifma.org/resrouces/research/reports/pages/32.htm

4) This survey shows that the mean maintenance cost of all types of facilites is $2.22 per SF (in 2007 dollars). This equates to $1.97 in 2002 dollars(comparable to those in the NIST paper)

표 1.1 2002년 이해 당사자별 전생애 단계상 부적당한 상호운용 비용(백만 달러 단위). NIST 04-867 연구의 표 ES-2를 기반으로 함

이해 당사자	계획, 디자인, 엔지니어링 단계	시공 단계	운영 및 유지보수 단계	전체	전체(%)
건축가와 엔지니어	1,007.2	147.0	15.7	1,169.8	7.4%
평방피트당(SF)	0.89	0.13		1.02	
일반 계약자	485.9	1,265.3	50.4	1,801.6	11.4%
평방피트당(SF)	0.43	1.11			
특수 제조업자와 공급자	442.4	1,762.2		2,204.6	13.9%
평방피트당(SF)	0.39	1.55			
소유주와 운영자	722.8	898.0	9,072.2	10,648.0	67.3%
평방피트당(SF)	0.64	0.79	0.23	1.66	
전체	2,658.3	4,072.4	9,093.3	15,824.0	100%
평방피트당(SF)	2.34	3.58	0.24	6.16	
전체(%)	16.8%	25.7%	57.5%	100.0%	

표 1.2 2002년 이해당사자 별 전생애 단계상 부적당한 상호운용 비용(백만 달러 단위). NIST 04-867 연구의 표 ES-3를 기반으로 함

이해 당사자	회피 비용	완화 비용	지연 비용	전체	전체(%)
건축가와 엔지니어	485.3	684.5	-	1,169.8	7.4%
일반 계약자	1,095.4	693.3	13.0	1,801.7	11.4%
특수 제조업자와 공급자	1,908.4	296.1	-	2,204.5	13.9%
소유주와 운영자	3,120.0	6,028.2	1,499.8	10,648.0	67.3%
전체	6,609.1	7,702.0	1,512.8	15,824.0	100.0%
전체(%)	41.8%	48.7%	9.6%	100.0%	

어떻게 BIM FM 통합이 현재 문제들을 해결할 수 있을까?

이러한 현재 문제들의 대안은 시설물 전생애주기에 대한 데이터와 시스템을 통합하는 것이다. 전생애주기 단계에 지원이 필요한 데이터는 상세 수준과 정밀도에 따라 처음 입력(모델링)된다. 이후 추가적인 정보는 적절한 LOD(Level of Detail)에 따라 필요한 만큼 추가된다. 빌딩 시운전이 끝난 후에 O&M에 필요한 데이터는 재활용 가능한 형식에 따라 활용되어야 한다. 이 이상적인 접근은 많은 현실들을 무시하고 있고 이런 목적을 달성하는 것이 쉽지 않다. 하지만 이 책에 다루고 있는 내용을 잘 이용한다면 BIM FM 통합이 어떻게 이런 소요 시간들을 개선하는 좋은 솔루션인지 알 수 있을 것이다.

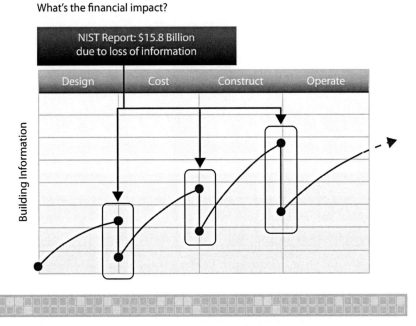

그림 1.3 건물 전생애주기 단계 사이에 정보로서 가치를 상실하고 다시 복구하는 모습 (adopted form NIST report) (출처 : FM : Systems)

전생애 동안 그래픽과 데이터 변화의 필요성

그림 1.4는 디자인 단계 동안 그래픽의 필요성을 보여준다. 개념 디자인 (conceptual design) 동안 BIM 모델링 시스템이 모양, 공간, 일반적인 객체 (장비, 윈도우, 시스템 등) 모델링을 위해 사용된다. 개념 디자인에서 상세 디자인으로 프로젝트가 진행되면 다양한 엔지니어 분석을 위한 데이터가 요구되는데 재료, 공간, 장비 등 건물에 사용되는 것들에 대한 것이다. 시공 단계에서는 비용 견적, 구매, 조율, 시공성 체크, 설치에 필요한 상세한 수준의 LOD 데이터가 필요하다. 마지막으로 설비가 설치되고 시스템이 테스트될 때 프로젝트에 포함된 이런 요소들에 대한 최종 정보가 시스템에 입력되고 사용된다.

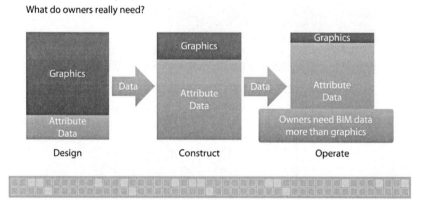

그림 1.4 시설물 생애주기 동안 그래픽과 데이터 변환(출처 : FM : Systems)

이런 데이터를 수집하는 하나의 방법은 그림 1.5와 같다. 이 시스템은 iPad를 사용하고 선택된 위치에 뷰를 확인할 수 있다. 왼쪽 메뉴에는 선택된 기계실 CB1021을 볼 수 있고, 오른쪽에는 이 기계실의 자산을 확인할 수 있다. 사용자는 문서, 속성, 선택된 공간(위치)에 대한 이슈 정보를 추가할 수 있다. 자산과 장비에 대한 속성도 수정할 수 있다.

그림 1.5 설치 이후 장비정보 입력에 사용되는 iPad(출처 : EcoDomus)

시스템 간 상호운용성의 필요

명확히 모든 데이터는 하나의 모델이나 하나의 시스템에 입력되지 않는다. 그러므로 다운스트림쪽에서 사용될 때 업스트림 시스템에서 데이터가 전달될 수 있고 시스템 상호운용도 필요하다. 운영과 유지보수 동안 FM 데이터는 그래픽 데이터와 마찬가지로 변경사항이 반영된 갱신이 필요하다. 상호운용성은 매우 중요하다. 데이터 흐름을 확보하기 위한 여러 접근법이 있는데 Construction Operations Building information exchange(COBie)처럼 개방형 표준을 사용하는 방법, BIM, CAFM, CMMS 시스템을 통해 직접 통합하거나 속성을 접근하는 방법 등이다. 그림 1.6은 상호운용을 지원하는 데이터 흐름을 나타낸다. 이 다이어그램은 통합에 대한 대안을 보여준다. 이 그림에서 FM 소프트웨어 플랫폼은 시설물 관리자에 의해 시스템화될 수 있으며 CMMS, CAFM, BAS 등에 필요한 건물 데이터 처리에 필요하다.

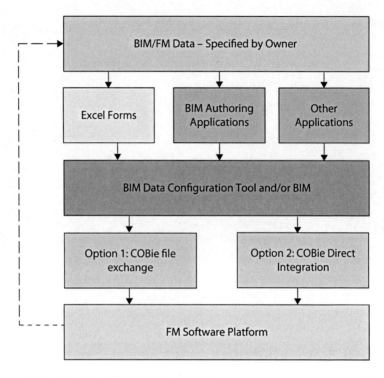

그림 1.6 FM BIM 통합 데이터 흐름(출처 : GSA BIM for FM Guidelines)

통합 옵션 중 하나는 FM에 필요한 데이터와 장비 데이터를 관리하는 스프레드시트를 사용자가 개발하는 것이다. 이 데이터를 CMMS 시스템에 입력한다. 이 접근법은 작은 프로젝트에서 빠르고 쉽게 구현할 수 있는 방법이나 정보 형식 구조가 분실되고 데이터 입력 시 검증단계가 없기 때문에 많은 에러 데이터들이 입력될 수 있다.

두 번째 옵션은 COBie를 사용하는 것인데, buildingSMART 협회에서 지원되는 개방 표준이다. 이 표준은 어떻게 모든 건물과 장비 데이터가 포착되고 데이터 종류에 따른 적절한 명칭체계 표준이 무엇인지 규정한다(예, 장비에 대한 OmniClass 코드). 이 옵션은 COBie 데이터가 BIM과 통합되지 않아도 CMMS 프로그램으로 입력이 가능하다. 그러나 장비가 위치해 있는 곳을 그래픽적으로 제공해주진 못한다.

세 번째 옵션은 BIM 모델링 시스템과 FM 지원 시스템 간 연결을 생성함으로써 속성이 연계되는 이익을 얻을 수 있는 방법이다. EcoDomus는 시설물 관리자가 FM 데이터와 통합된 그래픽 뷰를 사용할 수 있도록 기능을 지원한다(그림 1.7 참고).

네 번째 옵션은 직접 CMMS 시스템과 BIM 모델링 시스템을 통합하는 것으로 BIM 응용 프로그램 인터페이스(API, Application Programming Interface)를 사용하는 방법이다. 이 방법은 BIM과 FM에서 갱신된 그래픽 데이터를 COBie와 통합해 CMMS 시스템에 직접적으로 사용할 수 있다.

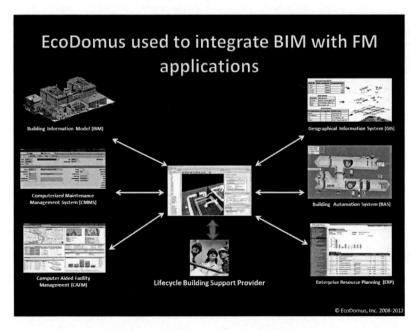

그림 1.7 작업 순서와 관계된 FM 데이터 그래픽 통합의 예(출처 : Courtesy EcoDomus)

다른 옵션은 브라우저를 사용해 접근할 수 있는 클라우드 기반 서버에 데이터를 저장하여 이런 기능을 지원하는 것이다(그림 1.8 참고).

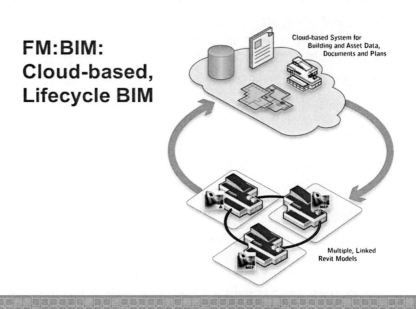

그림 1.8 클라우드 기반 서버와 브라우저 접근을 이용한 BIM과 CMMS 시스템의 직접적인 통합

BIM FM 통합의 사용자 이익

데이터의 간소화된 전달과 효과적인 데이터 활용

BIM 기반 FM의 통합 이익은 공간, 장비 타입, 시스템, 마감, 영역 등 BIM으로 포착할 수 있는 핵심 데이터 취득이고, 이 데이터를 FM 시스템에 재입력 없이 사용할 수 있다는 것에 있다. 예를 들어 COBie 파일은 BIM 모델로부터 추출되고 CMMS 시스템으로 입력될 수 있다. 이는 데이터 입력 비용을 제거하고 FM에 필요한 데이터를 생성할 수 있다. 상세 시공 모델은 As-Built

상태, 장비 조립에 대한 추가 정보, 덕트 작업, 파이프 작업, 전기 시스템 등 모델에 추가된 정보를 문서화하기 위해 개발되고 이 데이터는 CMMS 시스템과 통합된다. 설비 설치 때 설비 시리얼 번호는 기록되고 COBie 데이터로 입력된다. 이런 것들은 커미션된 빌딩에서 사용될 수 있다. FM 스텝의 이익은 어떻게 건물 운영과 유지보수를 효과적으로 할 수 있는지 이해하는 것을 도와준다는 데 있다. 몇몇 사례 연구에서(6장 참고) 이 이익이 프로세스 동안 어떻게 획득되는지 보여준다. 그림 1.9는 상세 BIM 모델이다. 이 정보는 설비와 함께 계획 유지보수에 활용될 수 있고 CMMS와 연계될 수 있다(그림 1.10 참고).

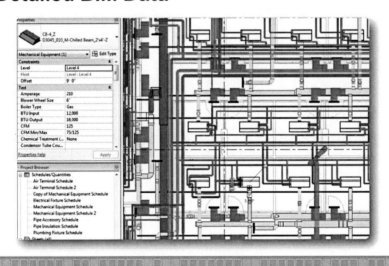

그림 1.9 공기 처리 시스템의 BIM 모델 뷰(출처 : FM : Systems)

건물 생애주기 동안 이익

정확한 정보를 제공하는 통합 시스템은 비용적으로 여러 가지 이익을 가져온다.

■ FM 직원이 필요한 정보를 도면에서 찾고, 장비 문서나 다른 페이퍼 기록을 확인하는 것보다 정보가 필요할 때 바로 찾을 수 있기 때문에 작업 효율성이 개선된다.

■ 예방적 유지보수 계획과 절차가 보다 수월하게 지원되기 때문에 유틸리티(에너지, 상수 등) 비용이 줄어든다. 건물 기계 설비는 적절히 유지보수되고 효과적으로 운영된다.

■ 긴급 수리 발생 시 장비 고장 감소와 입주자 영향이 최소화된다.

■ 부품과 공급의 재고 관리 개선과 자산 및 장비 이력 추적이 쉬워진다.

■ 문제발생 시 유지보수하는 것보다 PM이 좀 더 광범위하게 정보를 활용해 시설물을 관리할 수 있다. 신뢰성 있는 서비스[5]와 시설물 성능 유지가 가능하며 이로 인해 설비 교체 비용이 줄어든다.

---

5) Jim Whittaker에 의해 보고된 내용은 다음과 같다. 정부기관이 운영 및 관리하는 것은 7백만 평방피트의 건물면적과 더불어 서부해안의 다양한 종류의 578체 건물들이며 $2.5백만($366/SF)의 교체비용(CRV, Current Replace Value)이 지출되고 있다. 자동화된 훌륭한 예방적 유지보수 프로그램과 시설물 성능을 추적하고 관리하는 CMMS 사용은 자산 교체 결정 및 자산 활용 주기 연장을 위한 최적화를 가능하게 한다. 이와 관련된 자산 활용 주기(EUL, Equipment Useful Life)는 18.6년 산업평균 EUL 값에 대해 9.8년으로 알려져 있다(53% 증가함). 이는 전체 자산가치가 60% 정도 연장되었다는 것을 의미하며 매년 $28.4백만($4.09/SF/yr, 1.12%/CRV/yr) 소유 비용이 절감된다는 것을 의미한다.

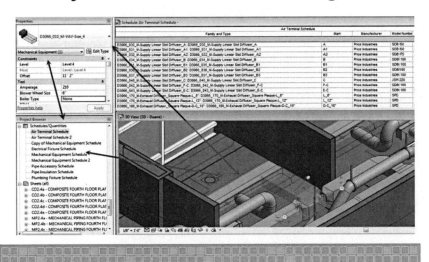

그림 1.10 동일 시스템 데이터가 CMMS에서 장비와 연결되어 있고 유지보수 계획에 사용될 수 있음(출처 : FM : Systems)

이런 것들은 전체 소유 비용(TCO, Total Cost of Ownership)에 대한 시설물 전체 비용을 낮추도록 하고 좀 더 나은 고객 서비스를 가능하게 한다.

다만, 앞에서 설명한 모든 이익에 대해 측정하기 위해서는 효과를 측정하기 위한 충분한 시스템과 시스템 통합 등의 노력이 있어야 하는데 아직 이러한 사례는 많지 않으므로 이런 접근에 대한 모든 이익들을 확인하기는 쉽지 않다.

통합 시스템은 건물 개선 계획에 사용될 수 있음

건물들은 계속 변화한다. 면적은 기능에 따라 사용되며, 장비는 교체되고, 시스템은 변경된다. 만약 BIM FM 시스템이 이런 발생된 변화들의 최신 기록을 유지한다면 현재 상태에 대한 정확한 기록을 제공할 수 있다. FM 직원은 더 이상 도면이나 문서를 찾을 필요가 없으며, 실제 상태를 알기 위해 벽이나 천장을 뜯을 필요가 없다. 상태 변화 시 시스템 유지보수에 관련된 지원을 할 수 있고 좀 더 나은 계획 데이터를 통해 좀 더 나은 의사결정을 할 수 있다. 리노 베이션 프로젝트 비용은 줄어들 것이며, 계약자는 프로젝트 입찰 시 이를 고려할 수 있다. BIM FM 통합 비용 투자는 시설물 전생애주기 동안 이익을 줄 수 있다.

BIM FM 통합 ROI 계산

합리적이고 보수적인 계산 방법과 2009 IFMA 유지보수 데이터 조사 데이터를 이용해 BIM FM 통합에 필요한 데이터 취득 노력을 고려한 ROI를 계산할 수 있었다. 확인된 결과로 수치화하면 다음과 같다.

1. 기본 비용은 25년 사용 주기 동안 임대 가능한 346,620 SF(1.154 GSF/RSF 비율로)와 총 400,000 SF의 본사 사무실 면적을 예측할 수 있다. 이 건물유형은 IFMA 조사에서 인용된 응답 유형(431/1,419 또는 30%)에서 가장 큰 수를 차지했기 때문에 분석을 위해 선택된 것이다.

2. 통합 시스템 개발 시 초기 비용 : 이는 시스템 투자 비용, 데이터 수집과 검증, 훈련, 통합 BIM FM을 지원하기 위해 필요한 관련 지출을 포함한다 (관련 산업계 전문가와 개인 인터뷰를 통해 조사됨). 대략 $100,000 비용이 지출된다.

3. 건물 및 설비 변경 시 반영되는 갱신 정보에 대한 지속적인 통합 시스템 유지 비용 : $125,000/yr(1FTE당) 부담. 이 유지 활동에 25% 작업 시간 소모 : #31.250/yr. 이 비율은 평균값이며 0~100% 사이 값을 가지며 입력에 필요한 변경 항목 수에 따라 변화된다.

4. 초기 절감 비용은 공간과 설비에 대한 정보 수집 시 반영된다. 이 자료들은 건물 인도 후 보다 디자인과 시공 프로세스 동안에 정보가 포찰되기 때문에 건물 입주 시부터 얻을 수 있다. 이 절감 비용은 2명의 FM 직원이 시설

물 유지관리 초기 데이터를 모으는 2개월간 비용 $41.667을 절감할 수 있다.

5. 다음과 같은 데이터 소스 확보를 위해 드는 노력이 절감된다.
   A. GSF당 평균 $1.98 O&M 비용(또는 임대 가능한 SF당 $2.28)(2009년 IFMA 조사 결과)
   B. 정확한 정보 접근과 관련된 발생 작업당 0.5 시간 절감. 매년 1,600 작업 요청과 시간당 $50의 노동 비용 발생. 이 결과로 GSF당 $0.10 또는 연당 $40,000 비용 절감 획득
   C. GSF당 $2.39 유틸리티 평균 비용을 가정할 수 있음
   D. 유틸티비 비용 절감은 개선된 유지보수 및 시설물 성능이 적어도 3%의 에너지 비용 절감에 대해 가정할 수 있음. 이는 GSF당 $0.07 또는 매년 $28,680 비용 절감을 가져옴
   E. O&M이나 유틸리티 총비용은 매년 $1,746,295 비용 절감 및 GSF당 $4.37 절감을 가져옴
   F. 매년 전체 비용 절감은 $68,680 또는 GSF당 $0.17 절감을 가져오며 이는 이런 비용의 3.95%를 반영

6. ROI 계산
   A. 순 초기 투자는 $41.667 초기 비용과 $58,333 일회성 투자를 통해 $100,000 감소
   B. 건물 생애주기를 25년으로 보았을 때 연간 절감 비용은 $68,680~$31,250＝$37,430/yr
   C. 만약 우리가 투자 펀드에 대해 6%의 이자율을 가정한다면 25년에 대한 연간 현가(PV) $37,430은 $478,481이 됨
   D. 초기 투자비를 고려하여 순 현가(NPV)는 $420,148
   E. 이는 64%의 내부 ROI를 표현한다는 것을 알 수 있음
   F. 순 투자 대비 돌려받는 기간을 보면 $58,333/$37,430＝1.56년이 계산됨

대략적인 계산이나 이 시점에서 저자들이 얻을 수 있는 가장 신뢰할 만한 데이터에 근거하고 있다. 독자는 독자들의 데이터에 근거해 이런 식으로 ROI를 계산할 수 있다. 여기서는 리모델링과 업그레이드에 대한 활용, 설비 성능 개선, 재고 부품, 고장, 온도나 습도 제어 등으로 인해 발생하는 '소프트'한 절감 비용은 고려하지 않았다. 그러므로 이 결과는 보수적일 수 있다. 만약 4번 항목을 고려하지 않는다고 하더라도 결과는 BIM FM ROI가 긍정적이라는 것을 알 수 있으며, 통합 BIM FM 투자가 이런 이익들을 얻는 데 필요하다는 것을 알 수 있다.

Chapter 2
FM을 위한 BIM 기술

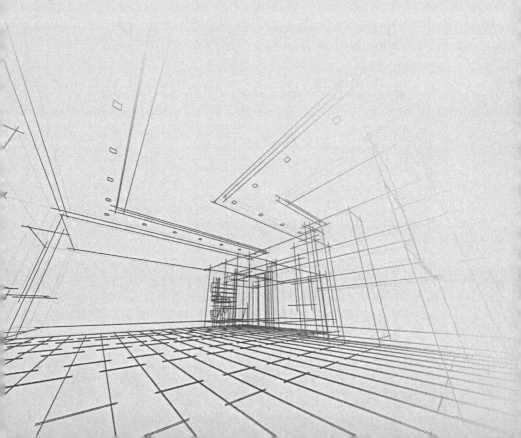

Chapter 2 FM을 위한 BIM 기술

이 장은 BIM 기술 이해를 위해 깊은 뷰를 기술하고 있으며 어떻게 FM 어플리케이션으로써 활용될 수 있는지 기술하고 있다. 독자는 건축설계 및 시공 어플리케이션을 위한 BIM 활용에 친숙하다고 가정한다. 그리고 FM 지원을 위해 필요한 BIM의 기능에 대해 초점을 맞춰 이야기한다. 좀 더 나은 FM 지원을 위해 BIM과 융합한 결과 얻는 이익과 문제점에 대해 기술하고 FM을 좀 더 잘 지원할 수 있는 새로 떠오르는 기술에 대해 언급하고 있다.

FM을 위한 BIM 기술

Chapter
2

Louise Sabol

TECHNOLOGY SOLUTIONS, DESIGN +
CONSTRUCTION STRATES 이사, 워싱턴 DC

BUILDING INFORMATION MODELING(BIM)

빌딩 정보 모델링(BIM, Building Information Modeling)은 소프트웨어 기술로써 아키텍처, 엔지니어링, 건설(AEC, Architecture Engineering and Construction) 산업에서 신속하게 발주된 것을 인수받도록 하는 것이 목적이다. BIM은 건물에 대해 시각적이고 치수적으로 정확한 3차원 디지털 표현을 제공한다(그림 2.1). BIM은 데이터베이스로써 건물을 구성하는 구성요소에 대한 속성 데이터를 추적할 수 있는 기능을 제공할 수 있다.

빌딩 정보 모델은 3차원적인 형상, 객체, 속성을 물리적 시설물과 관련해 기술할 수 있다. BIM의 핵심은 건물 형상이나 건물 구성요소에 관련된 정보를 제공하는 비그래픽 데이터에 기반을 둔 구조화된 정보가 중요하다. 건물 정보 모델에서 벽은 벽으로, 보일러는 보일러로써 모든 객체들이 유일하게 취급되고 속성정보를 가지고 있다. 이 객체들은 정렬되거나 카운트되거나 쿼리(Query)될 수 있다. BIM은 CAD(Computer-Aided Design) 기술의 극적인 진보이다. CAD(그림 2.2a, 2.2b)는 20년 동안 사용된 도면과 문서화를 위한 소프트웨어였으며 BIM은 CAD 기술에 기반을 둔다. 현재 BIM은 디자인 부분, 계약자, 시공업자 간에 활용되고 개발된다.

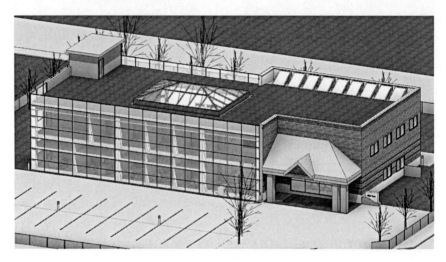

그림 2.1 빌딩 정보 모델(출처 : Design + Construction Strategies)

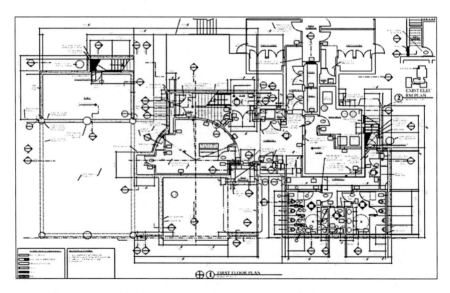

그림 2.2a 전통적인 CAD 도면은 의미를 해석하기 어려움(출처 : Design + Construction Strategies)

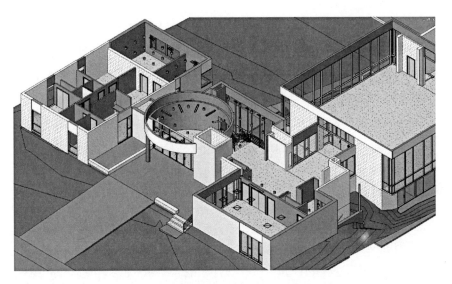

그림 2.2b 3D BIM은 건물의 의미를 기술하는 능력을 제공함으로써 프로세스 효율성을 개선(출처 : Courtesy Design + Construction Strategies)

BIM은 모델을 구성하는 객체들과 데이터 필드를 연관시키는 고유의 능력을 가진 데이터 어플리케이션이기 때문에 수량산출, 비용 견적, 공간 및 자산 관리, 에너지 분석 수행을 포함한 광범위한 기능을 지원할 수 있으며 다른 어플리케이션과 함께 활용될 수 있다.

BIM은 구성요소들 간에 관계를 정의한 속성이나 파라미터를 가질 수 있어 파라메트릭적으로 통합할 수 있다. 예를 들어 문 객체는 벽 객체와 관계를 가지거나 의존될 수 있다. 효과적인 BIM 어플리케이션은 모델에 포함된 모든 구성요소들에 대한 관계를 관리하고 각 구성요소마다 개별적인 특성을 관리할 수 있다. 이는 신속한 변경관리를 가능하게 해준다.

BIM 기술은 잠재적으로 프로젝트 발주에서 변경 사항을 효과적으로 지원하며 좀 더 통합적이고 효과적인 프로세스를 가능하게 한다. 수준 높은 협업, 데이터 중심 환경으로 인해 BIM은 다음과 같이 비용 감소와 효율성 증가를 가져올 수 있다.

- **빠른 의사결정.** BIM은 의사결정과 변경 시 시간과 비용에 대한 영향을 줄일 수 있기 때문에 빌딩 성능에 대한 빠른 평가가 가능하다.
- **개선된 정밀성.** 모델의 정밀선은 흩어진 빌딩 프로젝트 참여자 간의 효과적인 커뮤니케이션을 증진하고 이해를 높인다. 이는 디자인에서 시공 프로세스 동안의 에러나 변경을 줄일 수 있다. BIM의 파라메트릭 능력은 모든 뷰와 도면 산출물에 대해 모델의 일관성 있는 표현을 가능하도록 한다.
- **신속한 수량산출.** 모델은 자동적으로 수량과 데이터에 대한 리포트를 생성한다. 전통적인 프로세스보다 효과적이고 신속하게 견적과 작업을 할 수 있다.
- **강력한 분석기능.** BIM은 복잡한 분석을 지원한다. 예를 들어 간섭 체크, 일정 및 공정 처리(4D 모델링), 에너지 분석, 의사결정 지원, 이슈 해석, 프로세스 지연 감소 등을 지원한다.
- **개선된 조율.** BIM은 계약자와 여러 하청업자들이 가상으로 시공, 빌딩 시스템 간 간섭 확인을 지원하며 이는 설계 변경 및 재작업으로 인한 비용을 줄인다.
- **개선된 프로젝트 발주.** BIM은 프로젝트 제출 시 좀 더 일관적이고 구조적이며 완전한 데이터를 제출할 수 있도록 한다.

BIM은 프로젝트 개발과 시설물 관리 시 협업적 접근에 기반을 둔 복잡한 기술이다. 조직은 이러한 기술에 추가하여 새로운 비즈니스 프로세스를 평가하고 채택할 필요가 있다. 일관성 있도록 빌딩 정보를 공유, 통합, 추적, 유지하는 것은 모든 프로세스와 참여자들이 데이터와 상호작용하는 데 영향을 준다.

시설물 관리를 위한 BIM

BIM은 디자인과 시공에 폭넓게 사용되고 있다. FM을 위해 BIM 채택과 활용은 복잡한 이슈를 가져온다. FM 분야에서 BIM 활용에 대한 '베스트 프렉티스'는 알려진 바가 없다. BIM을 포함해 FM에서 소프트웨어 기술의 활용은 조직 미션과 이를 지원하기 위한 시설물 인프라스트럭처 요구사항에 의존한다. 대부분 시설물 관리 조직의 정보 요구사항은 매우 다양하다. 알파벳 기반 기업 데이터 시스템에서 컴퓨터 기반 시설물 관리(CAFM, Computer-Aided Facility Management), CAD, 통합된 작업 관리 시스템(IWMS, Integrated Workplace Management System), 컴퓨터 기반 유지관리 시스템(CMMS, Computerized Maintenance Management Systems), 전사 자원 계획(ERP, Enterprise Resource Planning), 전사 자산 관리(EAM, Enterprise Asset Management), 스프레드시트 같은 스탠드 얼론 소프트웨어 어플리케이션 등 시설물 관리 영역에서 다양한 정보 요구사항을 이런 시스템들이 지원하고 있다.

시설물 관리자는 매일 매일 운영되어야 하는 시설물 니즈뿐 아니라 전 생애 관리와 자산 계획 진행에 대한 건물 소유주에게 신뢰 있는 데이터를 제공해야 하며 이를 위해 정보의 품질은 표준화되고 개선되어야 하는 문제에 직면해 있다. BIM과 같은 기술은 건물 및 물리적 자산 관리를 위한 새로운 수준의 기능을 제공하고 이는 건물 관리 산업이 BIM 채택을 촉진시키는 현상을 가져오고 있다.

BIM 기술은 시설물 관리자와 빌딩 소유주/운영자가 시각적 정확성, 물리적 시설물의 가상 모델을 통해 정보 검색을 위한 강력한 수단을 제공한다. AEC 참여자와는 다르게 이런 개별 참여자는 도면을 읽거나 As-built 문서에 관련된 정보를 검색하는 데 필요한 훈련이 되어 있지 않다. 이 기술은 운영과 유지보수 동안 건물 전생애주기를 지원하고 정보의 상호작용 방식을 효과적으로 지원한다. BIM은 기존 시설물 관리 조직에서 사용하는 정보 기술의 광범위한 교체를 필요로 하지는 않지만 관리 조직을 개선하고 레버리지할 필요는 있다. FM을 위한 BIM의 이익은 다음과 같다.

- 빌딩 사용자에게 매뉴얼을 제공하는 유일한 정보 기반
- 에너지와 지속가능성을 위한 효과적인 분석 지원
- 설비, 부착물, 가구에 대한 위치 인식 모델
- 비상 대응, 보안 관리, 시나리오 계획 지원

시설물 관리 조직에 대한 비즈니스 니즈는 다양한 요구사항, 작업 흐름, 사용자들을 고려해야 한다. 건물은 금융자산뿐 아니라 전략적 자산이 될 수 있기 때문에 건물 성능과 비용 지출 추적을 위한 데이터 검색은 매우 중요하다. 건물 성능 측면에서 작업 지시, 공간 할당, 자산 관리, 에너지 효율성, 보완 운영 등 많은 활동들이 빌딩 정보 모델로 모니터링될 수 있다. BIM에서 무엇이 추적되는지에 대한 우선순위는 조직에 따라 달라질 것이다. 비록 BIM이 시설물 관리를 지원하지 않더라도 BIM은 건물 전생애주기 요구사항의 많은 부분을 지원할 수 있다.

■ **효과적인 프로젝트 개발을 위한 BIM 템플릿.** 잘 개발된 프로젝트 표준을 가진 조직은 프로젝트 개발 시 프로젝트 팀이 스마트한 BIM 템플릿을 사용해 업무를 수행함으로써 효율성을 증가시킬 수 있다. 이런 사용자화된 템플릿은 공간과 자산 요구사항이 명시된 프로젝트 명세 프로그램 데이터에

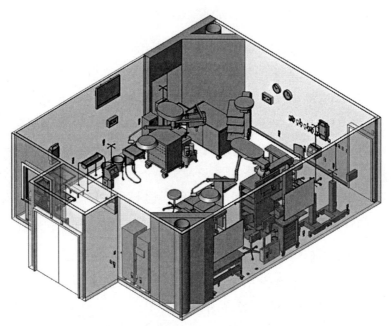

그림 2.3 운영실을 위한 3D BIM 템플릿(U.S. Military Health Service) (출처: Design + Construction Strategies)

대한 빌딩 정보 모델을 자동적으로 생성하게 할 수 있다. 병원(그림 2.3), 소매 업체, 호텔, 회사 오피스들은 프로젝트 개발 단계 동안 행해지는 수동적인 크로스 체크와 검토 노력의 비효율성을 BIM 표준 템플릿을 사용함으로써 줄일 수 있다.

■ **정규화된 프로젝트 발주.** BIM 기반 프로젝트는 프로젝트 제출 후에 시설물 관리에 필요한 데이터를 정의하고 개발할 수 있다. COBie[6]는 제출 시 빌딩 정보 발주를 구성하기 위한 프레임웍 중 하나를 제공한다. 조직은 BIM소프트웨어 add-in 어플리케이션(그림 2.4)을 포함한 다양한 수단을 사용해 시설물 관리에 대한 니즈를 만족하는 특별한 메커니즘을 개발할 수 있다.

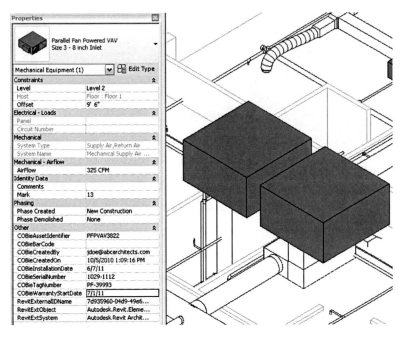

그림 2.4 공조설비 COBie 정보 모델링 예(출처 : Design + Construction Strategies)

---

6) COBie(Construction Operations Building Information Exchange)에 대한 자세한 정보는 Whole Building Design Guide web site(www.wbdg.org/resources/cobie.php)를 방문해보길 바란다.

■ **공간 관리.** BIM은 실제 3D 공간과 객체들을 통합하고 이러한 구성요소들에 관한 속성들을 추적할 수 있다. 이는 사용자화된 공간 관리 요구사항과 공간 측정 규칙을 수용할 수 있다. BIM 어플리케이션들은 추가적인 능력을 가질 수 있도록 확장할 수 있는데, 이는 자동화된 규칙 체크 등을 포함한다. BIM은 공간 레이아웃의 표현(그림 2.5), 좀 더 나은 공간 할당과 변경 시나리오 관리 및 커뮤니케이션을 지원한다.

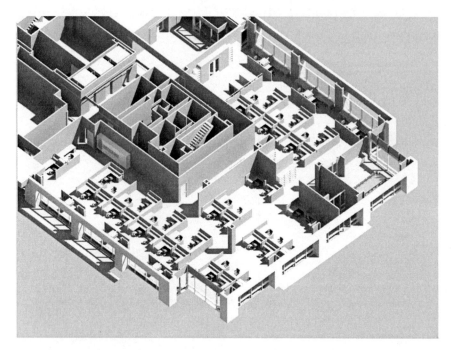

그림 2.5 공간 및 구조 모델링 예(출처 : Design + Construction Strategies)

■ **가시화.** BIM의 강력한 기능인 가시화는 시간에 대한 잠재적 변경 사항 표현(4D BIM), 심각한 빌딩 이슈, 특히 일정과 공정에 관한 것 등에 대한 효과적인 커뮤니케이션을 지원한다. BIM은 간섭 체크, 규정 체크 및 검증, 변경 이력 추적, 동적 보행 시뮬레이션 디자인 등의 기능을 포함한다.

■ **에너지와 지속가능성 관리.** 조직은 에너지 효율성과 지속성 니즈 요구에 직면해 있다. BIM은 개념 에너지 분석(그림 2.7)에서 상세 엔지니어링까지 분석을 지원할 수 있다. 이는 빌딩에 대한 지속가능성(LEED, Leadership in Energy and Environmental Design) 확보를 위한 데이트와 구성요소 정보를 추적하기 위한 수단을 제공할 수 있다는 것을 의미한다. 이는 운영 중에 시뮬레이션을 지원하고 시스템 변경, 리노베이션의 효과를 분석하는 데 도움을 준다.

■ **비상 상황 관리/보안.** BIM은 건물에 대한 정확한 3차원 표현을 제공하기

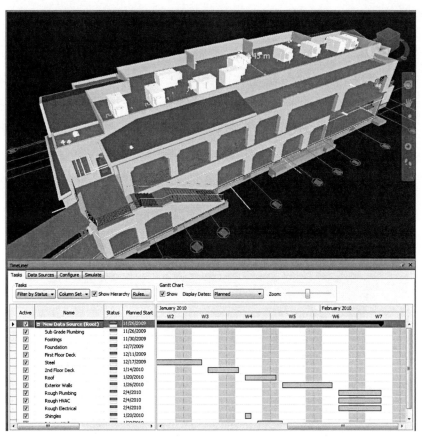

그림 2.6 Autodesk Navisworks software 4D Timeline schedule(BIM과 프로젝트 일정이 연계됨) (출처 : Design + Construction Strategies)

때문에 비상 상황 대응 요구사항과 보안 방법에 대한 분석과 계획을 지원할 수 있다. 이 기술은 많은 분석 기능을 제공하며 고려되어야 하는 공간에 대한 3D 시뮬레이션, 탈출 복도, 주요 지점, 폭발 영역, 감시 카메라 설치 등에 대한 분석 기능을 지원한다.

■ **실시간 데이터 디스플레이.** BIM 어플리케이션을 위한 새로운 기술 중 몇 몇은 빌딩 모델 형상 위에 센서로부터 얻은 실시간 데이터 분석 정보를 표시하는 능력이다. 이 강력한 기능은 분석(색상 범위에 따라 온도와 빛 수준이 표시되는 것 등)을 통한 피드백이 가능할 뿐 아니라 빌딩 구성요소 에 대한 정적, 동적 데이터 접근에 대한 3차원 가시적 포털로서 역할을 지원한다.

FM BIM은 의심할 여지없이 기존 시설물 시스템, 지리 정보 시스템(GIS), 빌딩 자동화 시스템(BAS), 심지어 ERP 시스템을 포함한 여러 전산 데이터 시스템과 통합이 필요하다. BIM은 당분간 현재 CAD 시스템과 공존이 필요할 것이다. 조직은 이 기술의 성공적인 정착을 위해 기초를 만들기 위한 조직 표준과 BIM 이전 계획을 개발할 필요가 있다.

그림 2.7 온도 분석(Autodesk Ecotect에 의해 생성) (출처 : Design + Construction Strategies)

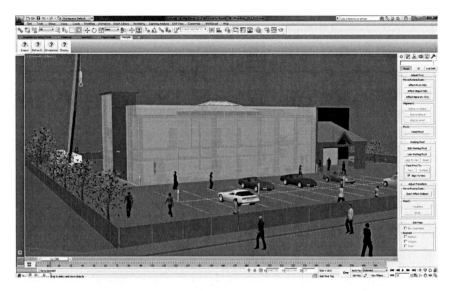

그림 2.8 3D 모델 환경에서 인간 동선 이동 시뮬레이션(Autodesk Project Geppetto) (출처: Design + Construction Strategies)

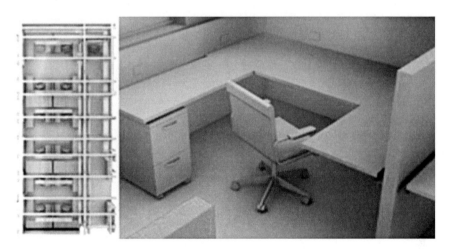

그림 2.9 오피스 빌딩 BIM 모델 위에 온도 데이터 표시(Autodesk Research)

BIM 어플리케이션은 FM 활용을 위한 다양한 기능이 필요하고 이는 AEC 실무자가 사용하는 소프트웨어보다 좀 더 데이터 중심적이고 기능적으로 통합되어 있다. 기존 시설물에 대한 신속한 BIM 모델 생성을 지원하기 위한 방법론과 BIM 정의가 필요하다. 이는 단순히 디자인이나 시공 모델이 아닌 3D 비주얼 데이터 객체이며, 기존 시설물의 정보와 작업 흐름 요구사항을 신속하게 지원한다.

레이저 스캔은 포인트 클라우드(point cloud)라 불리는 데이터 파일에 존재하는 건물의 물리적 형상을 정확하게 추출하기 위한 최신 기술이다. 이 데이터를 처리하기 위해서 레이저 스캔데이터를 서페이스와 객체로 변환하는 기능을 지원하는 소프트웨어가 개발되고 있다. 이는 정밀도가 있고 현실적인 3D 건물 모델을 개발하는 작업 흐름을 도와준다. 레이저 스캐닝은 복잡한 형상, 예를 들어 파이프, 기계실 레이아웃, 문서화를 위해 수작업이 필요한 as-built 모델을 정확히 추출할 수 있다. 이런 기능은 계속 발전되고 있지만 아직은 완벽한 솔루션은 아니다(*주 : 역설계 기술로 알려져 있으며, 현재는 반자동 방식으로 형상이나 객체를 모델링한다).

FM BIM의 새로운 기술은 향상된 정보 검증을 지원하는 규칙 집합(rule sets)에 관한 개발이다. 이런 데이터 셋은 BIM 모델 검증을 자동화하는데 예를 들어 유스케이스에서 프로젝트 프로그램에 대한 발주 모델 검증 및 규칙 요구사항에 대한 모델 평가 등이 포함된다.

이외에 BIM 서버 어플리케이션도 개발되고 있는데 이 기술은 현재 BIM 저작 어플리케이션 뒤에서 전사 조직 관점에 BIM 모델 배포, 관리, 지원 등의 기능을 지원하고 다중 사용자, 관리자 보안 접근, 관리 갱신 및 버전 통제, 여러 작업 위치에 모델 배포, 외부 전사 정보 시스템과 데이터 교환 능력 등을 제공한다. 상업용 FM을 위한 BIM을 지원하는 소프트웨어 어플리케이션과 도구는 빠르게 진화하고 있다. 좀 더 많은 정보 출처는 웹진, 기술 컨퍼런스, 블로그[7] 등에서 찾을 수 있다.

---

7) AECBytes, 온라인 웹진으로 Lachmi Khemlani에 의해 저작되고 있으며 여러 정보 출처 중 하나다. 이 웹진은 www.aecbytes.com이다. 참고로 www.aecbytes.com/feature/2011/BIMforFM.html 기사는 BIM for FM 소프트웨어를 리뷰하여 다양한 FM 성능 비교를 제공하고 있다.

표준과 데이터 교환

빌딩과 설비 산업에서 데이터 교환을 위한 표준은 새로운 정보 작업 흐름을 지원하기 위해 개발되고 있는 중이며 BIM과 같은 기술이 이를 가능하게 하고 있다. NBIMS(The National Building Information Model Standard)는 buildingSMART 협회의 개발 방향을 고려해 이 기술의 활용과 채택을 지도하기 위한 개방형 표준을 개발하고 있는 중이다. 이와 관련된 지침은 건물 정보 교환을 위한 표준 정의 개발이 목적이다.

NBIMS 노력으로 몇몇 핵심 컴포넌트는 개발되고 있는 중이다. 이런 개발들은 Industry Foundation Classes 또는 IFC로 알려져 있으며 건물 관리 시에 지능형 빌딩 모델(그림 2.10)과 정보 시스템 사이에 정보의 교환과 무결성을 촉진시키기 위한 의도로 개방형 데이터 포맷을 개발하고 있다. buildingSMART 협회는 BIM 데이터 교환을 위한 IFC 포맷 채택의 책임을 지고 있으며 이

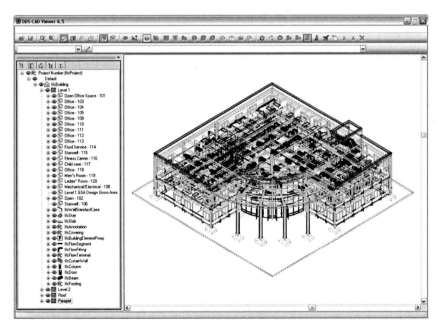

그림 2.10 IFC-format BIM(IFC 뷰어 어플리케이션) (출처: Design + Construction Strategies)

포맷은 벤더 독립적이며 개방형 표준 포맷으로 개발되도록 되어 있다. 이 포맷은 건물 전생애주기 동안 발생되는 수많은 내부 정보 교환들을 수용할 수 있는 프레임웍을 제공할 수 있어야 한다.

빌딩 정보 모델들은 물리적인 시설물에 대한 데이터 컨테이너들이다. building SMART 협회(bSa) 표준은 정보 흐름을 정의하기 위한 사용자 기반 정보들을 지원한다. 이는 사용자의 비즈니스 활용 목적에 따른 시설물 조직과 관련된 정보 모델을 생성할 때 필요하다. NBIMS는 IFC 모델 뷰 정의(MVD, Model View Definition)인 데이터 교환 요구사항 집합 개발을 포함한 절차를 지원한다. 예를 들어 구조 정보[8] 교환과 같은 요구사항 교환 상세 명세 집합과 IFC 스키마 서브 집합들을 지원한다.

건설 운영 빌딩 정보 교환(COBie, Construction Operations Building information exchange)는 bSa에서 주도하고 있으며, 사용자/운영자에게 프로젝트 데이터 전달 방법을 개선하기 위해 ERDC(Engineering Research and Development Center), U.S. Army Corps of Engineers에 의해 지원되고 있다. COBie는 전생애주기 관리(그림 2.11) 시 시설물 소유자와 운영자가 발주한 빌딩 프로젝트 개발 동안 만들어지고 축적되는 데이터를 조직화하기 위한 프레임웍이다. COBie 개발 프로젝트는 최근 COBie2로 업버전되었다.

COBie의 궁극적인 목표는 BIM 어플리케이션들에서 FM 데이터 시스템(IWMS, CAFM, CMMS 시스템 등)으로 데이터를 연속적으로 전달하기 위한 구조를 제공하는 것이고 COBie는 2가지 형태의 조직화된 데이터에 기반을 두고 있는데, (1) 구조화된 스프레드시트, (2) bSa MVD에 기반을 둔다. COBie 정보는 다양한 참여자에 의한 프로젝트의 여러 단계 동안 컴파일되는데 참여자들은 건축가, 엔지니어, 시공사, 공급자, 부재제작업체 등이다. 전형적인 COBie 산출물에서 요구되는 몇몇 데이터는 BIM 저작 어플리케이션에 의해 생성된

---

8) buildingSMART 웹사이트를 참고하면 IFC 표준 개발과 활용에 대한 추가 정보를 확인할 수 있다.
http://buildingsmart.com/standards/ifc

다. BIM 소프트웨어 벤더는 COBie 프레임웍을 지원하는데 이를 위해 플러그인(plug-in) 어플리케이션을 데이터 생성을 위해 지원하고 있으며 Bentley, ArchiCAD, Vectorworks, Autodesk Revit 등이 이를 제공하고 있다.

빌딩 프로젝트들을 위한 데이터 조직 프레임웍은 몇 년 동안 있었지만 우리가 개발하고 관리하는 빌딩 정보의 정규화와 구조화 필요성 및 BIM 발전으로 인해 그 중요성이 높아지고 있다. UniFormat은 북미에서 사용되는 정보 분류 체계 스키마이나 디지털 빌딩과 작업 흐름이 시작되기 전에 오랫동안 개발

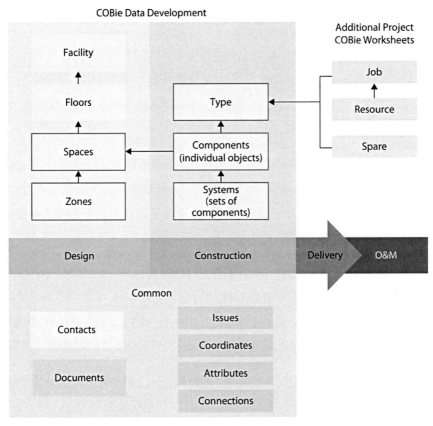

그림 2.11 COBie 프레임웍. BIM 저작 어플리케이션은 특정 COBie 컴포넌트들을 위한 모델 형상과 함께 데이터를 연계할 수 있음(청색 박스 부분 참고) (출처 : Design + Construction Strategies)

되었다. 상용 BIM 어플리케이션은 기본적으로 모델 컴포넌트에 UniFormat 코드를 설정하는 기능을 포함하고 있다. OmniClass는 건설 분야를 위해 개발된 새로운 정보 분류 체계이다. 이 체계는 BIM 포맷[9]에서 명확한 제품 정보 분류를 위한 요구를 지원한다.

FM을 위한 BIM의 도전

BIM은 AEC 산업계에서 빠르게 채택되고 있지만 아직 얼마 되지 않은 기술이다. FM에서 활용을 위한 기술 채택은 이제 막 시작일 수 있다.

현재 BIM 활용은 빌딩 프로젝트를 디자인하고 시공하는 데 초점이 맞춰져 있다. 상업적 BIM 소프트웨어 도구는 복잡한 어플리케이션이며 상세한 정보를 처리하거나 저작하는 기능을 지원하며 프로젝트가 이해되고, 실행되며, 완성되기 위한 기반이 된다.

BIM 어플리케이션들은 디자이너와 시공자들을 보조하기 위해 복잡한 기능을 포함한다. 데이터 객체, 검색, 리포트 생성 등 시설물 관리를 위한 중요한 도구들은 일반적으로 이러한 저작 어플리케이션에서 보조적인 기능이고 실행에 직관적이지 않으며 설정도 쉽지 않다.

디자인과 시공 작업 흐름에서 FM 실무는 작은 부분이다. 현재 BIM 저작 소프트웨어의 기능은 시설물 작업 흐름에서 광범위한 부분에 대해 사용하기에는 유용하지 않다. 시설물들에 대한 BIM 정보를 활용하는 소프트웨어 어플리케이션은 AEC 실무에서 수용되기 위한 저작도구 기능으로부터 발전될 것이다.

프로젝트 완료 단계에 전달되는 빌딩 정보 모델들은 FM에 관한 풍부한 정보 소스이지만 그 정보의 모두가 FM 실무의 넓은 범위에서 가치 있는 것은 아니

---

9) Construction Specification Institute의 웹사이트에 OmniClass에 대한 정보를 확인할 수 있다. www.omniclass.org

며 FM 실무에서는 데이터 검색, 변경 관리, 타깃 코스트와 작업 활동이 중요한 정보이다. 시설물 관리자는 이러한 정보 요구사항들에 대한 우선순위 선정과 상세 사항이 필요할 것이고, 이런 요구사항은 프로젝트의 BIM 산출물에 대한 범위를 잡거나 그 작업 및 FM 빌딩 모델들에 무엇이 포함되어야 하는지 정의하고 가능한 리소스와 작업 흐름에 기반을 두어 무엇을 합리적으로 유지 보수할 수 있는지를 정의해야 한다. BIM 정보의 구성요소들은 각각 활용될 수 있거나 자산관리, 공간관리, 지속가능성과 에너지 관리, 피난 및 안전 관리와 같은 BIM의 많은 정보 집합을 포함한 시설물 정보 수집에 기반을 둔다.

빌딩 정보 모델들을 유지관리하기 위해서는 BIM 지침을 개발하는 조직이 필요하며 이 지침은 상세 BIM 프로젝트 발주 요구사항과 시설물 관리 실무에서 사용을 정의해야 한다. 시설물 관리 포트폴리오에서 기존 수많은 빌딩을 소유하는 조직에 BIM을 배포하는 것은 일관성 있는 로드맵과 전략이 요구된다. 많은 조직들은 빌딩 정보에 대한 비일관적인 재고 목록을 유지하며 이는 CAD, 스캐닝 도면들, 청사진, 포인트 클라우드 파일들을 포함한다. BIM 안에 이러한 것들을 넣을 때 전략이 없다면 낭비, 지연, 정보 유지관리의 불필요한 노력 등이 발생된다.

상업용 소프트웨어의 많은 기능과 기술이 시설물 관리에서 BIM을 지원하기 위한 진화가 필요하다. 이런 것들의 중심에는 조직 프로세스를 지원하는 BIM 기반 시설물을 관리하는 소프트웨어 어플리케이션이 될 것이다. 그리고 이런 소프트웨어는 버전관리, 사용자 접근관리, 우선순위 제어, 안전 관리 등을 제공할 것이다. 전사 시스템에서 데이터 상호운용성을 위한 BIM 요구사항들은 복잡한 주제이고 이는 시설물 정보 시스템이 광범위하게 발전되었기 때문인데 BIM 기반 FM이 핵심 이슈가 될 것이다.

BIM 저작 어플리케이션의 자체 포맷에서 BIM 파일로 재고 관리를 위한 BIM 소프트웨어가 비싼지 고민이 필요하다. 또한 BIM 어플리케이션 벤더가 일반적으로 최근 몇 년간 주기적으로 버전을 갱신하고 있는지 확인해볼 필요가 있다. 이런 요소들은 FM 실무에서 정해진 니즈와 예산 제약조건에 의해 고려된다. BIM 파일의 관리는 FM 고려사항에 대한 하나의 이슈가 될 수 있다. 조직은 주기적으로 BIM 파일을 업그레이드해야 할 것이다. 이는 소프트웨어 버전 간의 하위 버전 호환성을 지원하는 소프트웨어 벤더사가 많지 않기 때문에 일어나는 일이다. 외부 업체와 동기화를 위한 소프트웨어 버전 일치 문제는 긴 구매 사이클을 가진 조직으로써는 또 다른 문제이며 좀 더 오래된 BIM 저작 소프트웨어를 유지하도록 선택할 수도 있다.

많은 시설물 관리 조직에서 최신 상태로 CAD를 유지하려는 것을 알 수 있는데 만약 이들이 CAD 포맷 내에 최신 재고정보를 일관성 있게 유지하고 싶어 하는 조직이라면 BIM 재고 정보의 유지 또한 쉽지 않을 것이다. BIM은 3D 형상 정보 갱신 시 연관 데이터와 객체 관계를 갱신해야 하는 문제를 가져올 수 있다. BIM 저작 소프트웨어는 CAD보다 매우 복잡해서 수준 높은 사용 기술이 필요하다. 시설물 관리 조직은 적절한 BIM 숙련자를 유지해야 하는 문제에 직면하게 될 수 있으며 아마 BIM 갱신과 저작 요구사항을 위한 별도 외부 업체 계약을 선택해야 할 수도 있다.

현재 시설물 관리 조직은 많은 데이터 소스와 중복된 데이터를 가지고 있다. BIM 통합의 목적은 다른 정보 시스템의 추가가 아니라 데이터 전달을 정규화 하도록 돕는 것이고 명확한 데이터 소유, 검증된 데이터의 손쉬운 접근을 돕는 것이다. 시설물 관리 조직에서 데이터 저장소와 어플리케이션들 간 BIM 통합을 지원하는 기술과 작업 프로세스는 이 기술을 채택하는 조직으로써 도전이 될 것이다.

많은 질문이 아직 FM 실무를 위한 BIM 기술에서 해결되지 않았다. 예를 들어 신중해야 하는 상황에서 BIM에서 외부 전사 데이터 시스템으로 데이터를 추출, 변환, 전달하거나 기존 전사 시스템의 관계형 데이터베이스로부터 BIM이 정보를 끌어오도록 할 것인가? 어떻게 이러한 연결들을 자동화하고 관리할 것인가? 무슨 소프트웨어 도구와 시스템이 FM을 위한 BIM으로 잘 활용될 수 있는가? BIM이 단독 또는 시각적인 정보 포털로 분산된 빌딩 정보 흐름을 통합하는 직관적인 수단을 제공할 수 있는가?

BIM은 견고한 정보 기술로 시설물 관리를 위한 많은 장점을 제공한다. BIM이 FM 분야 게임 규칙을 바꿀 수 있는 하나의 어플리케이션이라는 것은 의심할 여지가 없다. 디자인과 시공 무대는 특정 목적을 위한 여러 어플리케이션에서 BIM 데이터를 개발하고 활용하는 최상의 방법을 익히고 있다. 다음 몇 년 동안은 시설물 관리 전문가들과 솔루션 벤더들이 시설물 관리를 위한 좀 더 나은 정보 관리를 위해 BIM을 활용하는 것을 보게 될 것이다.

실무에서 FM BIM : 병원 BIM 컨소시엄 이니셔티브

시설물 관리에 BIM을 도입하려는 몇몇 노력은 프로젝트 종료 시 빌딩 정보 전달을 개선하는 방향에 초점을 맞추고 있다. 이런 노력은 정보교환을 촉진하는 작업 흐름, 표준, 도구 정의 등을 포함하고 있다.

보건 BIM 컨소시엄(HBC, Healthcare BIM Consortium)은 병원 소유자[10]에 의해 만들어졌으며 시설물 전생애주기 관리(FLCM, Facility Life-Cycle Management)를 지원하기 위한 상호운용성을 지원하는 솔루션 탐색 및 개발 목적을 가지고 있다. 이런 노력의 핵심 목표는 빌딩 전생애주기에 걸친 BIM 활용이고 프로세스[11]에서 이해당사자 간 관련 부문 간에 데이터를 끊임없이 전달할 수 있도록 하는 것이다.

보건 시설물은 시공과 유지보수를 위한 가장 복잡한 빌딩 유형 중 하나이다. 현재 프로젝트 개발 프로세스에서는 몇 가지 어려움이 있는데, 이 중 하나는 프로젝트 참여자 간에 데이터 교환이 쉽지 않다는 것이다. BIM은 전생애주기

---

10) 이니셔티브는 bSa의 지원 아래 진행되는 프로젝트이다. bSa 웹사이트에 www.buildingsmartalliance. org/index.php/projects/activeprojects/162
11) MHS BIM 이니셔티브에 대한 좀 더 많은 정보는 www.mhsworldclassfacilities.org/home/bim 웹사이트를 방문하길 바란다.

에서 병원 시설물 정보 관리와 개발을 위한 효율적인 통합 데이터 프레임웍을 지원할 수 있는 기술로 보인다. FM을 위해 BIM을 적용하는 것은 빌딩 정보 모델에 조직 요구사항을 전달하는 능력을 포함할 수 있다. 이런 요구사항은 프로젝트 개발 동안 모델 검증, 분석, 개발이고 프로젝트 마감 시 소유자/운영자에 견고하고 통합된 BIM을 전달하는 것 등을 포함한다(그림 2.12).

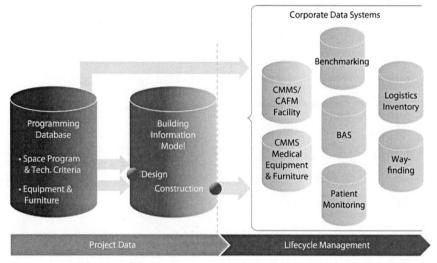

● Choke points for data exchange

그림 2.12 병원계획 시스템에서 BIM으로 데이터 흐름. 프로젝트 종료 시 시스템 통합을 위한 데이터 흐름. 프로젝트 단계에서 현재 존재하는 데이터 교환을 위한 이슈는 어디 데이터가 BIM에 들어와야 하며 어떤 정보가 시설물 관리자에게 전달되어야 하는 것 등이 있음(Russ Manning/DoD MHS-PPMD에 의해 개발된 슬라이드)

BIM의 강력한 기능 중 하나는 정확성, 빌딩 재고 상세 표현, 관련된 컴포넌트와 데이터를 신속하게 제공할 수 있다는 것이다. 병원 건설 프로젝트는 전형적으로 수많은 방과 그 안에 포함된 수많은 설비 및 가구들을 포함한다. 빌딩 정보 모델 생성을 자동화하는 것은 많은 프로젝트 개발 시간을 줄일 수 있고 데이터 검증, 수량 견적, 완전하고 상세한 프로젝트 데이터를 프로젝트 이해

당사자들에게 전달해주는 기능을 제공한다.

DVA(Department of Veterans Affairs)와 MHS(Defense's Medical Health Service)는 BIM 모델로 자신들의 시설물 계획 프로그램을 전달할 수 있는 자동화된 도구를 찾고 있는 중이다. 이러한 BIM Add-in 어플리케이션은 프로젝트 프로그램에 대한 디자인 프로세스 동안 언제나 모델을 검증할 수 있다. 어떤 BIM 벤더[12]는 Revit 모델로 프로젝트 프로그램에서 공간 및 설비 데이터를 전달하는 기능을 가진 Revit add-on 프로그램을 개발했었다. 이 프로그램에서 명시된 각 실은 시설물 리스트를 가지고 있다. 이 소프트웨어는 Revit 사용자가 명시된 실 정보를 프로젝트 모델에 추가하도록 도와준다. 또한 이 도구는 프로젝트의 프로그램 규정 밖에 있거나 시설물이 누락된 실을 하이라이트하고 체크리스트를 검증할 수 있는 기능을 제공한다.

그림 2.13에서 그림 2.16은 Autodesk Revit에서 SEPS BIM 도구로 이런 기능을 실행한 스냅 샷을 보여준다. VA와 MHS는 병원 시설물 계획 데이터 프로그램 SEPS를 사용하는데, SEPS는 신규건물에 대한 상세 프로그램을 제공하고 있다. SEPS BIM 도구는 실의 프로그램 리스트를 읽고 시설과 명세를 Revit으로 전달한다. 그림 2.13은 워크스페이스 안으로 읽혀진 프로그램 실 리스트를 보여준다. 사용자는 BIM에서 실들을 선택하고 요구된 시설 객체와 명세에 대한 공간 정보를 SEPS BIM 도구를 통해 얻을 수 있다. 그림 2.14는 어떻게 규정 체크를 하는지를 보여주며 이 도구를 실행해 틀린 시설물 객체들이 있는 실을 하이라이트(녹색 표시)하는 것을 보여준다. 그림 2.15는 BIM에 있는 설비 객체들(메스 형상)의 3D 뷰를 보여준다. 그림 2.16은 BIM에서 운영실의 3D 뷰를 보여주며 프로젝트 뒤로 갈수록 초기 매스 형상은 상세화된 버전으로 대치된다.

전생애 BIM은 시설물 소유자에게 많은 이익을 준다. BIM 성숙된 조직은 SEPS BIM에 의해 제공된 유사한 추가 작업 흐름이 실무에 소개될 수 있다.

---

12) Autodesk's SEPS BIM 도구.

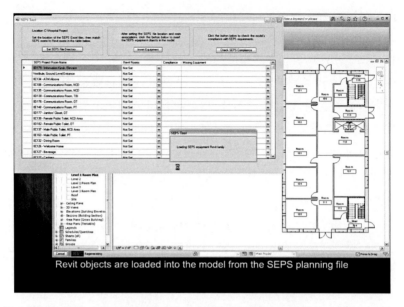

그림 2.13 프로젝트 프로그램에 요구된 실 및 관련된 설비 리스트. Revit SEPS BIM 도구 인터페이스(출처: Design + Constrution Strategies)

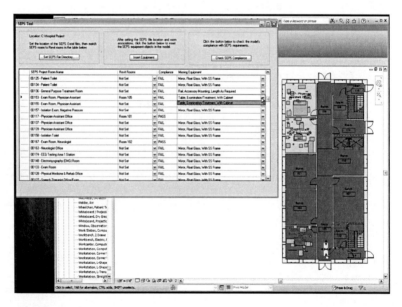

그림 2.14 SEPS BIM 도구 규정 체크 인터페이스 메뉴. BIM 어플리케이션과 함께 실행되며 컬러 코드(color-coded) 결과를 표시(출처: Design + Constrution Strategies)

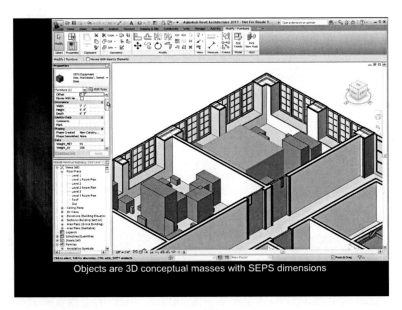

Objects are 3D conceptual masses with SEPS dimensions

그림 2.15 프로젝트 모델 실내에 3D로 보인 설비들과 관련 속성(프로젝트 프로그램으로부
터) (출처 : Design + Constrution Strategies)

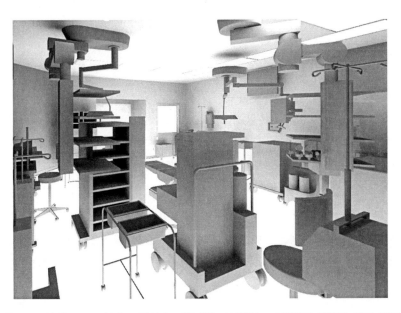

그림 2.16 상세 SEPS 설비 모델의 3D 렌더링. 상세화는 프로젝트 진행에 따라 정리됨
(출처 : Design + Constrution Strategies)

BIM의 작업 흐름 자동화를 위한 능력은 프로젝트 팀이 상호 검증을 하는 많은 시간을 줄일 수 있다. 프로젝트 생산성을 향상시키기 위해 제공된 프로젝트 데이터 모델의 신뢰성 있는 검증을 제공한다.

떠오르는 기술과 BIM

BIM은 새로운 기술이며 빌딩 산업에 빠르게 채택되고 있다. 이 기술은 새로운 많은 기능을 통합하고 능력을 개선하고 있다. 정보 기술의 광범위한 영역에서 혁신은 BIM에서 빌딩 전생애주기 관리 시 복잡한 데이터 기반 요구사항을 지원할 수 있도록 한다.

이 단원은 몇몇 중요한 기술들을 살펴볼 것이다. BIM 능력 개선과 관계되지만 현재 실무에서는 아직 잘 활용되지 않는 것들이다. 관심 있는 독자는 인터넷 상에서 벤더 솔루션을 찾을 수 있다.

클라우드 컴퓨팅

클라우드 컴퓨팅이 무엇인지 많은 정의가 있다. 그러나 본질적으로 컴퓨팅 리소스 풀의 집합이며 웹을 통해 서비스를 전달하는 것이다. 클라우드 기술은 정보 기술의 많은 분야에 채택되었고 여기에는 AEC FM 산업을 지원하는 기술도 포함되어 있다. 클라우드 서비스를위한 성장 능력은 인터넷 데이터를 처리하기 위한 인프라스트럭쳐의 증가로 높아지고 있다. 메이저 기술 회사를 포함한 클라우드 서비스의 핵심 제공자는 아마존, 구글, 마이크로소프트, IBM 등이며 그들이 제공하는 서비스도 확장되고 있다. IaaS(Infrastructure as a Service)란 용어는 클라우드 서비스 업체에 의해 제공되는 IT 인프라스트럭쳐 서비스라는 의미이다.

공공과 반대로 개인 클라우드는 단일 조직을 지원하기 위해 설정된 IT 인프라스트럭쳐이다. 클라우드는 일반적으로 하나의 데이터 센터 안에 중앙 집중화 되고 대규모 네트워크 성능이 빠른 속도로 지원된다. 개인 클라우드는 회사 내에 존재하거나 서비스 제공자로부터 만들어진다. 조직의 특정 요구사항을 만족하기 위한 개인 클라우드 설정의 전략은 다양하다.

BIM 어플리케이션과 데이터는 전형적으로 사용자 데스크톱에 존재하고 조직 의 인트라넷을 통해 서버에서 공유한다. 그러나 벤더는 클라이드 기반으로 확장하고 있으며 BIM을 지원하는 데이터의 계속된 증가를 포함한 빌딩 정보 모델 활용 확장과 협업적 BIM 실무에 포함된 복잡한 상호작용은 이런 기술을 지원하기 위한 IT 인프라스트럭쳐를 개선하기 위한 BIM 채택을 유도하고 있 다. 엔터프라이즈 BIM 프레임웍은 클라우드 아키텍처[13]에 기반을 둔 사례가 증가할 것이다.

클라우드 기반 환경은 많은 다양한 이점을 준다. 클라우드는 회사의 IT 요구 사항 자체 구현을 줄여주며, 회사 직원들이 시스템 배치 및 관리 시간을 줄여 준다. 그리고 새로운 하드웨어 투자비용도 줄인다. 게다가 보안 문제, 비즈니 스 연속성, 재해 복구 요구사항 등의 일들을 클라우드 제공자로 옮길 수 있다.

클라우스 서비스의 몇몇 단점도 있다. 조직은 그들의 보안을 걱정해야 하며 인프라스트럭쳐에 대한 수준 높은 통제 요구는 제3자에게 데이터를 넘길 때 불편할 수 있다. 투자 비용 비교는 어려우며 회사들이 주의 깊게 서비스 계획 과 제공하는 것에 대한 내용을 평가해야 한다. 클라우드 서비스의 유연성과 통합성은 마찬가지로 주의 깊게 평가되어야 한다.

클라우드 컴퓨팅에 관련된 또 다른 용어는 SaaS(Software as a Service)이 다. 이런 어플리케이션은 웹에서 제공되며 브라우저를 통해 사용자가 접근한 다. BIM 벤더는 SaaS 어플리케이션으로써 클라우드에 대한 조율과 협업 어

---

13) buildingSMART 협회는 BIM의 중요한 전략으로써 클라우드 서비스 콘셉트를 이야기하고 있다. Stakeholder Activity Model 프로젝트에서 다음 단계를 확인해보라. www.buildingsmartalliance.org/index/php/nbims/about/bimactivities/

플리케이션을 브랜딩할 수 있다. 집약적인 어플리케이션 지원과 스케일업에 대한 클라우드 능력은 CFD(Computational Fluid Dynamics), 기계 및 구조 엔지니어링, 진보된 렌더링 및 가시화와 같은 BIM 관련 분석을 지원하기 위한 강력한 플랫폼을 제공할 수 있다. BIM 활용은 FM 사용자에 따라 다르다. 클라우드 기반 서비스에 의해 수용될 수 있는 실시간 시운전과 같은 분석을 지원할 수 있다. 핵심 BIM 저작 어플리케이션은 SaaS 기반은 아니지만 개인 클라우드 인프라스트럭쳐(IaaS)에서 운용될 수 있다.

FM을 위한 모바일 컴퓨팅

모바일과 무선 기술은 현대 생활의 모든 면에서 정보접근의 민주화를 이루었고 빌딩 정보에서 정보 환경을 개선할 것이다. 시설물 관리는 많은 액티비티를 포함하는데, 예를 들어 시설물에 대한 재고목록, 조사, 수리, 유지보수, 대안비교 등이다.

모바일 기술은 언제 어디에 있든 검색, 수집, 갱신, 정보 공유 활동을 지원하는 수단을 제공한다. 이는 수작업을 위한 개선된 지원을 제공할 뿐 아니라 최신 정보 유지를 위한 수단도 지원한다. 그림 2.17은 모바일 기술 활용 예이다.

현재 빌딩 정보 모델링은 주로 데스크톱 기반 어플리케이션인 BIM 저작 어플리케이션[14]이 중심이다. BIM 실무는 시설물 관리에 대해서는 다르며 여기서 요구사항은 빌딩 데이터의 좀 더 쉬운 검색과 갱신에 초점이 맞춰져 있다. FM BIM 서버의 개발, 포털, BIM 기반 IWMS 어플리케이션들은 가치 있는 정보를 관리하는 호스트로 현장 접근성을 제공할 것이며 가벼운 클라이언트 어플리케이션이 개발될 것이다. 이런 정보들은 작업 요구 데이터, 수리 계획, 비디오, 부품 데이터이며 전사 시스템으로부터 검색 가능한 데이터도 포함한다. 무선 모바일 디바이스는 이 인프라스트럭쳐의 핵심 구성요소가 될 것이다.

---

14) Autodesk Revit, Bentley, AECOsim, Graphicsoft Archicad.

그림 2.17 iPad 타플렛 플로어 계획(red-lining 및 주석 처리 등 지원) (출처 : 저자 이미지 캡처)

빌딩 관련 액티비티들을 지원하는 모바일 어플리케이션들은 계속 증가할 것이다. 현재 BIM 관련 앱(또는 3D CAD 등)의 대다수는 모델 뷰어 기능이다. 주석과 마크업 기능은 가능하다. 디바이스에 대한 벤더 사이트와 앱 스토어는 현재 앱 제공 상황을 체크하기 위한 좋은 장소이다.

모바일과 RFID 기술

RFID(Radio-Frequency Identification)은 무선 비접촉식 시스템이며 태그된 객체로부터 정보를 스캐닝 장비로 전송한다. 바코드와 유사하지만 RFID 태그는 정보를 읽기 위해 직접 보일 필요가 없으며, 먼 거리에서도 빠르게 정보를 읽을 수 있고 재활용성이 높다.

시공 회사들은 프로젝트 프로세스를 가속하기 위해 모바일과 RFID 기술과 함께 BIM을 사용하고 있다. 이런 기술에서 좋은 활용 사례는 디자인과 상세화 단계(BIM에서), 부재 제작과 시공단계에 걸쳐 프로젝트 관련 부재 재료를 추적하는 것이다. RFID 추적 활용은 이 산업계에서 혁신적이고 효율적인 실무와 린 시공(Lean Construction)15)을 도와주며 프로젝트 이해당사자들에 실제 비용 절감 효과를 줄 것이다.

RFID는 시설물 관리자들에게 자산 태깅과 추적 수단을 제공한다. BIM이 데이터베이스이기 때문에 RFID 확인은 그 모델 안에 어떤 구성요소와 관련이 되도록 할 수 있다. 모바일 기술은 이런 능력을 향상시킬 수 있으며 이는 BIM 데이터를 접근하고 이 정보를 모바일상에 FM 사용자에게 전달함으로써 가능하다. 이런 기능들은 다양한 시나리오에서 유용하며 벽 뒤, 바닥 아래, 천장 위, 공간 안, 실 안에 자산 및 거주민 정보 디플레이가 가능하며 재건축 동안 자산들에 대한 위치 추적 등이 가능하다.

모바일과 클라우드 기술

모바일 클라우드 컴퓨팅은 모바일 장치 외부에 발생된 데이터 프로세스와 저장을 지원하는 인프라스트럭쳐이다. 오늘날 활용하는 모바일 클라우드 컴퓨팅의 몇몇 예는 모바일 Gmail과 구글 맵 등이다. BIM 벤더들은 그들의 클라우드 기반 협업 어플리케이션을 모바일 장치16)를 지원하기 앱을 출시하고 있다.

클라우드는 모바일 컴퓨팅에서 여러 가지 모습으로 나타날 수 있으며, 모바일 어플리케이션 뒤에 데이터 운영 지원을 위한 기본 인프라스트럭쳐의 부분이 될 것이다.

산업계 예로 AEC 분야 모바일과 클라우드 기술은 소프트웨어 제공자 VELA systems과 같은 예가 있다. 부동산 MIT 센터와 하버드 디자인 학교에서 기

---

15) 관련 정보는 Lean Construction Institute 웹사이트 www.leanconstruction.org를 방문하라.
16) Autodesk Buzzsaw와 Bentley ProjectWise 소프트웨어 어플리케이션 등.

본적인 연구가 2005년 시작된 이 회사는 현장에서 필요한 정보를 실무자에게 제공하는 것에 초점을 둔다. 2012년 Autodesk사는 Vela 시스템을 인수했고 BIM 솔루션과 프로젝트 관리 소프트웨어[17]에 그 모바일 기술을 통합했다.

증강 현실

가상 현실(VR, Virtual Reality)은 실제 환경에 대한 컴퓨터 시뮬레이션이다. 많은 사람들이 VR을 이용해 컴퓨터 게임에서 Second City와 같은 온라인 어플리케이션에 친숙하다. 증강 현실(AR, Augumented Reality)은 이를 한 단계 더 발전해 사용자에 대한 향상된 경험을 제공하기 위해 실세계와 가상 세계를 결합한다. AR는 실제 생활 위에 겹쳐진 데이터로 뷰를 보여준다.

마이크로소프트의 Kinect는 모션 센싱 입력 장비로 Xbox 비디오 게임을 위한 콘솔이다. 이는 사용자가 Xbox 360과 함께 게임컨트롤러 터치가 없이도 게임을 제어하거나 상호작용이 가능하다. 이는 NUI(Natural User Interface)를 통해 제스처나 말을 인식한다. 이 장치는 소프트웨어 개발 키트(SDK, Software Development Kit)를 가지고 있는데, 이를 이용해 많은 개발자가 사용화된 어플리케이션을 개발할 수 있다. Kinect를 이용한 낮은 비용의 진입점은 3D 데이터 뷰잉 시 상호동작으로 새로운 창의적인 개발 경로가 된다. 이 기술은 게임 엔진에서 제공되는 환경과 유사하게 사용자가 3D 빌딩 모델을 상호동작으로 탐색이 가능하도록 할 수 있다.

---

17) 현재 현장 지원 소프트웨어 및 하이브리드 클라우드 기반 솔루션인 Autodesk 360으로 개발되고 있다.

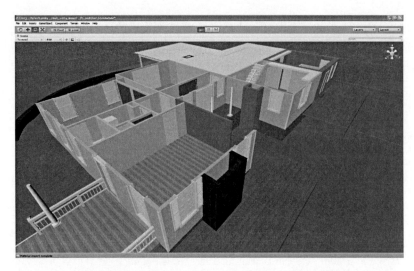

그림 2.18 Unity 게임 엔진으로 불러들인 BIM 모델. Kinect 장치로부터 탐색 기능이 제공됨. DCStrategies에 의해 개발된 프로토 타입 이미지(출처 : Design + Construction Strategies)

그림 2.19 BIM으로부터 천장 위의 덕트를 디스플레이하는 태블릿 장치(출처 : 저자 이미지)

AR과 모바일 어플리케이션은 다양한 정보 활용을 제공하도록 개발될 수 있다. 예를 들어 레스토랑 위치부터 뉴욕 지하철 탐색[18]까지 활용될 수 있다. 이런 기술들은 빌딩 관련 액티비티, 예를 들어 시설물 현장 주변에 당신이 걷고 있는 빌딩 파사드(Façade) 상에 에너지 사용 데이터 디스플레이, 실에서 당신이 걷고 있을 때 테이블 위에 BIM 모델로부터 천장 위에 설치된 덕트 작업 확인(그림 2.19), 주차장을 가로질러 당신이 걷고 있을 때 인프라스트럭쳐 BIM을 위한 지하 유틸리티 정보 확인, 당신이 실을 조사하고 있을 때 자산 레코드 리스트(그림 2.20)와 같은 많은 흥미 있는 것들이 가능하다. 이 기사가 쓰였을 때는 이런 상업적인 도구들은 없었다. 그러나 타블렛 기술이 급격하게 발전되고 있으므로 곧 이런 기술이 가능해질 것이다.

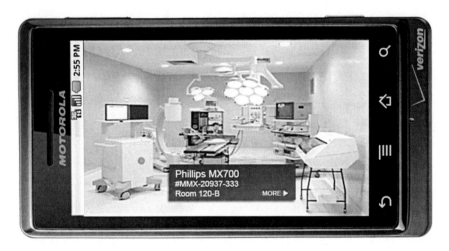

그림 2.20 스마트폰 위에 동작하는 프로토타입 증강 현실 자산 앱(출처 : 저자 이미지)

---

18) "iPhone과 iPad용 Top 15 증강현실 앱" PCWorld 웹진, 2012.4.10; www.pcworld.com/article/253530/top_15_augment3d_reality_apps_for_iphone_and_ipad.html

센서 데이터

운영 중인 빌딩을 위한 효율성 최적화는 복잡하고 입주자, 시설물, 그 사이 상호동작과 활용을 조율하는 잘 정의된 영역이 요구된다. 센서는 실시간으로 데이터를 취득할 수 있기 때문에 빌딩 운영에 대한 상세한 정보를 전달할 수 있다. 그러나 센서 시스템은 많은 데이터를 생성한다. 대용량 데이터 집합을 처리하는 성능을 개선하기 위해서는 데이터를 보고, 분석하고, 평가하는 방법이 시설물 관리자의 개선된 의사결정을 지원할 수 있도록 제공되어야 한다.

BIM은 성능 데이터를 표시하는 비주얼 프레임웍을 제공할 수 있다. 현재 복잡한 모델 시뮬레이션에서는 이와 같은 것이 처리된다. 예를 들어 빌딩 디자인에서 기계와 구조 시스템을 위한 디자인 테스트 시 활용되는 CFD 분석과 같은 것이다. 빌딩 모델은 디스플레이[19]될 수 있는 전력 사용량과 같은 실시간 데이터 성능 피드백의 3D 프레임웍을 제공할 수 있다.

복잡한 빌딩 성능 거동을 집약하고 분석하는 능력은 정밀한 시스템 변경을 수행하는 능력과 빌딩 전생애주기 동안 지속적인 시운전과 같은 프로세스를 보조하는 능력들을 지원할 것이다.

BIM 구성요소 데이터

새로운 기술들과 어플리케이션들은 AEC FM 전문가들의 비즈니스 실무를 변화시키고 있다. 신기술 혁신의 결합은 프로덕트 정보에 대한 급성장하고 있는 환경이 상세 데이터 리소스와 함께 자동화된 작업 흐름을 지원할 것이다. 이런 데이터 저장소들은 여러 액티비티에 대한 상세 데이터를 제공할 수 있으며 예를 들어 에너지 분석을 위한 기상 데이터베이스, 위치 기반 분석을 위한

---

19) 관련 기술은 Azam Khan과 Kasper Hornbaek 기사 "Big Data from the Built Environment"에서 확인할 수 있다. SIGCHI Conference 2011. www.autodeskresearch.com/pdf/large309a-khan.pdf

기반 데이터를 제공하는 GIS 맵 서비스, 모델 개발 시 사용하는 객체 구성요소의 BIM 제조 라이브러리 등이다.

빌딩 구성요소들의 사전제작 모델은 AEC팀이 디자인 프로세스와 고품질, as-built 도면들을 정확하게 소유주에게 전달하는 데 도움을 줄 것이다. 데이터 중심 기하학적 정밀 구성요소 모델들은 다중 작업 흐름을 지원하고 이는 에너지와 지속가능성 분석, 수량산출, 비용견적, 안전분석, 화재와 생명 안전 분석 등을 지원할 것이다. FM 활용은 정밀하고 완전한 데이터를 포함한 구성요소 모델들이 데이터 시트 또는 프로덕트 매뉴얼로 파일화된 정보로 제공될 것이다[그림 2.21(a), (b)].

BIM 구성요소 모델을 관리하는 하나의 독특한 벤더 솔루션은 Autodesk Seek[20] 클라우드 기반 웹서비스로 제품 제조업자들에 의해 개발된 도면, 명세서, 모델 구성요소들을 포함하고 있다. 빌딩 제품 리소스들은 BIM으로 제공된다. AEC 산업에 오랜 제품 정보 제공자인 McGraw-Hill Sweets Network 는 소유권 있는 빌딩 모델 라이브러리[21]들을 점점 많이 제공하고 있으며 ARCAT[22]도 빌딩 제품 명세를 위한 리소스들을 제공하고 있다.

표 준

신기술과 실무에 따른 빌딩 재료, 제품, 설비의 선택 방법을 돕기 위해, Specifiers' Properties 정보 교환 프로젝트(SPie, Specifiers' Properties information exchange project)[23]는 설비 데이터를 위한 표준을 설정하기 위한 개발을

---

20) Autodesk Seek 사이트 http://seek.autodesk.com
21) Sweets BIM Collection. http://construction.com/BIM
22) Arcat 웹사이트. BIM 객체 라이브러리. www.arcat.com/bim/bim_objects.shtml
23) 이 노력은 CSI에 의해 조율되고 있고 National Institute of Building Science의 buildingSMART 협회, SCIP, USACE 엔지니어 연구 개발 센터(Engineer Research and Development Center) 등이 참여하고 있다. 최근 개발 정보에 대한 프로젝트 웹사이트는 www.buildingsmartalliance.org/index.php/projects/activeprojects/32를 확인하라.

진행하고 있다. 이 목적은 디자이너, 명세화하는 사람, 시공업자, 소유주, 운영자에 의해 사용되는 개방 표준 포맷으로 제품 데이터를 넣을 수 있는 제조업자에 의해 사용되는 제품 템플릿 집합을 개발하는 것이다.

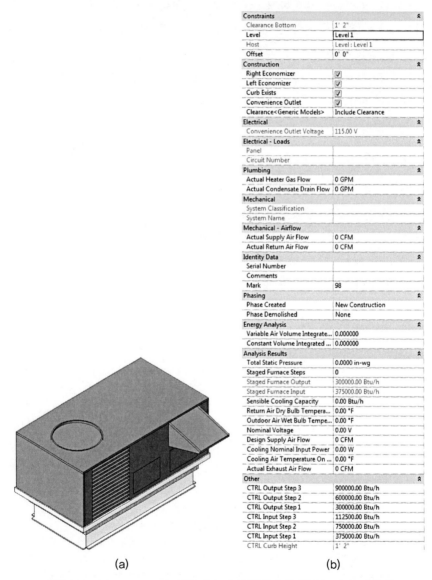

(a)

(b)

그림 2.21 (a) BIM HVAC 객체, (b) 속성들(데이터) (출처 : 저자 이미지)

참고문헌

buildingSMART. http://buildingsmart.com/Construction Operations Building information exchange(COBie). 전체 빌딩 디자인 지침. www.wbdg. org/resources/cobie.php.

International Alliance for Interoperability. www.iai-interoperability.org, IFC Industry Foundation Classes 명세 : www.iai-international. org/Model/IFC(ifcXML)Specs.html.

National 3D-4D Building Information Modeling Program. U.S. Government Services Administration(GSA). www.gsa.gov/portal/content/105075.

OmniClass, A Strategy for Classifying the Built Environment. www. omniclass.org.

Open BIM Standards for Communication Throughout the Facilities Industry. buildingSMART alliance, acouncil of the National Institute of Building Sciences. www.buildingsmartalliance.org.

Veterans Administration Building Information Lifecycle Vision. www.cfm. va.gov/til/bim/BIMGuide/lifecycle.htm.

Chapter 3
FM 지침을 위한 발주자 BIM

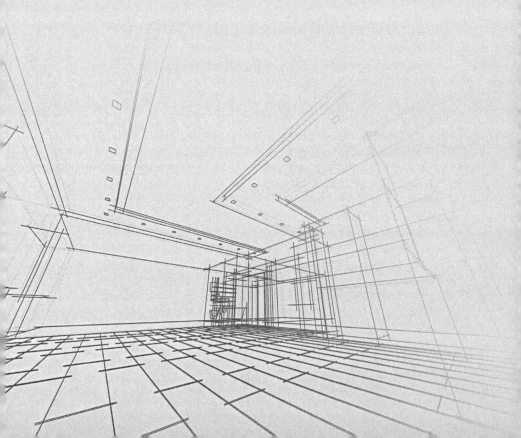

Chapter 3 FM 지침을 위한 발주자 BIM

소유주는 FM을 위한 유용한 결과를 얻기 위해 프로젝트 팀으로부터 무엇을 요청해야 하는지를 알고 있어야 한다. 이 장은 공공과 민간 기관으로부터 개발된 발주자 지침을 기술하며 이 지침들은 디자인, 시공, 인도 프로세스 단계에서 각 단계의 목표와 기대효과를 아는 데 활용될 수 있다. 모든 지침은 프로젝트 팀이 BIM 수행 계획(BEP, BIM Execution Plan)을 개발함을 요청하고 있고 어떻게 팀이 요구사항을 만족하는지를 명시해야 한다고 정하고 있다. 경험이 부족한 소유주는 실패를 줄이기 위해 첫 번째나 두 번째 프로젝트에서는 경험이 있는 계약자, 건축가, 엔지니어와 함께 일하거나 컨설턴트를 고용하는 것이 좋다. BIM FM 통합 어플리케이션을 개발하는 소프트웨어 벤더는 다른 유용한 실무적 소스가 될 수 있다. 복잡한 필드에서 경험은 성공의 핵심 요인이다.

GSA(General Services Administration) 지침은 상세한 고려사항을 제공하며 이 기관은 그들의 목표, 작업 프로세스, 정보 표준을 정의하기 위해 내외부로 노력하고 있다. 표준을 검토하는 것은 문제를 이해하는 데 도움이 될 것이다.

소유주의 BIM 지침들을 선택할 수 있도록 기존 조직 및 기관들이 만든 지침들에 대한 요약을 제공하고 있다. BIM FM 통합이 비교적 새로운 기술이기 때문에, 모든 지침이 이런 통합 기술에 대한 요구사항을 다루고 있지는 않다. 하지만, 장래에는 이를 다루게 될 것이다.

FM 지침을 위한 발주자 BIM

Paul Teicholz

소 개

빌딩(신축이나 재건축)의 전생애 요구사항을 위한 BIM 활용을 구현하고자 하
는 소유주와 시설물 관리 직원들을 위해 BIM을 FM으로 연계하려는 목적을
이해할 필요가 있다. 이런 것은 어떻게 BIM이 형상과 데이터를 정의하고 모
델링하는지, 어떻게 데이터를 수집할 것인지, 누가 디자인, 시공, 시운전할
것인지, 사용되는 명칭체계 표준은 무엇인지, 어떻게 데이터를 조직화해 빌딩
을 위해 사용되는 FM 시스템에 이를 추출하고 연결할 것인지, 어떻게 FM
직원이 이 프로세스에 포함될 것이지, 어떻게 효율성을 최대화할 수 있도록
프로세스를 만들 것인지 등의 주의 깊은 계획이 포함된다. 이런 것들은 계획,
모니터링, 교육, 팔로우 쓰루(Follow-through)를 포함하는 노력이다. 이 장
에서는 FM 지침에 대한 소유주 BIM을 소개하고 지침이 어떻게 이런 이슈를
다루는지 설명한다. 이런 지침들은 소유주 유형(미정부, 주정부, 민간)에 따
른 단면을 표현하기 때문에 이에 따라 선택된다. 이런 차이점에도 불구하고
이들은 많은 공통점을 가지고 있으며, 모두가 BIM 모델 속에서 데이터로부터
소유주 가치를 만드는 데 초점을 두고 있고(BIM 정보 구성요소의 중요성과

함께) 어떻게 이런 데이터가 빌딩 관리 시스템과 통합될 수 있는지에 관심을 갖는다. 이런 시스템은 CMMS, CAFM, EMS, GIS 등을 포함한다.

GSA(General Services Administration) 지침은 FM 요구사항과 BIM을 연결하는 포괄적 접근을 표현하기 때문에 가장 상세하게 이를 표현하고 있다. 이 지침은 실제 계약 요구사항을 명시한 프로젝트에 사용된 첫 번째 지침 중 하나이며 이 요구사항은 BIM이 어떻게 사용되었는지, FM 데이터가 어떻게 FM 시스템(COBie를 포함하여)에 수집되고 전달되고 통합되었는지, 어떻게 as-built BIM 모델이 업데이트되고 수정되었는지 등을 설명하고 있다. 또한 프로젝트 팀이 어떻게 이런 문제들을 다루었는지 사례 연구 결과가 있다. 이런 경험들은 명확히 프로젝트 팀과 FM 직원이 BIM FM 통합을 얻기 위해 어떻게 노력하였으며 어떻게 교육되었는지를 보여준다.

BIM FM 통합 문제의 전통적인 접근은 종이로 된 문서들(도면, 설비 데이터, 보증서 등등)을 포함하고 있고 이 문서들은 빌딩 발주 시공 후에 프로젝트 팀의 멤버들로부터 제출되어 소유주에게 주어진 것들이다. 이런 제출 문서들은 하나의 파일에 담겨진 모든 설비들에 관한 문서가 될 수 있다. 예를 들어 조명 설비(lighting fixtures)는 400페이지에 다다를 수 있으며 특별한 순서나 분류24) 없이 기술되어 있을 수 있다. 만약 CMMS를 유지보수 관리를 위해 사용한다면 FM 직원이 이런 데이터를 입력할 때 시간소모와 오류가 발생하기 쉽다. 종종 활용 불가능한 정보와 검색을 위해 요구되는 정보를 여러 경로를 통해 접근해야 한다는 것을 발견할 때가 있다. 이런 방식은 비싼 비용이 들며 유지보수를 위한 효과적인 절차를 방해하며 빌딩 유지비용을 증가시킨다. 이는 시설물 관리를 사전보다 사후에 조치되도록 한다. 이런 이유로 좀 더 나은 접근이 필요하며 BIM 모델로 개발된 데이터 활용은 FM에 필요한 추가적인 데이터 요구 시 도움이 될 수 있다. 이런 정보는 디자인, 시공, 시운전 동안에

---

24) 이 문제를 피하기 위해 소유주는 유형 별로 문서를 분리할 것을 요구할 필요가 있다. 예를 들면 제품 유형별(COBie : Type처럼) 제품, 데이터시트, 보증 매뉴얼, 설치 순서, 부품 다이어그램 등으로 구분할 필요가 있다.

만들어지며 이러한 프로세스를 포함하는 것이 시설물 관리에 도움이 된다. 이 경우 통합 프로젝트 발주(IPD, Integrated Project Delivery)와 같은 비전통적인 획득 절차가 고려될 필요가 있다. 여기서는 빌딩 표준을 전통 및 비전통 프로세스 접근법에 따라 설명한다.

BIM FM 통합을 위한 GSA 지침의 상세 기술은 다음과 같으며 다른 BIM 지침들도 요약하였다. 이런 지침들은 주로 디자인과 시공 단계 동안 BIM 활용에 초점을 맞추고 있으며 BIM FM 통합에 대해 간단히 다루고 있다. 지침은 빌딩 생애주기의 초기 단계에 BIM 구현 반영에 초점을 맞춘다. 그러나 아직 BIM FM 통합에 몇몇 토론거리가 있다.

GSA 지침

FM 지침을 위한 BIM은 GSA[25]에 의해 개발되었고 내외부 자문 팀과 함께 작업되었다. 이 지침은 빌딩 전생애주기에 걸친 BIM 활용을 다루고 있는 8개 시리즈로 구성되어 있으며 FM 지침은 그중에 하나이다. GSA 지침은 다른 지침들보다 더 이점이 있으며 진행과정에서 작업을 설명하고 GSA 프로젝트로부터 피드백 경험을 제공하고 있다. 지침은 다음과 같다(www.gsa.gov/portal/content/103735).

- 01 : Overview
- 02 : Spatial Program Validation
- 03 : 3D Imaging
- 04 : 4D Phasing
- 05 : Energy Performance and Operation
- 06 : Circulation and Security Validation
- 07 : Building Elements

---

25) BIM을 위한 GSA BIM 지침은 GSA 웹상에서 문서로 얻을 수 있다.

■ 08 : Facility Management(이 장에서 다룰 것임)

FM을 위한 BIM 지침(08)은 다음과 같이 5장을 포함한다.

■ Section 1 : BIM and FM – 시설물 관리를 위한 BIM 활용의 비전과 목표
■ Section 2 : Implementation Guidance – GSA 협회와 컨설턴트에 대한
  지침 구현
■ Section 3 : Modeling Requirements – FM 시 활용을 위한 BIM 객체와
  속성 요구사항
■ Section 4 : Technology Assessment – FM을 위한 BIM 생성과 활용을
  위한 기술 요구사항
■ Section 5 : Pilot Projects – BIM과 FM을 위한 파일럿 프로젝트 기술
■ Section 6 : Biography

이 각 섹션(Section)에 대해 살펴보겠다.

BIM and FM – 시설물 관리를 위한 BIM 활용의 비전과 목표

이 단원은 FM을 위한 BIM 활용에 대해 비즈니스 사례를 제시하고 GSA 비즈
니스 니즈를 지원하기 위한 데이터 요구사항을 설명한다. 그림 3.1은 빌딩의
전생애주기 데이터 니즈를 지원하기 위한 FM 시스템과 BIM 통합에 대한 비
전을 묘사한다.

GSA 비전은 어떻게 BIM이 운영 동안 계획으로부터 시설물 전생애주기에 걸
쳐 BIM FM 통합을 지원할 수 있게 사용할 것인지 흐름을 보여준다. 중앙
집중식 시설물 데이터 저장소는 시설물 정보 관리를 위한 핵심 컴포넌트가
된다. 중앙 시설물 데이터 저장소는 3D 객체 파라메터 데이터, 기계, 전기,
배수 MEP 시스템 레이아웃, 자산 관리 데이터, 시설물 관리 데이터, 빌딩
부재 재료와 명세서, 2D 데이터, 레이저 스캐닝 데이터, 실시간 센서 데이터
와 제어 데이터를 통합하도록 개발된다. 중앙 시설물 데이터 저장소를 통해

빌딩 BIM이 모든 프로젝트 유형에 대해 관리되고 유지보수되도록 한다. 더 나아가 운영과 유지보수(O&M) 직원은 BIM을 통해 데이터를 확인할 수 있을 것이다. 소프트웨어 도구는 'sit on top' 보안, 탐색 및 뷰잉, 버전 관리, 갱신 공지, 분석 및 리포트를 제공하는 중앙 시설물 저장소 위에서 동작할 것이다.

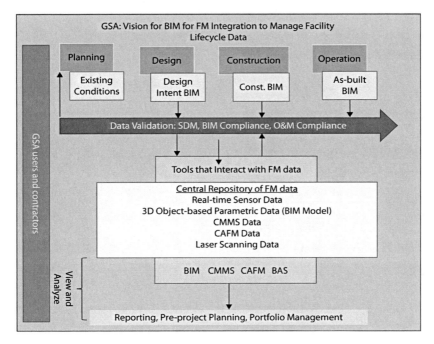

그림 3.1 건물의 생애주기 데이터를 지원하기 위한 BIM과 FM 시스템의 통합에 대한 비전 (출처 : BIM Guide Series 08–Facility Management V1)

각 사용자 조직의 니즈가 비슷한 반면에 이 장에서 다루기 어려운 특별한 요구 사항이 있을 수 있다(예를 들어 진동을 모니터링하는 유일한 센서 데이터에 대한 니즈 등). GSA는 미국에서 가장 큰 자산을 소유하고 있는 조직이고 미국 50개 주 9,624빌딩의 362백만 피트를 관리하고 있기 때문에 대부분의 건물 FM 요구사항을 다루고 있다. 넓은 범위의 요구사항을 만족하기 위해 이들은 요구사항 3 Tier를 개발했다.

Tier 1

Tier 1은 모든 빌딩에 적용되고 신축이나 개축에 대해서 적용된다. 정확한 3D 형상 모델이 많은 사용자에게 이익을 주기 때문에 이 단계는 필수이다. 이 단계는 정확한 공간 면적, 유지보수를 위한 바닥 마감 타입, 빌딩 시스템의 위치 확인, 벽이나 천정 위의 시설물 등에 대한 정보를 포함한다.

■ Tier 1 요구사항 : BIM 모델은 시설물 관리를 지원하기 위해 필요한 검증된 3D 형상 표현을 가져야 한다. 이 객체들은 BIM 저작 도구 포맷과 IFC나 COBie 같은 개방형 표준 포맷으로 제공되어야 한다.

요구되는 객체는 다음을 포함한다.

■ BIM Guide Series 02(스페이스, 벽체, 문, 창, 슬라브, 기둥, 보에 대한 공간 요구사항)에 요구되는 모든 객체
■ 천장
■ 조명 시스템, 부착물, 설비
■ 통신 시스템과 설비
■ 전기 시스템과 설비
■ 기계 시스템과 설비
■ 배수 시스템과 설비
■ 관개 시스템과 설비
■ 소방 시스템과 설비
■ 수직/수평 운송 장비
■ 가구와 명세서
■ 특수 시스템과 설비

프로젝트 팀은 어떻게 이런 BIM 요구사항을 만족할 것인지 BIM 수행 계획서 (BEP, BIM Execution Plan)를 개발해야 한다.

Tier 2

Tier 2는 좀 더 크고 복잡한 건물에 적용된다. 설비 재고나 시설물 설비는 많은 시설물 리스트는 관리 활동을 위한 기초로 만들어진다. 설비 재고들은 설비 상태 평가, 에너지 관리, 비상사태 대응, 보증, 소요 인력 계산 등의 목적에 활용된다. 운영과 유지보수는 추가적인 시간, 인력, 비용, 설비 재고 부족 등을 유발한다. 설비 재고 현황 추적을 실패하면 프로젝트 범위, 견적, 비상사태 대응, 의사 결정 신뢰성을 감소시킨다.

■ Tier 2 요구사항 : 설비 정보 - 기계 번역이 가능한 전역 유일 식별자(GUID, Globally Unique Identifier)가 BIM과 BAS, EMS, CMMS 등을 포함한 FM 시스템 간 연결을 제공하며 제조사, 모델, 일련번호, 보증 정보, 유지보수 매뉴얼 등의 정보를 포함한다. PBS(Public Building Service) 서비스 센터와 프로젝트 팀은 BEP에 요구되는 설비 유형의 리스트를 정의한다.

Tier 3

Tier 3은 선택 요구사항이다. 만약 에너지 분석에 대한 as-designed BIM이 확보되었다면 이 데이터는 모델 기반 분석 및 최적화를 위해 시설물 BAS와 통합될 수 있다. 이상적으로 에너지 관리는 빌딩 운영자가 언제, 어떻게 실제 성능을 예상 성능과 다르게 될지 이해하는 데 도움을 준다. 이는 문제해결과 이를 통한 교훈의 피드백을 제공한다. 운영 동안 빌딩 운영자는 어떻게 빌딩이 최적 성능을 확보할 수 있도록 운영되는지 이해하는 데 도움을 준다. 실제 빌딩 운영 시 디자인 동안 개발된 정확한 에너지 예측 모델을 통해 중요한 피드백을 얻을 수 있다.

■ Tier 3 요구사항 : 에너지 분석 예측에 대한 As-designed BIM

GSA 협회와 컨설턴트를 위한 지침 구현

FM을 위한 BIM 구현 요구사항은 다음과 같다.

프로젝트 기회 확인

GSA 협회는 적절한 팀 멤버를 구성하도록 권고된다. 예를 들어 프로젝트 매니저, 시설물 관리자, 공간 데이터 관리자, BIM 챔피언 등이다. 이 팀은 FM 데이터를 포착해 잠재적 기회에 대해 토론하고 FM 시스템에 이 데이터를 입력하도록 유도한다.

구현전략 정의

구현전략을 정의는 무슨 정보를 요구할 것인지 어떻게 이 정보를 활용할 것인지, 언제 FM 정보가 수집될 것이며 이는 누가 할 것인지 등을 결정하기 위한 내용으로 구성된다. 만약 기존 시설물이 작은 규모의 개축에 적용된다면 BIM 모델을 생성할 필요가 없다. 이 경우에는 CMMS에 사용되는 시설물 재고목록을 생성하는 것 정도가 적용될 수 있다. 각 사례는 분리해 고려되고 진행될 필요가 있다.

어떻게 프로젝트 발주 방법(전통적인 디자인/입찰/시공. D/B-B. design/bid/build, 디자인/시공. D/B. design/build, 또는 다른 프로젝트 발주 대안)이 정보 전달에 대한 책임을 계약관점에서 영향을 주는지 확인하고 평가해야 한다. 요구사항과 계약 언어는 관련된 참여자의 작업 범위와 책임에 맞게 정의되어야 한다. 전통적인 프로젝트 발주 방법 하에서는 BIM 개발 및 산출물에 대한 여러 계약자와 책임을 가지는 참여자가 있을 것이다. 이 경우에 A/E와 계약업체는 계약에 의해 BIM과 COBie 산출물을 소유한다. 다른 프로젝트 발주 방식으로 D/B, CMR(Construction Manager at Risk), IPD(Integrated Project Delivery)는 디자인과 시공 팀 사이에 역할 구분이 분명하지는 않다. D/B나 D/B-B의 경우는 하나의 기관이 시설물 관리에 요구되는 정보를 납품할 책임이 있다.

식별, 분류, 설비 규정 표준

GSA FM 지침 5장에 있는 파일럿 프로젝트로부터 교훈은 무슨 정보를 요구할 것인지, 무슨 정보가 사용되기 위해 호출되는지(예, 자산 식별 번호), 그 정보에 대한 허용 가능한 용어가 무엇인지 표준화하는 것이 중요하다는 것을 말해준다. 예를 들어, 설비 식별은 표준 설비 첨두어와 순차번호로 구성된다.

어떤 파일럿 프로젝트에서 HNTB사는 Missouri st. Louis에 GSA Good Fellow Complex에서 Building 105에 관한 .xls 포맷 안에 포함된 1,018 Maximo 기록을 받았다(www.hntb.com의 배경 설명을 참고). 이 프로젝트의 목표 중 하나는 Revit BIM에서 Maximo 기록과 일치하는 시설물을 연계하는 것이었다. 현장 검증 노력뿐 아니라 기존 빌딩 문서의 광범위한 검토에도 불구하고 HNTB는 BIM 모델에서 단지 1,018Maximo 기록들 중에 176건(17%)만 연계할 수 있었다. HNTB는 CMMS와 BIM 통합을 위해 양쪽 시스템에 대한 데이터를 좀 더 표준화하고 구조화하도록 요구했다.

BIM 수행 계획 개발(BEP)

프로젝트 시작 단계에서 BEP을 만드는 것은 필수이다. BEP는 마스터 정보와 데이터 관리 계획, 데이터 통합과 모델 생성에 대한 역할과 책임 할당에 관한 내용을 제공한다. BEP는 모델링과 속성 요구사항을 정의해야 하며 이는 포맷 요구사항(IFC, COBie 등)과 함께 포함되어야 한다. 현재 시설물에 대한 BIM 구현과 프로젝트 명세 조건, 작업 흐름은 GSA가 요구되는 FM 정보를 확실히 받는 것을 보장하기 위해 정의되어야 한다. GSA와 계약한 프로젝트 구성원은 BEP를 만들 책임이 있다. 프로젝트 명세 BEP는 신설 공사, 개축, 크고 작은 규모의 프로젝트에 대해서 개발되어야 한다. 프로젝트 조건 변경에 따라 BEP는 꾸준히 개발되고 갱신되어야 하며 다양한 계약업체들의 일관성 있는 BIM 활용을 위한 방법으로써 활용된다.

BEP는 다음을 포함한다.

- BEP 개요
- 프로젝트 정보
- 중요 프로젝트 계약 정보
- 프로젝트 목표/BIM 활용목적
- 조직 역할/직원

BIM 프로세스 디자인(언제 누가 정보를 모델링할지 결정하기 위한)

신축에서 A/E는 공간 프로그램에 대한 입주 및 설정, 빌딩 시스템(구조, MEP/FP)의 크기, 주요 설비 위치와 명세를 디자인할 책임이 있다. 이 정보는 디자인 단계에서 개발된다. 빌딩 시스템의 상세와 특정 부재와 같은 내부 시스템은 시공 단계에서 제조업자, 계약업체에 의해 제공된다. 그러나 대안적인 프로젝트 발주 방법이나 책임은 수정될 수 있고 몇몇 작업들 예를 들어 빌딩 시스템 상세화 같은 것은 design/build 프로세스에서 일찍 수행될 수 있다. 추가적으로 시운전 동안 만들어진 설비 정보는 시운전 업체에 의해 제공된다. COBie 명세는 특정 정보를 A/E, 계약 업체 등에 의해 입력되도록 할당하게 할 수 있다(p.78부터 디자인, 시공, 시운전에서 COBie 제출물에 관한 내용 참고).

시공 단계에서 BIM 활용에 가장 좋은 방법은 설계자, 공사 관리자, 구조나 건축가, 시스템에 대한 BIM 모델 개발을 위한 업체가 빌딩 기본 요소에 대해 BIM을 모델링해보는 것이다. 시공 모델은 조율 모델로부터 합쳐진다. 조율 모델에서는 건물 시스템 간섭을 해결함으로써 시공 팀은 현장 시공 시 문제를 최소화하고 예산을 줄이며 공기를 안정화할 수 있다. 정확한 간섭 체크를 위해서는 시공 BIM은 시공 과정에 걸쳐 갱신된다. 중요한 점은 여러 조율이 모델을 만들 때 있을 수 있으며 이는 조율에 대한 이득이 확보되도록 작업되어야 한다는 것이다. 이런 이유로 조율된 시공 BIM은 시설물 관리 액티비티의 넓은 범위를 지원하기 위해 빌딩에 대한 물리적 명세와 정확성을 표현한다. 전통적인 발주 방식(Design/Bid/Build)에서는 계약자는 BEP, BIM, COBie 산출물 등을 제공하고 갱신해야만 한다.

BEP와 함께 규정 모니터링 책임이 있는 GSA 참여자 설정과 산출물의 완전성과 품질 검증

BIM 모델에 대한 품질 통제 체크는 BEP에 정의된 중요 프로젝트 이정표로 수행되고 계약자 품질 서비스 계획(QSP, Quality Service Plan) 및 시공 품질 통제(CQC, Contruction Quality Control) 계획과 연계된다. 품질 통제 체크는 프로젝트 생애주기에 걸쳐 일어난다. GSA는 프로세스 발주와 O&M 프로세스에 걸쳐 계약 BIM 요구사항을 적절히 적용하는 방법과 수단을 개발한다. 이는 표준과 지침의 시행을 포함하며 예를 들어 속성, 명칭체계 규칙 등을 포함하고 가상 빌딩 모델이 지정된 프로젝트 체크포인트에서 시공된 건물과 부합되도록 유지될 수 있게 보장하는 것을 포함한다. GSA는 또한 가상 설계 및 시공(VDC, Virtual Design and Construction) 스코어카드(scorecard)를 BIM 활용과 프로젝트 관련 규정에 대한 BIM 모델의 품질을 측정하기 위해 개발하였다(*주 : Standford 대학 VDC 센터로 유명한 CIFE 센터의 Calvin Kam 박사가 최근 bimScorecard란 컨설팅사를 만들었다). 이 스코어카드는 BEP에서 정의된 프로젝트 마일스톤에서 평가될 수 있다.

파일럿 프로젝트로부터 얻은 교훈 중 하나는 무슨 정보가 요구되는지, 어떤 정보가 호출되는지(예, 자산 식별 번호), 이 정보에 허용되는 용어는 무엇인지에 대한 표준이 중요하다는 것이다. 예를 들어 설비 식별은 표준 설비 머리글과 일련번호로 구성된다. CMMS와 BIM 통합을 위한 식별자는 두 시스템 안에 데이터를 구조화하고 표준화하기 위해 필요하다. 오늘날 CMMS 시스템은 표준화되지는 않았지만 모든 지역에서 사용되고 있다. 이런 시점에서 GSA 관련 조직 팀이 국가 CMMS를 개발하고 구현하기 위해 지역과 협력하고 있는 중이다. 하지만 데이터 표준이 없는 시스템 표준화는 효과적이지 않다. 정확한 재고 목록은 CMMS에서 중요한 것이고 GSA의 PBS 설비 재고 검증은 CMMS에 데이터를 입력하기 전에 수행될 필요가 있다.

GSA는 빌딩 구성요소의 보편적인 표준 리스트, 설비, 유형, 설비 유형별 속성들을 개발하기 위해 노력하고 있다. GSA는 업계에서 광범위하게 시도하고는 것처럼 GSA 내부도 이런 이슈를 부분적으로 해결해나가고 있다. GSA NEST(National Equipment Standard Team)는 식별, 분류, 수집, 지역에 걸친 시설물 내 설비 규정에 대한 표준화를 위해 필요한 작업을 수행하였다.

SPie(Specifiers' Properties information exchange)는 NIBS(National Institute of Building Sciences)/buildingSMART 협회 프로젝트이며 디자이너, 시공업자, 소유자, 운영자, 설비업자 등에 의해 사용될 수 있는 제품 데이터가 저장된 포맷을 제조자가 만들 수 있도록 오픈 스키마를 만드는 프로젝트이다. 이 시도는 명세서들을 적절한 BIM 객체들에 적용될 수 있는 속성 집합들로 바꾸는 것이 목적이다. 초점은 명세서, 데이터 발견, 선택, 명세에 대한 제품 검증에 필요한 속성들을 정의하는 것이다(http://projects.building smartalliance.org/files/?artifact_id=3143 참고).

모델링 요구사항 - Record BIM

디자인과 시공 BIM이 프로젝트 전생애주기에 걸쳐 개발되는 반면에 GSA Guide의 본 섹션은 Record BIM에 대한 모델링 요구사항에 초점을 맞추고 있다. 이는 프로젝트 기록의 한 부분으로써 획득되고 최종 시공된 건물을 문서화하기 위해 프로젝트 종료 시 제출되는 것들을 말한다. As-built BIM 은 Record BIM의 편집 가능한 복사본이며 건물과 시스템 설정을 업데이트하기 위한 목적으로 GSA에 의해 유지관리된다.

시설물 관리 활동, 예를 들어 제조업자, 용량, 모델 번호와 같은 것에 요구되는 설비 속성들은 현재 COBie 포맷 버전으로 제출되어야 한다. 섹션 3.3은 최소의 GSA COBie 요구사항을 기술한다. 이 정보는 디자인과 시공 단계에서 다양한 관점에 다양한 프로젝트 팀 멤버에 의해 입력되는 정보라는 것을 고려해야 한다. 프로젝트 팀은 어떻게 COBie 요구사항이 프로젝트 BEP를 만족하는 것인지 정의해야 한다.

높은 수준의 모델링 요구사항

BIM 저작 어플리케이션

프로젝트 팀은 BIM 저작 어플리케이션 상용을 요구하며 이는 IFC 호환성과 함께 GSA BIM 요구사항[26]을 만족해야 한다. 최소한 BIM 저작 어플리케이션은 조율 뷰, 공간 프로그램 검증 뷰(BIM Guide Series 02), COBie에 대한 규정이 준수된 IFC를 생성할 수 있어야 한다. 전통적인 CAD 어플리케이션과는 다르게 BIM 저작 어플리케이션은 프로젝트 팀이 빌딩 구성요소에 대한 객체 지식 정보를 제공할 수 있도록 하는 기능을 지원해야 한다. CAD 어플리케이션은 주로 인쇄되는 도면의 작성에 초점을 맞추고 있고 2D CAD 어플리케이션으로써 취급되어 일반적으로 BIM 디자인 프로세스에서는 부절적하며 이런 지침에 BIM 요구사항을 만족하지 않는다. CAD 어플리케이션의 3D 기능은 자동적으로 BIM을 만들 수 있는 기능이 없다. 프로젝트 팀은 GSA Central Office와 같이 소프트웨어 어플리케이션이 GSA BIM 요구사항을 만족할 것인지 결정을 위한 조언을 할 수 있어야 한다.

BIM 저작 어플리케이션의 능력은 구성요소 관리, 복잡한 형상을 가진 공간 관리 등 다양하다. 어떤 상황에서는 BIM 저작 어플리케이션에서 IFC BIM 출력이 객체의 모든 속성을 포착하거나 복잡한 형상을 보존하는 데 문제가 생길 수 있다. 이는 IFC 표준에 대한 어플리케이션 지원 수준의 한계일 수도 있다. BIM 모델러는 BIM 저작 벤더들이 만약 IFC에 어떤 한계가 GSA에 제출 시 사용되는 것이라면 이를 이해하도록 함께 작업해야 한다. GSA에 제출물에는 이와 관련한 영향과 문제를 어떻게 해결할지에 대해 BEP에 문서화해야 할 것이다.

---

26) 어떻게 이를 지원하는지와 IFC 표준에 대한 일반적인 소개는 http://en.wikipedia.org/wiki/industry_Foundation_Classes를 참고.

BIM 모델 구조

BIM의 모델 구조는 일반적으로 BIM 저작 어플리케이션에 의해 생성된다. 사용자는 이때 구조에 약간의 영향을 미치는 옵션들을 조정할 수 있다. 사용자가 모델 포함 계층을 정의하는 경우에서 IFC 데이터 모델로써 구조화되어야 한다. 전형적으로 공간과 건축 구성요소는 건물 바닥에 포함되고, 건물 바닥은 건물에 포함되며, 건물은 대지에 포함되고 프로젝트는 하나 이상의 대지를 포함할 수 있다. GSA ODC(Office of Design and Construction)에 제출할 때 대지 객체는 옵션이다(건물이 프로젝트에 직접적으로 포함될 경우). 공간은 하나 이상의 영역(zone)을 포함한다(예, daylighting; HVAC; 조직 부서).

자산 식별 번호

BIM과 CAD에서 차이가 나는 주요 기능은 BIM은 건물에 대한 계산 가능한 기술을 제공한다는 것이다. BIM의 전생애주기 뷰는 어떤 변경사항이 언제, 누구에 의해 발생했는지 시설물 생애주기 동안 발생한 정보를 추적할 수 있어야 한다. 변경 사항은 파일 수준뿐 아니라 건축물 구성요소 수준에 대해서도 추적되어야 한다. 그러므로 BIM의 각 객체는 변경사항이 발생될 때 참조될 수 있는 유일한 식별자를 가지고 있어야 한다. 소프트웨어 커뮤니티에서 이 유일 식별자를 GUID라 부른다. 이 개념은 GUID가 유일한 번호이고 결코 다른 컴퓨터에서 두 번 이상 생성되지 않는다는 것을 보장한다. 각각 생성된 GUID가 유일함을 보장하지 않으면 전체 유일 키의 수는 같은 번호가 생성될 확률이 많아질 것이다.

GUID는 전형적으로 소프트웨어에 의해 관리되며 사용자에 의해 제어되지는 않는다. 초기 몇몇 BIM 기술 채택한 사람들은 어떤 BIM 분석 어플리케이션이 모델을 재생성하고 BIM 객체에 새로운 GUID를 새롭게 할당한다는 것을 발견했다. COBie는 스프레드 입력을 손쉽게 하도록 GUID를 포함하지 않았다. 그러므로 GSA와 컨설턴트 및 계약업체가 각각의 BIM 객체의 유일 식별자를 관리할 수 있도록 하기 위해 각 설비 객체는 자산 식별 번호를 GUID와 더불어 가지도록 해야 한다. 이는 객체가 빌딩 모델의 전생애주기에 걸쳐 유일 식별자를 가질 수 있도록 한다(*주 : 객체 ID는 객체 유일성을 보장해야 한다. GUID를 이용해 외부 DBMS의 속성 레코드와 외래키-FK로 연결할 경우, As-built 모델의 갱신으로 인해 이 연결 정보가 끊어지지 않도록 주의해야 한다. 그러므로 GUID도 함께 관리하거나, 고유객체 ID를 별도로 관리하는 방법이 필요하다).

디자인, 시공, Record BIMS

프로젝트에 걸쳐 여러 형태의 BIM이 개발되고 수정된다. 프로젝트 팀은 의도된 BIM 디자인을 시작할 것이고 여러 시공 BIM으로 전환해 궁극적으로 Record BIM을 만들 것이다. 시공의 마지막에 여러 빌딩 시스템이 명세화된 시공 BIM이 만들어진다. 전형적으로 아키텍처와 구조적 모델들은 디자인 팀에 의해 최소한의 변경으로 만들어진다. 철골 구조의 경우 제작 모델 생성이 가능하다. MEP/FP 모델은 매우 특화된 CAD 기반 소프트웨어 패키지를 사용해 만들어지며 견적, 재고 관리, 제작 시스템 인터페이스와 연계된다. 프로젝트에 대한 BIM 모델 생성 시 프로젝트 팀은 어떻게 가상 건물이 명시된 프로젝트 체크포인트에 따른 시공된 건물과 부합하여 유지보수될 수 있는지 BEP을 따라 모델링해야 한다.

요구되는 BIM 객체들과 속성들

객체들

다음 객체 유형은 GSA에 제출되는 Record BIM에 요구된다.

■ BIM Guide Series 02에 요구되는 모든 객체들

- 천장
- 조명 시스템, 부착물과 설비
- 통신 시스템과 설비
- 수리 시스템과 설비
- 가구 제조업자와 명세
- 전기 시스템, 설비, 재고
- 기계 시스템, 설비, 절연, 재고
- 배관 시스템, 설비, 절연, 재고
- 소방 시스템, 설비, 재고
- 특수 시스템, 설비, 재고

객체속성들

속성의 최소 집합은 요구되는 BIM 설비 객체와 함께 연관되어야 한다.

- 설비 GUID
- 설비 자산 식별 번호
- 공간 주요 키(예, 공간 위치)

공간 객체는 GSA 공간 속성을 포함해야 하며 이는 GSA BIM Guide Series 02에 정의되어 있다.

국가설비표준(National Equipment Standard)

GSA는 현재 국가설비표준을 개발하고 있으며 이는 GSA가 시설물 전생애주기에 걸친 설비 데이터를 활용할 수 있게 할 것이다. 이에 대한 좀 더 상세한 정보는 www.bing.com/search?q=GSA+National+Equipment+Standard&pc=ZUGO&form=ZGAIDF에서 확인할 수 있다.

Record BIMs의 구조

Record BIMs는 바닥과 빌딩 시스템에 의해 분할되는 것이 필요하다. 이 구조적 모델은 레벨(Label)을 고려해 분할되어야 하며 슬라브를 포함한다. 각 레벨의 MEP/FP 시스템을 가시화하기 위해 해당 레벨의 슬라브는 포함되지 않는다. 만약 빌딩 바닥판이 매우 크다면 추가적인 분할이 고려될 수 있다. 복합 모델은 여러 서브 모델로부터 조립될 수 있다. 모델 구조는 프로젝트 팀에 의해 결정되어야 하고 BEP에 문서화해야 한다.

모델링 정밀도

신축 프로젝트에 대한 PBS 모델링 측정 체계는 hard metric(예, 250mm)이다. 개축이나 대안 프로젝트 모델링에 대해서는 soft metric일 수 있다(예, 1인치 또는 25.4mm. SI 국제 단위 체계 고려). 측정 정밀도는 PBS CAD 표준(2010.6)에 따른다.

일관된 단위와 원점

3D 공간에서 모든 빌딩 모델들의 적절한 등록을 위해서는 공통 좌표계와 단위가 사용되어야 한다. 하나의 건물을 표현하기 위한 모델은 공통 참조점을 사용하는데, 예를 들면 0, 0, 0이고 지반 바닥의 남서쪽 외부 마감, 시트나 스크린 뷰의 위쪽이 북쪽으로 맞춰지는 것 등이다.

Record BIMs의 제출 전 활동

Record BIMs 제출 전 활동은 다음과 같다.

■ 시공 BIMs(건물, 구조, 마감, 건물 시스템)에 대해 표현된 as-built 상태들 검토. 여기에는 건축 보완 사항, 변경 공지, 현장 변경 및 GSA가 요구사하는 최소 속성들 내용을 포함

- 건물 각 층에 시스템에 대한 record BIM 생성. 저작 어플리케이션의 자체 포맷 저장
- 각 층별 record BIM에 대한 X, Y, Z 치수 검토
- MEP/FP BIMs : 설비 재고에서 이와 연동하는 주요 키(Primiary key) 검토
- 각 record BIM에 대한 .ifc 버전 생성
- ifc 포맷에 대한 record BIM 복합 모델 생성

As-Built BIMs 유지보수 및 갱신

Record BIM은 2가지 목적을 갖는다. as-constructed 빌딩 모델과 O&M 액티비티 및 미래 프로젝트에 사용하기 위한 구성요소를 문서화하는 것, 그리고 프로젝트 기록 저장소로써의 목석이다. As-built BIM은 GSA에 의해 유지보수 되며 건물과 건물 전생애주기에 걸쳐 갱신되는 구성요소를 포함해 유지보수된다.

BIM에서 무엇이 유지보수되어야 할까?
대부분 시설물에 대한 비형상 데이터는 만약 외부 데이터베이스에 유지된다면 쉽게 접근되고 갱신될 것이다. 각 모델 항목에 대한 유일 식별자는 BIM 저작 어플리케이션 모델에서 유지관리되어야 한다. 추가적인 속성들은 BIM 저작 어플리케이션 모델에 포함될 수 있으며, 이는 디자이너나 계약업체에 의해 벽체, 윈도우, 문 시공 일정, 수량 및 견적과 같은 속성 정보의 요구사항에 따라 개발될 수 있다.

COBie 제출물

COBie는 시설물 관리에 대한 시공 정보 및 디자인 정보를 넘겨주기 위한 목적으로 개발된 개방형 표준 방법이다. Army Corps of Engineers와 NASA가 COBie의 주요 개발자였으며 몇몇 기관(GSA등)이 이러한 개방형 표준을 채

택하기 위해 함께 하고 있다. COBie 현재 버전과 좀 더 상세한 설명은 Whole Building Design Guide(www.wbdg.org/resources/cobie.php)와 5장을 참고하라.

COBie는 개방형 표준 포맷을 제공하며 이는 프로젝트 데이터, 설비 데이터를 저장할 수 있으며 디자인, 시공, 시운전 단계에서 생성된 데이터를 다룰 수 있다. COBie는 정보 교환 손실을 최소화하고 프로젝트 종료 단계에서 프로젝트 정보의 물리적인 자료 전달에 연관된 비용을 최소화할 수 있다. COBie는 관련 정보 전달 및 변경 시 시간을 최대한 절약한다. NIBS가 지원한 'COBie Challenges'[27]에서 COBie는 시설물 자산 데이터를 갱신하고 추적하기 위한 CMMS 같은 시설물 관리 시스템에 COBie 데이터를 입력할 수 있음을 보여주었다.

모든 속성 정보가 BIM 안에 있어야 하는 것은 아니지만 요구된 정보는 COBie 호환 파일에 저장되어야 한다. 요구된 COBie 공간, 영역(Zone), 설비 데이터는 반드시 Record BIMs의 객체들과 연결되어야 한다. 공통 주요 키는 COBie와 모델 양쪽에서 속성과 객체를 연결시키기 위해 설정되어야 한다. 프로젝트 팀은 어떻게 BIM 수행계획에서 COBie 요구사항을 따를 수 있는지 문서화해야 한다.

COBie 호환 Excel 파일은 16개의 개별 스프레드시트나 작업 시트로 구성되며 시설물 전생애주기로부터 프로젝트 데이터를 보관한다. 이런 스프레드시트 상세 내용은 앞에 언급한 웹사이트에서 얻을 수 있다. 이 내용은 5장에서 상세히 다룬다.

---

27) COBie Challenge는 buildingSMART 협회에 의해 수행된 여러 테스트들로 구성된다. 이 테스트는 COBie (COBie 데이터를 생성하고 입력받을 수 있는지) 표준이 소프트웨어가 수용할 수 있는지 검증하는 테스트이다. 좀 더 상세한 정보는 www.buildingsmartalliance.org/index.php/newsevents/proceedings/ cobiechallenge/와 5장을 참고하라.

최소 COBie 요구사항

GSA에서 COBie 산출물은 현재 COBie 표준에 따라 모든 프로젝트에 대해 제출되어야 하며 공간, 영역, 건물 시스템, 설비 변경 사항 등에 대한 것들이 포함된다.

COBie 산출물은 GSA 프로젝트 팀에 의해 요구된 모든 BIM 객체들에 대한 속성 데이터를 포함해야 한다. 이는 BIM 수행계획에 나타나 있어야 한다. Record BIM와 COBie 산출물은 같은 설비 주요 키를 포함해야 하며 설비 식별자, 공간 주요 키가 각 BIM 설비 객체에 대해 설정되어 있어야 한다. 설비 주요 키와 설비 식별자는 Record BIM에서 BIM 설비 객체와 COBie 산출물의 설비 속성 데이터와 연계하기 위한 것이다. 제품 정보의 전자 문서 사본과 샵 도면(Shop drawing)은 모델과 연결되어야 한다.

COBie 산출물 생성

COBie 산출물은 4가지 방법 중 하나로 생성되거나 갱신될 수 있다.

- COBie 스프레드시트에 데이터를 수동으로 입력
- BIM 속성 데이터를 COBie 호환 파일로 추출
- COBie 호환 소프트웨어를 직접 활용
- 구조화된 속성 집합을 이용해 IFC 파일에서 추출

COBie 산출물 생성 및 갱신을 위해 선택한 방법은 BEP에 명시되어야 한다. 프로젝트 팀은 사용 방법을 결정할 때, COBie 데이터를 전달하는 여러 방법 중에 리소스 요구사항 및 성능을 고려해야 한다.

표준적인 용어가 요구되며 이는 FM 시스템에 발생될 수 있는 잠재적인 문제를 막기 위한 것이다. GSA 프로젝트 팀은 지역 BIM 챔피언으로부터 COBie 템플릿과 명세에 대한 Central Office BIM 프로그램을 조언받을 수 있다.

기술적 요구사항

시설물 정보 중앙저장소

시설물 관리에서 효과적인 BIM 활용의 핵심은 시설물 데이터를 위한 중앙 저장소를 만들어 놓는 것이다. 데이터는 실제로 연결된 저장소에 다중으로 저장되지만 그 데이터는 모든 적합한 사용자들에게 중앙집중된 리소스로써 제공되어야 한다.

인프라스트럭처

만약 사용자가 중앙 저장소에서 시설물 정보를 관리하고 접근하고 있다면 소프트웨어 도구 연결이 고려되어야 한다.

- 적절한 높은 처리 속도의 데이터 저장소
- 적절한 서버 용량
- 적절한 데스크톱 컴퓨터 프로세싱 용량
- 적절한 소프트웨어 라이선스 수
- 적절한 네트워크 벤드 폭
- 응답 라이선스 수

보안

모든 시설물 관리 정보와 FM BIM은 GSA 방화벽 내에서 유지관리되어야 한다. 하지만 외부 저장소, GSA, A/E, 시공 팀이 접근 가능한 외부 저장소는 디자인, 시공, 기록물, as-built BIM의 복사물이 프로젝트 팀에 활용가능하도록 제공할 필요는 있으며 이 팀은 프로젝트 모델의 협업을 통한 갱신과 공유 권한이 있어야 한다. 보안은 다른 전자 산출물이나 as-built BIM의 제출 시에도 고려된다. 이런 저장소는 민감한 보안 요구사항을 만족해야 한다.

기능성

전생애주기에 걸친 시설물 정보에 대한 갱신과 유지관리와 관련된 프로젝트 프로세스에 대한 많은 기술적 요구사항이 있다.

- 프로젝트 수행 동안, 디자인과 시공 팀은 시설물 모델의 개발에 대한 협업을 위한 기술이 필요하다. GSA와 설계 및 시공, 그리고 공간 데이터 관리를 포함해 여러 그룹은 이러한 프로세스에 걸쳐 진도와 GSA 요구사항 규정을 준수하고 있는지 모니터링하는 것이 필요하다.
- 프로젝트 종료 시 시설물 정보는 GSA 방화벽 안에 중앙 시설물 저장소에 업로드되어야 한다.
- O&M 단계 동안 as-built BIM을 업로드할 때 사용할 도구가 필요하고 이 도구는 CMMS, 설비 재고 데이터베이스, eSmart(GSA의 2D도면 저장소) 갱신 및 동기화를 지원할 필요가 있다.

비전 : 기술 개요

이 섹션은 GSA 비전을 기술하며 이는 BIM과 FM 기능을 지원하기 위해 데이터 통합 저장을 위한 것이다. 아직 개발 중이며 개념 다이어그램을 GSA BIM for FM 지침의 부록 A에서 확인할 수 있다.

기술적 도전

이 섹션은 현재 기술적 도전을 다루고 즉시 구현할 수 있는 권장사항을 다룬다.

다중 사용자 갱신

신규 건설 프로젝트는 초기 시설물 정보를 제공할 것이다. 이 정보는 2가지 방법으로 갱신된다.

1. 다른 GSA 시스템과 데이터 교환
2. 소규모 프로젝트와 대규모 리노베이션을 통한 변경사항 수집

어떤 시설물에 대해서는 여러 변경 활동들이 중첩될 것이다. 그러므로 여러 사용자들의 접근을 지원하는 요구사항들은 매우 복잡하다. 만약 다중 사용자들이 같은 데이터를 수정했다면 누구의 변경사항이 우선순위를 가질 것인가? 마지막으로 체크인한 사용자의 변경사항으로 해야 하는가? 만약 그 데이터가 오래된 것이고 가장 최근 모델 수정에 관한 누군가의 데이터 체크인이 지연되었다면? 이런 이유로 체크아웃은 그 데이터에 락(lock)을 걸게 되고 오직 한 사용자만 그 데이터에 대한 변경을 체크인을 통해서 지원한다.

BIM 소프트웨어 제품들은 구성요소 수준에서 빌딩 정보에 대한 접근과 갱신을 지원한다. 하지만, 한 사용자만 특정 시점에서 접근하고 갱신이 가능하다. 몇몇 제품들은 갱신을 위해 웹서비스를 지원한다. 이런 시나리오는 데이터베이스 레코드 락과 같은 것이 가능하고 변경 트랜젝션(transaction)이 완료된 순간 락이 해제된다.

갱신관리

오늘날 대부분의 BIM 데이터는 특히 형상 정보는 구성요소 집합 단위로 체크아웃되고 관리된다. 많은 GSA 시설물에 대한 as-built BIM 갱신 관리는 주요 리노베이션을 통해 중첩되며 동시에 유지보수 활동이 진행된다.

이에 여러 관리상 어려움을 고려해 프로젝트는 다음과 같은 상황을 포함한다.

■ 언제 프로젝트 데이터를 기존 오피스 상태 정보와 교체할 것인가?

■ 어떻게 빌딩의 특정 영역 프로젝트 모델이 전체 모델에 삽입될 것인가? 어떻게 GSA가 요구하는 COBie 객체의 주요 키를 관리하고 갱신할 것인 가? 주요 키와 관련해 다음 사항을 고려해야 한다.
 – 변경되지 않은 항목들 확인
 – 다른 시스템(예, CMMS)으로부터 제거된 프로젝트는 관련 항목도 제거 되는 것을 고려
 – 새로운 항목들은 식별되어야 하고 다른 시스템에 전달되어야 함

그리고 다음 내용을 권장한다.

■ 프로젝트 작업은 시공이 끝나고 프로젝트 as-built BIM이 검토되고 수락 될 때까지 전체 시설물이나 CMMS에 대한 as-built BIM으로 통합되지 않아야 한다.
■ A/E는 COBie 객체의 주요 키를 표시하는 리포트를 만들어야 하며 이 객체 들은 프로젝트 결과로써 제거되거나 유지될 수 있다.
■ 계약업체는 as-built BIM에서 변경되지 않고 유지되는 항목들에 대한 주 요 키 정보를 관리하고 유지해야 한다. 이는 어려운 요구사항일 수 있으나 A/E 리포트를 활용해 변경되지 않은 주요 키의 검증으로 가능할 수 있다.
■ 전체 시설물 as-built BIM으로 프로젝트 as-built BIM을 통합하는 것은 만약 개축 범위가 너무 커서 전체 as-built BIM 파일을 바꿔야 할 경우를 제외하고는 이 시점에서 완전히 자동으로 처리하기는 어렵다. 다른 상황에 서 BIM 지식이나 경험이 있는 사용자가 기존 건물 구조에 수정을 할 수도 있다. 이는 FM CAD를 이용한 사례가 있다.

다중 사용자 접근과 가시화

시설물 정보는 3D 가시화를 통해 용이하게 접근할 수 있다. 그러나 BIM 저작 도구는 view-only 접근이 필요한 사용자에게 이런 기능을 제공하지 못한다. 저렴하고 손쉬운 접근법으로 무료 뷰어를 이용할 수 있다.

유사하게, BIM 저작 도구를 사용하는 필요한 시설물 데이터(속성들) 저장 및 추출은 복잡하고 관리하기 어렵다. BIM 파일 크기는 매우 크고 요구된 시설 물 데이터 모두를 다루기에는 느리다. 모든 사용자는 높은 성능 하드웨어를 요구하고 비싼 BIM 저작 도구를 구입해 훈련받아야 한다.

벤더 중립 옵션

GSA는 데이터 상호운용성을 자산 전생애에 걸친 빌딩 정보 접근을 위한 전략 적 관리 이슈로써 고려하고 노력하고 있다. 이는 벤더 중립 옵션을 포함하며 GSA National Equipment Standard Team은 벤더 중립 소프트웨어에 대 한 ODBC 호환 데이터베이스 포맷 지원 GSA 정책 등을 고려해 디자인과 시공 데이터를 저장하도록 제안했다. 이 포맷은 데이터베이스로 구조화된 시설물 관리 시스템과 쉽게 상호운용을 할 수 있다.

다음 사항을 권장한다.

■ 다른 시설물 관리 시스템 및 CMMS와 as-built 프로젝트 데이터 동기화 를 할 때, COBie 파일을 사용한다.
■ 여러 프로젝트와 O&M 활동에 의해 생성된 외부 설비 데이터와 BIM 설비 객체를 연결하는 설비 주요 키를 사용한다.
■ COBie 파일의 현재 버전을 사용한다.

여러 데이터 전송경로

현재 기술에서 위에 언급된 것들은 몇몇 한계점이 있다. 하지만 그림 3.2와 같이 시설물 관리를 위한 데이터를 BIM과 연결하는 것은 여러 가지 이익을 준다.

신기술 : 모델 서버

'모델 서버'처럼 떠오르는 BIM 소프트웨어 기술이 있다. 이런 소프트웨어는 세션 4.2에서 언급한 기능을 제공한다. 많은 GSA 파일럿 프로젝트가 기술 범주를 관찰하고 있다. 요구되는 모델 서버 성능(현재 모든 기능이 실현가능하지는 않지만) 리스트는 다음과 같은 것을 포함하고 있다.

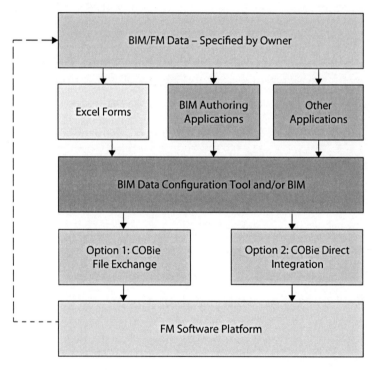

그림 3.2 데이터 전송을 위한 대안 경로(출처 : Onuma, Inc. with edits by GSA)

- IFC 포맷을 통한 모델 관리
- 다중 포맷을 지원하는 프로젝트 관련 파일 관리
- ifcXML 포맷을 이용한 객체 속성 연계 관리
- 명시적 속성으로써 객체 GUID 할당

- 관리되는 모든 포맷에 대한 뷰어 제공
- 모델이나 컴포넌트가 특정 프로젝트에 연계될 수 있는 기능
- 시작/끝 날짜 범위 등을 포함하는 프로젝트 속성
- 정보 질의 지원
  - 최근 〈숫자〉년에 건물의 특정 부분에 영향을 미치는 모든 프로젝트를 탐색하기
  - 〈날짜 범위〉 내에 건물의 특정 부분에 영향을 주는 일정의 프로젝트를 탐색하기
  - 건물의 특정 부분과 관련해 현재 진행되는 유지보수되는 프로젝트 탐색하기
  - 건물이 시공된 이후로 HVAC 시스템에 대한 모델 버전 브랜치(branch. *주 : 요구사항에 따라 검토된 여러 대안 모델 중 선택된 모델 버전)를 구성하는 모든 변경사항 탐색하기
- 프로젝트와 연계된 모델 요소에 대해 작업 중인 모델(working model)을 위해 복사본 지원
- 다른 사용자가 특정 모델 요소를 복사할 경우 관련 사용자에게 공지하기
- 컴포넌트 기반 실시간 모델 정보 업데이트가 지원되는 웹서비스 기능
- 프로젝트 모델에 대한 체크 인(checking in)을 이용한 주 모델(primary model) 갱신 기능
- 체크인된 데이터의 검증과 호환성 체크 기능
  - 현재 버전의 입력 모델과 변경 사항 간의 비교 기능
- 형상 변경
- 주요 키(primary key)를 포함한 속성 변경
- 신규 버전에 대한 각 변경된 컴포넌트의 교체 기능
- 각 컴포넌트의 각 버전에 대한 승인 로그에 대한 유지보수 기능
- 최소한 각 체크된 모델에 대한 상태를 다음과 같이 적용할 수 있는 기능
  - 모델 저장 보류
  - 현재 버전 모델 획득

- 모델 저장
■ 변경된 컴포넌트나 속성들에 대한 복사본을 가진 다른 사용자에게 공지할 수 있는 기능
■ 모델들에 대한 실시간 및 배치 갱신(batch update)과 다른 시스템에서 입력되는 데이터를 기반으로 한 컴포넌트 속성들의 갱신 기능
■ 갱신 등을 자동화할 수 있는 통합 도구 제공
■ 직접 모델 갱신을 위한 도구 통합 기능
■ 건물, 캠퍼스, 도시 등에 포함된 지역 좌표계를 프로젝트에 맞는 좌표계로 변환할 수 있는 기능
■ GSA 보안 카테고리 맵핑(GSA security category mappings) 기반 Federal Information Security Management Act of 2002(FISMA) 호환 기능

GSA 지침을 활용한 BIM과 FM을 위한 파일럿 프로젝트

현재 시점에서는 이 지침이 발표되었다. 프로젝트 발주의 초기 단계에 이 지침들이 부분적으로 활용되었다. 저자는 GSA BIM 챔피언들[28]에게 인터뷰를 하여 그들의 경험에 대한 질문을 통한 답변 받았으며 2012년 7월에 걸쳐 이와 관련한 문제와 성공한 부분에 대해 요약하고 있다.

---

28) GSA에 의해 위촉된 BIM에 대한 전문 지식을 가지고 있는 사람들이며 GSA 사무실에서 프로젝트 현장에 대한 BIM 구현을 조언하며 이끌어나간다.

Peter W. Rodino Federal Building Modernization, Newark, New Jersey

프로젝트 기술

American Recovery and Reinvestment는 41년 역사를 가진 $146백만의 16층 건물 대규모 업그레이드를 하고 있다. 1968에 완공된 이 건물은 526,609, 총 피트제곱의 Rodino Federal Building이며 Newark civic 센터 심장부에 자리 잡고 있고 뉴저지 주의 가장 큰 연방정부 건물이다.

업그레이드는 새로운 유리 커튼월을 기존 프리케스트 파사드 위에 시공하고 구조 외관 형태가 변형된 모습이다. GSA는 내부 오피스 공간을 리노베이션하기로 했다. 빌딩이 과거에 석면 감소를 요구받은 반면 이 프로젝트는 건물의 밸런스 차원에서 관련 요구사항을 지원할 것이다.

지속 가능 기능

에너지 효율적인 빌딩을 만들기 위해 이 프로젝트는 U.S. Green Building Council's LEED Silver designation을 취득하는 것을 목표로 잡았다. 구조에서 시스템 개선은 고성능 조명, 쿨링 플랜트, 공기 처리 유닛 등에 초점을 맞출 것이다. 새로운 유리 커튼 월은 에너지 효과적인 이 중 커튼월로 만들어진다. GSA는 이런 기능들이 전체 에너지 사용을 거의 32% 줄일 것이라 예상하고 있다.

타임라인

- 브리징 문서(Bridging documents) 완성
- 디자인/시공(Design/build) 계약 완료

- 2010년 10월 시공 시작
- 12개 층 개축 완료. 2012년 3월까지 입주자 이사
- 15개 층 개축 완료. 2012년 2월까지 입주자 이사
- 2015년 봄 완공 예상

시공정보

2009년 8월, GSA는 뉴욕의 Dattner Architects사에 $3.45백만 계약을 주었으며 이 프로젝트의 기본 설계 작업과 브리징 문서(Bridging documents) 작업을 위한 것이다. 추가로 Dattner는 하청업자와 컨설턴트로써 9개 회사의 서비스를 아웃소싱해 관리하였다. 뉴저지, Princeton의 Bovis Lend Lease 는 시공관리 서비스를 세공하고 이 프로젝트에 대한 하청업자로써 5개 추가적인 회사와 계약을 맺었다. Rodino Federal Building 현대화는 디자인/시공 계약 하에 완성될 것이다. 시공 계약자(General construction contractor)는 이 프로젝트를 위해 다음과 같은 업체와 계약했다.

- Bridging architect : Dattner Architects, New York City
- Design/build contractor : Tocci/Driscoll Joint Venture, Woburn, Messachusetts
- Architect of record : KlingStubbins, Cambridge, Messachusetts, Philadelphia
- Construction manager : Lend Lease, Ewing, New Jersey

BIM FM 통합 목적

Rodino 프로젝트는 디자인, 시공 데이터와 FM 활동을 연계하는 파일럿 프로젝트를 진행하였고 다른 BIM 활용 목적과 관련해 GSA 협회 교육을 지원하였다. 이 파일럿 프로젝트 팀은 GSA 지역 BIM 챔피언, GSA 빌딩 관지라, GSA 프로젝트 관리자, GSA 계약 공무원, BIM 컨설턴트, design/buid 시공 계약자를 포함하고 있다.

이 프로젝트의 범위는 제약된 범위의 HVAC 현대화와 시공을 포함하고 있다. 이 프로젝트는 design/build 프로젝트 발주 방식을 사용한다. BIM은 디자인 단계에 만들어졌다. 팀은 COBie 데이터 포맷을 시설물 데이터 교환을 위해 사용했고, 시설물 관리 시스템에 활용될 것이다. 이와 관련해 파일 포맷은 명시하지 않았으나 ONUMA 시스템이 COBie 발주 데이터를 검증하기 위한 목적으로 사용되었다. A/E 레코드(record)는 4개의 BIM 디자인 목적에 따라 만들어졌고 인테리어 아키텍처, 외양 아키텍처, 구조, MEP/FP로 구분되어 있다. 그림 3.3은 이 프로젝트의 데이터 흐름을 보여준다.

이 프로젝트의 GSA 지역 BIM 챔피언에 대한 질문과 답변[29]

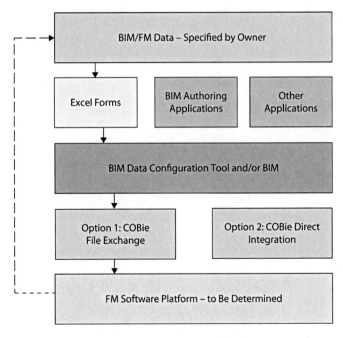

그림 3.3 Rubino 프로젝트의 FM 데이터 흐름

---

29) Ilana Hellmann, PE, LEED, AP, Engineer/Project Manager, Design and Construction Division (2PCD), GSA Public Buildings Service, Northeast and Caribbean Region.

1. 디자인과 시공 단계 동안 수집하는 데이터의 종류는 무엇인가?

   COBie 데이터가 이 단계 동안 수집된다.

2. 이러한 데이터 요구사항이 계약서에 명시되었나? 만약 그렇지 않다면 어떻게 이러한 요구사항을 정의하였나?

   데이터 요구사항은 원본 design/build 계약서에는 명시되지 않았다. 데이터와 시설물 산출물을 위한 명세서를 고려해 수정되고 추가되었다.

3. 디자인과 시공을 위해 BIM이 활용되었나? 만약 그렇다면 FM 데이터를 위해서도 사용되었는가?

   BIM은 bridging 디자이너에 의해 활용되지는 않았다. BIM은 디자인과 시공업자에 의해 활용되었다. BIM 수행 계획은 design/build 계약을 위한 제안 중의 하나였다. 이를 잘 활용하기 위해 우리는 BIM FM 요구사항을 계약 후에도 수정하고 추가하였다. BIM은 FM 데이터와 연계되어 사용되었다.

4. FM 직원이 초기 디자인 단계에 참여했는가? 만약 그렇지 않다면 언제 FM 지원이 참여했는가?

   FM 직원은 디자인 단계에 참여하였을 뿐 아니라 BIM FM 수정 시 명세서의 개발단계 동안에도 참여하였다. 우리는 FM 직원을 우리 팀 워크숍에 참석하도록 초대하였고 BIM FM 범위에 대해 토론하였으며 변경 사항에 대한 산출물이 무엇인지를 논의했다.

5. 어떻게 데이터를 수집했는가?

   우리는 데이터 표준으로 COBie를 사용하고 있다. design/build 계약자는 데이터 수집을 위해, Revit, 현장 데이터 입력을 위한 VELA system과 같은 다양한 도구를 하고 있다. 또한, 하청업체 수준의 몇몇 데이터 수집을 위해 사용자화된 스프레드시트(Customized spreadsheets)를 활용한다.

   우리는 Onuam Planning System을 사용하고 있으며, 이는 데이터 검증과 COBie 포맷과의 연계를 위해 활용하고 있다.

6. 데이터(공간, 설비, 유형 등)에 대해 당신이 사용하고 있는 명칭체계 표준 (naming standard)은 무엇인가?

   우리는 GSA에 의해 개발된 National Equipment Standard을 준용하고 있다.

7. 이러한 데이터를 이 프로젝트에 활용되고 있는 CMMS와 CAFM 시스템과 어떻게 연동하고 있는가? 예를 들어 COBie나 또 다른 방법을 활용하고 있는가?

   계획은 COBie를 활용하는 것이었다. 이 프로젝트는 아직 많이 진행되지는 않았다(*주 : 최근 COBie는 몇몇 실무자들에 의해 비판을 받고 있는 점이 있다. 합리적인 문화에서 진행되는 프로젝트는 실무자들이 더 좋은 대안이 있다고 판단하면 이를 검증하고 필요한 부분을 받아들인다. 모든 계획이 항상 이상적으로만 진행되지 않는 다는 점을 참고할 필요가 있다). COBie는 design/builder 계약의 BIM FM 작업 요구사항이다.

8. 당신이 데이터를 명세화하고 수집하고 연계할 때 가장 큰 문제는 무엇인가?

   데이터를 명세화할 때 가장 큰 이슈는 건물 유지관리 직원에게 정말 중요한 데이터는 무엇인지 결정하는 것이었다. 두 번째는 특정 CMMS 시스템에 사용하기 위해 필요한 사전 결정에 대한 문제였다.

   Design/build 계약자는 시기적절하게 데이터를 수집하는 것을 직원들에게 알려줘야 하며 데이터 수집은 직원들이 예상한 것 이상으로 노동 집약적인 일이었다. 이들은 현장 수준의 데이터를 제공하기로 되어 있는 하청업자들에게 이와 관련된 데이터 요청을 하였다.

9. 시설물 관리자에 의해 활용되거나 시운전하기 위해 수집된 데이터에 대한 활용 이익을 경험한 적이 있나?

   아직 시운전까지 해보지는 못하였다.

Bishop Henry Whipple Federal Building
1 Federal Drive, Fort Snelling, MN 55111-4080

- 프로젝트 규모 : 대략 618,000입방피트(건물 및 지열 기술을 활용한 유틸리티에 대한 기계, 전기, 배관, 소방, 안전 시스템에 대한 주요 부분 교체)
- 전체 ARRA 펀드 : $160백만
- 완공 일정 : 2014년

프로젝트 목적

GSA는 Fort Snelling의 Bishop Henry Whipple Federal Building의 오래되고 부족한 난방, 통풍, 환기 시스템을 지열을 이용한 최신 냉난방 시스템으로 교체하고 있다. 이 시스템은 중서부에서 가장 큰 시공 시스템 중 하나이며 기존 냉난방 및 공조 시스템보다 약 72% 효율 개선을 기대하고 있다.

또한, 건물의 기계, 전기, 배관, 소방 시스템은 대규모 점검을 받을 것이다. 이 몇몇 컴포넌트는 1960대에 시공되었다. 건물의 인테리어와 외부 조명 시스템은 교체될 것이다.

신규 조명 시스템으로 인한 절감은 건물이 현재 소비하는 조명 에너지양의 20%가 될 것이다. 전체 프로젝트에서 에너지 절감은 현재 매년 에너지 비용의 30% 정도로 예측하고 있다. Whipple 프로젝트의 전체 비용은 $158백만이다.

이 리노베이션(renovation) 목표는 위에서 기술된 에너지 효율화를 포함해 다음과 같은 항목을 포함하고 있다.

- As-built BIM 데이터와 시설물 관리 시스템의 연결
- BAS/CMMS를 위한 핵심 데이터 정의 및 제공

■ BIM 모델에서 3D 구성요소와 as-built 데이터와 연결된 전자적 모델 버전 제공

■ 시설물 관리와 운영을 개선하기 위해 BIM 모델에 시스템과 영역(zone) 계획 및 정의

BIM 모델은 디자인 단계에서 초기에 A/E 팀에 의해 만들어졌다. 하지만, BIM 모델은 시공단계에서 그래픽과 데이터에 대해 발생된 변경사항을 통합하기 위해 as-built BIM 모델로 다시 만들어졌다. BIM 통합 단계에서 모든 멤버들은 as-built 조건들을 반영하고 모델의 정밀도를 확보하기 위해 협업적 노력들(*주 : 디자인의 물리적인 형상/속성 데이터 수집, 모델링, 조율 모델 개발/검증 등을 포함)을 하였다.

이 프로젝트의 GSA 지역 BIM 챔피언30)에 대한 질문과 답변

1. 디자인과 시공 단계 동안 수집하는 데이터의 종류는 무엇인가?

   디자인을 하는 동안 우리는 디자인(Watt, BTU 등)에 관련된 COBie 정보를 수집한다. 이를 우리는 '디자인 구성요소(Design element)'라고 불렀다. 아울러 디자인 체계와 영역(Design systems and Zone)을 정의하기 위해 노력하고 있다. 이러한 정보는 디자인 팀에 의해 제공되어야 한다. 시공 단계 동안, 우리는 COBie(제조사, 모델 번호, 제품 보증 등)의 다른 항목들, as-built 항목, 완공 문서(숍 도면, 프로덕트 정보 등) 등을 수집한다.

2. 이러한 데이터 요구사항이 계약서에 명시되었나? 만약 그렇지 않다면 어떻게 이러한 요구사항을 정의하였나?

   이러한 데이터 요구사항들은 때때로 GSA 계약서 안에 포함되어 있다. 하지만 계약 언어가 매우 일반적이고 모호한 경우가 많으며, 상세한 부분은 명시화되어 있지 않다. 예를 들어 우리는 프로젝트 종료에 최종 발주품에 as-built 문서화를 명시하고 있다. 하지만, 우리는 어떻게 이것이 조직화되고 형식화되

---

30) Richard Gee, LEED AP, GSA Chicago, IL 60604.

며 3D 모델과 연결되어야 하는지 명세화하지 못하였다. 사실 이런 것은 큰 문제이며 해석의 범위가 너무 넓다는 것도 문제이다. As-built 모델과 BIM이 연계되는 것과 관련된 요구사항은 계약 언어에 명확히 명시되어야 한다.

3. 디자인과 시공을 위해 BIM이 활용되었나? 만약 그렇다면 FM 데이터를 위해서도 사용되었는가?

   BIM을 디자인과 시공에 대해서 사용되었다. 디자인 팀의 대부분은 아직 AutoCAD와 같은 보조 도구로써 BIM을 사용하고 있다. 많은 회사는 AutoCAD와 같은 작업 환경을 편안하게 느끼며 이들은 BIM 활용 시 이익을 어떻게 최대화하는지에 대한 경험과 지식이 부족하다. 이들은 BIM 소프트웨어를 사용하지만 통합적인 프로세스를 진행하지 않고 모델을 완성한다. 계약자나 소유주로부터 아무런 피드백이나 입력이 없다. 거의 매번 팀은 간섭 검토를 위해 BIM을 사용한다.

   우리는 COBie를 FM 데이터 수집을 위해 사용하기로 하고 이를 요청하였다. 하지만 GC(*주 : 시공사)나 하청업체로부터 많은 시간과 노력을 요구받았을 뿐이다. 결론적으로 GSA가 FM 데이터를 수집하기 위한 비용은 비싸다. COBie 요구사항은 원 계약서의 부분은 아니었지만 계약서에 이를 보완하고 있다.

4. FM 직원이 초기 디자인 단계에 참여했는가? 만약 그렇지 않다면 언제 FM 지원이 참여했는가?

   GSA FM 직원들은 디자인 단계에 참여하였지만 사실 이와 관련된 이익을 얻지는 못하였다. 이들은 얼마 안 되는 공헌을 프로젝트를 통해 했을 뿐이다. 대부분의 FM 직원들은 흥미를 잃고 디자인 팀의 부분이 되어 목표를 수행하는 데 목적성을 얻지 못하였다. 결국 이들은 팀에서 떠났다. 하지만 FM 직원들은 시공 단계에서 다시 참여했고, 이번에는 as-built 모델 단계와 완공 문서화 단계에서 관심과 열정을 보여주었다.

5. 어떻게 데이터를 수집했는가?

   COBie는 FM 데이터를 위한 핵심 데이터 도구이다. 우리는 디자인과 시공 팀이 이 템플릿을 채우도록 하였다. GC는 데이터 수집을 위해 하청업체와 관련 내용을 조율하였다. GSA는 발주품의 한 부분으로 COBie 데이터를 확보하고 있다.

6. 데이터(공간, 설비, 유형 등)에 대해 당신이 사용하고 있는 명칭체계 표준 (naming standard)은 무엇인가?

   GSA는 National Equipment Standards[31]란 자체 명칭체계 관례 (naming convention)를 가지고 있다.

7. 이러한 데이터를 이 프로젝트에 활용되고 있는 CMMS와 CAFM 시스템과 어떻게 연동하고 있는가? 예를 들어 COBie나 또 다른 방법을 활용하고 있는가?

   COBie는 현재 사용되고 있다. 우리는 아직 CMMS에서 COBie을 추출하지는 못하였다. 이전에 우리는 COBie를 CMMS와 CAFM에 어떤 목적으로 사용할 지 결정해야 하는 문제가 있다. 그리고 이러한 의사결정은 나의 영역은 아니다.

8. 당신이 데이터를 명세화하고 수집하고 연계할 때 가장 큰 문제는 무엇인가?

   BIM과 더불어 COBie는 많은 디자인과 시공 회사들에 새로운 요구사항이 다. COBie는 종종 활용할 때 혼란, 잘못된 방향, 잘못된 해석을 이끌 수 있다. 디자인 팀, 시공 팀, 사용자 간에 통합적인 프로세스가 없을 때 팀 멤버 간 작업이 어려워진다. 많은 디자인 팀은 적절한 커뮤니케이션과 조율 없이 3D 모델 작업을 한다. 그 결과로 이들은 종종 사용자에 원하는 요구사항을 구현하지 못한다. 이와 같은 문제는 다른 계약자들에게도 일어난다. BIM에는 AutoCAD에 각 도면층에 대한 라인 두께를 명시하는 것과 같은 상세한 요구사항을 정의하는 방법이 아직 없다. 프로젝트 팀은 정형화된 방법으로 개발하는 모델에 대한 커뮤니케이션과 조율에 대한 방법을 작업 전에 미리 정하는 것이 필요하다. 또한, FM 데이터를 얼마나

---

31) 이 표준은 현재 GSA에 의해 검토되고 있다. 0.5 버전은 http://www.scribd.com/doc/83975104/ PBS-GSA-National-Equipment-Standard-Guide-2011-03-21#page=8에서 찾을 수 있다(*주 : 구입해야 다운로드가 가능하다).

상세화할 것인지에 대한 명확한 정의, as-built을 만들기 위해 무엇을 포함해야 하는지에 대한 정의, 어떻게 모델과 완공 문서들과 연계를 시킬지에 대한 방법 등을 명확히 정의해야 한다. 현재는 이와 관련해 프로젝트에 포함된 팀 간 해석과 서로 간의 기대가 다르다.

9. 시설물 관리자에 의해 활용되거나 시운전하기 위해 수집된 데이터에 대한 활용 이익을 경험한 적이 있나?

아직은 없다. 하지만 우리는 그런 방향을 계속 추구할 것이다. GSA BIM 프로그램의 목적은 시설물 관리에서 BIM의 완전한 구현이다.

Camden Annex Lifecycle and NASA Projects

FM과 에너지 관리 파일럿 프로젝트를 위한 CADEM BIM 배경

Gamdem Federal Courthouse Complex는 우체국과 법원 청사 별관 2개의 건물로 구성되어 있다. 건물은 연결 통로를 통해 접해져 있다. 건물은 401 Market 스티리트에 위치한 우체국과 법원 건물로 알려져 있으며 약 99,924평방피트인 5개층과 지하층으로 이루어져 있다. 400Cooper 스트리트에 위치한 별관 건물은 6개층과 지하층, 서브 지하층, 펜트하우스로 구성되어 전체 약 185,896평방피트이다.

이 프로젝트는 별관 건물에 초점을 맞춰 진행되고 있다.

프로젝트 목적

FM과 에너지 관리 파일럿 프로젝트를 위한 Camdem BIM의 목표는 이전에 불가능했던 분리된 BIM, CMMS, BAS 건물 정보 시스템을 하나의 어플리케이션으로 통합하여 이를 시설물 관리자와 빌딩 엔지니어에게 제공하는 것이다. 시설물 관리자를 위해서 계획 대비 건물 단위, 층, 영역, 실, 빌딩 설비에 대한 실제 에너지 성능을 포함한다. 이 리포트는 설비의 위치, 설비의 서비스 이력, 설비 보증 정보를 함께 제공한다. 빌딩 엔지니어를 위해서는 타블렛 디바이스가 설비 위치, 성능, 서비스, 보증 정보와 설비의 운영 및 유지보수 문서를 접근하는 데 활용된다. 이 정보는 BIM 모델 내에서 공간적인 표현으로 보이며 건물의 층, 영역, 실, 거주자, 시스템, 시스템 구성요소, 에너지 센서의 위치와 연계되어 빌딩 엔지니어가 이러한 정보를 좀 더 쉽게 이해될 수 있도록 돕는다(좀 더 자세한 내용은 https://sites.google.com/a/gsa.gov/ camden-bim-pilot/?pli=1를 참고하라. * 주 : 실제 방문해보면 접근 권한 문제로 웹페이지를 볼 수 없다. 대신 관련 내용을 Google에서 검색해보면 많은 것들을 발견할 수 있다. 예를 들어 이 사례와 관련된 GSA 지침을 발견할 수 있으며 BIM, CMMS, BAS를 통합하기 위해 ECODOMUS 솔루션을 활용하고 있다는 것을 알 수 있다).

이 프로젝트의 GSA 지역 BIM 챔피언[32]에 대한 질문과 답변

1. 디자인과 시공 단계 동안 수집하는 데이터의 종류는 무엇인가?

〈디자인 단계〉

공간 프로그래밍 데이터
■ 건물 명
■ 건물 번호
■ 층(또는 레벨, Level)

---

32) Steve DeVito, Project Technology Specialist, GSA Public Buildings Service, 20 N 8th Street, Philadelphia, PA 19107.

- 부서
- 하위 부서
- 공간 명 – 영어 단축 명
- 실 번호 – 길 찾는 용도의 실 번호
- 실 번호 – 시공 문서 번호(시공사 활용 목적)
- 공간 코드 – 공간 종류 구분 규정 코드
- 유일 공간 ID(컴퓨터에서 생성됨) – GUID
- 공간 유형 – OmniClass Table 13(www.omniclass.org/)
- 공간 유형 – Uniformat
- 공간 측정값
- 실 면적(NSF, Net Square Footage)
- 부서 실 면적(DNSF, Department Net Square Footage)
- 부서 총 실면적(DGSF, Department Gross Square Footage)
- 건물 총 면적(BGS, Building Gross Square Footage)

시설물 데이터

- 정의된 시설물과 층
- OmniClass를 사용해 분류된 공간
- 순 면적(Revit에 의해 계산된 순 면적)
- 적절히 연결된 공간 경계
- MEP 모델은 Revit Architectural mode에서 공간이 정의되고 모든 전생애 주기 기반 MEP 설비는 공간에 할당되어야 함
- 설비는 적절한 패밀리에 할당되어야 하며 예를 들어 펌프는 전기 설비가 아닌 기계 설비에 속해져야 함
- 영역(Zone)은 BIM 모델에 정의되고 공간들을 구성함
- 영역은 할당된 카테고리를 가짐
- 유형은 이름, 카테고리(OmniClass), 설명, 자산 유형을 가짐
- 컴포넌트는 이름, 설명, 유형, 공간을 가짐

■ 시스템은 이름, 카테고리(OmniClass), 컴포넌트를 가짐

시공 단계

■ 유형 정보는 다음과 같은 속성에 의해 제공됨으로써 갱신됨
  - 제조업자
  - 모델 번호
  - 보증 정보(부품, 제조, 기간), 교체 비용
■ 일반 정보는 다음 속성들에 의해 갱신됨
  - 일련 번호
  - 설치 날짜
  - 보증 시작 날짜
  - 옵션 태그 번호 또는 바코드
  - 유형별 재고 부품
  - 유형과 컴포넌트에 의해 제공된 속성들

시운전 단계

■ BIM 객체(유형, 컴포넌트, 공간, 시설물)에 대한 문서들
■ 실제 측정에 기반을 둔 속성들

2. 이러한 데이터 요구사항이 계약서에 명시되었나? 만약 그렇지 않다면 어떻게 이러한 요구사항을 정의하였나?
   데이터 요구사항은 실제 계약서에 계약 언어로 명시를 하였다.

3. 디자인과 시공을 위해 BIM이 활용되었나? 만약 그렇다면 FM 데이터를 위해서도 사용되었는가?
   NASA AOB1과 IESB(아직 디자인 중임)을 위해 활용되었다. 또한 Camden CH는 기존에 존재하는 건물에 대한 모델링을 수행하였다.

4. FM 직원이 초기 디자인 단계에 참여했는가? 만약 그렇지 않다면 언제 FM

지원이 참여했는가?

FM 직원은 프로젝트 계획 초기에 참여하였다.

5. 어떻게 데이터를 수집했는가?

CMMS 시스템과 자산관리 스프레드시트를 통해 데이터를 수집하였다.

6. 데이터(공간, 설비, 유형 등)에 대해 당신이 사용하고 있는 명칭체계 표준 (naming standard)은 무엇인가?

공간은 GSA Spatial Assignment Guide/OmniClass/Uniformat을 사용한다.

설비는 OmniClass를 사용한다.

7. 이러한 데이터를 이 프로젝트에 활용되고 있는 CMMS와 CAFM 시스템과 어떻게 연동하고 있는가? 예를 들어 COBie나 또 다른 방법을 활용하고 있는가?

EcoDomus FM을 사용하고 있다.

8. 당신이 데이터를 명세화하고 수집하고 연계할 때 가장 큰 문제는 무엇인가?
   - 시설물 관리자와 기술자 : BIM 기술 이해의 부족/BIM 프로젝트 경험 부족/BIM 소프트웨어를 활용하는 기술의 부족
   - BIM 전문가 : 시설물 관리자에 대한 이해 부족/기계 설비 표준에 대한 실무 부족/CMMS/CAFM 시스템을 사용한 경험 부족
   - 신기술과 새로운 프로세스를 받아들이기 어려운 문제. 증명되지 않은 기술과 프로세스를 사용할 때 신뢰 부족 문제
   - 시설물 관리 시 표준 부족/기계 설비 및 문서 분류 표준 부족
   - 몇몇 표준은 지역 핵심 인력에 의해 개발되었고 이들은 그들만의 전문 경험을 가지고 있으나 업계 표준은 아님

9. 시설물 관리자에 의해 활용되거나 시운전하기 위해 수집된 데이터에 대한 활용 이익을 경험한 적이 있나?

시설물 관리자와 O&M 계약자 모두 EcoDomus 미들웨어 솔루션 구현 시

큰 이익이 있음을 확인하였으며 이를 잘 활용하면 앞서 언급한 모든 시설물 데이터, 예측 가능한 에너지 모델, 에너지 관리 시스템(Automated Logic), CMMS 시스템(Corrigo)을 통합할 수 있다. 이 미들웨어는 iPad와 랩탑 컴퓨터를 활용해 관지라와 기계 설비 기술자의 현장에 사용할 수 있다.

다른 BIM 지침

BIM 지침의 수는 연방, 주 정부, 대학, 개인 등으로부터 개발되어 꾸준히 증가하고 있다. 이 단원에서는 이런 지침들을 요약하고 관련 정보를 어디서 찾을 수 있는지 인터넷 소스를 제공한다.

시설물 소유자를 위한 BIM 계획 지침

이 름	BIM Planning Guide for Facility Owners
소 스	Penn State University, Computer Integrated Construction Research Program, Department of Architectural Engineering Contact : Professor John Messner Principal PI jmessner@engr.psu.edu Document can be downloaded at http://bim.psu.edu
스 폰 서	Charles Panknow Foundation, US DoD Military Health System, Kaiser Permanente, US Dept. of Veteran Affairs, Penn State Office of Physical Plant
발표 날짜	2012년 4월
적 용	전체 빌딩 생애주기. 디자인과 시공에 좀 더 초점을 맞추고 있음
내 용	이 지침은 BIM 활용에 대한 훌륭한 전체 시각을 제공하며 어떻게 소유자가 주의 깊게 BIM 수행 계획을 만들고 프로젝트를 시작해 원하는 결과를 얻을 수 있도록 계획하는지에 대한 내용을 제공한다. 지침은 전체 계획을 위한 조직과 기술의 필요성을 강조하고 있으며 다음 계획 요소의 개발을 강조하고 있다. 전략, BIM 활용 목적, 활용 목적을 달성하기 위한 프로세스, 정보 니즈, 소프트웨어와 하드웨어 인프라스트럭쳐, 팀원 요구사항 예제 폼과 활용 예제가 있으며, FM 요구사항을 지원하기 위한 지침 내용 및 COBie 사용법을 포함하고 있다.

National BIM Standard – United States™ Version 2

이 름	National BIM Standard - United StatesTM Version 2(NBIMS-US V2)
소 스	National Institute of Building Sciences, buildingSMART alliance Contact : Mr. Dana K, "Deke" Smith, FAIA Executive Director, Building Seismic Safety Council과 buildingSMART alliance deke@dksic.net 문서는 http://www.nationalbimstandard.org에서 다운로드 받을 수 있다. 관련 도구는 buildingSMART alliance 회원이면 받을 수 있다.
스 폰 서	National Institute of Building Sciences, buildingSMART alliance
발표 날짜	Version 1은 2007년 12월에 발표됨(아직 합의되지 않은 초안) 첫 문서 버전은 2012년 5월 발표됨
적 용	전체 건물 생애주기
내 용	이 표준은 2가지 전문가들에 의해 개발되었다. 소프트웨어 개발자와 벤더, 그리고 개발 환경을 디자인, 엔지니어링, 시공, 소유 및 운영하는 개발자를 위한 실무 문서이다. 표준에는 2개 단원이 소프트웨어 개발자에게 필수 정보와 함께 제공된다. - 참조 표준 : 이 표준은 빌딩 데이터와 정보에 대한 데이터 사전, 데이터 모델, 웹 기반 정보 교환, 구조, 확인자 관련 내용을 제공한다. 이 내용은 다른 표준 조직에 의해 개발되었다. 예를 들어 ISO 16739(IFC)와 OmniClass를 포함한다. - 교환 정보 표준 : 이 단원은 교환 개념뿐 아니라 데이터 관리, 보증, 검증을 위한 표준을 제공한다. 이 부분은 빌딩 분석과 관련된 특정한 데이터 유형을 위한 교환 방법 디자인을 정의하고 있다. 그리고 Construction Operation Building information exchange(COBie)와 GSA exchanges를 포함하고 있다. 이는 NBIMS-US 프로젝트 위원회에 의해 쓰이고 의결된 내용이다. - 지침 표준 : 이 단원은 실무자에 초점을 맞추고 있으며 Project Execution Guide와 같은 내용을 포함하고 있다. 지침 내용 동의 방식(투표)은 모든 채택된 지침들이 광범위하게 지원을 받고 있음을 확신하기 위해 활용되고 있다. 콘텐츠는 주로 시설물 산업계의 다양한 관점을 조율하는 협회들에 의해 제공된 것이다. 향후 다른 국가로부터 피드백을 권장하고 있다. 매년 새로운 콘텐츠를 갱신하고 있으며, 5년 주기로 주요 버전 변경이 있을 것이다.

건축가와 엔지니어를 위한 Wisconsin BIM 지침과 표준, v2

이 름	Wisconsin BIM Guidelines and Standards for Architects and Engineers, v2
소 스	State of Wisconsin, Department of Administration Division of State Facilities Contact: Bill Napier, Wisconsin Department of Administration Bill.napier@wisconsin.gov 문서는 www.doa.state.wi.us/dsf/masterspec_view_new.asp?catid=61&locid=4에서 다운로드 받을 수 있다.
스폰서	Division of Facilities Development, Department of Administration
발표 날짜	2012년 7월
적 용	디자인, 시공, 프로젝트 완공
내 용	이 지침은 National BIM Standard version 2의 세션 5인 Practice Documents와 관련된 부분을 강조해 내용을 제공하고 있다. A/E는 BIM 수행 계획서(BEP)를 이 표준에 지정된 모든 수행 발주 산출물을 포함해 요청하고 있다. 이 지침은 BIM을 LOD(Level Of Development)를 고려해 각 분야별 별도 모델 디자인 시 활용하도록 요구하고 있으며, LOD는 위스콘신 주의 시설물 프로젝트 완공 시 개방형 IFC 포맷으로 표현하도록 하고 있다. 이 지침은 에너지부 분석과 설계 대안 비교를 위한 비용 분석을 요구하고 있다. BIM 모델은 as-built 상황을 반영해 갱신되어야 하며 프로젝트 기간 동안 지정된 이정표에 제출되도록 요구하고 있다. BIM/FM 통합에 대해서는 언급하고 있지 않으며 2012년 가을에 발표된 분리된 지침에서 언급되고 있다.

LACCD BIM 표준, v3

이 름	LACCD BIM Standards, v3
소 스	Los Angeles Community College District Contact: Michael Cervantes/Jim Youngblood Michael.cervantes@build-laccd.org/jim.youngblood@build-laccd.org 문서는 http://standards.build-laccd.org/cgi-bin/projects/dcs/extensions/viewer/code/viewer_client.pl?command=MANUAL_INDEX에서 다운로드받을 수 있다.
스폰서	Division of Facilities Development, Department of Administration
발표 날짜	2010년 4월(버전 3 개정)
적 용	디자인, 시공, 프로젝트 완공; design/build; design/bid/build
내 용	이 지침은 개별 모델에 대한 디자인과 시공에 대한 BIM 활용에 초점이 맞춰져 있으며 개별 모델은 개방향 IFC 포맷에 의해 표현되도록 하고 있으며 GIS에 통합할 수 있도록 LACCD에 제출하도록 하고 있다. 이 정보는 에너지 및 수자원 분석, 시공 일정의 4D 분석을 할 수 있어야 한다. 아직 5D 비용 견적을 요구하고 있지는 않다. 가상 디자인과 건설(VDC, Virtual Design and Construction) 관리자를 위한 특별 요구사항이 BIM 수행 계획 개발을 위해 포함되어 있다. BIM 모델은 as-built 조건을 반영하도록 시공 단계 동안 갱신되어야 한다. 현 시점에서는 BIM/FM 통합에 대한 내용은 없으나 제출 파일이 모델링된 구성요소와 연계되도록 하고 있다. 이 BIM 표준의 v4는 COBie 요구사항을 포함할 것이다.

Chapter 4

FM에 BIM 활용을 고려할 때 법적 이슈

Chapter 4 FM에 BIM 활용을 고려할 때 법적 이슈

이 장은 법적 관점에서 소유주가 FM을 위한 BIM을 구현하기 위해 고려해야 할 4개 주요 이슈를 다루고 있다.

1. 모델과 계약적 상태가 무엇인지
2. 모델 소유권
3. 지적 재산 소유권
4. 상호운용성과 데이터 교환에 관한 법적 이슈

추가적으로 이 장은 3개의 추가 이슈를 언급한다. (1) BIM 활용이 참여자들의 책임 문제를 증가시킬 것인지, (2) 어떻게 통합 프로젝트 발주(IPD, Integrated Project Delivery) 환경이 BIM에 대한 신뢰에 영향을 줄 것인지, (3) 보험이 참여자의 BIM 관련 작업을 얼마나 보증할 수 있을 것인지. 이러한 이슈 모두는 프로젝트 초기에 다루어져야 하며 계약 언어로 명시되어야 한다.

Chapter 4

FM에 BIM 활용을 고려할 때 법적 이슈

Kymberli A. Aguilar
SENIOR COUNSEL, HANSON BRIDGETT LLP

and Howard W. Ashcraft
PARTNER, HANSON BRIDGETT LLP, AND PROCURE
WORKSHOP CHAIR FOR NBIMS VERION 2.0

소 개

BIM은 애니메이션을 포함한 3D 가시화 이미지를 만든다. 하지만 BIM의 강점은 데이터 그 자체에 있다. 그리고 이러한 데이터는 추출되고, 계산되고, 많은 다른 방식으로 보일 수 있다. BIM은 어떻게 건물들이 디자인되고 시공되는지 이를 형상화할 수 있는 능력으로 모델을 표현한다. 같은 데이터는 건물 자체를 시뮬레이션하고 관리하는 데 사용될 수 있고 BIM 구성요소의 속성들은 시설물 관리 정보와 함께 겹쳐져 보일 수 있다. 좀 더 나은 운영과 관리를 위해 BIM을 활용하는 것은 프로젝트 디자인과 시공에 BIM을 활용해 얻는 것보다 더 중요할 수 있다. 디자인과 시공 단계와는 다르게 시설물 관리자가 필요한 정보는 시설물 전생애주기에 걸쳐 지속적으로 활용되기 때문이다 (Jordani 2010, p.13).[33]

CMMS 시스템으로 효과적인 디자인 및 시공 정보 전달은 아직 개발 중이다 (정보 통합 및 전달을 위한 COBie 표준 등).

---

33) 이 기사는 건설이 완공된 후 시설물 전생애주기 비용의 85%가 발생된다는 것을 말하고 있다.

빌딩 자동화 시스템(BAS, Building Automation System)은 비록 몇몇 데이터의 교환이 가능하지만 일반적으로는 시공 BIM 모델과 상호운용되지 않는다. National Institute of Standards and Technology(NIST) 연구[34]는 수많은 탐색 시간, 검증, 시설물 관리 정보 재작업 등의 낭비가 있다는 것을 밝히고 있다. 이는 개선을 위한 잠재적인 기회가 있다는 것을 의미한다.

만약, 적절한 모델 입력 데이터가 명확히 정의되고 시설물이 모델별로 개발되어 있다면(모델은 시공과 완공 시 검증될 수 있어야 함), 소유주는 시설물 관리자가 에너지와 다른 성능 데이터를 포함한 건물 운영 관리에 필요한 대부분의 정보가 포함된 정확한 as-built 모델을 얻을 수 있다. 만약 시설물 관리에 필요한 데이터가 적절히 명세화되고 모델에 통합된다면 빌딩 전생애주기 관리를 위해 소유주에 의해 사용될 수 있는 귀중한 도구가 될 것이다. 모델에서 데이터는 종종 COBie[35]와 같은 개방형 표준에 의해 시설물 소프트웨어 관리 시스템 등에 보내질 수 있다. 미들웨어 활용을 통해 GIS와 BAS를 통합하는 것도 가능하며 이는 시설물 관리자가 운영 데이터를 분석할 수 있고, 에너지 효율성과 LEED(Leadership in Energy and Environmental Design) 규약을 검토하고, 전체적인 자산관리 방법을 활용하는 능력을 증가시킬 수 있다. 비록 시설물 관리를 위한 BIM이 초기 단계이지만, 시설물, 자산 시스템에 대한 디지털 정보를 효율적으로 포착하고 활용하는 것은 프로젝트에 참여한 모든 참여자에게 가치 있는 것이다. 계약자와 설계자들은 그들의 서비스를 요구사항에 대해서 확장할 수 있으며 소유주는 시설물 전생애에 대한 BIM

---

34) NIST 상호운용성 연구인 NIST GCR 04-86은 15.8 십억 달러 손실의 3분의 2가 운영과 유지보수 단계 동안 발생된 부적절한 상호운용성 때문인 것으로 말하고 있다(Jordani, 2010, p.13). NIST 연구는 여기서 다운로드 할 수 있다: fire.nist.gov/bfrlpubs/build04/PDF/b04022.pdf 이 연구는 이 책 1장에서 좀 더 상세하게 다루고 있다.

35) COBie는 "시설물 운영 중 활용 목적으로 디자인, 시공, 시운전 기간 동안 만들어지는 디지털 데이터를 포착하고 전달하기 위한 개방형 표준"이라 정의하고 있다(Jordani, 2010, p.15). COBie에 대한 자세한 정보는 buildingSMART alliance의 웹사이트인 www.buildingsmartalliance.org/index.php/projects/activeprojects/25를 참고하라(* 주: 보통 책에서 언급된 웹사이트는 시간이 지나면 주소가 변경되고 갱신되는 경우가 많다. google에서 buildingSMART와 COBie를 함께 직접 검색하면 관련된 지침, 도구 등을 포함한 많은 자료를 확인할 수 있다).

투자를 회수할 수 있다.

완전한 전생애주기 지원 BIM(Full Life-cycle BIM)은 협업이 본질이다. 협업36)은 전통적인 프로세스 접근에서 디자인과 시공을 분리한다. 잠재적인 위험들을 줄이기 위해 비즈니스 업무와 법적 표준은 데이터 교환의 최소화를 고려해 책임과 역할을 규정하고 그 적용 범위를 정의한다. 하지만 이와 관련된 책임과 지능적인 속성 값 활용 시 발생되는 이슈에 대한 불확실성은 BIM 채택을 어렵게 만들고 있으며 제한적인 BIM 활용으로 이어지고 있다. 이런 우려들이 직접적으로 설계자와 계약자들에게 영향을 미치고 있으며 BIM 정보 공유에 대한 저항으로 인해 소유주에게 가는 가치가 줄어들 수도 있다.

이 장에서는 사용자가 FM을 위한 BIM 구현 시 고려해야 하는 법률적 관점에서 다음과 같은 4가지 이슈를 다룬다.

1. 모델 안에 포함된 것과 이와 관련된 계약 준수 여부
2. 모델 소유권
3. 지적 재산 소유권
4. 상호운용성과 데이터 교환 이슈

추가적으로 이 장에서는 3가지 추가적인 이슈를 다루고 있다. (1) BIM 활용이 다른 참여자들의 책임을 더 요구하는지, (2) 어떻게 IPD 환경이 BIM의 신뢰성에 영향을 주는지, (3) 보험이 참여자들의 BIM 관련 작업을 보증할 수 있는지 이야기하고 있다. 이러한 모든 이슈들은 프로젝트 초기 단계에 고려되어야 하며 적절한 계약 언어로 기술되어야 한다.

---

36) 프로젝트 발주 방법, 예를 들어 통합 발주 방식(IPD, Integrated Project Delivery)와 design/build의 협업 버전은 건설 분야에서 협업, 상호 작용, 데이터 교환 작업 방식으로 트랜드를 리딩하고 있다.

어떻게 모델이 사용될 것인가?

무엇을 요청하고 받을 것인지에 대해

당신이 원하는 것을 얻기 위해서는 당신이 원하는 것을 요구할 필요가 있다 (* 주 : To get what you want, you need to ask for it. 현재 국내는 발주자가 BIM의 활용 목적을 명확히 하고 시작되는 프로젝트는 매우 드문 상황이다. 프로젝트에서 BIM 활용 시 이익, 목표, 모델링 정보를 명확히 정하지 않고 시작하면 돈과 시간만 낭비할 뿐이며 프로젝트 종료 시 실패에 대한 실망감, 후회와 더불어 책임 회피와 상실감만이 남을 것이다). 요구는 상세해야 하며 불필요한 정보는 포함하지 않고 원하는 결과만 얻을 수 있도록 해야 한다. FM 관점에서 많은 어려움과 난관은 당신이 필요한 모델에 입력하거나 모델로부터 추출하기 위한 정보를 명확히 정의하는 것이다. 이 정보를 결정하기 위해 소유주는 어떻게 이 정보 모델이 사용될지 반드시 이해해야 한다. 만약 시설물 관리 시 의도된 활용 목적이 있다면 소유주는 어떤 데이터를 사용할지 결정해야 하며, 예를 들어 소유주는 데이터 활용 목적이 (1) 운영과 유지보수, (2) 자산 개선 계획 또는 (3) BAS 등 무엇인지 결정하는 것이 필요하다.

처음 2개는 소유주가 전형적으로 시설물 관리를 위한 BIM 데이터의 일반적인 활용으로 생각하는 것들이다. 더불어 BAS와 연계해 데이터를 사용하는 것은 소유주에게 훌륭한 도구를 주며 이전에는 어려웠던 건물 전체에 대한 컨트롤 능력을 준다. BAS는 분산 컨트롤 시스템의 한 예이다. 이 컨트롤 시스템은 컴퓨터화되고, 건물 조명 시스템과 같은 기계 전자 장치를 모니터링하고 컨트롤할 수 있는 지능화된 전자 디바이스 네트워크로 구성되어 있다. BAS는 정해진 범위에서 빌딩 기후를 조정하고, 입주민의 스케줄에 따른 조명 시스템을 제공하고, 시스템 성능과 장비 에러를 모니터링하며, 빌딩 엔지니어링/유지보수 직원에게 e-mail과 text 기반 알람을 제공한다. BIM 데이터와 BAS가 적절히 연계될 때, BIM 모델은 에너지 효율성과 LEED[37] 준수 여부를

---

37) 역사적으로 형편없는 시설물 관리 원인은 소유주의 부족한 빌딩 정보 상세와 정보 시각화 때문이다. 만약

추적하는 데 사용될 수 있다.

일단 소유주가 어떻게 디자인, 시공 및 이후 단계에서 BIM 데이터를 사용할지 결정하였다면 이러한 부분들을 지원하기 위해 모델 내에 무슨 데이터를 포함해야 하는지를 평가할 수 있다. 소유주는 프로젝트 초기 단계에 BIM 요구사항과 BIM 수행 계획서를 개발할 때 참여할 필요가 있다. 여기에는 2단계가 있는데 첫 번째는 계약 단계로 소유주는 디자인과 시공 모델에 FM 정보, 디자인 및 이후 단계 동안 데이터를 입력할 참여자의 책임, 레코드 모델의 생성과 제출을 명시해야 한다. 계약은 명시적으로 as-built와 as-installed 상황을 반영하도록 모델을 갱신할 것을 요구해야 한다. 두 번째 단계는 BIM 수행 계획 개발 기간 동안 소유주는 빌딩 정보 모델을 통해 무슨 정보를 추출하거나 관리할지 정의하는 것을 도와줘야 한다. 이때 참여자들은 어떻게 정보가 CMMS 또는 BAS로 정보가 입력될지 알려줘야 하며 시스템 간에 라이브 링크(live link) 또는 미들웨어 솔루션에 의해 어떻게 적절히 연계될 수 있는지 확인해줘야 한다. 소유주의 운영 직원은 계약자나 아키텍트가 아닌 이들이 무슨 정보가 유용할지 가장 잘 알고 있기 때문에 요구되는 데이터를 명세화하는 데 참여될 필요가 있다. 소유주가 원하는 방향이 없다면 포함된 정보는 불완전하거나 다루기 힘들어 시설물 관리자가 이런 정보를 무시하거나 좀 더 단순한 솔루션을 사용하게 될 것이다.

만약 소유주가 어떻게 이런 시스템이 데이터를 사용할 것인지 불확실하다면, 설문을 실시하거나 실제 그 데이터가 필요한지를 이후에 결정하도록 한다. 나막신처럼 무거운 신발과 같이 불필요한 정보를 담은 모델은 성능을 감소시킬 뿐 아니라 많은 비용을 발생시키고 데이터의 추출과 활용을 어렵게 만든다.

소유주가 시스템, 영역, 스페이스, 설비 등에 소모되는 에너지 사용량을 추적할 수 없다면 건물의 에너지 성능을 향상시킬 수 없다. 신뢰성이 부족한 정보는 Smart Grid로부터 요청된 응답에 대해 비효율적인 액션을 유발한다. LEED 인증에 투자한 소유주는 어디서 실제 성능과 디자인 명세가 불일치하는지 확인할 수 없다. EcoDomus와 같은 회사는 이러한 비효율성을 해결하기 위해 BAS와 BIM 연계 방법을 제공하고 있다.

이 장 마지막에 있는 시설물 산업계를 위한 BIM 명세서로부터 요약된 명세서인 'BIM 명세 예제'를 참고하라.

이 모델의 계약 상황은 무엇인가?

전통적으로 인쇄된 계획과 명세서는 시공 프로젝트에 대한 문서들을 컨트롤한다. 대부분의 경우에는 규제 기관에 의해 검토되고 승인될 수 있는 문서들이 있다. 만약 인쇄된 계획과 명세서가 계약 서류라면, 디지털로 모델링된 정보에 관한 계약 상황은 무엇일까?

이와 관련해 3가지 옵션이 있다. 모델은 계획과 명세서를 만들기 위한 도구가 될 수 있다. 이 경우 모델은 계약 범위에는 포함되지 않는다. 하지만 이 모델이 계획과 명세서에 무엇인지 표현된 이후 정보가 포함되었기 때문에 추측하건데 이는 무료는 아닐 것이며 모델에 어느 정도 법적 내용을 적용하는 것이 좋을 수 있다. 몇몇 프로젝트에서 모델은 계획과 명세서와 함께 같은 수준으로 계약 범위에 포함되어 있다. 이를 위해서는 모델과 다른 계약 서류 간에 계약 상황 적용 시 우선순위가 정의될 필요가 있다. 모델은 시공 시 다른 계약 서류들에 의해 컨트롤될 수 있다. 시설물 관점에서 보면 모델이 프로젝트에 대한 대부분의 데이터를 포함하고 있기 때문에 적절한 솔루션이 될 수 있다.

BIM 활용 시 좋은 사례는 시공 단계에서 디자이너, 시공 관리자 또는 기준 빌딩 BIM(건축과 구조 구성요소)을 만들기 위한 써드파티 업체, 그리고 이들이 제조하는 시스템을 위해 BIM을 개발하는 업체를 위해 활용된 것이다. 이를 시공 BIM이라 하며, 시공 BIM은 조율 BIM(coordination BIM)으로부터 합쳐진다. 조율 BIM에서 빌딩 시스템 간섭 문제를 해결함으로써 시공 팀은 현장의 문제를 최소화할 수 있고 예산과 일정을 개선할 수 있다. 정확한 간섭 체크를 수행하기 위해 시공 BIM은 시공기간 동안 갱신되어야 한다(U.S. General Services Administration 2011).

중요한 점은 모델 조율을 통한 이익을 얻기 위해 다양한 부분을 고려해 모델이 만들어져야 한다는 것이다. 시공 BIM은 직접성, 완전성, 정확성과 넓은 FM 활동에 대한 정보를 제공하는 빌딩의 유용한 물리적 기술을 표현한다.

하지만 그 모델은 승인된 서류는 아니기 때문에 해당 모델이 승인된 도면들을 변경하지 않도록 주의할 필요가 있다. 이런 방식의 예는 표 4.1에 기술되어 있다.

표 4.1 어떻게 BIM 모델과 도면 사이의 충돌 문제를 피하는지에 대한 예

빌딩 정보 모델의 상태	프로젝트는 모델에 묘사된 시공 상세와 디자인에 따라 시공된다. 건축가, 컨설턴트, design/build 하청업체, 디자인 전문가 등에 의해 제공된 모델은 시공 서류이며 건축가에 제출된 제작 모델 등도 마찬가지이다. 모델링되지 않은 빌딩 컴포넌트는 2D 시공 서류에 표현된 상세에 따라 시공될 것이다. 비록 마스터 및 보조 모델이 모델링된 프로젝트 구성요소들에 대한 상세를 표현하더라도 규제 기관에 의한 사전 승인을 모든 참여자가 받아야 하고 디자인 에러 및 누락을 수정하기 위한 작업이 필요하다.
서류 간 정보 충돌	모델을 구성하는 부분들은 모든 치수적 정보를 정의한 시공 서류를 고려해야 한다. 2D 시공 서류들은 시공 작업 요소와 모델링되지 않은 빌딩 구성요소 작업에 적용된다.
사인된 제출과 스탬프된(stemped) 2D 시공 서류들	2D 시공 서류들은 라이선스가 있는 디자인 전문가, design/build 하청업체, 허가 사항을 검토하고 승인하는 규제 기관에 의해 작업되어 검토되고 사인되어야 한다. 실질적인 활용을 위해서는 2D 시공 서류들은 BIM 모델에서 생성되어야 한다.

계약 서류 계층은 계약 서류와 관련된 BIM 모델의 구성 부분들에 관한 이슈를 만들 수 있다. 프로젝트는 하나의 글로벌한 모델이 아닌 상호 관련된 일련의 모델들로부터 개발된다. 사전 디자인 모델 이후 기계 디자인, 구조 디자인, 구조 제작, 기계 제작 모델 등과 관계된 모델들이 있을 수 있다. 참여자들은 계약 사항에 정의된 계약 모델 내에 무엇을 포함할지 말지를 결정해야 한다. 예를 들어 제작 모델이나 시공 모델의 일부분은 시공에 용이하도록 생성될 필요가 있으며 이를 위해 계약 서류에서 이러한 모델을 누가 작업할지에 대한

항목을 포함할지 말지를 결정해야 한다.

일단 참여자들이 모델의 다양한 활용, 필요한 입출력 정보, 계약 모델에 무엇을 포함할지를 결정하였다면, 그 정보는 적절한 계약 서류에 기록되어야 하고 이를 이용해 바라는 목적을 명확히 하고 프로젝트 진행 상황 추적을 위해 해당 내용을 참조할 수 있다.

모델 소유권

BIM을 사용하는 모든 프로젝트에서 모델의 소유권을 명시할 필요가 있다. 공동 작품의 소유권은 문제가 될 수 있기 때문에 관련된 이슈를 해결하는 것은 중요하다. 어떤 프로젝트는 누가 모델을 소유하는지, 프로젝트 목적을 위해 모델을 사용할 충분한 권리가 있는지에 대해 문제가 되지 않을 수 있다. 하지만 FM을 위한 BIM 활용 시 향후 수년 동안 이를 사용하고 수정할 것이므로 계약 모델을 소유주가 소유하려 할 수 있다. 이와 관련해 3가지 소유권 옵션이 고려될 수 있으며 계약 서류에 상세 내용이 다루어질 수 있다. 더불어 옵션 선택과 관계없이, 장래 개축을 위해 모델의 라이선스나 소유권을 적절히 고려할 필요가 있다. 이런 부분은 원 설계자와 계약으로 상세화시켜야 하며 시설물 개축이나 추가에 활용이 가능해야 한다. 합리성을 고려해, 설계자는 모델의 활용으로 발생된 결과에 대해 책임을 지지 않는다.

소유주의 모델링 정보 소유

이 옵션은 많은 기관과 공공 소유주에 의해 선호되고 있으며 이는 계약 문서들처럼 만들어진 정보를 소유할 수 있기 때문이다. 앞서 언급된 것처럼, 시공 후에 활용 가능한 응용과 관련해 모델을 사용하기 원하는 많은 소유주들이 선택할 수 있는 옵션이다. 이 옵션에서는 모든 프로젝트 참여자들은 프로젝트 목적[38]에 따라 모델링 정보를 사용할 수 있는 라이선스를 부여받는다.

설계자의 모델링 정보 소유

이 옵션은 AIA(American Institute of Architects)에서 만든 계약서와 부합하며 이 계약서류에는 건축가의 서비스로서의 디자인 행위를 정의하고 있다. 소유주, 계약자 등 정보사용이 필요한 자는 설계자의 동의 아래 적절한 언어로 정보사용을 위한 라이선스를 부여받아야 한다. 만약 참여자들이 이를 동의하면, 소유주의 라이선스는 모델 활용을 할 수 있고 운영과 유지보수, 프로젝트에 대한 개정을 포함한 용도로 활용이 가능하다. 소유주의 라이선스는 제한적 재활용을 포함하기 때문에, 설계자는 이후 수정이나 재활용으로부터 발생되는 문제에 대해 책임을 져야 할 수 있다.

모든 참여자들의 모델링 정보 소유

이 방법은 모든 참여자들 간에 크로스 라이센싱을 요구하고 있으며 원칙적으로 모두에게 모델이 주어진다. 일반적으로 모델의 디지털 정보는 쉽게 복사되어 재활용될 수 있다. 하청업체를 포함한 참여자들, 제조업자들, 공급업자들은 제품 디자인을 모델링을 위해 제공할 수 있다. 이에 따라 이들은 다른 이들에 디자인 정보를 재활용하거나 제품을 제조하는 것을 막기 위한 동의를 요구할 수 있다. 모델링의 협업, 모델 접근, 정보 재활용 이외에 이러한 유형의 정보 활용을 막기 위해서는 계약 서류나 BIM 관리 절차에 이를 명확히 정의할 필요가 있다(Thomson n.d., p.13).

---

38) ConsensusDOCS 301 BIM Addendum은 소유권을 사용자에게 주지 않는 반면 각 참여자가 제한되고 비 독점적인 라이선스 권한을 가진다. ConsensusDOCS 301 BIM Addendum의 6.2를 참고하라. AIA E202-2008은 "모델을 사용, 수정, 이전할 권리는 특별히 프로젝트 디자인과 시공에 대해서 만으로 제한된다."고 명시하고 소유권 이전을 하지 않는 것으로 기술하고 있다. AIA E202-2008에서 2.2의 모델 소유권 부분을 참고하라.

누가 지적 작업 결과를 소유하는가?

누가 디자인을 소유하는가?

'모델'이란 개념의 유동적인 특성은 지능적인 모델 정보 소유 이슈들을 발생시킨다. 무엇이 디자인인가? 어디까지가 디자인인가? 누가 모델을 소유하는가? 현재 디자인 작업은 기본 형상을 제어하는 주요 모델에 연관된 모델들의 집합을 사용해 개발하며 이 기본 형상은 보조적인 디자인이나 제조 모델에 의해 개선된다. 이러한 모델들은 외부 분석 모델, 비용 모델, 일정 소프트웨어와 상호 작업하고 관련 기능을 지원받는다. 실제로 디자인은 이러한 부분들의 집합체이다.

만약 그러자면 누가 이 동적 디자인 모델을 소유해야 하는가? 이론적인 답변을 위해서는 공동 작업, 별도 작업과 고용된 작업 결과에 대한 지적 작업 개념을 생각해볼 필요가 있다. 실무적으로는 잘 정의된 계약 서류에 근거해 누가 모델의 부분들을 소유하고 활용[39])을 위해 라이선스를 받은 부분이 어디인지를 미리 결정할 필요가 있다.

누가 저작권을 소유하는가?

저작권 보호는 저자의 그래픽, 조각을 포함한 원본 작업[40]) 결과에 적용된다. 저작권은 유형의 작업에 대해 저자가 저자의 소유권과 활용을 방해하는 다른 이들의 어떠한 복사나 활용으로부터 이를 보호하기 위한 것이다. 전체 모델과 컴포넌트 부분들은 저작권 보호의 적용을 받는다.

---

39) 디자인 전문가들은 종종 추가된 BIM 소프트웨어 라이브러리 컴포넌트가 다른 사람들에 의해 채택되어 사용되는 것에 관해 염려를 한다. 이는 그 회사의 표준 상세 내용을 복사해 사용하는 것과 같은 결과를 발생시킨다. 이를 막기 위해서 이와 관련한 계약서를 작성할 수 있으며 이때는 회사의 저작권을 요구하는 것이 값비싼 법적 비용을 발생시키게 된다. 이러한 문제를 막을 수 있는 실무적인 다른 방법은 많지 않다.

40) 17 U.S.C. 102(a)(5)

전통적인 소유주-건축가 계약서는 건축가의 서비스에 대한 엄격한 보호를 제공한다. 예를 들어 AIA Document B101-2007은 아키텍처가 "저자이고 서비스의 개별 결과를 소유하고 도면, 명세서를 포함해 일반적인 법규에 의해 저작권41)을 포함한 권리를 유지한다."고 기술하고 있다. AIA Document E202-2008의 Building Information Modeling Protocol Exhibit은 저작권을 BIM에 활용된 구성요소들로 확장하였으며 기존 전통적인 모델링 시 계약과 유사하다. 여기에는 "모델 요소를 디자인한 저자는 제공된 콘텐츠42)에서 어떤 부분에 대한 소유권도 전달하지 않는다."라고 언급하고 있다.

이와 다른 계약서들은 협업적인 방법을 좀 더 포함하고 있으며 계약의 참여자가 문서, 도면, 명세서, 전자적 데이터, 프로젝트에 대한 디자인 정보 등에 대한 저작권43)을 소유주가 받을 수 있는지 선택할 수 있도록 허용하고 있다. ConsensusDOCS 301, Building Information Modeling(BIM) Addendum 에서는 참여자들이 계약을 다음과 같이 컨트롤할 수 있도록 하고 있다.

"프로젝트 완공 후에 전체 디자인 모델 활용을 위한 프로젝트 소유주의 자격은 소유주와 건축가/엔지니어 간의 계약에 의해 조정될 수 있다." 이 BIM Addendum 은 모델을 개발하는 데 참여한 참여자들이 그들의 저작권을 박탈하지 않도록 하고 있다.

참여자는 소유권에 관해 전체 모델이나 모델 부분에 대한 계약을 결정할 수 있다. 보통은 참여자들이 라이선스를 제공하는 것에 동의하며 라이선스는 저작권이 유지되고 있는 동안에 다른 참여자에게 제한된 활용을 허용한다. 라이선스는 모델에 대한 다른 이의 소유를 허용하는 것이며 라이선스 없이 이를 활용하였을 경우 법적 문제를 유발할 수 있다.

---

41) AIA Document B101-2007, Standard Form of Agreement between Owner and Architect, 7.2.
42) AIA Document E202-2008, Building Information Modeling Protocol Exhibit, 2.2.
43) ConsensusDOCS 240, Agreement between Owner and Architect-Engineer 참고.

FM 관점에서는 소유주가 디자인을 소유하거나 디자인 정보를 운영, 유지보수, 프로젝트의 시설물 업그레이드를 위해 사용할 수 있도록 라이선스를 가지는 것이 중요하다(* 주 : 해당 모델이 FM에 필요한 적절한 정보가 모델링되어 있어야 한다는 것은 이것과는 별개의 문제이다. 무조건 라이선스를 소유하려 하기보다는 무슨 목적으로 모델을 활용할 것인지를 먼저 명확히 정의하는 것이 더 중요하다. 소유주의 활용 목적이 명확하다는 전제하에 라이선스를 소유한다고 모델이 저절로 최신 상태로 갱신되거나 필요한 정보가 리포트 형태로 제공되는 것이 아니므로 적절한 대가를 제공해 모델이 지속가능하게 활용할 수 있도록 하는 것도 필요하다).

표준과 상호운용성

CMMS 소프트웨어는 BIM과는 분리되어 존재하고 몇몇 데이터베이스나 엑셀 테이블로 유지될 수도 있다. 일반적으로 이런 FM 데이터베이스는 BIM과 직접적으로 커뮤니케이션할 수 없으며 두 소프트웨어 플랫폼 간에도 데이터 교환이 어려우므로 데이터 전달을 위한 전략이 필요하다. 몇몇 예에서 데이터 전달을 위한 직접적인 경로들이 있는데, Maximo와 같은 Revit to CMMS 제품이 이러한 역할을 해준다. FM 데이터는 전생애주기 동안 지속될 수 있으며 좀 더 나은 방법은 개방형 소스 표준에 데이터를 넣는 것일 수도 있다. FM 데이터에 관한 표준은 COBie 규약이 있다.

COBie(www.wbdg.org/resources/cobie.php)는 FM 데이터, 설비 데이터를 유지관리하기 위한 개방형 표준을 개발하고 있으며 몇몇 BIM 플랫폼에 의해 지원되고 있다. BIM 명세서는 거의 COBie 출력 기능을 요구하고 있으며 NIBS가 스폰서하고 있는 'COBie Challenges'를 통해 활용 사례를 보이고 있다. COBie는 FM 데이터를 위해 특별하게 개발된 표준이다. COBie는 개방형 표준이기 때문에 앞으로 소프트웨어 옵션에 COBie 호환 옵션이 개발될 가능성이 크다.

일반적인 발주 요구사항은 GSA BIM Guide Series 008에 포함되어 있다.

- 2.2.5.2 COBie deliverables : 디자인 단계에서 COBie 제출이 요구된다. COBie 요구사항에 대한 좀 더 자세한 내용은 단원 3을 참고하라.
- 다음 COBie 워크시트를 포함해야 한다 : Contact, Facility, Floor, Space, Zone, Type, Component, System, Document, Attribute.
- BIM 내에서는 동일한 좌표계, 모델 원점, 단위를 사용해야 한다.
- COBie는 시공 단계에서 계약자에게 전달된다.
- 유일한 자산 식별 번호는 COBie와 관련 BIM 객체 연계를 위해 사용한다.

COBie 정보는 BIM으로부터 추출될 수 있으며 COBie 호환 파일을 통해 제공되거나 구조화된 IFC(Industry Foundation Class) 파일로부터 생성될 수 있다. GSA BIM Guide Series 008-GSA BIM guide for Facility Management는 COBie 사용을 위한 유용한 리소스이며 시설물 관리(U.S. General Services Administration 2011)와 BIM을 연계하는 내용을 기술하고 있다. 이 자료는 3장에서 자세히 다루고 있다.

이와 관련된 다른 대안이나 접근법은 BIM에서 FM 정보를 추출하기 위한 써드파티 미들웨어를 사용하는 것이며 미들웨어 수준에서 이를 관리하는 것이다. 미들웨어는 2개로 나눠질 수 있다. 하나는 2개의 분리된 프로그램을 상호 동작시키는 역할을 하며 서버 어플리케이션들 사이에서 중요한 접착제 역할을 서비스한다. 다른 하나는 소프트웨어 층으로 해당 프로그램의 다른 관점[44]을 작업자에 제공해준다. FM 미들웨어는 모델과 다른 어플리케이션 사이에 양방향 링크를 만들 수 있다.

EcoDomus(www.ecodomus.com)은 FM 솔루션을 위해 필요한 BIM 기능을 제공하는 써드파티의 예이다. EcoDomus FM이란 미들웨어는 BIM, BAS, FMS, GIS, FM 소프트웨어 간 실시간 통합을 제공한다. 이전에 분리된 데이터를 통합으로써 시설물 관리자는 개선된 운영 데이터 분석 능력을 얻을 수

---

44) www.techterms.com의 'middleware'를 참고

있고 자산 관리를 위한 좋은 방법을 가질 수 있다. 이 미들웨어는 Autodesk Revit, Bentley BIM, IBM Maximo처럼 주요 어플리케이션과 진보된 통합을 제공한다. 추가적으로 참여자들은 손실과 책임 문제를 일으키는 잘못된 커뮤니케이션을 해결하기 위해 디지털 데이터 전송 계약을 만들 수 있다. 잠재적인 책임을 줄이기 위해 디지털 데이터 전송에 대한 계약서는 사용 시 책임 면제 등을 기술할 수 있다. 이러한 문서들은 디지털 정보의 신뢰성을 회손하는 것을 방지하고 효과적인 정보 교환이 가능하도록 한다. 현재 실무에서는 FM 활용을 포함해 정의된 BIM 활용을 위한 데이터 전송 작업을 포함하고 있다.

BIM 활용이 다른 참여자의 책임을 증가시키는가?

효율적인 BIM 활용을 위해서는 디자인, 시공, FM과 같은 다른 분야 간 정보 교환과 연계가 필요하다. 이는 BIM 채택을 위해 고려해야 할 책임소재 문제를 일으킨다. 디자인 전문가들은 계약자와 소유주 사이의 분쟁에 휘말릴 가능성을 걱정하고 있다. 반면 계약자들은 본인이 디자인 요소들에 대해 책임 문제가 발생할지도 모른다는 걱정을 하고 있다. FM BIM 또는 BIM에서 추출한 FM 데이터는 디자인과 시공 정보까지 추적할 수 있는 발주 산출물이다. 비록 BIM의 협업적 활용이 에러와 리스크를 줄일 수 있지만 참여자들은 실제로 데이터 교환 시 책임 문제가 증가되는 리스크가 있다. 이러한 책임 문제가 BIM뿐만 아니라 FM을 위한 BIM에서도 발생할 수 있다. FM BIM 또는 데이터베이스에 보관되는 교환되는 정보에 참여자들의 의지가 영향을 미치기 때문에 이러한 상황을 이해하는 것이 중요하다.

설계자가 높아진 리스크를 감수할 것인가?

설계 전문가들은 계약자와 소유주 간에 경제적 분쟁으로부터 거리를 두고 있었다. 계약자가 직접 클레임을 주장하면 설계자들은 본인들이 계약자와 직접적인 계약관계가 아니기 때문에 책임이 없으며, 손상 등 문제들은 경제적 손실 원칙에 의거해 복구할 의무가 없다고 주장해 왔었다. 이러한 논쟁들은 분야에 따라 예외적으로 적용되기는 하였으나 부분적으로는 성공적이었다.

만약 정보가 다른 신뢰할만한 사람을 위해 제공된다면 계약 당사자가 아니더라도 경제적 손실을 배상할 필요는 없다. 허위 태만에 관한 클레임은 다음과 같은 Restatement of Torts, Second, section 552조항(미국 불법행위 조문 항목)에 기술되어 있다.

1. 사업 중인 자, 전문가, 고용인, 금전적 이해관계가 있는 다른 당사자와의 거래를 하는 자가 비즈니스 거래 관행에 맞지 않는 잘못된 정보를 제공해 거래한 자가 그 정보로 인해 작업 상 실패를 하였다면 정보에 대한 상호 신뢰에 대한 이유로 금전적 손실에 대한 책임을 져야 한다.

2. 하위 단락 3.에 기술된 내용을 제외하고, 단락 1.에 기술된 책임은 다음과 같은 손실로 제한한다.
   A. 어떤 자가 정보를 제공하거나 받는 자, 이로 인한 이익과 관련해 제한된 그룹의 일원이나 사람에 의해 발생된 손실
   B. 어떤 자가 거래에 영향을 미칠 수 있는 정보를 계획해 이 정보를 받는 자가 실질적으로 유사한 거래를 하거나 이러한 정보를 바탕으로 신뢰 관계를 통해 손실을 입혔을 경우

3. 서로 손실을 끼치지 않아야 하는 거래에서 정보를 제공한 자에 의해 공식적 의무로 제공된 정보가 다른 자에 손실을 준 경우

그러므로 이런 경우 당사자 거래에서 데이터를 받는 자가 552조항에 의거해 클레임을 할 수 있으며 경제적 손해 원칙이 적용될 것이다. 몇몇 사람들은 모델이나 특정 데이터가 광범위한 면책권을 기술하는 것이 솔루션이라 말하고 있다. BIM 모델의 경우 상호 신뢰가 중요하다. 모델에서 신뢰할 수 없는 데이터는 참여자들 간 데이터 검증과 프로젝트 시설물 운영을 통해 활용되는 협업 도구 등을 통해 잘라낼 필요가 있다. 이 또한 협업 작업이 필요하다.

비록 당사자 거래에 의한 경제적 손실이 감소하고 있더라도 위험이 함께 증가하지는 않는다. 설계자와 계약자 간 모델 정보를 공유하는 능력은 좀 더 나은 결과물을 만들며 물리적 간섭을 효과적으로 회피할 수 있다. 그러므로 설계자들은 정보를 제공함으로써 이러한 능력을 표출할 수 있으며 프로젝트 실패의 가능성을 줄임으로써 리스크를 효과적으로 감소시킬 수 있다.

계약자가 계획 및 명세에 포함된 오류로 인한 책임을 감수할 것인가?

Spearin 독트린은 소유주의 완전한 계획과 정밀도에 관한 보증에 암시된 결함이 있는 설계에 관한 리스크에 대한 것이다. Spearin 독트린하에 계약자에게 제공되는 보증 문제는 오류[45]가 없는 디자인 문서들, 명세서를 제공하는 참여자들로부터 정의된 보증에 기반을 둔다. 초기에 오류에 관한 원칙인 Spearin이 계약자가 오류나 누락이 있는 계획을 복구하는 데 공격적인 무기가 될 수 있으며, 이런 문제는 대부분 실제 프로젝트에서 발생된다. 계약자의 고민은 BIM을 통한 디자인 프로세스에 협업이 Spearin 독트린 하에 보호되는 설계 문서들에 대한 보증 관련 원칙을 손상시킬 수 있다는 것이다(* 주 : 즉, 협업하에 모델링된 모든 문서들 – 설계도, 공사 명세서 – 시방서 등에 의해 시공된 결과물에 결함이 발생하였을 경우 그 책임이 건축가, 시설물 관리자 심지어는 의사결정에 참여한 소유주에게도 돌아갈 수 있다. 기존의 경우 책임소재가 매우 분명하여 시공사–General Contractor, 또는 CM 이 리스크를 가져가는 형태였다. 지금까지는 Spearin 독트린은 설계서 및 시방서를 제공한 건축가, 엔지니어들에게 면책 특권을 주었다. 협업을 기반으로 둔 디자인은 프로젝트 시작 전에 이와 관련된 계약적 조건을 명확히 해야 하는 것뿐 아니라 기술적으로 법적 근거가 되는 기록물들이 보관되는 협업관리, 형상관리–Configuration Management 등의 기술들을 효과적으로 활용할 필요가 있다).

---

45) Spearin 법정은 시공 프로젝트 보증에 대한 계획과 명세서를 제공하는 자가 그 자체에 오류를 포함하고 있을 때 이런 계획이나 명세서가 보증 문제에서 제외될 수 있다는 것을 명확히 하였다. U.S. v. Spearin (1918) 248 U.S. 132, 136.

다른 설계 문서[46])나 명세서를 준비해 활용한 계약자인 경우 Spearin 독트린도 예외가 있을 수 있다. 만약, 프로젝트 설계가 계약자에 의해 제공된 정보가 포함되어 있다면, 해당 설계 문서들에 대한 보증[47])은 취소될 수 있다. 예를 들어 계약자가 디자인, 제조업자 또는 혁신적인 디지털 데이터 기록 시스템들[48])에 의해 설계와 관련된 의사결정에 동의하였을 때 이런 상황이 발생할 수 있다. 또한, 계약에 시공 시스템에 대한 방법으로써 상세 명세서가 포함되었으나 계약자가 계약이 이러한 명세서[49])를 사용해 실행하는 것이 불가능하다고 결정할 수 있다. 설계는 수정하였으나 계약을 실행하는 것이 여전히 불가능할 수 있다. 법정은 계약자가 제공된 명세에 따라 수행을 보증한 계약자의 계약 불이행을 방어하는 것을 거부할 수 있다.

Spearin 독트린은 소유주가 어떻게 일을 실행할지 명시하지는 않았기 때문에 성능 명세에 대해서는 적용되지 않는다. 그러므로 '디자인' 또는 '성능'에 관한 명세는 함축된 품질 보증을 결정한다. 성능과 규정된 구성요소들(혼재된 명세서, Hybrid specifications)을 포함한 명세서들은 상세를 기술하고 다른 출력물을 명시할 수 있다. 전체적으로 모델링된 프로젝트에서 협업 프로젝트 진행 시 하청업자나 벤더의 정보가 디자인에 통합되지만 법원은 보증에 포함될지 말지를 결정하기 위해 혼재된 명세서의 경우로만 한정할 수도 있다. 비록 이런 의사결정이 그 사실을 한정하지만, 디자인 과정에 계약자의 참여는 디자인 보증 의무에 대한 책임을 내포할 수 있다.

Spearin 보호는 설계를 포함한 입찰 서류에 모호한 지적 재산권-특허 등과 관련된 부분을 발견한 계약자에게까지 영향을 미친다. 디자인 프로세스에서 초기 설계 모델의 검토 단계에 계약자의 참여 활동으로 디자인 오류를 발견할

---

46) Federal Court of Claims case Haehn Management Co. v. United States (1988) 15 Cl, Ct. 50, 56에 다음과 같이 기술되고 있음. "명세서에 대한 보증은 정부 조직이 알기 전에 작성된 명세서에 계약자가 참여하거나 포함된 경우 무효가 될 수 있다."
47) Austin Co. v. United States(1963) 314 F.2d 518, 520.
48) Ibid., 520.
49) Ibid.

수 있다. 이 경우 계약자는 소유주가 함축한 보증의 이익을 잃을 수 있다. 어떤 이는 잠재적 에러에 대한 계약자나 BIM 참여자에 의한 Spearin 독트린의 청원은 우선적으로 고려할 수 있다(O'Brien 2007, pp.30~31).

그러므로 계약자의 디자인 참여는 설계자의 경제적 손실과 계약 당사자 간 방어 효과를 무효화할 수 있으며 계약자가 암시한 보증 클레임을 줄일 수도 있다. 설계자를 위한 리스크 프로파일(risk profile)으로써 BIM 활용은 계약자에 대한 리스크 쉬프트(shift)를 발생하지만 반드시 전체적인 리스크가 증가하는 것은 아니다.

어떻게 IPD(Integrated Project Delivery) 환경이 BIM 수행상에 신뢰와 관련된 책임에 영향을 미치는가?

BIM 정보에 대한 신뢰와 관련해 법적인 많은 이슈가 이론적으로는 통합 프로젝트 발주(Integrated Project Delivery)와 관련해 많아지고 있으며, 이는 통합 발주 방식이 불완전한 초기 작업 단계에서 많은 컨설턴트, 협상, 데이터 교환이 이루어지기 때문이다. 하지만 실무적으로는 에러를 줄이고 사람들과 프로세스 간에 이해를 증가시켜 계약자의 리스크를 줄이고 있다.

IPD 계약방식은 여러 다른 방법을 이용해 책임을 할당하고 있다. 전형으로는 다음과 같은 방법을 활용하다.

- 미리 정의된 예외 사항들과 관련된 리스크의 책임을 참여자들 간에는 면책하는 방식(AIA C191 and Hanson Bridgett Standard IPD Agreement)
- 리스크/보상 풀(pool)에서 이익에 대한 책임을 제약함(Sutter Health Integrated Agreement for Lean Project Delivery 2008)
- 공동 의사 결정에 대한 책임 면책(ConsensusDOCS 300)

이와 관련해 다양한 혼합적인 방법이 있으며 보험에 기반을 둔 면책 한계 예외에 관한 것도 있다(AIA C191에 포함).

참조된 문서들에 대한 책임 규정 한계는 이 장에 상세히 기술되어 있지만 현재 Sutter Health Agreement와 ConsensusDOCS 300에 내용이 갱신되고 있다.

AIA C191 책임 면책은 다음 7개 항목은 예외로 한 완전한 클레임 책임 면책 방식이다. (1) 고의적 위법 행위, (2) 보증 명시, (3) 사용자 지불 불이행, (4) 명시적 보상, (5) 조달 보증 실패, (6) 제3자의 유치권으로부터 발생된 손실, (7) 보험에 의해 보증된 손상.[50] 중대한 손상에 대한 포기가 있을 수 있지만, 계약서는 손해를 보상[51]하도록 할 수 있다는 것에 주의한다.

Hanson Bridgett Standard IPD 계약서 책임 면제는 참여자간, 비용 상환 컨설턴트와 하청업자가 '허용된 클레임' 예외 항목을 포기했을 때 허용되며, 허용된 클레임은 (1) 고의적인 디폴트(default), (2) 보증, (3) 완공 후 프로젝트 성능, (4) 써드파티 클레임, (5) 소유주 지시, (6) 소유주 체납, (7) 종료와 서스펜션 비용(suspension cost), (8) 손해 배상 의무 실행, (9) 적절한 보험 범위 획득 실패, (10) 분쟁 해결 조항의 실행과 유치권, 통지 중단[52]이다.

Sutter Health Integrated Form of Agreement(IFOA)는 IPD팀 리스크 풀(pool)에서 건축가, CM/GC, 참여한 다른 이들이 다음 항목과 같은 무제한 책임을 제외하고는 풀에서 공유 가능한 펀드의 규모를 정의하고 있다. (1) 보험 리커버리(insurance recoveries), (2) 사기 또는 고의적 위법, (3) IPD팀 리스크 풀 멤버가 아닌 하청업체에 대한 클레임, (4) IPD팀 리스크 풀 멤버에 대해 평가된 벌금 또는 벌칙, (5) 프로젝트를 포기[53]한 IPD팀 리스크 풀 멤버. Hanson Bridgett 계약처럼 Sutter Health IFOA는 IPD 프로젝트 발주 방식 등[54]을 활용하고 있다.

---

50) AIA C191-2009 Standard Form Multi-Party Agreement for Integrated Project Delivery, 8.1.
51) AIA C191-2009 Standard Form Multi-Party Agreement for Integrated Project Delivery, 8.2.1.
52) Hanson Bridgett Standard Integrated Project Delivery Agreement, 12.1-12.2.
53) Sutter Health's Integrated Agreement for Lean Project Delivery, 33.1.

ConsensusDOCS 300 프로젝트 리스크 할당 방식은 2가지 옵션을 가진다. (1) '안전한 면책 결정 방식(Safe Harbor Decision)', (2) '전통적인 리스크 할당 방식'. 선택된 옵션에 관계없이 중대한 손상[55])에 대한 상호 면제 방식이 있다. '안전한 면책 결정 방식'에서는 참여자들은 PMG에 의한 좋은 의도로 공동 의사결정에 의한 판단으로 서로 간의 행위, 누락, 실수, 또는 에러에 대해 책임을 합의하에 면책할 수 있으며 여기에는 계약서[56])에 명시된 것에서 참여자의 고의적인 의무사항 디폴트(default)는 제외된다. 전통적인 리스크 할당 방식에서는 각 참여자는 본인 과실과 계약 및 보증 위반에 대한 책임은 남아 있다. 하지만 보험이 불가능한 리스크[57])에 대한 특정 부분에 대한 설계자 및 시공자의 책임을 보호하는 옵션도 있다.

비록 IPD 계약 간에 메커니즘 차이가 있어 모든 이가 자유로운 데이터 교환, 디자인과 시공간에 효과적인 조율[58])에 필요한 커뮤니케이션의 품질과 속도의 제약으로 인한 소송의 두려움을 줄일 수 있는 구조를 만들기 위해 노력하고 있다.

IPD 프로젝트에서 책임 감소는 어떻게 BIM을 활용하는가에 따라 달려있다. 참여자들은 책임 면제와 제약으로부터 이익을 얻기 때문에 설계자들은 초기 비용과 시공성 피드백을 가능하게 함으로써 계약자와 공급자 간 협상을 통한 작업의 공유를 위해 작업을 오픈하려 한다. 유사하게, 계약자는 만약 디자인

---

54) 어떻게 Sutter Health Hospital 프로젝트에 대한 IFOA가 구현되었는지에 대한 기술은 Eastman et al., 2011, pp.431~479를 참고하라.

55) ConsensusDOCS 300-Standard Form of Tri-Party Agreement for Collaborative Project Delivery, 3.8.2, 3.8.3.

56) Ibid., 3.8.2.1.

57) Ibid., 3.8.2.2.

58) 책임이 한정되는 주요 이유는 커뮤니케이션, 창의성 개선, 불확실한 상황의 감소 때문이다. 책임과 그에 대한 잠재적 문제는 AIA Documents B141, A201, A2005의 2007년 개정된 Architectural Practice Advisory Group의 Intelligent Building Model and Downstream Use, Comments of the Technology 에 기술되어 있다. "우리는 아키텍트의 디자인 자료의 활용과 같은 것이 책임과 보험적인 문제를 유도하는 경향을 두려워하고 있다. 우리는 디자인과 관련된 잘못된 답변이 건축 실무의 미래에 위협이 될 수 있다고 믿는다 … 프로젝트 참여자간 데이터의 자유로운 흐름의 장애물은 극복되어야 하며 이를 통해 건축사무소는 해당 작업의 전체가치를 클라이언트에 전달할 수 있으며 노력을 보상받을 수 있다고 믿는다."

책임에 대한 고민이 적다면 좀 더 깊게 디자인 과정에 참여하려 할 것이다.

IPD 계약은 프로젝트 산출에 기반을 둔 참여자 리스크 이익의 공유에 기반을 둔다. 만약 디자인에 에러가 있다면, 계약자 이익은 줄어든다. 만약 계약자의 작업이 비효율적이라면 건축가 또한 손실을 얻게 된다. 이는 참여자 간 서로 작업에 대한 주의 깊은 리뷰를 할 수 있도록 권장하고 이를 위해 참여자간 작업들을 정렬하도록 한다. 그리고 서로의 책임 문제가 있을 경우 인센티브는 삭감된다. 좀 더 밀접하게 계약자, 설계자가 각자의 역량을 이해하고 각자 작업에 대한 신뢰를 바탕으로 함께 노력함으로써 리스크를 줄이고 이익을 높일 수 있다. IPD 설계자와 계약자가 작업을 합치고 데이터를 교환하는 것은 드문 일이 아니다.

결론적으로 IPD는 참여자 간 데이터 교환을 증가시킴으로써 잠재적 책임 문제를 증가시키고 있지만 실무적으로는 작업 방식이 변함으로써 위험을 줄이고 있으며, 이는 적절한 계약 언어로 이런 변화상 문제점들을 보증하고 있다.

보험이 BIM 관련 작업들을 보증할 수 있는가?

BIM은 책임 보증 이슈를 증가시키고 있다. 재산권은 모델에 대한 권리를 가진 자와 관련된 이슈이다. BIM에 공헌한 참여자에 대한 계약은 'valuable paper' 적용 범위를 통해 BIM 보증을 요구해야 한다.

책임 이슈들은 간단히 표현된다. 전문적인 책임 정책은 명백히 설계자가 명시한 BIM 활용을 충분히 보장하도록 해야 한다. 그리고 이는 CAD(Computer-Aided Design) 설계와 같이 동일하게 취급되어야 한다.

논쟁을 고려한 2가지 전문적인 책임 보증 정책은 조인트 벤처 제외(joint venture exclusions)와 수단 및 방법 제외(means and methods exclusions)이다. 조인트 벤처 제외 방식은 만약 계약이 허술하게 설계되었다면 다중 협업

계약 하에 수행된 프로젝트로부터 발생된 클레임이 적용될 수 있는 정책이다. 수단과 방법 제외 방식은 몇몇 정책에 적용되며, 만약 정의된 설계나 방법이 틀렸다면 클레임이 적용될 수 있다. 만약 설계 전문가가 소프트웨어 개발, 웹 호스팅을 제공한다면 이러한 서비스가 정책에 대한 전문가 책임 정의 밖에 있는지 주의 깊게 살펴야 한다. BIM 프로젝트에 참여하는 계약자들은 계약의 전문적인 책임 범위에 있어야 하며 모델에 대한 설계 참여가 상업적 일반 책임 정책에서 설계 제외 조항과 충돌할 수 있다는 것을 인식할 필요가 있다.

결 론

비록 모든 BIM 프로젝트가 이러한 이슈들을 가지고 있지만, FM을 위해 BIM 을 활용하는 프로젝트의 성공과 실패는 어떻게 참여자들이 모델로부터 정보 를 추출하고 입력하는 방법과 계약 서류에서 계약 모델(contractual model) 을 명확히 잘 정의하는 것에 달려 있다. 계약 모델은 누가 무엇을 소유하고 어떻게 데이터 교환 이슈를 해결하는지 등이 명확히 정의되어 있어야 한다. 책임과 발주 산출물에 대해 명확한 기대가 초기에 설정되고 계획 및 기록되었 을 때, 모든 참여자들은 안정적으로 설계에서 운영까지 BIM 로드맵에 따라 안정적이고 성공적으로 그들의 작업을 완성할 수 있다.

Sample BIM Specification

Record BIM

BIM은 반드시 시공 프로세스 전체에 걸쳐 연속적으로 갱신되어야 하며, 모 든 부록, 승인된 변경 순서, 필드 순서(field orders), 설명, 정보 요청(RFI, Request For Information) 응답, as-built 조건을 모두 포함해야 한다. Record BIM은 LOD 500의 BIM 모델을 포함하며 Record BIM에 각 모델의 관계 기술을 포함해야 한다. 계약자는 AIA Document E202-2008을 LOD 500 기술을 위해 참조할 수 있다. 추가적으로, record BIM은 모든 제조 모델의 최종 버전에 의해 획득해야 하며, 계약자나 하청업자에 의해 준비된 상세 모델이 포함된다. 모든 모델은 모델을 생성하는 데 활용된 소프트웨어의 설명과 함께 자체 파일 포맷으로 제공해야 한다(소프트웨어 제조업자, 소프트웨어 이름, 버전 번호와 소프트웨어 운영 시스템).

Objectives

- 빌딩 디자인/시공/운영을 위한 건축, 구조, 기계, 전기, 배관, 방재와 같은 빌딩 서비스를 위한 토목 객체, HVAC, 데이터/통신, 보안, 조명 시스템을 포함한 BIM 생성
- 적절한 성능 요구사항과 as-built 정보를 위한 주요한 기계, 전기, 배관, 토목 객체 정보 작성. 객체 속성 정보는 건물 전생애주기에 걸쳐 활용되는 내용을 포착해 정의되어야 하며 잠재적으로는 소유주의 ArcGIS 시스템과 같은 시스템에 통합될 수도 있음
- 정밀한 현재 상태의 기존 빌딩 기록을 생성하는 것

Requirements

계약자는 소유주에게 제출된 사전 시공 BIM으로부터 정확하게 모든 디자인과 시공 변경 사항을 반영해 BIM을 갱신해야 한다.

계약자는 Record Building Information Model을 모든 빌딩 시스템과 건축, 토목, 구조, 기계, 안전, 전기 시스템을 포함해 'as-built' 조건을 반영해 생성해야 한다.

계약자는 다음 내용을 모델링해야 한다.

- 지하 유틸리티[건물 풋프린트(footprint)와 이 경계의 15피트 둘레 경계 내에 있는 지하 매설물들 포함]

- 건축 모델
- 구조 모델
- 기계, 전기, 안전, 배관
  - 모든 고정 기계 설비 덕트
  - 3/4(19.05mm) 또는 그 이상의 전기 라인
  - 1/4인치(6.35mm) 또는 그 이상의 배관과 안전 관련 파이프
  - 모든 고정 부착물과 설비(제조자, 모델, 크기, 중량)
  - 설비 성능 정보(입력/출력)
  - 파워 분배(패널과 회로들)
  - 조명
  - 모든 파이프와 터미널
  - 모든 덕트 작업
  - 계산 정보와 모델 뷰에 엮인 지속적인 정보
  - 공간-영역(zone)/순환(circulation) 정보

다음 항목이 모든 시스템에 대해 정의되어야 한다.

- 재료
- 마감
- 모든 전기 회로
- 케이블 트레이와 도수로
- 태그
- 라벨
- 모델 객체에 엮어진 모든 보증 정보와 뷰 상의 표현
- 객체에 엮어진 제목 데이터/컷 시트(cut sheet)
- 유지보수 스케줄과 운영 데이터

Facility Management Information

Record 모델은 COBie2 Model View 정의로 구성되어야 하며 COBie2는

Whole Building Design Guide의 National Institute of Building Service 에 의해 출판된 것이 활용된다.

계약자는 소유주의 프로젝트 BIM을 소유주의 CMMS(Computerized Maintenance Management System) 통합할 수 있도록 지원한다. 계약자의 작업은 소유주 활용을 위한 데이터 수집, 검증, 갱신, 디자인, 시공과 시운전 데이터 작업으로 구성될 것이며 만약 계약에 의해 요청된다면, 이러한 정보를 소유주의 CMMS에 입력하는 것까지 포함된다.

계약자는 다음과 같은 정보 정의를 각 단계별 BIM 모델로 준비해야 한다.

Construction Phase
- 제조자에 의해 갱신된 유형 정보, 모델 번호, 보증 정보(부분과 공수, 기간), 교체 비용
- 일련번호에 의해 제공된 컴포넌트 정보; 설치 날짜, 보증 시작일, 옵션, 태그 번호/바 코드, 주요 설비의 설치일와 일정 액티비티에 의한 완료일
- 유형별 재고 부품
- 유형과 컴포넌트 별 속성 정보

Commisioning Phase
- BIM 객체(유형, 컴포넌트, 공간, 시설)에 따른 할당되거나 업로드된 문서들
- 실제 측정에 기반을 둔 수정된 속성 정보들

Facility Management

BIM 수행 계획(BEP, BIM Execution Planning)은 모델 구성요소들을 정의하기 위해 작업 흐름(Workflow)을 명시해야 하며, 모델 구성요소들은 시설물 유지관리 및 운영을 위한 핵심 요소들이 정의되고 정의된 모델 요소들의

시스템 속성들과 소유주의 CMMS, CAFM(Computer-Aided Facility Management) 를 위한 데이터 구조 간 맵핑 방법을 정의해야 한다. CMMS와 FMS(Facility Management System) 데이터 구조와 모델링된 BIM 구성요소에서 비교 가능한 속성이 없을 경우 BEP는 CMMS 데이터 구조에 적절한 맵핑을 제공 하기 위하여 추가적으로 사용자화된(custom) 모델 구성요소 속성을 정의해 야 한다.

BEP는 직접적으로 BIM에서 CMMS에 FM 데이터를 전송하기 위한 작업 흐름을 명시해야 하며 record 모델과 CMMS 간 정보 교환을 관리하는 미 들웨어나 직접적인 방법을 통해 이를 가능하게 해야 한다.

COBie2
BIM 저작 소프트웨어는 COBie 테이블 데이터베이스로부터 데이터를 입력 하거나 출력하는 것을 지원해야 한다.

FM/BAS Integration Export
소유주는 현재 활용하고 있는 IBM사의 Maximo를 주요 CMMS로 사용 하고 있다. Record BIM은 Maximo 입력 필드와 맵핑되어야 하며 이는 CMM 데이터를 Record BIM에서 Maximo로 입력될 수 있도록 명세서에 정의한 바와 같 이 처리되어야 한다. 맵핑은 USACE Engineer Research and Development Center 지침에 따르며, COBie2 Data Import/Export Interoperability with the MAXIMO Computerized Maintenance Management System(2008.11) 을 따라야 한다. 계약자는 BEP 개발 기간 동안 CMMS로 데이터 입력이 가능함을 시연할 수 있어야 한다. 추가적으로 만약 계약서에서 요구될 경우, Record BIM은 소유주가 지정한 미들웨어와 상호운용성을 보장할 수 있도록 해야 하며 이런 미들웨어는 Record BIM과 CMMS 간 정보 교환 을 관리할 수 있어야 한다.

참고문헌

Amabile, T. 1998. *How to Kill Creativity*, Harvard Business Review (September October).

Eastman, Chuck, Paul Teicholz, Refael Sacks, and Kathleen Liston. 2011. *The BIM Handbook: A Guide to Building Information Modeling* (2^{nd}ed.). Hoboken, NJ: John Wiley and Sons.

Jordani, David A. 2010. *BIM and FM: The Portal to Lifecycle Facility Management*, Journal of Building Information Modeling (Spring), 13-16.

O'Brien, T. 2007. *Building Information Modeling, Sailing on Uncharter Waters*, Conference paper, ABA Forum on the Construction Industry, October 2007.

U.S. General Services Administration. 2011. GSA Building Information Modeling Guide Series: 08-GSA BIM Guide for Facility Management. Version 1(December). Washington, DC: U.S. General Services Administration. Available at www.gsa.gov/graphics/pbs/BIM_Guide_Series_Facility_Management.pdf(accessed January 2013).

Chapter 5
COBie 활용

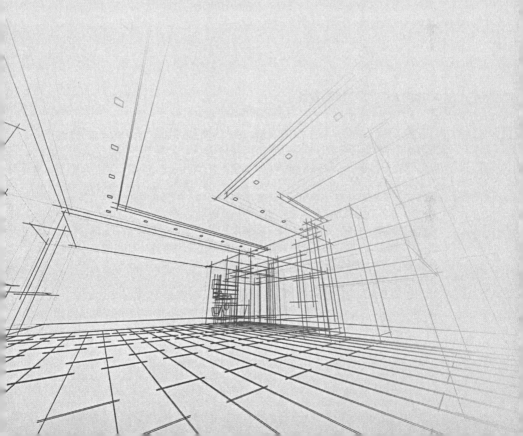

Chapter 5 COBie 활용

이 장은 COBie 프로젝트에 대한 동기를 설명함으로써 시작된다. COBie spreadsheet 포맷을 설명하고 있다. COBie에 대한 정보는 Whole Building Design Guide's COBie 웹사이트를 참고하였고 여기에는 기술 문서, 예제 모델, 활용 방법 비디오를 얻을 수 있다.

COBie는 프로젝트 디자인, 시공, 완공 단계에 대한 FM 데이터 수집을 목적으로 하는 오픈 소스기반 방법이다. 이와 관련해 소유주들은 오픈 소스 기반 솔루션을 요구하고 있다. COBie 파일은(현재 2.4 버전임) 많은 BIM 모델링 시스템으로부터 생성될 수 있으며 buildingSMART alliance(bSa)에 의해 테스트가 수행되었다. 이를 통해 COBie 파일을 읽고 쓰는 시스템의 완전성과 정확도가 테스트된다. 이 장에는 이 내용을 설명하고 있다.

이 장은 COBie에 대한 좋은 활용법을 제공하고 어떻게 CObie를 구현하는지를 설명하다. 많은 COBie 정보 소스가 bSa 웹사이트에 있으며 www.buildingsmartalliance.org에서 추가적인 정보를 제공하고 있다.

COBie 활용

Bill East, PhD, PE, F.ASCE

RESEARCH CIVIL ENGINEER, ENGINEER RESEARCH AND
DEVELOPMENT CENTER, CHAMPAIGN, IL

개 요

COBie는 자산정보를 관리하기 위한 국제 표준으로 Construction Operations Building information exchange를 의미한다. 현재 COBie는 20개 이상의 상용 소프트웨어 시스템에서 생성되고 교환될 수 있다. 또한 팀을 위해서 좀 더 효과적이라면 단순한 스프레드시트를 이용해서 생성되거나 교환될 수도 있다. 이 장은 COBie 프로젝트의 동기를 설명하면서 시작하고자 한다. COBie 를 위한 스프레드시트 형태를 설명하고 시설물 관리 사무소에서 COBie를 적용하는 단계와 현재 진행 중인 일들을 설명한다. COBie에 관한 정보의 권위 있는 출처는 Whole Building Design Guide's COBie 웹사이트로 기술문서, 예제 모델과 비디오 자료를 찾을 수 있다(East 2008).

왜 COBie인가?

1983년 National Research Council에 의해 선도적인 패널로 전문가들이 소집되었고 '생애주기 동안 시설물의 설계, 시공, 운영에 관한 많은 가치 있는 데이터가 손실된다.'는 결론을 내렸다 (National Research Council 1983). 이는 르네상스 시기에 축적이 있는 시공 도면이 발명되면서 시작된 근대적인 건설 실무가 등장할 때와 같이 현재에도 유효하다. 이 설계와 시공 정보의 손실이 미치는 영향은 시설물 관리자가 업무를 할 때 단순한 부분으로 여러 측면에서 실감하게 된다. 다음에 제시되는 몇 가지 예시는 실제 생긴 문제들로 만일 설계, 시공, 그리고 시설물 정보가 안전하고 공유 가능하도록 시설물 관리자에게 사용 가능하다면 수월하게 해결될 수 있는 것이다.

첫 번째 사례는 대규모 군 기지의 물자 보급소에서 고장이 난 산업폐기물 압축 분쇄기의 경우이다. 이 폐기물 압축 분쇄기를 교체하기 위해서는 원래 설치된 기기가 무엇인지와 교체를 위한 구입 부품만 결정하면 되는 단순한 문제로 이 정보만 데이터 형태로 있으면 몇 분 내에 완료될 수 있는 일이었다. 실제로는 중급 시설 관리자가 장비의 원래 제품 데이터를 프로젝트 기록을 뒤져서 찾을 때까지 2일이 소요되었다.

두 번째 사례는 장치의 복잡한 부품들 중의 특정 부품을 교체할 필요성에 생긴 경우이다. 보일러의 가열 부품이 녹슬어 더 이상 안전하게 사용할 수 없게 되었다. 보일러의 압력용기 부분은 양호한 상태이고 가열 부품만 교체하면 되는 것이다. 그러나 제조업체가 더 이상 사업을 하지 않기 때문에 가열 부품에 대한 정보가 전혀 없었다. 원래 가열 부품에 대한 사양을 발견할 수 없었고 시설물 관리자는 불완전한 정보에 의존해서 가열 부품을 구매하거나 새로운 보일러를 설치해야 하는 선택을 할 수밖에 없었다.

시설물 관리자는 보통 운영과 유지관리뿐 아니라 시설물 사용자를 책임지게 된다. 최근의 일화가 대형 병원에서 복수의 시설 자산 기록을 유지하는 영향이 어떠한지를 보여준다. 어떤 부서의 시설 할당에 대한 변화가 건물의 날개 또는 층에 할당되는데 시설물 관리 사무소에 알리지 않고 용도가 변경되곤 한다. 공간과 그 공간의 용도에 대한 서로 다른 데이터베이스를 비교하기 위해서 건물 날개 중앙의 간호사실 바로 뒤에 위치한 한 층의 어느 방을 선택했다. 놀랍게도 시설물 사용자의 관리 데이터베이스는 그 방을 조제실로 인식하고 있고 시설물 관리 데이터베이스는 동일한 방을 청소 도구실로 인식하고 있었다. 즉, '청소부가 엄격하게 통제된 약물이 보관된 방의 열쇠를 갖고 있거나 걸레와 양동이가 조제실에 같이 보관되고 있는가?'하는 의문이 생기게 된다.

많은 자산관리(FM) 조직들은 상당한 수준의 재정적, 조직, 인적 자원을 유지관리, 운영 및 자산을 관리하기 위한 복잡한 시스템을 구매하는 데 사용함에도 불구하고 오늘날 이러한 시스템들이 효과적으로 사용될 수 없다. 이는 설계와 시공으로부터 엄청난 양의 데이터를 유지관리 시스템으로 불러들이는 데 상당한 비용이 요구되기 때문이다. 최근 보고서에 따르면 중간 규모의 의료 설비(Medelin 2010)에 대해서 장비 제조사와 모델 정보를 유지관리 시스템에 입력하는 데 6명의 기술자가 야근과 주말 근무를 해도 5개월이 소요되었다. 대부분의 시설물 관리자는 이러한 초과 근무와 주말 근무에 대한 지출 비용을 가지지 못하는 것이 현실이다. 개인적으로 이러한 정보를 입력하는 정직원 1명 또는 그 이상을 고용한 시설물들을 방문한 적이 있다. 최근에 보고한 바에 따르면 한 유지관리 시스템 소프트웨어 업체가 5개의 행정 건물들을 갖는 작은 캠퍼스에서 예방차원에서의 유지관리와 서비스 지시들에 들이는 비용과 시간이 1년에 $1/4백만에 달할 수 있다(Slorek 2010).

2010년 주요 시공사 연합체의 총회 발표 후, 이 조직의 장이 나에게 COBie에 대한 발표에 감사를 표하면서 "빌, 우리는 이런 문제를 모두 잘 알고 있어요."라고 말했다. 이상한 것은 실제로 전체 산업계가 시설물 정보를 넘길 때 발생하는 문제들에 대한 손실을 잘 알고 있는데도 불구하고 이러한 낭비되는 요인들을 줄여서 그들의 이익이나 생산성을 높이는 데는 관심이 없다는 것이다.

이 장에서 계획, 설계, 그리고 시공 프로세스를 거치면서 건물 자산을 관리하기 위한 준공단계(handover)를 연결시키기 위해 새로운 국가 표준에 대해 설명하겠지만 시설물 관리자들에게 던지는 실질적인 질문은 "아무도 이러한 것을 고치지 않고 왜 지금인가?"라는 것이다. COBie 포맷에 대해 설명한 후에, 이를 안전하게 공유하면서 구조적인 건설정보를 적용하고 시설물 관리자들이 생산성 효율과 기술향상, 행정인력들을 위한 단계별 방법의 적용 및 검토 사항들에 대해 논의할 것이다.

COBie는 어떻게 설계되었나?

건축가는 건물이 설계될 때 어떤 활동들이 건물에서 일어날 것인지를 이해해야 하고 구조 기술자들은 이러한 활동이 발생시키는 하중 조건들을 알아야 한다. 기계 기술자는 이러한 활동을 지원하기 위해 필요한 온도와 습도의 범위를 알아야 한다. 어떤 측면에서 정보 교환 표준을 개발하는 것은 건물을 설계하는 것과 다르지 않다. 즉, 정의해야 하는 요구사항들이 존재한다. 이러한 요구사항들에 기반을 두고 설계되어야 하는 해결책이 있다. 또한 설계가 시공되고 시험되는 절차가 있다. 마지막으로 건물은 설계한 사람들에 의해 사용될 것이다. COBie의 개발은 사람들이 COBie를 사용할 준비가 되었을 때 그들이 유지하고 운영하고 시설물을 관리하기 위해 필요로 하는 정보 제공의 방식을 따르게 된다.

COBie에 무엇이 포함되어야 하고 무엇이 제외되어야 하는지를 결정하는 것은 복잡한 문제로 이는 정보를 전달하는 데 기술 및 계약, 프로세스의 제약사항들 때문이다. COBie의 설계는 이러한 제약 사항들을 제외하기보다는 범위, 기술, 계약과 절차의 실무적인 것들을 직접 다뤘다. 현재 COBie 표준 범위는 완공 시 정보 전달에 관해 주어진 현재의 계약에서의 요구사항들을 반영한다. 이 데이터에 포함된 것은 설계 공정에서 초기화된 관리 자산, 시공사에 의해 수정된 것, 시운전 단계에 최종적으로 완료된 것들이다. 제품에 대한 데이터는 제품 생산자에 의해 제공되고, 시스템 전개도는 제작자에 의해 제공된다. 시공 정보 전달의 서로 다른 원천으로 인해 3개의 프로젝트의 정보가 생성되고 계약에 의해 반영되는 방식의 차이를 반영하기 위해 개발되었다.

이 프로젝트들의 첫 번째는 관리되는 자산과 시공사와 시운전 대리인에 의해 개발된 관련 정보의 현재 리스트를 복사하는 데 중점을 두었다(East 2007). 두 번째 프로젝트는 이러한 자산들을 위한 제작사의 제품 정보를 획득하는 데 중점을 두었다. 두 번째 프로젝트는 지정자산 정보 교환(SPie, Specifiers' Properties information exchange)이라고 한다(East 2012b). 세 번째 프로젝트는 시스템에 기반을 둔 정보를 생성하기 위해 요소들 간의 연결 정의에 중점을 두었다. 세 번째 프로젝트는 원래 설비전개정보교환(ELie, Equipment Layout information exchange)이라고 불렸는데, 현재는 난방, 환기, 냉방(HVAC) 시스템과 전기 시스템, 물 분배, 건물 자동화 시스템의 독립적인 4개의 프로젝트가 되었다. 이 장에서는 COBie를 중점적으로 다루지만 다른 프로젝트들에 대한 좀 더 자세한 정보는 buildingSMART alliance information exchange 프로젝트 페이지에서 찾을 수 있을 것이다(bSa 프로젝트에 대한 모든 것들은 여기서 찾을 수 있다. www.buildingsmartalliance.org/index. php/projects/activeprojects).

관리자산목록(Managed Asset Inventory)

시공이 끝난 후 정보를 넘겨받는 단계에서 시설물 관리자의 필수적인 임무는 시설물의 고정자산이 시설물 내의 각 공간에 필요한 서비스를 하도록 확인하는 것이다. 관리 자산이란 관리, 유지, 소모성 부분, 정기적인 점검 등을 필요로 하는 자산을 말한다. 이러한 자산은 2종류가 있다. 첫 번째는 일반적으로 공간과 같은 것을 전산기반의 시설물 관리 시스템(CAFM, Computer-Aided Facility Management)으로 관리하는 자산들이다. 두 번째는 HVAC, 전기, 수도와 같이 건물의 서비스와 관련된 장치와 제품 자산으로 컴퓨터에 의한 유지관리 시스템(CMMS, Computerized Maintenance Management System)을 통해 관리된다. 구조물이나 건축적 요소들에 대한 정보는 이러한 부분들이 능동적으로 관리되는 수준으로 COBie에 포함될 수 있다.

시설물 자산 관리를 위해서 장비의 각 부품까지 정확한 위치 정보를 필요로 하지는 않는다. 주어진 공간에서 장비가 인식되기만 한다면 기술자가 필요한 유지 또는 보수 업무를 수행할 수 있을 것이다. 결과적으로 COBie는 모든 제품과 장비가 특정 공간 내에서 인식될 수 있으면 된다. 게다가 벽체 내, 바닥 아래 또는 공간 내에서 볼 수 있는 곳들의 위치가 COBie에 포함될 수 있다.

장비에 포함된 부품의 속성을 아는 것도 시설물 관리자에게는 중요하다. 이러한 정보를 인지하고 있으면 고장이 난 장비를 수리하거나 교체할 때 소요되는 시간을 상당히 줄일 수 있다. SPie[59] 프로젝트가 제조사가 설계와 시공과정에 필요한 요구에 대한 정보를 직접적으로 제공하겠지만 COBie 가이드는 관리자 산에 필요한 속성들에 대한 최소한의 사항들을 제공할 것이다(East 2012b).

복수의 시설물들에 걸쳐 있는 자산들의 구성은 COBie 데이터를 획득할 때 중요하다. 하나의 조직 전반에 걸쳐 검토되는 보수와 교체에 대한 의사결정은 전체 시설물 목록의 신뢰성을 높일 수 있다. 전체 캠퍼스에 걸쳐 있는 자산들에 대한 통합된 그림을 갖는 것은 관리 조직과 운영에 대한 의사결정을 상당히 개선할 수 있다. 시설물 관리자는 각 장비들에 대한 정보를 비교하기 위해서 자산이 일관성 있게 분류되도록 확인하고 요청해야 한다.

장비와 더불어 공간의 분류도 COBie에 필요하다. 이는 시설물 관리자가 거주 자들에게 그들이 개별적으로 요구하는 것을 만족시키는 공간을 관리하고 충분히 할당할 수 있도록 해준다. 적게 할당된 공간들의 활용이 가능할 것이다. 시설물 관리자는 또한 거주자들의 바뀐 임무의 변화와 비상 운영 시에 신속하게 대응할 수 있게 될 것이다. COBie 가이드는 필요한 분류체계의 종류에 대한 추천안을 제공할 것이다(East 2012b).

---

59) Specifiers' Properties information exchange : 미국의 공개 표준으로 제품 데이터를 여러 주체들이 사용 가능하도록 제품 공급자가 제공하는 것.

운영 및 관리 요구사항

현재 완공 시 정보 전달에 대한 시방에는 제조사에게 제공하는 장비들에 대한 예방적 유지 계획, 시작, 종료와 비상시 운영 절차들에 대한 정보를 전달하도록 하고 있다. 또한 판매자 또는 협력업체가 전체 건물 시스템에 대한 운영 정보를 제공할 것이다. 만일 적절한 절차를 따르지 않아 건물의 시스템이 망가지면 전체 거주자에게 영향을 미칠 수 있기 때문에 이러한 정보는 매우 중요하다. 예를 들어 우선 팬을 정지시키지 않고 댐퍼를 닫는 등의 HVAC 시스템을 정지시키는 적절한 절차를 따르지 않으면, 덕트를 파손시킬 수 있는 부압력이 발생할 수 있다. 예를 들어 외부 공기와 재순환되는 공조의 비율을 줄이는 것과 같은 표준적인 운영 설정을 하지 않는다면 의료 설비들에서 감염 비율을 증가시키게 될 것이다.

COBie는 완공 시 정보 전달 과정에서 문서화될 필요가 있는 모든 임무 기반 업무를 'jobs'라는 하나의 공통 형식으로 구성한다. 각 업무(job)는 일의 형태, 예방적 유지관리, 시작 절차, 비상 운영 절차 등으로 인식된다. 많은 경우에 업무를 완료하기 위해 특별한 도구, 훈련 또는 재료들이 필요하다. 이러한 자원들도 포함되어야 한다. 특정한 업무(job)에 적절히 훈련되고 작업복을 갖춘 기능공 배치와 함께 시설물 관리자는 매년 소요되는 훈련과 장비 예산을 문서화하기 위해 이 정보를 활용할 수 있다. COBie 내에 포함된 다른 O&M 정보는 보증기간, 문서, 보증자 정보, 여분/소모성 부품 정보를 포함한다.

기술적 제약사항

어떤 표준이든 개발할 때 주의할 점은 이를 사용하는 사람들이 이 정보를 생산, 검토, 사용할 수 있는 기술을 갖고 있는지를 확인해야 한다는 것이다. 개인 컴퓨터 시대가 시작된 이래로 설계 건설 산업계에서 사용된 소프트웨어와 미디어는 빠르게 변화해왔다. 여러 가지로 기술에서의 이 변화는 효율성을 높인다는 기대와 더불어 판매되었지만 중요한 프로젝트 정보의 손실에도 직접적으로 기여했다.

30년 전의 최신 기술을 생각하면 linen 도면[60]과 잉크 도면이었다. 이러한 문서들은 건조하고 빛을 받지 않고 보관하면 한 세기는 유지할 수 있다. 이 매개체의 수명은 건물의 예상 수명에 상응하는 것이었다. 현재 건물에 대한 컴퓨터 기반의 도면과 설계 소프트웨어 파일은 5.25인치 플로피디스크에 생산된다. 이러한 도면을 받은 5년 후에는 이 미디어는 마그네틱 성질을 잃기 쉬워서 더 이상 컴퓨터에서 읽을 수 없게 된다. 아직 플로피디스크 드라이브가 있다고 해도 이러한 도면들을 열고 개선하거나 프린트하기 위해 필요한 소프트웨어가 더 이상 없거나 지원되지 않을 수도 있다.

COBie를 개발하면서 기술에 관한 가장 중요한 결정은 특정 미디어 형식이나 소프트웨어 시스템을 필요로 하는 독점적인 표준은 주어진 시설물 또는 캠퍼스의 예상 수명 동안 사용될 수 없을 것이라는 것이다. 결과적으로 COBie 데이터를 위한 기본 형식은 개방형 국제 표준 데이터 교환 형식으로 정해졌다. 개방형 표준을 사용하면 시설물 관리자는 프로젝트의 생애주기 동안 정보를 안전하게 보관하고 소유하고 접근하고 업데이트할 수 있게 된다. 소프트웨어에 대한 결정은 다음 기술발전에 대한 기대에 의해서가 아니고 이 소프트웨어가 시설물의 운영 및 유지관리를 위해서 개방형 표준 데이터를 활용할 수 있는지에 의해 이루어질 것이다.

COBie를 개발하는 국제적인 조직 중의 하나가 독일의 Bavaria 주이다. Bavaria 주의 모든 공공 시설물의 관리는 매 5년마다 입찰을 하게 된다. 이 입찰 절차의 하나가 한 회사의 운영 유지관리 시스템에서 다른 회사의 시스템으로 정보를 이관하는 것이다. 이러한 정보 이관은 COBie 이전에는 매우 어렵고 특별한 소프트웨어를 필요로 했다.

---

60) 19세기 말과 20세기 중반까지 사용된 기술적 도면으로 종이 대신 사용된 린넨 섬유 도면.

일단 개방형 표준을 사용하기로 결정하면 관리 시설물 자산 정보의 완전한 세트의 표현에 대한 표준을 검토한다. COBie 요구사항을 모두 포함하는 오직 하나의 포맷은 IFC(Industry Foundation Classes) 모델이다. 모든 building SMART 협회 프로젝트의 기반 포맷이 IFC로 불리는 건물 정보를 위한 ISO 표준인 ISO 26739이다. IFC 모델 정보는 STEP(ISO 10303)이라 불리는 복잡한 컴퓨터-컴퓨터 정보 교환 포맷을 통해 교환된다. COBie의 공식적인 규정은 Facility Management Handover Model View Definition이라 불린다(East and Chipman 2012).

COBie를 위한 공식적인 규정이 시설물 정보의 컴퓨터에서 컴퓨터로의 성능 기반 전달(performance-based delivery)을 꿈꾸고 있지만 아직 여기에 도달하지 못하고 있다. 결과적으로 COBie는 데이터가 컴퓨터 프로그래밍 능력을 갖추지 않고 대부분의 컴퓨터 소프트웨어를 통해서 접근 가능하도록 개발되었다. 즉, 스프레드시트가 가장 널리 사용됨에 따라서 COBie 정보를 위한 포맷으로 선택되었다. 국제적인 표준 포맷에 부합하기 위해 IFC 기반의 포맷과 스프레드시트 포맷 사이의 전달과 소프트웨어 개발자를 위한 번역 규칙이 사용되었다. COBie의 정확한 기술적 사양과 IFC 매핑 규칙이 필요하면 COBie Responsibility Matrix를 참고해야 한다(East, Bogen and Love 2011).

계약 제약사항

역사적으로 실제 결과물이 운영 측면에서 좀 더 효율적인 건물이 될지라도 프로젝트 소유자가 계획과 설계단계에서 좀 더 비용을 투자하고자 하는 경우는 드물다. 따라서 설계와 시공 관련 전자 정보를 설계자와 시공자가 생성하기 위해서 추가적인 비용을 요청한다는 것은 어려운 일이다. 결과적으로 COBie는 일반적인 설계와 시공 계약에서 이미 포함되어 있는 정보의 전달만을 포함하도록 특별히 설계되었다.

일단 장비 목록이 전산 형태로 제공되면 제품의 모든 속성도 제공된다는 것을 쉽게 알 수 있다. 그러나 계약자는 제품 정보의 데이터 대 제품 데이터 포맷에 대해서는 고려하지 않는다. 모든 제조사가 제품 데이터를 COBie 호환 형태로 제공하지 않으면 계약자가 직접 제품 속성을 입력해야 할 것이다. 현재 제조사의 제품 데이터를 다시 입력하는 것이 요구되고 있지 않기 때문에 이러한 속성을 COBie 형태로 전달하기 위해서는 추가 비용이 필요하다. 결과적으로 제품 속성 데이터는 기본적인 COBie 규정에 필수적으로 남아 있다.

그러나 어떤 제품 데이터는 요구될 수 있다. COBie가 관리되는 자산에 대한 정보를 담기 때문에 이러한 관리 자산들은 일반적으로 설계 도서들의 제품 스케줄에 나타나 있다. 2012년 7월에 일반에 나온 COBie 가이드는 예정된 장비에 대한 COBie 파일 속성은 설계 스케줄과 일치하도록 요구하고 있다(East 2012b). COBie 정보가 설계 도서의 정보와 일치하기 위한 제약조건은 단순하기 때문에 계약하는 데 이러한 품질 표준이 유리하게 작용할 것이다.

프로세스 제약사항

린 시공 실무에 대한 건설 관련 종사자들의 관심이 높기 때문에 COBie가 낭비적인 행정 절차를 제거하는 데 미치는 영향은 거의 고려하지 않고 있다. 이런 낭비적인 절차의 예로, 학부와 대학원 사이에 있던 팀에 고용된 연구보조가 대형 건설 프로젝트 O&M 매뉴얼을 만들기 위해 필요한 종이 복사 등 문서 작업을 위해 고용되었다. 이 매뉴얼 생성에 필요한 모든 정보는 건설 제출물에 관한 계약 행정 절차를 통해 이미 진행되었기 때문에 이러한 절차는 낭비적이다. 제출 절차에서 이미 승인된 제출물의 전자문서형태를 가지고 있으면 이 똑똑한 학생은 이전의 전자 문서의 종이 복사본을 만드는, 마음 비우는 작업을 하지 않아도 될 것이다. 예정 장비 명칭판 데이터를 문서화하는 전형적인 절차는 프로젝트 말미에 이루어진다. 이러한 정보를 수집하는 일은 장비의 설치, 시운전 또는 시험 시 아주 작은 추가 노력을 통해 문서화될 수 있었을 것이다.

COBie 프로세스는 단순한 가정에 기반을 둔다. 즉, COBie 데이터는 기존에 계약에 의해서 이 정보를 생산하던 담당자들에 의해 제공되어야 한다는 것이다. COBie 기반의 절차에서 작은 차이점은 종이가 아닌 데이터 파일로 전달한다는 것이다. 예를 들면 건축가는 공간과 장치들을 인식하는 설계를 생성한다. COBie 포맷에서 생성되는 공간과 장비에 대한 일정은 설계 성과물이 시공 도면을 생성하는 것처럼 단순하게 설계 소프트웨어로부터 추출되어야 한다. 전자형태로 제출되는 절차를 통해서 제품 데이터 시트와 다른 파일 기반 정보는 계약자가 그러한 정보를 스캔할 필요를 없애준다. 만일 시공자 또는 계약자가 기성 청구를 목적으로 설치되었거나 현장 장비에 대한 문서를 생성할 때 COBie를 통해서 보고서를 제출할 필요가 있다. 그러면 프로젝트 종료 시점에 지연되는 일은 없어질 것이다. 즉, 설계, 시공, 완공 시의 새로운 정보 기반의 절차는 정보교환 포맷으로 COBie를 이용하여 도움을 받을 수 있다. 시설물 생애주기에서 언제 누구에 의해 어떤 정보가 제공되어야 하는지에 대한 일반적인 규정은 Life-Cycle Information Exchange Project에서 정의된다(East 2010).

COBie 표준을 초기에 설계할 때 범위, 기술, 계약과 절차와 관련한 의사결정을 할 때 남은 사항은 관리 자산들과 이와 관련된 O&M 정보를 전달하기 위한 가장 간단하고 상호간에 동의 가능한 형태를 결정하는 것이다. 다음 장은 COBie 데이터 모델을 설명하고 모델의 각 부분들이 어떻게 연결되는지를 설명한다.

COBie에 무엇이 포함되어 있는가?

프로젝트의 완공 시 정보 전달 단계에서 COBie 데이트 세트의 전체적인 구조는 그림 5.1과 같다. COBie에는 정보의 3가지 형태가 있다. 첫 번째는 그림 5.1의 파란 상자에 나타낸 설계자(Design)에 의해 생성되는 정보이다. 두 번째는 노란 상자 부분인 시공자(Construction)에 의해 생성되는 정보이다. 세 번째는 녹색 상자에 있는 설계자와 시공자에 의해 생성되는 지원 정보(Common)이다.

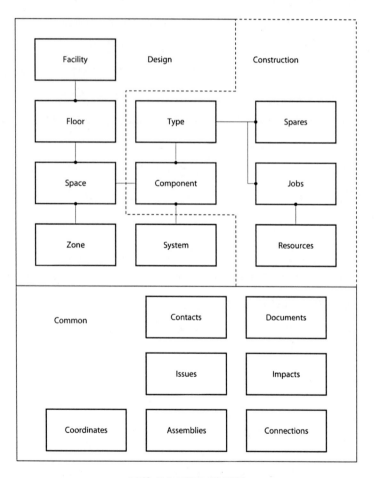

그림 5.1 COBie의 구성

설계자를 위한 COBie의 요구사항들은 자산의 2가지 주요 카테고리를 반영한다. 공간과 장비 자산. 건물 내의 공간들은 시설물, 층, 그리고 공간으로 구성된다. COBie에서 공간(space)과 물리적인 방(room) 사이에는 상호관계가 있다. 만일 주어진 물리적인 방이 여러 가지 기능을 가지고 있거나 그 방의 서로 다른 부분이 다른 부서에 속해 있다면 물리적인 공간은 여러 개의 독립적인 공간들로 정의될 수 있다. 종종 설계자는 이미 이러한 차이점들을 방 번호에 '101-A', '101-B'와 같이 문자를 더해서 정의하고 있다. 설계에서 완공시 정보 전달 단계로 프로젝트가 진행되면서 시설물의 각 방의 외부에 마지막 간판은 종종 설계자에 의해 제공된 방 번호와 일치하지 않을 수 있다. 시공자는 Space.RoomTag 값으로 간판 정보를 추가한다.

그림 5.2는 의료시설 건물의 한 부분을 어떻게 공간을 영역(zone)으로 구성했는지를 보여주는 예이다. 그림 5.2의 왼쪽 위에 시설물의 이름이 'Medical Clinic'으로 나타나 있다. 이 정보는 COBie의 'Facility' 영역에 포함된다. 이 시설물을 따라 서로 다른 수직 구분이 있다. COBie에서는 'Floors'라고 부른다. 그림과 같이 site와 roof도 COBie에서 floors로 나열된다. 예를 들어 건물에서 업무 영역은 '101 Reception'은 COBie에서 공간(Spaces)이다. 만일 우리가 groups of rooms의 어떤 부분에 관심이 있었다면 COBie의 'zone'을 사용했을 것이다. 그림에서 중요한 점은 공간을 점유하고 있는 부서를 인식하는 것이다. 소아과가 101에서 103까지의 공간을 사용한다. 약국은 101의 단일 공간을 사용한다. 응급실은 121에서 123을 사용한다.

공간들의 그룹은 영역(zones)으로 관리되고 이는 COBie에 있다. 주어진 건물에서 언제나 다른 종류의 많은 영역들이 있고 이 모든 것은 COBie로 표현될 수 있다. 그림 5.2는 공간들이 부서에 의해 조직되는 예를 보여준다. 공공과 개인적인 공간을 나타내는 순환영역(circulation zones)이 있고 난방, 냉방, 그리고 화재 방지 영역과 같은 건물 서비스의 특정 형태를 반영하는 공간들의 영역이 있을 수 있다. 이러한 영역들은 각각 그림 5.2에서 각 부서 영역이 3개의 카테고리를 갖는 것처럼 독립적인 카테고리의 목록을 갖는다. 그러나 모든 영역들은 건물을 구성하는 공간들의 동일한 목록을 다시 참조한다.

시설물에서 자산의 두 번째 주요 카테고리는 예정된 장비와 태그를 붙인 제품들이다. 모든 장비 자산들은 제조사와 모델 번호, 그리고 각각의 개별적인 부분들로 자산의 형태로 조직된다. 설계를 하는 동안에 장비 공정이 설계 도

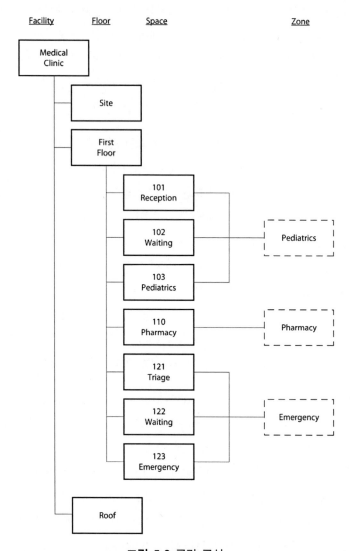

그림 5.2 공간 구성

면에 나타나고 COBie 파일에 모두 반영되어야 한다. 밸브, 스위치와 댐퍼와 같은 시공자에 의해 보고되는 대량 물품들은 노트로부터 분리되어 그려져야 할지도 모르고 설계도면에는 기호로 그려져야 한다. 종종 시공자는 밸브와 같은 대량 물품에 황동 태그를 붙이도록 요구받는다. 어떤 시설물 관리자들은 이러한 태그나 바코드를 모든 관리 장비에 요구한다. 이러한 태그나 코드는 Component.Tag.Number와 Component.BarCode 필드에 기록된다.

건물 거주자들에게 특정 서비스를 제공하기 위해서 장비들은 시스템으로 조직된다. 그림 5.3은 COBie에서 장비들의 구성의 간략한 예를 보여준다. 그림 5.3의 상단 왼쪽에 장비가 운영되는 시설물이 있다. 장비에 대한 다음 정보 층(information layer)은 장비의 종류이다. 장비 또는 제품 형태는 설계자의 장비와 제품 공정의 구성을 반영한다. 이러한 공정은 적절하다면 주어진 시설물의 동일한 특정 형태의 장비들은 재사용하도록 노력한다. 이러한 노력은 프로젝트에서 장비 구매 비용을 줄이고 건설 및 시운전 절차에 소요되는 비용을 감소시킨다. 그림 5.3의 예제는 'Medical Clinic' 시설물을 위한 형태들의 목록의 일부이다. 문의 형태 A(Door Type A)는 주어진 건물에서 문의 종류가 하나가 아니기 때문에 다른 문 종류들이 각각 유사하게 목록에 있을 것이다. 이 예제에서 다른 형태의 펌프가 있고 하나의 형태의 air handling unit(AHU), 여러 가지의 창문들이 있다. 물론, 실제 건물은 더 많은 장비 종류가 있을 것이고 그림 5.3은 아주 작은 집합을 보여준다. 각 장비 형태에 장비의 특정한 경우들이 있다. 보는 바와 같이 Type A의 2개 펌프가 있고 2개의 AHU가 있다.

시설물 내의 장비는 독립적인 entity로 있는 것이 아니고 부분들, 연결재들(파이프, 덕트와 전선), 그리고 난방, 냉방, 화재 진압과 같은 서비스를 제공하는 컨트롤러의 시스템의 일부이다. 설계 과정에서 이러한 시스템을 설계하는 엔지니어링 컨설턴트들은 이러한 서비스를 다른 시스템들과 부분 시스템들로 구성해서 적절한 서비스가 제공되도록 한다. 이러한 구성을 반영하기 위해 COBie는 설계자들이 각 부분이 속한 시스템을 인식하도록 허용한다.

예를 들면 그림 5.3에서 펌프 중의 하나는 HVAC 시스템을 위해 사용되고 다른 하나는 화재 진압 시스템에 사용된다. AHU는 모두 난방과 냉방 시스템에 사용된다. COBie 가이드는 시설물 유지관리 활동을 지원하기 위해 제시되어야 하는 시스템의 형태들에 대한 권장사항들과 정보가 좀 더 쉽게 접근될 수 있도록 이러한 시스템들의 명칭과 카테고리를 부여하는 방법을 제공한다 (East 2012b).

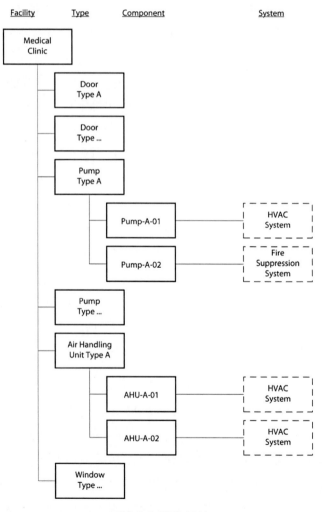

그림 5.3 장비 구성

설계 종료시점에 설계자가 COBie 데이터를 일단 전달하면 시공자의 역할은 설계 데이터에 시공에서 나온 정보를 추가하는 것이다. 만일 설계자가 제공한 데이터가 정확하다면 장비의 특정 형태의 모델과 제조사를 인식하기 위해 시공자는 승인된 제품 제출물로부터 정보를 사용할 수 있고 설계자의 COBie 데이터를 업데이트할 수 있다. 일단 장비가 설치되면 시공자는 설치 일자와 시리얼 번호만 문서화하면 된다. 분명히 이러한 정보는 처음 사용 가능할 때가 종이 문서 기반의 절차에서 분리되는 것이다. 장점은 시공자가 프로젝트의 진행과정에서 여러 번 정보를 다시 가져오거나 잃어버리지 않을 수 있다는 것이다.

건물의 모든 시스템들이 설치되면 시공자 또는 설치 대리인은 제조사에서 추천하는 유지관리와 각 부품 스케줄뿐 아니라 시스템의 O&M 정보를 수집한다. 보증서와 여분의 소모성 부품들도 또한 필요하다. 이는 시공자 또는 설치 대리인에 달려 있는데, COBie Jobs, Resources, Spaces worksheets에 이 정보를 인식할 수 있도록 완성할 수 있다.

COBie의 전달 포맷은?

기존에 인정된 정보 표준에 대해 간과하기 쉬운 것이 이러한 표준들을 만들고 적용하는 데 소요되는 노력이다. 메인 프레임 컴퓨터로 직업을 시작한 시설물 관리자들은 프로그램들과 문서들을 하나의 제조사 컴퓨터에서 다른 컴퓨터로 옮기는 데 어려움을 느낄 것이다. 이러한 문제를 해결하는 하나의 방법이 정보 교환에 대한 미국 표준 코드(American Standard Codes for information exchange) 또는 ASCII 표준[61]이다. 오늘날 ASCII는 광범위한 장치들 사이

---

61) 아스키(미국정보교환표준부호)는 영문 알파벳을 사용하는 대표적인 문자 인코딩으로 1967년에 표준으로 제정되었고 7비트 인코딩으로 33개의 출력 불가능한 제어 문자들과 공백을 비롯한 95개의 출력 가능한 문자들로 이루어진다. 아스키는 컴퓨터와 통신장비를 비롯한 문자를 사용하는 많은 장치에서 사용되며, 대부분의 문자 인코딩이 아스키에 기초를 두고 있다.

에 작성된 문서의 공유가 가능하다.

종이 위주에서 정보 기반의 교환으로 변화하는 시점에 시설물 관리자들은 COBie가 어떤 형태의 포맷으로 교환될 수 있는지 이해할 필요가 있다. 이러한 지식은 시설물 관리자가 하나의 포맷을 지지하는 사람이 다른 사람에게 하는 클레임 또는 이에 대한 대응 이력을 기억하는 것을 도와줄 것이다. COBie의 사용을 고려하는 사람들은 시설물 관리자에 의해 필요한 정보가 여러 가지 다른 포맷들로 전달될 수 있다는 것을 알아야 한다. 파일에 담긴 정보가 시설물 관리자에 의해 정의된 요구사항들을 반영하고 COBie 데이터 모델에 따라 구성되고 요구되는 소프트웨어에 의해서 생산되고 소비된다면 그 포맷은 COBie 데이터의 전달을 위해 적절한 것이다. COBie에 대한 토의가 파일의 포맷에 집중된다면 그 결과의 질적인 측면을 보장하는 데 소요되는 시간을 줄여줄 것이다. ASCII가 작성된 문서의 투명한 교환을 허용하는 것처럼 COBie와 이에 연관된 표준들의 집합도 여러 소프트웨어와 장치들에 시설물 정보를 전달하는 것을 허용할 것이다.

오늘날 3개의 데이터 포맷들이 COBie 데이터를 교환하는 데 사용될 수 있다. 첫 번째가 STEP(Standard for the Exchange of Product)인데 ISO 10303에 있는 국제 표준이다. STEP 파일들은 제품과 산업 제조에서 널리 사용되고 있고 IFC 모델에 정의된 추가적인 스키마 요구사항들을 포함하는 ISO 16739에 채택되었다. 두 번째 포맷은 ifcXML이라 불리는 표준이다. 이 포맷은 STEP 파일의 Extensible Markup Language[62] 버전을 제공한다. 이러한 포맷들은 COBie 데이터의 간결한 표현을 제공함에도 불구하고 이 포맷들은 컴퓨터와 컴퓨터의 상호작용을 위해 만들어졌다. 다른 활용 가능한 포맷으로 Spreadsheet XML이 있고 이는 COBie 정보를 스프레드시트 형태로 제공한다.

---

62) XML은 W3C에서 마크업 언어를 다른 특수목적 용도에서 만드는 것에 권장되는 다목적 마크업 언어이고 SGML의 단순화된 부분집합이지만 수많은 종류의 데이터를 기술하는 데 적용할 수 있다. XML은 주로 다른 시스템 특히 인터넷에 연결된 시스템끼리 데이터를 쉽게 주고받을 수 있게 하여 HTML의 한계를 극복할 목적으로 만들어졌다.

미국과 영국에서 대부분의 COBie 사용자들은 COBie의 Excel 스프레드시트 버전에 익숙하다. 이 포맷은 시설물 정보에 대한 사람들의 접근 가능한 시각화를 제공한다. 따라서, 이 장에서는 다른 포맷들도 가능함을 알고 FM 사무실에서 필요로 하는 소프트웨어에 의해 요구 정보가 포함되고 소비될 수 있다면 COBie 파일의 스프레드시트 버전을 중심으로 설명한다.

스프레드시트 포맷은 어떻게 구성되는가?

스프레드시트 형태에서 COBie 정보의 구성은 관련된 워크시트들의 시리즈로 이루어진다. 이와 함께 이 워크시트는 관리 자산의 묶음으로 그 시설물들을 표현하는 시설물 데이터베이스를 생성한다. COBie 표준에 대해서는 COBie 웹사이트를 통해서 이미 상당히 많은 기술적 문서들을 제공되었고(East 2008) 다음의 내용들은 단지 그 주제들의 소개를 할 뿐이다.

설명의 각 항목들과 함께 상업적 소프트웨어가 특정 형태의 COBie 정보를 생산하거나 소비할 수 있는 능력을 가지고 있음을 보여준다. 이 정보는 시설물 관리자가 COBie로 무엇이 가능하고 상업적 소프트웨어 제작자들이 COBie를 전달하기 위해 그들의 제품을 업그레이드할 수 있는지를 보여준다. 실제와 가능성 사이에는 여러 가지 근본적인 차이가 존재한다. 이러한 원인들은 COBie Challege events의 한 부분으로 소프트웨어 시험에 관한 논의하는 장에서 다룰 것이다.

일반적인 워크시트 규칙들

건물 정보 모델의 구성을 단순화시켜서 스프레드시트에 넣기 위해서 COBie 워크시트를 위한 특정 규칙이 개발되었다. 워크시트와 필드 명칭, 필드 순서, 색상 코딩을 포함한 이러한 규칙들은 COBie 사용자들로 하여금 COBie가 없었을 때는 불가능했을 복잡성을 줄이도록 도와준다. 이러한 규칙들은 다음에 설명되어 있고 전체는 COBie 가이드에 기술되어 있다(East 2012b). 프로젝트 개발 단계의 다른 단계에서 COBie 파일의 예시들은 Common Building Information Model Files에서 볼 수 있다(East 2012b).

워크시트 형태(Worksheet layout)

COBie 워크시트들은 첫 번째 열에서 그 워크시트를 위한 유일한 데이터 요소(the primary key)로 시작하도록 구성된다. 이 열은 특히 '명칭(Name)'이라고 라벨을 붙인다. 그래서 Type.Name은 워크시트 형태(Type worksheet)와 명칭 열(name column)을 말한다. 이 명칭 열은 언제나 첫 번째 열에 있을 것이다. 명칭 열의 행을 위한 값들은 유일해야 한다.

열의 다음 세트는 저작자 이력 정보를 담고 있고 CreatedBy와 CreatedOn 값을 갖는다. 이러한 값들은 COBie 워크시트 행에 있는 데이터를 생성한 사람이나 회사를 나타낸다. 이 사람은 COBie 모델을 개발한 사람일 수도 있고 단순히 COBie 파일을 생성한 사람일 수도 있다. 어떤 방식이든 문제가 있을 때 이 정보를 생성한 사람을 찾을 수 있으면 된다.

네 번째 열은 데이터 행에서 발견되는 정보의 카테고리이다. COBie 파일에서 발견되는 많은 카테고리들을 위해 시설물 관리자는 이미 그 값들의 표준 세트를 가지고 있을 것이다. 이러한 값들은 시설물 관리자의 COBie 계약 언어나 전달과정에서 제공될 수 있다. 일정한 카테고리에서는 한 시설물의 정보가 다른 시설물의 정보와 비교될 수 있다.

다음 열은 필요하다면 현재의 워크시트의 정보가 이전 COBie 워크시트에 있는 정보를 참조할 수 있도록 허용한다. 이러한 정보는 Document와 속성(Attribute) 워크시트와 같은 워크시트에서 매우 중요하다. 이러한 워크시트는 COBie.Spaces, COBie.Types 등과 같은 Document 워크시트에서는 외부 파일을, Attribute 워크시트에서는 특정 속성값들을 제공한다. '참조' 워크시트 내에서는 이전의 COBie 워크시트의 이름과 문서와 속성의 특정 행이 나열된다. 데이터베이스

용어로는 이러한 것들이 foreign key values로 간주될 수 있다.

정보의 다음 세트는 모든 레코드에 필요한 필드이다. 종종 Space와 Type 워크시트와 같이 'Description' 필드가 필요하다. 시공단계의 정보 전달에서 필요한 정보의 다른 예는 승인된 특정 장비의 모델 번호이다.

COBie 정보의 다음 세트는 자동화 시스템이 COBie 파일에서 정보가 생성된 곳의 특정 위치를 문서화할 수 있다. 특별히 3개의 열에 외부 시스템 명칭, 관련된 필드의 이름, 현재 COBie 데이터가 추출된 특정 인식 번호를 문서화해야 한다. COBie 데이터는 소프트웨어 시스템에서 자동적으로 전달되도록 의도되었음에도 불구하고 수작업으로 생성된 COBie 모델들은 3개의 열을 언제나 빈칸으로 남겨둔다.

외부 정보에 이어서 'as-specified'로 인식되는 정보 세트가 있다. 이러한 정보는 COBie 워크시트의 예상되는 모든 행들에 공통적이지만 만일 정보를 기록하는 데 시간이 소요된다면 그 정보가 사용된다는 것을 확실히 하기 위해서 명시적으로 지정해야 한다. Type 워크시트에서 이러한 열의 예가 'Code. Compliance'이다. 이 문자 필드는 제품 생산자 또는 시공사에게 시설물에 설치되는 제품의 코드 준수를 문서화하는 것을 허용한다.

색상 계획(Color Scheme)

이전에 기술한 규칙을 따르도록 하기 위해 예제 COBie 모델은 각 워크시트와 특정 데이터 열에 있는 정보의 형태를 반영하는 색상 코딩을 반영한다. 그림 5.4는 Space 워크시트 예제의 색상 코딩을 보여준다. 노란색의 열들은 필요한 문자 입력을 포함한다. 연어색의 열들은 COBie 파일의 다른 부분들에서 선택되어야 하는 필요한 값들을 포함한다. 예를 들면 Space.CreatedBy 열의 값들은 Contact.Email 열에 있어야 한다. Space.Category 열 데이터는 PickList.Facility-Category 열 아래의 Pick-List 워크시트에 있어야 한다. Space.FloorName은 Floor.Name 열에 있어야 한다.

3개의 자주색 열들의 정보는 데이터를 생성하는 데 사용된 원래 소프트웨어 시스템으로부터 데이터의 각 열의 원위치를 반영한다. 오른쪽으로 녹색 열들은 설계 건물 정보 모델로부터 정보를 기입하는 경우에 'as-specified' 열들을 식별한다. 워크시트의 탭들도 또한 요구되는 경우에는 노란색, as-specified인 경우에는 녹색, 사용되지 않으면 검정색으로 인식된다. 주어진 파일에서 Assembly 워크시트는 어떤 정보도 포함하고 있지 않는 것으로 인식되는 여러 워크시트들 중의 하나이다.

그림 5.4에 J열 Space.RoomTag를 위한 값들은 'n/a'로 되어 있는 것을 발견할 수 있다. COBie에서 'n/a'는 '가능하지 않음(not available)' 또는 '적용할 수 없음(not applicable)'을 의미한다. 이는 XML 또는 데이터베이스에서 NIL과 동일한 지정이다. 그림 5.4는 설계 단계에서 전달되는 것을 나타내기 때문에 RoomTag 열에 나타날 최종적인 방의 표지는 알 수 없다. 결과적으로 Space.RoomTag는 'n/a'로 지정되고 이는 그 공간의 표지는 아직 정해지지 않음을 반영한다.

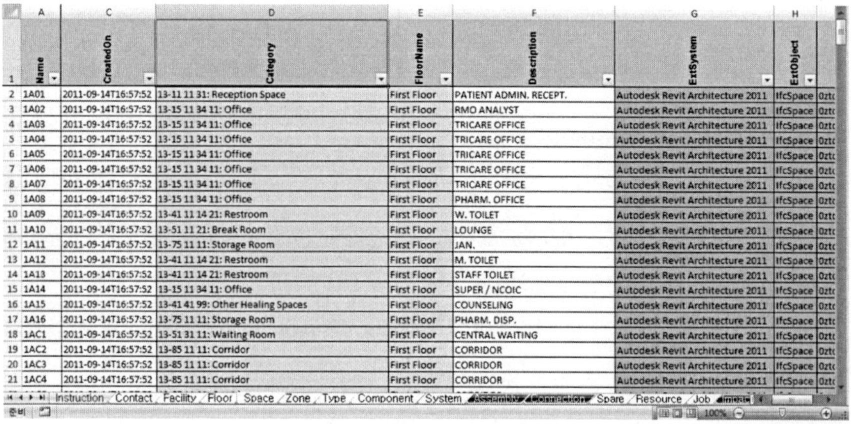

	A	C	D	E	F	G	H
1	Name	CreatedOn	Category	FloorName	Description	ExtSystem	ExtObject
2	1A01	2011-09-14T16:57:52	13-11 11 31: Reception Space	First Floor	PATIENT ADMIN. RECEPT.	Autodesk Revit Architecture 2011	IfcSpace
3	1A02	2011-09-14T16:57:52	13-15 11 34 11: Office	First Floor	RMO ANALYST	Autodesk Revit Architecture 2011	IfcSpace
4	1A03	2011-09-14T16:57:52	13-15 11 34 11: Office	First Floor	TRICARE OFFICE	Autodesk Revit Architecture 2011	IfcSpace
5	1A04	2011-09-14T16:57:52	13-15 11 34 11: Office	First Floor	TRICARE OFFICE	Autodesk Revit Architecture 2011	IfcSpace
6	1A05	2011-09-14T16:57:52	13-15 11 34 11: Office	First Floor	TRICARE OFFICE	Autodesk Revit Architecture 2011	IfcSpace
7	1A06	2011-09-14T16:57:52	13-15 11 34 11: Office	First Floor	TRICARE OFFICE	Autodesk Revit Architecture 2011	IfcSpace
8	1A07	2011-09-14T16:57:52	13-15 11 34 11: Office	First Floor	TRICARE OFFICE	Autodesk Revit Architecture 2011	IfcSpace
9	1A08	2011-09-14T16:57:52	13-15 11 34 11: Office	First Floor	PHARM. OFFICE	Autodesk Revit Architecture 2011	IfcSpace
10	1A09	2011-09-14T16:57:52	13-41 11 14 21: Restroom	First Floor	W. TOILET	Autodesk Revit Architecture 2011	IfcSpace
11	1A10	2011-09-14T16:57:52	13-51 11 21: Break Room	First Floor	LOUNGE	Autodesk Revit Architecture 2011	IfcSpace
12	1A11	2011-09-14T16:57:52	13-75 11 11: Storage Room	First Floor	JAN.	Autodesk Revit Architecture 2011	IfcSpace
13	1A12	2011-09-14T16:57:52	13-41 11 14 21: Restroom	First Floor	M. TOILET	Autodesk Revit Architecture 2011	IfcSpace
14	1A13	2011-09-14T16:57:52	13-41 11 14 21: Restroom	First Floor	STAFF TOILET	Autodesk Revit Architecture 2011	IfcSpace
15	1A14	2011-09-14T16:57:52	13-15 11 34 11: Office	First Floor	SUPER / NCOIC	Autodesk Revit Architecture 2011	IfcSpace
16	1A15	2011-09-14T16:57:52	13-41 41 99: Other Healing Spaces	First Floor	COUNSELING	Autodesk Revit Architecture 2011	IfcSpace
17	1A16	2011-09-14T16:57:52	13-75 11 11: Storage Room	First Floor	PHARM. DISP.	Autodesk Revit Architecture 2011	IfcSpace
18	1AC1	2011-09-14T16:57:52	13-51 31 11: Waiting Room	First Floor	CENTRAL WAITING	Autodesk Revit Architecture 2011	IfcSpace
19	1AC2	2011-09-14T16:57:52	13-85 11 11: Corridor	First Floor	CORRIDOR	Autodesk Revit Architecture 2011	IfcSpace
20	1AC3	2011-09-14T16:57:52	13-85 11 11: Corridor	First Floor	CORRIDOR	Autodesk Revit Architecture 2011	IfcSpace
21	1AC4	2011-09-14T16:57:52	13-85 11 11: Corridor	First Floor	CORRIDOR	Autodesk Revit Architecture 2011	IfcSpace

그림 5.4a COBie Space 워크시트의 예(열 A~H) : A-C는 노란색, D-E는 연어색, F는 노란색, G-H는 자주색

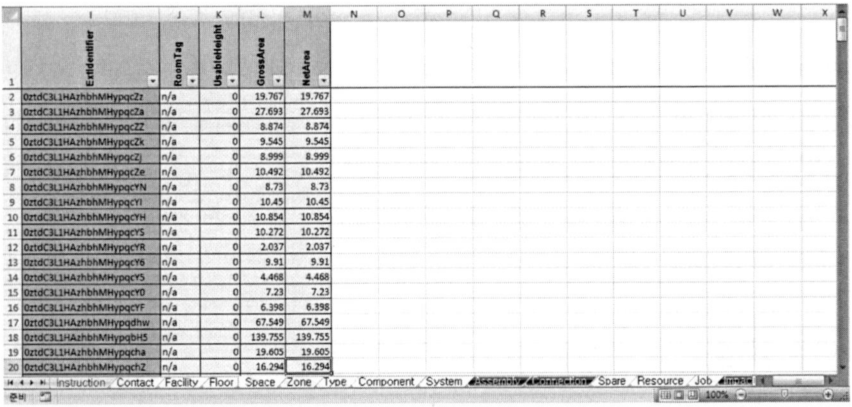

	I	J	K	L	M
1	ExtIdentifier	RoomTag	UsableHeight	GrossArea	NetArea
2	0ztdC3L1HAzhbhMHypqcZz	n/a	0	19.767	19.767
3	0ztdC3L1HAzhbhMHypqcZa	n/a	0	27.693	27.693
4	0ztdC3L1HAzhbhMHypqcZZ	n/a	0	8.874	8.874
5	0ztdC3L1HAzhbhMHypqcZk	n/a	0	9.545	9.545
6	0ztdC3L1HAzhbhMHypqcZj	n/a	0	8.999	8.999
7	0ztdC3L1HAzhbhMHypqcZe	n/a	0	10.492	10.492
8	0ztdC3L1HAzhbhMHypqcYN	n/a	0	8.73	8.73
9	0ztdC3L1HAzhbhMHypqcYI	n/a	0	10.45	10.45
10	0ztdC3L1HAzhbhMHypqcYH	n/a	0	10.854	10.854
11	0ztdC3L1HAzhbhMHypqcYS	n/a	0	10.272	10.272
12	0ztdC3L1HAzhbhMHypqcYR	n/a	0	2.037	2.037
13	0ztdC3L1HAzhbhMHypqcY6	n/a	0	9.91	9.91
14	0ztdC3L1HAzhbhMHypqcY5	n/a	0	4.468	4.468
15	0ztdC3L1HAzhbhMHypqcY0	n/a	0	7.23	7.23
16	0ztdC3L1HAzhbhMHypqcYF	n/a	0	6.398	6.398
17	0ztdC3L1HAzhbhMHypqdhw	n/a	0	67.549	67.549
18	0ztdC3L1HAzhbhMHypqbH5	n/a	0	139.755	139.755
19	0ztdC3L1HAzhbhMHypqcha	n/a	0	19.605	19.605
20	0ztdC3L1HAzhbhMHypqchZ	n/a	0	16.294	16.294

그림 5.4b COBie Space 워크시트의 예 : I는 자주색, J–M은 녹색

확장(Extensions)

COBie의 각 워크시트의 명칭과 열의 머리글은 바뀌지 않을 수 있다. 3개의 머리글의 순서도 또한 고정된다. 그것이 COBie 표준의 기본이다. 기존의 워크시트나 열들을 변경하면 COBie의 표준 사용이 아닌게 되고 이는 상용 소프트웨어가 그러한 사용자 정의 형식에서 데이터를 생산하거나 사용할 수 없게 될 수 있다. 특정 COBie 정보의 세트는 고정되어 있지만 COBie 표준에서 COBie를 확장하기 위해 허용되어 있는 3가지 방법이 있다. 첫 번째 방법이 COBie 예제 파일들에 있는 기본 분류 테이블(default classification tables)을 변경하는 것이다. 예제 파일과 COBie 표준에서는 기본적으로 OmniClass (Construction Specification Institute 2008) 분류체계 테이블이 사용된다. 만일 다른 표준 계획이 요구되면 현재의 세트로 값들을 단순히 교체하면 된다.

COBie 정보의 내용들을 확장하기 위한 두 번째 방법은 특정 클래스의 space, type, component entity를 위해 요구되는 속성값들의 표준을 통하는 것이다. 이를 통해서 이 자산들의 지역적인 O&M을 위해 중요한 속성들을 인식하고 전달할 수 있게 된다. 세 번째 방법은 현재의 COBie 워크시트의 오른쪽에 추가적으로 정보 열을 포함하는 것이다. 따라서 만일 워크시트에서 모든 행에 새로운 속성이 인식된다면 기존의 COBie 열들의 오른쪽에 새로운 열을 추가할 수 있다. Space 워크시트에서 이러한 속성의 예가 'Perimeter'가 될 수 있다. 이 새로운 열은 이 새로운 열이 자동적으로 인지되고 사용될 수 있다. 만일 시설물 관리자가 이 새로운 열들에 색상을 부여하고 싶다면 COBie에서 전체 워크시트에서 추가된 속성들의 색상을 청색으로 할 것을 제안한다.

COBie 워크시트 설명

그림 5.1은 COBie 데이터 표준의 스프레드시트 버전에서 워크시트의 각각을 인식한다. 다음 문단은 이 워크시트들을 간략하게 설명한다. COBie에 대한 완전한 기술적 문서화를 위해 이전에 참고한 COBie 관련 웹사이트와 COBie 가이드를 읽어야 한다. COBie 파일의 예시들에 따른 정보를 비교하기 위해 독자들은 많은 COBie 샘플 파일 하나와 관련된 자료를 확인하기를 원할 수도 있다(East 2012d).

COBie.Instruction

COBie.Instruction은 COBie workbook의 첫 번째 스프레드시트이다. 이는 단지 템플릿 정보를 담고 있지만 주어진 COBie 제출의 내용들을 간략하게 살펴보는 데 사용될 수 있다. COBie 파일의 버전과 포함된 워크시트들이 이 페이지의 위쪽에 나열되어 있다. 지시 워크시트(instruction worksheet)의 하단에 명각(legend)은 나머지 파일에 사용되는 색상 규정을 제공한다. 색상 규정은 buildingSMART alliance에 의해 출판되는 수작업으로 만든 COBie 파일을 위해 제공되지만 기술적으로는 필요하지 않다. 이전에 설명한 것처럼 색상 규정은 사람들로 하여금 파일의 정보를 수작업으로 수월하게 할 수 있도록 도와준다.

COBie를 위한 많은 상용 소프트웨어에서 Instruction 워크시트는 단순히 COBie workbook instructions의 기본적인 것을 반영하고 특별히 정보 전달을 위해 자동으로 변경되지는 않는다. 어떤 경우에는 Instructions 워크시트는 빈 채로 남겨둔다.

COBie.Contact

COBie.Contact는 프로젝트 기간 동안에 참조된 개인이나 회사들의 리스트를 포함한다. 설계 기간 동안 이 값들은 COBie 데이터 파일을 생성하거나 생산하는 사람들과 회사들과 관련된다. 시공 기간 동안 이 정보는 COBie 데이터를 입력하거나 업데이트해서 보완된다. 완공 시 정보 전달을 할 때 그 정보는 제조사, 공급자, 그리고 보증 정보가 보충된다.

연락 정보는 제조사나 공급자 연락 정보를 인식하는 게 가장 중요한 시공 소프트웨어에서 일반적으로 잘 표현된다.

COBie.Facility

COBie.Facility는 COBie 산출물에서 교환될 시설물들에 대한 정보를 갖는다. COBie 산출물이 계획, 설계, 시공, 준공, 또는 운영단계에서 교환될 수 있기 때문에 시설물에 대한 명칭에 차이가 있을 수 있다. 표준 명칭 규약을 만드는 것은 프로젝트 발주자가 해야 하는 일이다. COBie는 단지 현재 발주자에 의해 사용되고 있는 명칭들을 반영한다. COBie는 단일 시설만 포함해야 한다. COBie.Attribute 워크시트는 시설물 내에서 정보와 함께 공간 정보를 제공하기 위해 시설물의 경도, 위도, 그리고 각도를 제공하는 데 사용될 수 있다.

모든 시험을 거친 소프트웨어는 전체 시설물 정보의 일정 부분을 생성하거나 사용할 수 있다.

COBie.Floor

COBie.Floor는 시설물의 수직방향의 층에 대한 정보를 갖는다. 전통적인 건물의 층은 건물의 각 층과 기초 및 지붕층을 포함할 것이다. 수평 시설물에 대해서는 Levels는 시설물 외부 또는 캠퍼스를 가로질러 있는 공간의 영역들을 포함한다.

모든 시험을 거친 소프트웨어는 전체 시설물 정보의 일정 부분을 생성하거나 사용할 수 있다.

COBie.Space

COBie.Space는 주어진 수직 또는 층 level 내에서 공간의 수평 구성에 대한 정보를 포함한다. 항상은 아니지만 일반적으로 spaces는 설계자에 의해 정의된 시설물 내의 물리적인 rooms을 의미한다. COBie 내에서 spaces는 약간 다른 의미를 가지는데, 동일한 room에 있어도 서로 다른 형태의 spaces가 될 수 있도록 하기 위해서이다. COBie는 만일 여러 활동들과 입주자가 서로 다른 부서에서 기다리는 영역을 나타내는 여러 개의 space로 분할한다면 큰 rooms를 spaces로 나눈다. 시공 기간 동안에 시공자에 의해 추가된 표지는 설치 후에 space 데이터에 추가된다.

모든 시험을 거친 소프트웨어는 전체 시설물 정보의 일정 부분을 생성하거나 사용할 수 있다.

COBie.Zone

COBie.Zone은 시설물의 다양한 설계 또는 운영상의 기능들을 지원하는 관련된 카테고리로 구성되는 spaces의 그룹에 관한 정보를 갖는다. 일관된 결과를 갖기 위해서 구역(zoning)이 프로젝트 계획 기간 동안에 발주자의 요구에 의해 정의되어야 한다. COBie Guide에는 zones의 세트와 zone 명칭에 대한 규약에 대한 추천을 제시한다(East 2012b). 크고 복잡한 시설물에는 많은 구역(zone)과 세부 구역(subzone)이 있다. COBie에서 이러한 rooms의 그룹들은 프로젝트가 진행되면서 설계, 시공사, 그리고 시운전자에 의해 적용되는 명칭 규약의 사용을 통해서 자리를 잡는다. Zoning은 건물의 서비스를 공유하는 spaces의 그룹들 뿐 아니라 spaces의 기능 또는 사용 측면을 나타낸다.

2008년 이후로 COBie 설계 요구사항들처럼 FM 커뮤니티에 의해 공간 구역들(spatial zones)을 인식하기 위해 명확한 요구사항들에도 불구하고 구역 정보를 모든 시험을 거친 소프트웨어들이 생성하고 사용할 수 있는 것은 아니다. 이렇게 안 되는 것은 바로 그 소프트웨어에서 zoning 정보를 포함하는 데이터 구조가 없는 것과 결부된다.

COBie.Type

COBie.Type은 시설물에서 관리자산들의 형태에 대한 정보를 담는다. 이러한 자산들은 설계 과정에서 인식되고 설계도면 스케줄에 나타난다. Types는 부분들, 속성들, 그리고 필요한 O&M 정보의 관련된 리스트를 간단하게 제공하기 위해 구성된다. 시공 기간 동안 설치되는 제품의 형태는 설계 단계에서 정의된다. 설계 초기에 시설물에 포함되는 건축 요소들의 형태가 문서화된다. 설계 후반부에 기계, 전기, 배관, 그리도 다른 시스템들을 위해 필요한 제품 형태들이 정의된다. 완공 시 준공도면 제출 과정에서 시공사는 이러한 설비 형태의 각각에 대한 정보를 제공한다. 나중에 시험 결과와 O&M 매뉴얼이 제공된다. 이러한 모든 정보는 특정 제조와 모델 정보에 연결된다(즉, COBie.Types).

모든 시험을 거친 소프트웨어는 형태 정보의 일정 부분을 생성하거나 사용할 수 있다. 소프트웨어를 만드는 데 주요 문제는 설계 도면에서 나타나는 type 정보와 COBie에 있는 type 정보가 변환되지 않는다는 것이다. 이것은 설계자가 종종 테이블 데이터를 모델에서 정보가 정확한지 확인하기보다는 도면을 인쇄할 목적으로 설계 도면에 복사하는 설계 업무절차와 관련된 문제의 결과이다.

COBie.Component

COBie.Component는 각각의 관리되는 자산의 특정한 경우에 대한 정보를 갖는다. 이러한 정보의 대부분은 설계 단계에서 설계도면 스케줄에서 정의된다. 시공 단계에는 이러한 아이템들은 설치 일자와 시리얼 번호들에 대한 문서를 요구한다. O&M에 중요한 대량 자산에 대한 정보는 시공사에 의해 활동 태그, 바코드, 또는 다른 지정 수단들에 의해 정의된다. 이러한 부분들(component)은 COBie.Component 워크시트에 포함된다.

모든 시험을 거친 소프트웨어는 형태 정보의 일정 부분을 생성하거나 사용할 수 있다. Type과 component에 대한 정보를 전달하는 데 주요 문제는 발주자가 COBie 파일에 포함될 필수적인 type과 component의 리스트를 결정하는 데 시간을 소모하기를 원하지 않는다는 것이다. COBie 가이드는 관련된 명칭 규정과 함께 type과 component의 추천 세트를 제공하고 있다(East 2012b).

COBie.System

COBie.System은 특정 빌딩 서비스를 시설물에 제공하기 위해 관련된 카테고리에 component의 그룹을 어떻게 설정하는가를 설명하는 정보를 담는다. COBie.Components가 COBie.Systems와 관련된 것처럼 COBie.Spaces는 COBie.Zones와 관련이 있다. 어떤 시스템과 구역화(zoning) 정보는 전형적으로 중복되는 반면에 COBie에서는 그렇지 않다. Components의 시스템과 spaces의 구역들은 둘 다 유지된다.

2008년 이후로 COBie 설계 요구사항에 문서화된 것처럼 FM 커뮤니티에 의해 component 시스템을 정의하는 것에 대한 명확한 요구가 있음에도 불구하고 모든 시험을 거친 소프트웨어가 시스템 정보를 생산하고 또는 사용할 수는 없다. 이는 시험을 거친 소프트웨어에 있는 시스템 정보를 포함한 근간이 되는 데이터 구조의 부재와 관련될 수 있다.

COBie.Assembly

COBie.Assembly는 다른 관리되는 제품들로 그 스스로가 구성되는 제품들을 설명하는 정보를 어떤 방식으로 얻을 수 있는지에 대한 정보를 담는다. 어떤 형태의 조합들에서는 이것이 매우 중요한데 이는 이 조합들의 내부적인 구성품들이 서로 다른 유지관리 계획을 갖기 때문이다. 이러한 조합의 예가 AHU[63]이다. 조합의 다른 형태들을 위해서는 하부 구성품(subcomponents)이 반드시 기지의 값인 속성들을 갖는데, 예를 들면 전기 배전판은 각 내부 차단기들이 특정 회로에 작용한다.

2012년 7월부로 테스트한 어떤 소프트웨어도 조합 정보를 생성하는 것을 보여주지 못했다.

COBie.Connection

COBie.Connection은 components 사이의 논리적인 연계에 대한 정보를 갖는다. 이러한 정보는 시설물 관리 직원들이 차단기를 뒤집거나 밸브를 잠글 때 그들의 결정이 상·하 방향으로 어떤 영향을 미치는지를 결정하는 데 도움을 준다.

2012년 7월부로 테스트한 어떤 소프트웨어도 연계 정보를 생성하는 것을 보여주지 못했다.

COBie.Spare

COBie.Spare는 어떤 여부 부품, 교체 부품, 소비 부품이 관리되는 자산의 각 형태의 O&M을 위해 필요한지를 정의해줌으로써 메커니즘을 제공한다. Spare 정보는 COBie.Document 기록이 있어야 하는 경우에 한 행에 제공될 수 있다. Spare 정보는 또한 Spare 워크시트에 하나하나씩 정의될 수 있다. 몇 종류의 유지관리 시스템이 여유 또는 교체 부분들과 소비 부품들에 관한 정보를 사용할 수 있음을 보여주었다.

---

63) Air Handler 또는 Air Handling Unit의 약어로 난방, 환기 및 공기조절 시스템이다.

COBie.Resource

COBie.Resource는 유지관리 업무를 위해 필요한 재료, 장비 그리고 훈련이 상호 의사소통이 되는 메커니즘을 제공한다. 몇 종류의 유지관리 시스템이 업무 계획을 위해 필요한 재료, 장비, 그리고 훈련에 관한 정보를 사용할 수 있음을 보여주었다.

COBie.Job

COBie.Job은 예방적 유지관리, 안전, 시험, 운영과 비상시 절차들이 상호 의사소통될 수 있는 정보 메커니즘을 제공한다. COBie.Job은 운영이나 업무에 관한 일련의 일반적인 설명을 담을 수 있다. COBie.Job은 프로젝트 팀이 업무 내에서 특정 운영과 자원을 직접적으로 연결하기를 원하는 곳에 작은 주요 프로젝트 경로법을 생성하는 데 사용될 수도 있다.

대부분의 유지관리 시스템들이 업무 계획들에 대한 정보를 이용할 수 있음을 보여주었다. 몇 개의 도구들은 다단계의 업무 스케줄을 사용할 수 있고 큰 규모의 문자를 가져오기를 선호한다.

COBie.Impact

COBie.Impact는 시설물이 주변 환경이나 시설물 거주자들에게 미치는 영향의 형태들을 가져올 수 있는 메커니즘을 제공한다.

2012년 7월부로 테스트한 어떤 소프트웨어도 조합 정보를 생성하는 것을 보여주지 못했다.

COBie.Document

COBie.Document는 많은 종류의 외부 문서들이 색인 처리되고 그들의 정보를 가져올 수 있는 메커니즘을 제공한다.

대부분의 시공과 유지관리 시스템들이 제품 형태에 관련된 문서들에서 정보의 일부를 가져오고 사용할 수 있음을 보여주었다.

COBie.Attribute

COBie.Attribute는 많은 형태의 속성들을 가져올 수 있는 메커니즘을 제공한다. COBie 데이터를 전달하는 것을 정하기 위해서는 특정 속성들이 필요하다. 요구 속성들의 세트에 대한 최소한의 표준이 설계 스케줄 표의 머리글에 기반을 두어서 포함되었다. COBie 가이드는 일반적으로 볼 수 있는 제품 형태에 대해 규정될 수 있는 최소한의 속성 세트를 제공한다(East 2012b).

모든 소프트웨어가 속성 정보를 생성하고 사용할 수 있음을 보였다. 설계 소프트웨어에서 현재 제공되는 많은 속성 정보가 플로터로 보낼 필요가 있는 정보를 포함한다. 시설물 관리자가 요구 속성들을 지정하지 않는다면 제공되는 속성들은 종종 FM과 무관하고 설계도면 스케줄에 있는 속성들과 맞지 않을 수도 있다.

COBie.Coordinate

COBie.Coordinate는 참조되는 객체를 규정할 수 있도록 최소한의 점, 선, 그리고 박스 형상에 대한 메커니즘을 제공한다. 설계 소프트웨어는 공간 객체를 위한 좌표 정보를 제공함을 보였다.

COBie.Issue

COBie.Issue는 프로젝트의 관련된 단계에서 수행된 이슈에 대한 문자로 된 설명과 결정들이 포함되는 메커니즘을 제공한다. 이슈들은 COBie 파일에서 이전에 인식된 단일 자산을 포함하거나 또는 2개의 자산의 어떤 측면을 포함할 수 있다.

2012년 7월부로 테스트한 어떤 소프트웨어도 이슈 정보를 생성하는 것을 보여주지 못했다. 그러나 모델 서버 기술들이 COBie 교환 내에서 펀치 리스트 또는 이들을 결합한 것과 같은 이슈들을 생성함을 보여주었다.

COBie.PickList

COBie.PickList는 수작업 파일을 위해 카테고리에 사용된 값들의 열들과 COBie 워크시트에 있는 다른 선택 리스트를 포함한다. 소프트웨어의 결과로 생성된 COBie 파일들은 종종 COBie.PickList 워크시트에 어떤 내용도 담지 않거나 그 시트가 완전히 생략될 수 있다.

시설물, 공간, 영역, 부분과 시스템을 포함한 선택 목록(pick list)의 인식은 특정 대리인 또는 시설 캠퍼스를 위해 지역적인 요구사항들을 개발할 때 시설물 관리자에게 가장 중요해야 한다.

COBie는 어떻게 전달되는가?

COBie는 시설물 생애주기 동안에 여러 단계에 걸쳐 관리 자산들에 대한 정보를 효과적으로 전달할 수 있도록 구성된다. 새로운 건물의 계획에서 시작해서 시설물의 현재 운영 상태로 끝나는 과정에 COBie 데이터가 포함되는 여섯 개의 주요 이정표들이 있다. COBie 데이터의 전부 또는 일부의 교환을 위한 완전한 세트가 생애주기 정보 교환(Life-Cycle information exchange)에 설명된다(East 2010).

As-Planned

시설물을 설계하고 건설하기 위한 결정 이전에 계획하는 사람들과 거주자들은 새로운 각 시설물을 위한 요구사항들을 만든다. 건물을 위해서는 계획 절차는 하나의 주요 이슈로 'room data sheet'를 만든다. Room data sheet는 거주자의 요구사항들을 만족시키기 위해 제공되는 공간 수요에 대한 특징과 서비스, 그리고 시설물 내의 요구 공간에 대한 리스트를 포함한다. 많은 대형 발주자들은 잘 개발된 공간 관리 기준을 갖고 있다. 예를 들면 미국 국방부의 경우에는 UFC(Unified Facility Criteria) 문서들에서 공간에 필요한 전형적인 공간(space), 가구(furniture), 장비(equipment)의 각 형태를 정의한다(www.wbdg.org/ccb/browse_cat.php?o=29&c=4). 주어진 계획된 건물을 구성하는 공간 세트의 편집은 공간 프로그램(space program)이라고 부른다. 이러한 공간에 필요한 장비 세트의 편집은 장비 프로그램(equipment program)이라고 한다.

COBie는 공간과 장비 자산들을 포함하기 때문에 프로젝트의 계획 단계에서 COBie 데이터를 전달하는 것은 시작하기에 완벽한 곳이다. 사실 설계 또는 설계/시공 계약의 일부로 계획 단계의 COBie 모델의 전달은 설계자로 하여금 COBie 데이터를 그 지역의 FM 실무와 연동되는 방식으로 전달할 수 있는 도약이라고 할 수 있다. 이는 표준 제한조건에서 개발된 공간과 장비의 각 형태의 명칭들이 설계자에 의해 재사용될 수 있기 때문이다. 다른 대안으로는 설계자가 room data sheet를 받아서 수작업으로 정보의 일부를 건축 평면도(architectural floor plan)로 변환하는 것이다. 이러한 변환은 실수가 있을 수 있고 계획에서 설계로 전환되면서 발생한 정보 손실은 다시는 복구되지 않는다. 대부분의 프로젝트에서 원래 공간과 장비 프로그램 데이터가 계획에서 설계로 전달되지 않기 때문에 시설물 관리자는 각각의 공간에 대한 원래 요구사항들을 절대 볼 수 없다.

As-Designed

설계 단계에서 초기 건축 COBie 모델과 완전한 시공 문서 단계의 설계 모델은 정의되어야 한다. 건축 모델의 목적은 공간 프로그램 요구사항이 만족되는지를 검증하기 위한 것이다. 공간 프로그램 COBie 파일과 초기 건축 COBie 모델의 비교는 시설물 관리자와 투자 조직으로 하여금 제시된 설계가 관련 계약 문서에서 제시된 요구사항을 만족하는지를 결정할 수 있게 한다.

시공 문서 단계 설계 모델은 계약 시공 문서에 있는 정보를 완전히 반영해야 한다. 가장 중요한 것은 COBie 파일이 설계 스케줄과 관련 노트에 있는 도면들에서 발견되는 정보와 일치해야 한다는 것이다. 이러한 스케줄은 room schedule, equipment schedules, product schedules를 포함할 것이다.

만일 다른 설계자들이 산업 표준(industry convention)과 개인적인 설계자의 참고문헌에 기반을 둔 자산 스케줄과 관련된 노트들을 만든다면 추가적인 원칙이 설계자에 의해 건물 자산들에 대해 공유되고 구조화된 정보의 일관된 세트를 제공하도록 요구될 것이다. 이러한 일관성을 유지하기 위한 첫 번째 단계는 주요 관리 자산들의 설계 스케줄에 최소 정보를 정의하는 것이다. 요구사항을 정의하지 않고는 설계와 시공 팀이 관례에 따른 정보를 제공할 것이고 이는 시설물 관리 사무소에서 필요한 것과 맞거나 또는 맞지 않을 수도 있다.

COBie 가이드는 전달되는 파일에 포함되어야 하는 고성 자산들의 최소 세트를 정의하고 자산의 각 형태를 위한 요구 성질들을 나열한다(East 2012b). 게다가 COBie 가이드는 O&M 관점에서 중요도의 관련 순서에 따른 요구 관리 자산들을 나열한다. 자산의 각 형태와 함께 설계자, 나중에는 COBie 포맷으로 된 시공자에 의해 정의되어야 하는 성질들의 최소 세트이다. 이상적으로는 이러한 성질들은 계약 도면과 준공도면(as-built)에 있는 설계 스케줄의 머리글처럼 설계자에 의해 사용될 수 있을 것이다.

As-Constructed

시공 단계 동안에는 시공 관리자, 시공자, 협력사, 그리고 대리인이 시설물을 완공하기 위해 함께 일하게 될 것이다. 이러한 과정에서 이러한 것들이 진행되면서 COBie 데이터로 만들어져야 한다. 만일 전자 납품 등록을 사용한다면 시공 관리자는 시설물의 모든 승인된 제품들에 대한 제품 데이터를 자동으로 받을 수 있다. 시공자와 협력사들은 설치된 장비의 일련번호와 설치 데이터를 가질 수 있다. 시운전 동안에 설치된 장비의 정보는 점검되고 O&M 정보도 제공될 수 있다.

시설물 관리자가 모든 주요 장비의 설치에 따른 높은 품질의 COBie 모델을 획득해야 하는 중요한 이유는 COBie 정보가 관리 직원이 그들의 예상되는 개인적인 요구사항들을 계획하는 데 도움을 줄 수 있기 때문이다. 시공 동안에는 COBie 파일을 전달하는 3가지 접근법이 있다. FM 사무소는 시공되는 시설물의 주어진 규모와 범위에 대한 가장 유용한 정보를 제공하는 것이 어떤 방법인지를 결정해야 한다. 이 평가는 설계 검토 단계에 이루어질 수 있고 선택된 방법은 요구 정보가 제대로 전달되지 않았을 때 재작업을 위해서 시공 계약에 반영되어야 한다.

첫 번째 접근법은 매월 COBie 파일을 중장비 또는 산업 시설물들에 대해서 제출하는 것이다. 이러한 프로젝트에는 시공자는 종종 시공자의 현금 흐름을 개선할 수 있는 설치되지 않는 현장 장비에 상당한 투자를 한다. COBie 파일은 시공 관리 대리인에 의해 그러한 현장 장비에 대한 비용 지출이 합당한지 증명하기 위해 사용될 수 있고 시설물 관리자가 장비 위주의 프로젝트의 O&M을 위해 구입될 필요가 있는 특별한 훈련이나 장비가 있는지 판단할 수 있도록 COBie 파일의 복사본이 제공된다.

일반적으로 사용되는 장비를 갖는 전통적인 시설물들에 대해서는 시설물 관리자는 장비의 수량과 운영하고 유지하기 위해 필요한 제어 시스템의 복잡함에 주로 관심을 가진다. 이러한 고려사항들을 평가하기 위해 모든 주요 장비들에 대한 COBie 파일이 제출 승인에 따라 시공자로부터 요구된다.

FM 사무실이 상당한 경험을 가지고 있는 일반적으로 건설되는 시설물들에 대해서는 최소한의 COBie 산출물들이 제공될 수 있다. 이러한 산출물들은 유용한 점유 단계와 건설 단계의 재정적인 마무리 때 발생할 것이다.

As-Occupied

프로젝트를 완성하기 전에 건물을 점유하기 위한 주어진 책임하에서 시설물 관리자는 시설물의 일부의 O&M을 시작할 책임을 지게 된다. As-occupied

COBie 산출물은 시설물의 키가 FM 사무소에 주어지기 전이나 주어질 때 제 공되어야 한다. 이 단계에서 COBie 정보는 보증, 부분, 소모품, 관리와 운영 정보를 포함해야 한다.

우선, 시설물 관리자는 진행하기 이전에 COBie 파일의 복사본과 관련된 문서 를 백업 장소에 보관해야 한다. 나중에 참조하기 위해 정보가 보관되면 FM 사무 소에 의한 COBie 데이터의 운영상 사용이 시작된다. 만일 FM 사무소가 CMM S[64]를 사용한다면 COBie 파일은 그 시스템으로 불러들여 져야 한다. COBie. Type, COBie.Component, COBie.Job과 관련된 정보를 불러들이면 바로 적절한 유지관리와 운영 작업이 계속될 수 있다.

필요한 업무를 스케줄링함과 동시에 시설물 관리 직원은 이러한 업무들을 완 료함에 따라 COBie 데이터에 접근하기를 원할 것이다. COBie는 직원에게 종이, 네트워크, 클라우드 기반, 또는 통합 시스템을 통해 전달될 수 있다. 다음에 이러한 3가지 방법 중 첫 번째를 설명하고 통합 시스템은 다음 장에서 다룬다.

시설물의 컴퓨터와 보안 상태에 대한 시설물 직원의 전문성에 의존하는 각 유지관리사를 위해 정보의 형태는 달라질 수 있다. COBie 데이터의 장들과 문서들은 이를 요구하는 사무소와 기술자들에게 인쇄될 수 있다. 시설물 정보 가 컴퓨터 네트워크에 위치하지 않고, 시설물 정보 관리 네트워크의 외부에 있다면 공유 네트워크 드라이브가 각 건물에 지정될 수 있고, COBie 데이터 는 거기에 위치된다. 이러한 드라이브는 읽기만 가능하도록 제공되어야 하고 이는 제품 데이터 시트, 샵 드로잉 등이 읽기만 되고 승인된 사용자에 의해 변경되지 않도록 하기 위해서이다.

관련 보안 인증 요구 사항을 준수하는 상업용 또는 비영리 클라우드 기반의 플랫폼은 평가되어 COBie 정보와 관련 파일들을 담을 수 있을 것이다. 클라 우드 기반의 응용에 보안 통제를 준수하도록 하는 것은 읽기 전용의 네트워크

---

64) Computerized Maintenance Management System의 약어.

드라이브를 단순하게 생성하는 것에 비해 시설물 관리 절차에 여러 층의 복잡성을 제공하는 반면에 전체 캠퍼스의 COBie 데이터를 집계하는 것은 시설물 안전과 관련된 이슈를 야기할 수 있다.

COBie를 통한 정보 전달의 다른 사용방법은 컴퓨터 기반의 시설물 관리(CAFM, Computerized-Aided Facility Management)이다. 전형적으로 이러한 시스템은 공간을 거주자에게 할당하는 것을 지원한다. COBie는 이러한 시스템에 모든 공간들과 공간 면적 산출의 완전한 리스트를 제공한다. 공간의 리스트와 더불어 공간들의 특성도 COBie를 통해 제공된다. 이러한 정보는 시설물 자산 관리자로 하여금 주어진 시설물에서 거주자들의 활동을 어디서 지원할지를 결정하는 데 도움을 주는 강력한 도구를 제공한다.

As-Built

준공 COBie 모델은 건설 과정의 최종적인 재정적인 결론 단계에서 제공된다. 이는 시설물의 실제 사용에 따른 몇 개월 내로, 몇 년은 아니고, 이루어진다. 프로젝트에 완전한 변경 사항의 세트를 포함하고 남아 있는 수작업 리스트 항목들이 해결되면 지연이 필요하다. 이 COBie 모델은 as-occupied 모델과 약간의 차이를 가질 수 있는데, 이는 공간과 관리 자산들의 리스트에 대한 관점의 차이에서 올 수 있다. 점유와 재정적인 완료 모델(fiscal completion model)로부터 차이가 거의 없어야 한다.

As-Maintained

COBie가 최종적으로 성공적이기 위해 COBie 정보를 유용한 점유 단계에서 전달하는 것은 시작일 뿐이고 시설물 관리자에 의해 사용이 끝나는 시점이 아니라는 것이 중요하다. 오늘날 COBie 데이터의 진행 상태에 영향을 주는 서로 다른 많은 절차들이 있다. 작업지시는 여유 부속품이나 소모품의 사용을 초래할 수 있다. 서비스 지시는 설비의 제거와 교체 설비의 설치를 요구할 수 있다. 리노베이션은 철거, 이동과 새로운 설비의 추가를 발생시킨다. 어떻게 COBie가 변경될지를 결정하기 위해서는 시설물 관리 직원이 현재 설치된 다양한 정보시스템 중에 정보의 흐름을 이해하고 그려야 한다.

정보시스템에 대한 의사결정은 복잡하기 때문에 시설물 관리 사무소들은 특정 제품 또는 COBie 정보 관리 생애주기의 개별적인 면들을 지원할 수 있는 것처럼 보이는 현재의 제품이 무엇이든 사용하는 것이 일반적인 경우이다. 이러한 결정들은 진전된 발전으로 보일 수 있지만 모든 제품들에 대한 개방 표준을 채택하지 않아서 비싼 데이터 전환과 변환 노력을 유발할 수 있다.

COBie 지원 소프트웨어

COBie를 위한 특정 소프트웨어는 없다. COBie는 정보를 교환하는 표준 포맷이고 소프트웨어가 프로젝트를 수행하는 팀으로 하여금 COBie 데이터를 찾고 교환하고 궁극적으로는 시설물 관리 사무소로 전달하도록 도와주도록 개발되었다. COBie 데이터는 수작업으로 일반적으로 사용되는 스프레드시트를 사용하여 작성될 수 있는 반면에 20개 이상의 다른 소프트웨어 제품들에서 직접적으로 통합될 수 있다. COBie Means and Methods[65] 웹사이트는 이러한 제품들이 특정 제품의 성격에 따라서 COBie 데이터를 생성하거나 사용할 수 있는 능력을 설명하는 국가적인 저장소이다(East 2012b).

2008년 7월에 COBie를 처음으로 발표한 이후 우리 팀은 바로 소프트웨어가 COBie 데이터를 생성할 수 있는지를 시험하였다. 2가지 형태의 품질 시험이 수행되었다. COBie 데이터 파일을 생성하는 제품들에 대해서는 품질 관리 시험(quality control test)이 수행되었다. COBie 데이터 파일을 사용하는 제품들에 대해서는 품질 보증 시험(quality assurance test)이 수행되었다.

---

65) http://www.nibs.org/?page=bsa_cobiemm

품질 관리 시험은 2개의 요소로 구성된다. 첫 번째는 생성되는 정보의 포맷이 정확한지 확인하는 것이다. COBie 데이터는 다음의 3가지 포맷 중의 하나로 제공될 수 있다(IFC, ifcXML, SpreadsheetML). 소프트웨어 개발자는 특정한 포맷으로 데이터를 제공하는 것이 쉽기 때문에 데이터 포맷의 호환성을 확보하는 것에 별 어려움이 없다. 차라리 그림 5.1과 같이 소프트웨어 내에서 COBie 모델을 잘못 구현한 결과로 문제가 발생한다.

2008년 7월부터 2011년 12월까지 11번의 COBie Challenge 이벤트가 열렸는데, COBie 모델의 요구 콘텐츠를 생성하는 상용 소프트웨어의 성능이 개선되는 것을 보여주었다. 그럼에도 불구하고 여전히 해야 할 일이 있다. 2012년까지 COBie는 미국의 국가 BIM 표준이 되지 못했음을 언급할 필요가 있다. 이는 오늘날까지도 설계 소프트웨어의 내부적인 설정이 종이 문서들을 생산하는 데 맞춰져 있기 때문이다. 기존의 상용 도구들이 COBie 포맷의 규정에 맞지 않는 예는 최근 COBie case studies 발표에서 정리되었다(Carrasquillo and Love 2011). 이 사례 연구에서 정의된 이슈들은 설계와 시공 기간 동안에 모든 프로젝트 팀들이 가상으로 만날 수 있는 대표적인 문제들이라 할 수 있다.

COBie 데이터를 사용(또는 받아들이는)하는 소프트웨어는 상용 소프트웨어 시스템 내의 독점적인 데이터 포맷과 프로그래밍을 직시하지 않고는 품질 관리 시험을 완수할 수 없다. 결과적으로 COBie applications을 사용하는 것은 시험을 하는 팀에게만 알려지는 변경을 가지고 샘플 COBie 파일이 불러들여지도록 요구되는 품질 보증 시험을 받게 된다. 이 불러오기(import)의 결과들은 사용하는 어플리케이션에 의해 완수되는 업무의 범위 내에서 COBie 데이터의 적절한 불러오기가 되는지에 대한 Q&A 세션을 통해 검토된다. 이러한 체크리스트의 예는 COBie 웹사이트에서 볼 수 있는 이전의 COBie Challenge 이벤트들에서 확인할 수 있다.

내부 소프트웨어 시험(Internal Software Testing)

시설물 관리자에게는 유지관리 소프트웨어가 COBie 데이터를 사용할 수 있는지는 매우 중요하다. FM 사무실에서 사용되는 특정 소프트웨어가 COBie Challenge 이벤트에서 시험된 제품들과 정확하게 동일한 제품 또는 사양을 갖고 있지 않을 수 있기 때문에 각 시설물 관리자는 우리 팀에 의해 사용된 Duplex Apartment Building의 3가지 표준 BIM 파일들의 가장 작은 것을 사용해서 내부 COBie Challenge 시험을 수행할 시간을 가질 것을 추천한다. 이 시험은 시험되고 작은 Duplex 모델을 불러들이는 동일 소프트웨어를 사용하는 소프트웨어 내에서 새로운 건물을 생성하는 것처럼 단순할 수 있다. 모델의 불러들이기에 따라서 Duplex 모델 데이터의 소프트웨어에 의해 생성되는 스크린으로 각각 비교하면 정확하게 어떤 정보가 불러들여 지고 그렇지 않은지를 보여줄 것이다. 이러한 시험이 수행되고 그 결과 보고서가 소프트웨어 공급업체에게 전달되기 전까지는 시설물 관리자는 충분히 만족스러운 결과를 얻지 못할 수 있다. 그러나 만일 시험이 수행되고 소프트웨어 공급업체가 빠진 데이터의 불러들이기를 수정하는 일을 한다면 시설물 관리자는 소프트웨어가 필요한 업무를 할 수 있다고 확신할 수 있다.

COBie의 법적 의미

COBie에서 발견되는 것과 같이 BIM 데이터에 관한 어떤 논의에서도 법적인 문제들을 필연적으로 다뤄야 한다. 이러한 논의의 많은 부분이 권한을 가지는 소스의 수정으로부터 야기되는 협업 설계 과정과 관련이 있다. COBie의 요구사항들에는 이러한 협업 절차들에 대해 관련된 것이 없다. COBie 데이터의 전달은 현재 설계와 시공 관련 계약에서 존재하는 계약조건에 있는 정보 전달 요구조건을 그대로 사용한다. 설계자들은 오늘날 기존의 설계 성과품에 있는 실 일람표(room schedule), 장비와 제품 일람표(equipment & product schedule)

를 생성한다. 설계자에 의해 제공되는 COBie 정보는 이 정보와 정확하게 일치한다. 시공사들은 현재 모든 계약에서 일반적인 규정은 운영 및 유지관리 정보를 전달하도록 요구된다. COBie는 단지 이러한 정보를 종이에서 구조화된 정보와 전자 문서 형태로 된 포맷 변환을 할 뿐이다.

해결되어야 하는 주된 법적 문제는 COBie 성과품에 대한 품질 요구사항에 대한 적절한 시방이 제공되어야 한다는 것이다. 이러한 품질 표준이 없으면 COBie 형태의 파일은 어떤 것이라도 받아들여야 한다. COBie 가이드에서 제안된 것처럼 COBie의 콘텐츠에 대한 시방은 설계와 시공 납품의 객관적인 평가를 위한 계약 가능한 품질 표준을 제공한다.

현재 계약상의 납품과 정확하게 연결되는 COBie 납품과 이러한 납품에 대한 품질이 정의된다면 COBie 정보에 관한 요구사항, 납품, 또는 사용에 관한 어떤 법적 문제도 없을 것이다.

COBie를 구현하는 방법

COBie를 사용하는 첫 출발로 가장 좋은 방법은 어떤 즉각적인 피드백을 받아볼 수 있도록 사용해보는 것이다. 하나의 출발점은 대규모 자본이 투자되는 프로젝트(capital project)의 설계와 시공을 따라하는 것이다. 두 번째는 현재 진행 중인 시설물 관리 사무소의 업무절차와 유사한 정보를 취득하는 것이다. 다음은 FM COBie 팀이 처음으로 COBie를 사용할 때 고려해야 하는 항목들이다.

COBie 파일럿 프로젝트 수행
■ 범위와 프로젝트 팀에 기반을 둔 투자 프로그램의 검토
■ 프로젝트 목표 설정을 위한 회의 수행
■ 설계와 시공 절차 및 과정에 대한 정의와 검토
■ 기존 계약과 시방들에 대한 검토 및 보완

- COBie 데이터 납품 계약 보완
- 월간 팀 회의를 통한 COBie 생성 모니터링
- COBie 납품 검토
- 종이 문서 대신에 COBie 납품 승인
- COBie 데이터를 기존의 관련 정보 기술로 불러들이기

혁신을 위한 기회 정의

- 서비스 순서와 함께 자산 정보의 제공
- 업무 순서를 위한 형식 기반 데이터(form-based data) 제공
- 개선을 위한 유지관리 빌딩 데이터(as-maintained building data)와 운영 상태 제공
- 통합된 유지 및 자산관리 기능

현재 정보기술 검토

- 운영 및 유지관리 소프트웨어 식별
- 자산 관리 소프트웨어 식별
- 이 소프트웨어가 COBie 데이터를 사용할 수 있는 정도 결정
- COBie 규정 준수를 검증하기 위한 내부 COBie Challenge 수행

현재 관리 제어(Management Control)에 대한 검토

- 일반적인 분류체계 시스템 식별
- 장비 명칭 체계 식별
- 가장 중요한 자산들에 대한 필수 속성 식별
- O&M 단계에서 COBie 데이터를 획득하는 문서 절차
- 중앙집중화된 COBie 데이터 저장소의 권한 부여된 사용에 대한 문서 절차

신규 시설물들에 대한 COBie 데이터를 개발하는 것에 많은 관심이 몰려 있지만 산업화된 세계에서 대부분의 건물들은 이미 건설되어 있다. 가장 적극적인 시설물 교체 비율이 있는 경우라 할지라도 전체 캠퍼스를 위한 COBie 데이터를 획득하는 것은 몇 십 년이 소요될 것이다. 기존 시설물들에 대한 COBie

데이터 획득에 사용되는 현재까지의 기술에 대해 발표된 연구가 하나 있다 (Rojas 2010). 이 보고서는 평방피트당 평균 1달러로 저렴한 조사를 수행하는 데 사용될 수 있는 도구를 보여주는데, 공간과 주요 빌딩 자산들에 대한 준공 COBie 데이터(as-built COBie data)를 획득한다.

모든 투자 시설물들에 대한 COBie 납품을 위한 절차가 완료된 후에도 시설물 관리자는 서비스 절차, 작업 지시 또는 리노베이션 프로젝트에 따라 일 단위로 자산에 대한 정보를 획득하는 것에 대해 고려해야 한다. 기존 또는 변경되는 자산에 대한 문서화를 위한 기술자를 보유하기 위한 계약, 절차, 현재 소프트웨어의 변경은 기존 유지관리 인력의 대체를 활용하는 것을 가치 있는 기회로 봐야 한다. 대부분의 주요 설비는 연 단위로 관리되어야 하기 때문에 모든 서비스 지시서에서 COBie 문서화를 포함하는 약간의 변경은 1년 내에 COBie 목록을 완전하게 할 수 있다.

결 론

COBie는 관리 시설물 자산들에 대한 구조화된 정보 세트이다. COBie 정보는 3가지의 공개 표준 포맷인 IFC, ifcXML, SpreadsheetML 중의 하나로 교환될 수 있다. COBie의 스프레드시트 버전은 정보가 명확하게 표현되고 쉽게 이해될 뿐 아니라 상용으로 개발된 20개 이상의 소프트웨어 시스템에서 생성되고 사용될 수 있기 때문에 광범위하게 받아들여지기 시작했다.

COBie에 대한 필요성은 1983년 National Research Council에 의해 처음으로 인식되었다(NRC 1983). 그들은 설계, 시공 그리고 시설물 운영 단계 사이에 엄청난 양의 정보가 손실된다는 것을 발견했다. 손실되는 정보의 상당 부분이 관리되는 자산에 관한 정보와 관련되기 때문에 COBie는 그러한 정보 손실의 상당 부분을 제거할 수 있다. 계획, 설계 그리고 시공단계에서 COBie의 다동화된 생성은 종종 간과되는 종이 문서화에 소요되는 비용을 감소시키거나 제거할 수 있다.

COBie를 개발하는 것은 수십 년의 노력을 반영하는 반면에 COBie 정보 모델과 데이터 포맷의 개발은 이 중 가장 쉬운 부분이다. 시설물 관리자에게 어려운 일은 앞에 있는데 어떻게, 그리고, 언제 COBie 파일럿 프로젝트를 수행하고 그들의 지원 사무실 서비스를 조직하여 자본 투입 프로젝트의 끝에 COBie를 어떻게 활용할지와 똑같은 COBie 표준을 사용하여 실시간으로 운영 중인 (as-operated) 시설물 데이터를 지원할지를 결정하는 것이다.

책임지고 있는 자산들의 현재 상태에 관심이 있는 모든 시설물 관리자는 COBie 변환과정에 참여해야 하는 조직요소들이 무엇인지를 식별하는 것부터 시작하는 것이 좋다. 이 부서, 지점, 조직들 내에서 시설물 관리자는 이러한 사무실들의 각각의 사업 실무의 전환을 가이드할 챔피언을 개발해야 한다.

처음 완료해야 하는 업무들 중의 하나가 COBie 데이터의 손실이나 재생성을 수반하는 낭비요인을 식별하는 것이다. 결과적인 평가는 개발될 수 있고 공유되고 구조화된 정보를 활용함으로써 얻어질 수 있는 추가적인 능력의 정도로 나타날 수 있다. 예상 결과의 투사를 통해서 파일럿 프로젝트가 시작되어야 한다. COBie의 실제와 예상 성능에 대한 비교는 시설물 관리자로 하여금 COBie로 얻어질 수 있는 조직 범위의 전환을 위한 업무 사례를 개발할 수 있게 한다.

추가 개발

COBie의 기본 골격과 관리 자산들의 정보 전달을 위한 요구사항들은 논의한 반면에 어려운 일, 설계, 시공, 그리고 유지관리 사무실에서의 적용은 이제 시작이다. COBie의 사용을 간소화하는 데 도움을 주는 COBie 관련 프로젝트는 여러 가지가 있다.

이 프로젝트들의 첫 번째는 COBieCutSheet라 불리고 제조사의 문서 중심의 PDF 제품 데이터 시트를 가벼운 데이터 모델로 변환하는 것에 목표를 두고 있다. 만일 이것이 완료된다면 건물 내의 장비에 관한 정보는 공급체계, 전체 프로세스를 간소화할 것이다. 그러나 COBieCutSheet가 실현되기 전에 각 자산의 형태에 대해 요구되는 속성들에 대한 데이터 표준이 수립되어야 한다 [속성(attributes), 단위(units of measures) 등]. SPie 프로젝트는 이러한 표준 제품 템플릿을 전달하기 위한 목적을 갖고 있다.

'in the trenches'의 COBie를 적용할 때 주요 문제는 '사업 사례'가 개발되는 상위 관리로부터 오는 요청이다. 2013년 1월에 발표된 COBieCalculator는 현재 문서 중심의 사업 절차와 COBie 정보로 대체될 수 있는 것의 차이점들을 보여준다. 엑셀의 단순한 순서도로 그 계산기(calculator)는 프로젝트 단위 와 포트폴리오 기반의 절감요인을 반영하도록 조절될 수 있다.

무거운 STEP 파일의 적용과 SpreadsheetML 규정들의 적용의 문제는 이러한 시방들이 지난 몇십 년간에 발생한 상당한 기술적 진보에 따른 신속한 소프트웨어 프로토 타입을 쉽게 지원하지 못한다는 것이다. COBieLite 시방은 COBie 데이터를 전달하기 위한 XML 기반의 규정이 될 것이다. OASIS(Organization for the Advancement of Structural Information Standards)에서 개발된 Content Assembly Mechanism 표준을 사용하여 개발되어 COBie 개발 팀은 다양한 건물 정보를 서로 다른 컴퓨터 프로그래머에게 개방할 것이고, 스마트 센서와 플랫폼들을 통해 고객, 거주자, 관리자, 그리고 건물 소유자와 안전하게 공유할 수 있는 가능성을 열기 시작한다.

이 장에서 기술한 COBie 데이터의 납품은 기술된 계약단계에서 완전한 데이터 세트로 COBie 데이터를 전달하는 데 기반을 두고 있다. COBie를 개발할 때 이러한 계약의 부분들은 완전한 데이터 세트를 생성하기 위한 필요한 납품 바로 전까지 기다릴 필요가 없다. 프로젝트의 생애주기 동안 자산 정보의 전 달은 협력업체 또는 품질 관리 절차의 일부로 이 정보의 일부를 전달하는데,

현재 요구되는 특정 부문을 신중하게 지정하여 달성될 수 있다. 자산 정보의 생애주기 동안의 전달에 대한 시방은 LCie(Life-Cycle information exchange) 프로젝트에서 확인할 수 있다(East 2010). 계획, 설계자, 시공자 그리고 대리인들이 그들의 사업 실무들을 그들의 절차에서 낭비요인들을 제거하고 시설물 관리자에게 높은 품질의 정보를 납품하도록 도와줄 수 있는 것이 LCie 프로젝트이다.

건설 프로젝트의 결론부에서 설계와 시공 정보를 시설물 관리자에게 정보전달하는 것은 우리 산업에서 매일 일어나는 여러 가지 형태 중 정보교환의 하나이다. 현재의 문서 중심의 교환을 넘어서 우리 산업이 발전하도록 정보 기반의 교환을 창조하는 표준을 개발하기 위한 가장 가치 있는 자원은 관련 분야 전문가의 참여이다. COBie는 문제에 대한 관련 전문가 참여의 직접적인 결과로 성공적이었다. COBie와 같은 프로젝트의 궁극적인 목표는 미국의 BIM 표준의 일부로서 국가표준으로 인식되는 것이기 때문에 다른 문제들을 해결하는 데 관심이 있는 사람들은 buildingSMART 협회 등에 연락하면 도움을 받을 수 있다.

참고문헌

Carrasquillo, Mariangelica, and Danielle Love. 2011. *The Cost of Correcting Design Models for Construction*, http://projects.buildingsmartalliance.org/fi les/?artifact_id=4504(accessed July 9, 2012).

Construction Specifi cation Institute. 2008. *OmniClass: A Strategy for Classifying the Built Environment*, www.omniclass.org(accessed July 12, 2012).

East, Bill 2012a. *Specifier's Properties Information Exchange*, Buildingsmart Alliance, Http://Www.Buildingsmartalliance.Org/Index.Php/Projects/Activeprojects/32(accessed July 9, 2012).

_____. 2012b. *The COBie Guide*, buildingSMART alliance, http://projects. buildingsmartalliance.org/fi les/?artifact_id=4856(accessed July 9, 2012).

_____. 2012c. *COBie Means and Methods*, buildingSMART alliance, www.buildingsmartalliance.org/index.php/projects/cobie (accessed July 9, 2012).

_____. 2012d. *Common Building Information Model Files*, National Institute of Building Science, www.buildingsmartalliance.org/ index.php/projects/commonbimfi les(accessed July 12, 2012).

East, Bill, Chris Bogen, and Danielle Love. 2011. *COBie Responsibility Matrix*, buildingSMART alliance, National Institute of Building Sciences, http://projects.buildingsmartalliance.org/fi les/?artifact_id= 4093(accessed July 12, 2012).

East, Bill, and Tim Chipman. 2012. *Facility Management Handover Model View Defi nition*, buildingSMART alliance, www.nibs.org/ docs/BSADOC_COBIE/index.htm(accessed June 16, 2012).

East, E. William. 2007. *Construction Operations Building Information Exchange(COBie)*, U.S. Army, Corps of Engineers, Engineer Research and Development Center, Construction Engineering Research Laboratory, ERDC/CERL TR-07-30, Champaign, IL. www.wbdg.org/ pdfs/erdc_cerl_tr0730.pdf(accessed June 15, 2011).

_____. 2008. *Construction Operations Building Information Exchange (Cobie)*, National Institute of Building Sciences, Whole Building Design Guide, www.wbdg.org/resources/cobie.php(accessed July 12, 2012).

_____. 2010. *Life-Cycle Information Exchange(LCIE)*, Buildingsmart Alliance Project, National Institute of Building Sciences www. buildingsmartalliance.Org/Index.Php/projects/activeprojects/140 (accessed June 15, 2011).

Medellin, K., A. Dominguez, G. Cox, K. Joels, and P. Billante. 2010. *University Health System and COBie: A Case Study*, Presented at the 2010 National Institute of Building Sciences Annual Meeting(December), Washington, DC, p.12, http://projects. building-smartalliance.org/files/?artifact_id=3598(accessed June 7, 2012).

National Research Council. 1983. *A Report from the 1983 Workshop on Advanced Technology For Building Design and Engineering*, Washington, DC: National Academy Press.

Rojas, E.; C. Dossick, and J. Schaufelberger, J. 2010. *Developing Best Practices for Capturing As-Built Building Information Models (BIM) for Existing Facilities*, Seattle, WA: Seattle Pacifi c University. Available at http://oai.dtic.mil/oai/oai?verb=getRecord&metadataPrefi x=html&identifi er=ADA554392.

Siorek, G., and N. Stefanidakis. 2011. *COBie Connector for ARCHIBUS*, Presented at the 2011 National Institute of Building Sciences annual meeting, Washington, DC, p.15, http://projects.buildingsmar talliance.org/files/?artifact_id=4438(accessed June 7, 2012).

Chapter 6
사례 연구들

Chapter 6 사례 연구들

이 장은 BIM FM 통합에 대한 6개의 사례를 설명한다. 처음 BIM FM 통합을 구현하는 소유주의 노력들을 설명하고 있다. 또한, 예측가능한 문제와 이익을 실제 그림과 함께 상세히 설명하고 있다. 이 연구들은 다양한 소유주와 빌딩 유형을 포함하고 있다. 소유주는 통합 운영을 위해 무엇이 필요하고 프로젝트 완공 이후에 어떻게 사람들을 교육하는지에 대한 경험을 배운다. 한 사례를 제외한 모든 사례에서 향후 프로젝트에서 BIM FM을 구현하려는 계획을 언급하고 있다.

독자는 이런 사례들을 검토함으로써 이 프로젝트들로부터 얻은 교훈을 배울 수 있다.

사례 연구들

연 구

이 장에서 우리는 BIM과 FM의 통합이 중요한 역할을 한 6개의 프로젝트에 대한 사례 연구를 제시한다. 이 사례들은 다양한 형태의 발주자가 BIM을 FM 시스템에 연계해서 이익을 얻기 위해 실시한 초기의 노력들을 대표한다. 사례 연구는 FM을 위해 BIM을 성공적으로 활용하기 위해 필요한 계획, 기술, 그리고 조율(coordination)을 강조한다. BIM은 건축설계, 엔지니어링, 그리고 시공 업무를 위한 사용에는 비중을 덜 두는데, 이는 다른 곳에서 다루고 있기 때문이다. 이 사례 연구들은 이러한 결과들을 위해 사용할 수 있는 서로 다른 여러 기술들을 보여주기 때문에 선택되었다. 게다가 프로젝트 참여자들 중에 다양한 형태의 계약들이 사용되었다. 초기의 BIM과 FM의 통합에서는 좋은 결과를 도출하기 위한 '표준' 절차가 없었다. 그러나 각 사례 연구에서 논의되는 중요한 가이드라인이 있고 '교훈'에도 참조되었다.

이 사례 연구들은 Georgia Tech와 USC의 학생들과 건설 산업에 경력을 갖는 전문가들에 의해 작성되었다. 정확하게 전달하기 위해 모든 노력을 다 했고 이 프로젝트들의 발주자에 의해 검토되고 승인되었다. 각 사례 연구는 그 연구에 기여한 특정 사람들을 나열한다. 남아 있는 실수는 모두 편저자의 몫이다.

표 6.1 사례 연구의 기본 데이터

No.	개요	발주자 형태	주요 소프트웨어	프로젝트 단계
1	MathWorks, Inc. campus in Natick, MA : 기존 캠퍼스에 새 건물을 위한 FM 시스템에 연결된 BIM 활용	민간회사(Private corporation)	AutoCAD Revit Navisworks FM: Interact	설계, 시공, 준공 계획 (planning for turnover)
2	Health Sciences buildings on the Texas A&M campus, College station, TX : 설계 시공을 위한 BIM 사용과 기존 FM 시스템과 연계하기 위한 COBie 활용	사립대학	AutoCAD Revit Navisworks COBie AiM CMMS	설계, 시공, 수집, 그리고 AiM 유지를 위한 COBie 데이터 연계
3	USC School of Cinematic Arts, Los Angeles, CA : 설계, 시공, 전환을 위한 BIM 사용과 CMMS 연계를 위한 EcoDomus 사용	사립대학	Revit Tekla Onuma System EcoDomus	설계, 시공, 준공 (turnover)
4	Xavier University, Cincinnati, OH : 캠퍼스 내의 4개의 새 건물들을 위한 설계 시공을 위한 BIM 사용과 BIM 연계 및 CMMS 데이터 제공을 위한 FM: Interact 활용 및	사립대학	CAD MEP Revit FM:Interact	설계, 시공, 준공 (turnover)
5	WI state facilities, various locations, WI	주정부	Revit Submittal Exchange LogMeln TMA AssetWorks	설계, 시공, 준공 (turnover)
6	University of Chicago, IL : 행정 건물의 개선을 위한 BIM 활용, 기존의 CMMS, CAFM 시스템 연계를 위한 프로젝트 목적의 스프레드시트 활용	사립대학	AutoCAD Revit eBuilder Archibus Maximo	설계, 시공, 준공 (turnover)

표 6.1은 각 사례 연구의 개요로 발주자 형태, 사용된 주요 소프트웨어, 그리고 이 연구에서 다룬 프로젝트의 단계를 나열했다. 이 표는 독자로 하여금 관심이 가는 사례 연구를 선택할 수 있도록 제공한 것이다.

Case Study 1 : MathWorks

Osma Aladham, Jasmin Gonzalez, Iris Grant, Kenyatta Harper, Abe Kruger, Scott Nannis, Arpan Patel, and Lauren Snedeker

관리 개요(Management Summary)

엔지니어와 과학자들을 위한 수학 소프트웨어의 선도적인 개발사인 MathWorks가 회사의 성장, 고용인의 수요, 고객 만족도 제고를 위해 협력 캠퍼스에 새로운 건물을 추가하는 것을 계획했다. 발주 및 계약서에 모두 MathWorks는 BIM을 이 프로젝트의 수주를 위한 주요 요소로 강조했다. 새로운 건물을 설계하고 시공하기 위해 MathWorks의 시설물 팀은 Spagnolo, Gisness & Associates, Inc.(SG&A; 코어와 쉘 건축), Gensler(내장 건축), Cranshaw Construction of New England(시공사), van Zelm Engineers(MEP 엔지니어링), Vico Software(BIM 컨설팅), FM : Systems(FM 소프트웨어), ID Group(데이터 센터 컨설팅), National Development(개발사)와 함께 일했다. 이 팀의 협력은 MathWorks로 하여금 대학 캠퍼스와 비슷한 업무 환경인 혁신, 학습, 팀워크에 집중하는 협력 문화를 장려하는 비전을 달성할 수 있도록 도왔다. 설계, 시공, 시설물 관리 팀들은 비록 아직 수치화할 비용이나 이점에 대한 데이터가 나오지 않았음에도 불구하고 그들의 목표를 달성하는 데 효과적임을 증명했다.

이 프로젝트의 가장 뛰어난 측면은 BIM과 FM을 통합하는 것을 지원하도록 요구된 절차나 기술 측면에서의 혁신이었다. 계약서에 명시된 것은 BIM 모델을 납품해야 한다는 기본적인 요구였지만 프로젝트 기간 동안에 MathWorks는 좀 더 자세한 납품에 대한 정의가 중요하다는 것을 깨달았다. 시공사와 협력사 팀은 그들의 핵심 영역에서는 매우 능숙하지만 회사 전체로 보면 BIM 성숙도의 수준이 다양하게 존재했다. 이는 MathWorks로 하여금 SG&A에 요청해서 시공 단계에 참여하는 모든 부분에서 모델링을 조정할 수 있도록 BIM 컨설턴트를 고용해주었다. SG&A는 Vico Software를 발견했고 MathWorks는 그들로 하여금 조율(coordination)을 관리하도록 했다. 이는 어떤 팀 구성원들은 BIM 모델에서 그들이 담당한 부분을 생성하기 위해 Vico에 비용을 지불해야 함을 의미했고 MathWorks의 투자는 길게 보면 가치 있는 것이었다. 전체적으로 서로 다른 다섯 개의 BIM 모델이 생성되고 서로 연계되었다. 시공을 조율하는 데 사용된 주된 BIM 소프트웨어는 Autodesk Revit 이었고 MathWorks의 공간과 유지관리 시스템은 2012년 5월에 Revit과 통합하는 데서 중요한 개선이 이루어진 FM : Interact이었다.

새로운 기술은 프로젝트 팀에게 이익과 전통적인 업무 흐름의 장애들을 분석하는 개선된 방법을 제공함으로써 절차에서의 개선을 이루었다. 기술의 자연적인 장점은 대면이 아니면 웹을 통해서라도 모든 부문이 포함된 주별 조정회의 형태와 같은 콜로케이션66)과 같은 통합된 프로젝트 수행방식인 IPD (Integrated Project Delivery) 원칙을 사용한 것이다. 이는 팀이 현장에서 발견하기 전에 문제들을 찾고 해결하도록 도와주어서 잠재적인 비용과 공기지연을 회피할 수 있다. 현장에서 간섭을 피하기 위해 시공 기간 동안에 빌딩 시스템을 정확하게 모델링하는 것과 더불어 장비 모델, 제조사, 그리고 다른 속성들과 같은 데이터 요소들이 BIM 모델에 입력되어 준공 납품 시에 운영 및 유지관리를 위한 데이터를 수작업으로 입력하는 것을 제거할 수 있다. 이는 프로젝트 팀이 소유자로 하여금 입주 전에 정확하고 완전한 FM 정보를

---

66) 기업이 소유한 서버를 고속 인터넷 연결 서비스를 제공할 수 있도록 설비를 갖추고 있는 데이터 센터와 같은 다른 회사에 함께 두고 운영하는 방식을 말한다.

가질 수 있게 해준다.

시공 기간 동안 완전하게 BIM과 FM을 통합하는 데 2개의 장애물을 만났다. 첫 번째는 전통적인 2차원 시공 문서에 기반을 둔 새로운 3차원 기반의 데이터 중심인 절차로 전환되는 데 필요한 학습곡선(learning curve)이다. 많은 건축사, 엔지니어링 및 시공사들이 BIM을 채택한 반면에, 많은 하청 협력사는 아직 CAD 기반의 제품 환경에서 일하고 있다. 만일 그들이 작업한 데이터를 통합한다면 문제가 발생할 가능성이 높다. 이 프로젝트에서 보고된 두 번째 문제는 FM 모델을 위한 상세한 데이터를 정의하는 것이다. BIM 기술과 FM을 통합하는 것은 아직 진행 중이기 때문에 이러한 절차들을 도입하기 위해 필요한 단계 또는 가이드라인이 제시될 필요가 있다. 이러한 장애물에도 불구하고 MathWorks의 캠퍼스 확장 프로젝트는 BIM/FM 기술 통합을 위한 잘 계획된 시도이다.

일반 개요

MathWorks는 엔지니어와 과학자들을 위한 수학 컴퓨팅 소프트웨어를 개발하는 데 전문성을 가진 민간 기업이다. 현재 메사츄세츠 캠퍼스 Natick을 확장하면서 그림 6.1과 같이 기존 주차장에 새로운 층을 추가하고 885대 규모의 주차공간과 176,000평방피트의 4층 사무빌딩으로 구성된다. 추가 공사는 새로운 건물과 기존 건물을 통합할 외부 공간을 포함한다. 프로젝트의 목표는 에너지 효율성이 좋고 사용자들에게 생산적인 건물을 제공하여 증가하는 직원과 방문객을 수용하는 것이다. 새로운 건물과 개선작업은 800석을 추가할 것이고 완공되면 전체 캠퍼스는 2,500명을 수용할 것이다. 이러한 거주 인구 증가로 MathWorks는 캠퍼스 주변으로 교통 흐름을 개선하는 계획을 세우고 있다. 안마당과 바비큐 공간과 같은 외부 공간들의 목적은 내부 및 외부 공간의 활용을 동일하게 하려는 것이다. 이는 즐거운 업무 환경을 만들고 작은 대학 캠퍼스 분위기를 제공할 것이다(Bernardi and Donahue 2012).

그림 6.1 시공현장(출처 : MathWorks, Inc.)

프로젝트는 메사츄세츠 Natick에서 2005년에 시작되었다. 이 지역은 반상회(neighborhood association)가 매우 활발해서 지역 커뮤니티가 승인할 때까지 2년이 소요되었다. 원래 MathWorks는 2009년까지 이전하고 2012년까지 그 공간을 완전하게 차지하는 계획을 가지고 있었다. 그러나 경기침체로 인해 그 절차가 늦어졌다. 이제는 계획이 2012년 12월까지 이전하고 2년 또는 3년 이내에 완전히 차지하는 것이 되었다. 민간기업으로 MathWorks는 건설 프로젝트 예산을 공개하지 않는다. 2009년에 회사 대표는 기존 건물의 구매, 부지, 그리고 새로운 건설이 약 $100백만 정도라고 밝혔다(Butler 2009).

BIM과 FM 요구사항 설정에서 발주자와 FM 직원의 역할

건축사인 Al Spagnolo of SG&C는 프로젝트의 초기부터 BIM의 사용을 옹호했다. MathWorks가 이 기술에 대해 좀 더 배운 후에는 이 프로젝트의 BIM 모델의 생성과 사용이 발주자에게 이해되었다. 초기에 목적은 모든 설계 작업이 BIM에서 일어나는 것이었지만 시간이 지날수록 설계와 시공의 모든 팀들이 BIM으로 설계를 동일하게 할 수 없다는 것이 명확해졌다. 하나의 BIM 모델 대신에 복수의 모델이 건물의 다른 면들을 상세하게 표현한 모델들이 연결되었다. Gensler는 인테리어, van Zelm Engineers는 기기, 전기, 그리고 MEP 시스템을 AutoCAD로 설계한 반면에 SG&A는 건물의 코어와 쉘을 Revit으로 설계하였다. BIM 컨설턴트인 Vico는 BIM 코디네이터, 건물 시스템 모델링과 모델의 지속적인 업데이트를 담당했다(Bernardi and Donahue 2012).

MathWorks는 처음부터 시설물의 관리 요구사항들을 설정하는 데 참여했다. 시설물 관리 팀의 규모는 매우 작아서 1명의 HVAC 기술자, 1명의 전기 기술자, 그리고 1명의 프로젝트 매니저로 구성된다. MathWorks는 현재 시설물 관리자와 다른 프로젝트 매니저를 고용하는 절차를 진행 중이고 이미 다른 전기 기술자를 추가했다. 새로운 건물을 사용할 때까지 팀을 두 배 또는 세 배로 만드는 계획이 세워졌다. 새로운 건물에 대해 일하던 시설물 프로젝트 관리자는 시작할 때부터 설계 팀에 있었고 마지막 9개월 동안 시공에 기여했다(Bernardi and Donahue 2012).

MathWorks는 전체적으로 어떤 데이터가 수집되고 모델에 통합되어야 하는지를 설정했다. 그러나 모든 사람들이 BIM의 사용을 권고한 반면 BIM을 FM과 통합하는 사례 연구나 이전 프로젝트가 없다는 문제가 있었다. 처음에 팀의 요구사항들은 매우 개방적이고 모호하여 너무 많은 정보가 모델에 통합되도록 하였다. 이걸 인식한 후로는 MathWorks의 프로젝트 관리자는 설계와 미래의 건물 운영을 위해 가장 실무적이고 유용한 것이 무엇인가에 기반을 두어서 어떤 데이터를 수집할지를 신중하게 평가하였다. 최종적으로 MathWorks 는 건축가, 엔지니어, 그리고 시공사에 기능적이고 완전한 BIM 모델들과 장비의 각 형태에 대해 필요한 특정 데이터를 상세하게 전달할 것을 요구했다. 또한 MathWorks는 공간들과 자산들에 대한 그들의 내부적인 명칭, 번호체계, 분류 체계 표준을 제공했다. BIM은 아직 새롭고 도래하는 기술이기 때문에 건축, 엔지니어링과 시공(AEC) 팀의 일부는 아직 내부에 완전히 기능적인 모델을 구현할 전문가를 보유하고 있지 못했다. 기계 분야 시공 팀은 내부에 Revit 팀을 보유하고 있음에도 불구하고 Vico를 고용하여 그들의 BIM 모델에 보다 정확한 LOD를 설정하도록 하였다. 시설물 관리 차원에서 장비 배치는 필수적이다. MathWorks는 모델 내의 장비 배치가 실제 설치의 1인치 이내가 되도록 요구했다(Bernardi and Donahue 2012).

프로젝트 계약

계약에 관해서는 이 프로젝트는 전통적인 방식으로 발주자가 바로 건축, 엔지니어, 일반 시공사와 계약하는 방식이다. 계약은 소유주에 의해 이루어짐에도 불구하고 MathWorks는 마치 IPD 팀인 것처럼 프로젝트가 운영되도록 노력했다. 협력이 이 프로젝트에서 가장 중요한 요구사항이었다.

MathWorks는 기존의 AIA(American Institute of Architects) 또는 DBIA (Design-Build Institute of America)로부터의 산업 표준 BIM 계약(industry-standard BIM contracts)을 사용하지 않았다. BIM 서비스에 관한 계약의 가이드라인과 일반적인 측면들은 Indiana University의 BIM Deliverable 가이드라인에 기반을 두고 있다(www.indiana.edu/~uao/iubim.html).[67] 이 프로젝트는 MathWorks의 첫 번째 FM/BIM 사례이기 때문에 BIM 납품에 대해서 단순하고 기본적인 요구사항들만 계약에 포함했다(Bernardi and Donahue 2012).

---

67) http://www.iu.edu/~vpcpf/consultant-contractor/standards/bim-standards.shtml 현재 사이트.

프로젝트 팀

MathWorks의 프로젝트 팀은 여러 회사들로 구성되었는데, 대부분이 보스턴 지역에 연고를 둔 지역 업체들로 그 지역의 규정과 코드에 매우 익숙하였다. 표 6.2는 설계, 시공, 시설물 관리 서비스에 참여한 주요 회사의 목록이다. 이 팀들의 상호 관계는 그림 6.2와 같다.

표 6.2 설계와 시공 팀의 주요 구성

Architect-Core and Shell	Spagnolo, Gisness & Associates(GS&A)
Architect-Interiors	Gensler
General Contractor	Cranshaw Construction of New England
MEP Engineer	Zelm Engineers
BIM Consultant	Vico Software
FM Software	FM : Systems

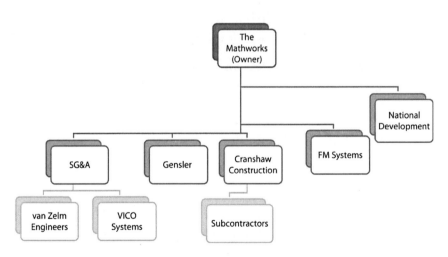

그림 6.2 프로젝트 팀의 계약상의 관계

건축 설계사 – Spagnolo, Gisness, and Associates, Inc. (SG&A)

SG&A는 주요 국제기구, 개발사와 공공기관에 건축, 인테리어 설계, 계획 서비스를 모두 제공하는 건축사이다. SG&A는 Boston Business Journal's Book of Lists에 지속적으로 25위, 'Area's Largest Architecture Firms'에 35위 내에 있다(www.sga-arch.com/). MathWorks와의 일에서는 SG&A는 건물의 코어와 쉘의 설계를 담당했다. 그들은 이전에 Natick의 MathWorks 캠퍼스의 다른 시설물의 코어, 주차장을 설계했기 때문에 부지, 도시, 규정, 그리고 소유주의 필요성에 대해서 잘 알고 있었다. 소유주에 따르면 SG&A는 다시 일할 적절한 사람들이었고 자격 기반의 선택에서 혼자 선택되었다(Bernardi and Donahue 2012).

인테리어 설계 – Gensler

Gensler는 wine level의 설계부터 새로운 도시 지역 설계에 이르는 범위의 프로젝트를 하는 건축, 설계, 계획 및 컨설팅 회사이다. Gensler는 Business Week/Architectural Record Awards에서 여러 개의 상을 받았고, 최근에는 Boston Business Journal's Largest Interior Design Firms List에서 1위에 올랐다. 이 회사는 41개 지역에 약 3,000명의 전문가가 있는데, 보스턴 팀이 특별히 선택된 것은 조직성과의 개선과 측정 가능한 사업 목표의 달성을 위한 환경을 만드는 능력 때문이다(www.gensler.com/#expertise/markets/15). Gensler의 보스턴 팀은 MathWorks에 의한 RFQ/RFP(request for qualifications/request for proposal)에 참여한 9개의 다른 팀을 이겼다. 그들은 계약을 따내고 이 프로젝트의 모든 인테리어의 설계를 책임졌다(Bernardi and Donahue 2012).

시공 관리자(CM) - Cranshaw Construction

Cranshaw Construction은 보스턴 지역에서 선도 시공 및 건설관리사 중의 하나이고 고객에게 견적, 선시공, 공정관리, 개념 설계, 부지 선정, 개발, 그리고 역동적인 높은 수준의 프로젝트 팀을 제공하고 있다(www.cranshaw.com). 이 회사는 이 프로젝트에서 고려한 유일한 시공 관리 회사였다. 이 회사는 Math Works 캠퍼스 확장을 위해 사전 시공과 시공 관리 서비스를 제공하도록 시공 위험 관리로 선택되었고 자격 심사 선택 과정을 통해 뽑혔다. 보증된 최대 가격(GMP, Guaranteed Maximum Price)에 시공 위험관리자로 시공사를 데리고 MathWorks는 이 프로젝트가 정해진 시간에 주어진 예산 내에 완료될 것으로 확신했다. 이 계약은 MathWorks로 하여금 Cranshaw의 능력 있는 사전 시공 전문가를 활용하고 복잡한 설계 특성에 따른 비용 피드백을 받고, 그린 이니셔티브, 그리고 BIM 적용 등 그들이 이전에 경험하지 못한 영역에서 도움을 받았다.

이 확장 프로젝트는 복수의 단계로 구성되고 기존 프리캐스트 주차장에 4층을 더하고 기존의 25,000평방피트의 건물의 제거하고 176,000평방피트의 4층 사무 빌딩의 인테리어로 구성되었다. MathWorks는 신축 건물, 부지 작업 및 신축 주차장을 위한 허가 승인을 조건으로 구매 및 판매 합의하에 Cranshaw와 계약을 체결했다. 이 합의는 Cranshaw, 개발사, National Development가 모두 MathWorks의 목표를 달성하기 위해 긴밀히 협력할 것을 요구하였다(Bernardi and Donahue 2012).

개발사 - National Development

National Development는 개발 과정에서 발주자의 컨설턴트로서 Cranshaw Construction과 긴밀하게 협력하면서 구매와 판매 합의를 정하고 필요한 지역의 승인들과 허가를 관리하는 역할을 맡았다. 이 회사는 NAIOP Massachusetts에 의해 두 번이나 지역의 뛰어난 개발사로 선정되었고 개발 프로젝트에 관한

25년간의 노하우를 보유하고 있었다(http://natdev.com/development/). Math Works가 이 회사를 선택한 것은 지역 코드에 익숙하고 이전 프로젝트에서 함께 일한 경험이 있기 때문이다. 이 회사는 개발과 관련해 유일하게 고려된 회사였고 자격기준 선정을 통과하며 선택되었다(Bernardi and Donahue 2012).

MEP 엔지니어 – van Zelm Engineers

van Zelm, Heywood, & Shadford는 기계 및 전기 엔지니어링, 지속가능 설계, 전력 및 유틸리티, 에너지, 시운전, 그리고 계획 서비스를 제공하는 엔지니어링 회사이다(http://vanzelm.com/index.htm). MathWorks도 이 프로젝트에 대한 입찰을 진행했고 또 많은 다른 회사들의 신청에도 불구하고 아무도 선정되지 못했다. 그러고 나서 MathWorks는 이전 고용인으로부터 추천을 받아 van Zelm과 접촉했고 대학 협회와 발주자가 입주하는 생활공간에 대한 회사를 파악한 후 이 일에 적합하다고 판단되어 결정되었다. 이 회사는 오직 자격 기반의 선정으로 선택되었다(Bernardi and Donahue 2012).

BIM 컨설턴트 – Vico Software

Vico Software는 BIM 컨설팅 회사이고 전국에 걸쳐 시공 소프트웨어와 서비스를 건설사에 제공하고 있다(www.vicosoftware.com). 메사츄세츠 Salem에 있는 Vico의 지역 사무실이 Cranshaw Construction에 의해 추천되었고 MathWorks는 자격기반 선정을 통해 선택했다. 이 특별한 프로젝트에서 이 회사는 발주자, 설계사, 시공사와 협력사들 사이의 모든 캐드와 BIM 문서들을 조정하는 것을 책임졌다. 이 프로젝트에서는 기계, 전기 및 배관(MEP)에 관한 조정이 매우 중요했고 1인치 이상의 모든 파이프와 1.5인치 이상의 도관이 모두 모델링되었다. 개발 모델을 만든 후에는 간섭이 발생하는 크기와 위치를 쉽게 찾았고 이를 시공과정이 아닌 설계 개발 단계에서 수정하였다. Vico는 이 과정에서 가장 중요했고 그들의 조정 노력이 모든 참여자들에게 도움이 되었다. 그림 6.3은 모든 참여자들 사이의 정보 흐름을 보여준다(Bernardi and Donahue 2012).

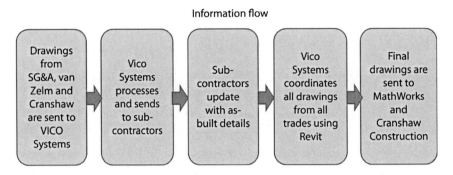

그림 6.3 Vico의 BIM 절차. Vico는 BIM 모델의 생성과 조정의 전 과정에 참여

BIM 모델은 5개의 서로 다른 연결된 모델로 나눠지고(건축 코어; 쉘과 인테리어; 기계, 전기 및 배관; 가구) 모든 것이 SG&A로부터 동일한 코어와 쉘 모델에 근거하였다. 프로젝트 완성단계에 Vico는 준공된 통합 모델을 MathWorks에 전달할 것이다. MathWorks는 FM 기능과 미래의 리모델링을 위해 프로젝트 완료 후에 BIM 모델의 소유권을 갖게 될 것이다.

FM 소프트웨어 – FM : Systems

FM : Systems는 비용은 줄이고 생산성은 높일 수 있도록 공간과 거주자 관리를 개선하는 데 도움이 되는 웹 기반 소프트웨어를 공급하였다. 이 회사는 노스캐롤라이나의 Raleigh에 본사가 있고 지역 업체가 아님에도 불구하고 FM : Systems는 이 프로젝트에 참여하여 MathWorks의 이 프로젝트를 지원하는 데 동의하였다. FM : Systems의 제품 팀은 MathWorks와 함께 Revit을 MathWorks의 요구사항에 부합하도록 통합하는 것을 개선하였다. MathWorks는 현재 Revit 모델이 아닌 Autodesk 도면을 이용하는 FM : Systems 제품을 사용하고 있다. 새 건물에 입주하기 전에 MathWorks는 Revit 통합이 가능한 FM : Systems의 최근 소프트웨어를 사용하게 될 것이다(www.fmsystems.com and http://www.fmbim.com).

FM 요구사항을 지원하기 위한 BIM의 역할

소유주로서 BIM과 FM의 통합의 주요 목표는 당연히 시설물 관리를 잘하도록 하는 것이다. BIM과 FM의 통합을 통해 FM : Systems 소프트웨어는 거주비용, 관리 공간, 장비 관리, 가능한 에너지 저감 방안에 대한 문서를 포함한 다양한 기능들에 사용될 수 있다. 건물의 운영 및 관리가 개선될 것인데 이는 BIM 모델이 시설물 관리 모델과 통합되어 자산을 분류하고 목록을 관리할 뿐 아니라 예방적 유지관리(preventive maintenance)를 가능하게 할 것이기 때문이다.

과거에는 MathWorks는 유지관리, 평가 및 발생하는 문제에 대해서 좀 더 반응적이고 수작업에 근거한 방법을 사용했다. 이 새로운 통합 소프트웨어에 대한 목표 중의 하나는 예방적 유지관리 방안이다. BIM 모델은 장비 모델, 속성들, 그리고 제조사 정보로 생성되었다. MathWorks는 아직도 BIM 모델 내에서 그들이 사용하게 될 추가적인 정보뿐 아니라 자산 목록을 개발하고 있다. FM과 BIM의 통합은 상대적으로 새로운 기술이기 때문에 MathWorks 는 그들의 시설물 관리 조직에서 FM : Systems에 의해 소프트웨어 사용법과 Revit 모델 업데이트를 때에 따라 하는 방법을 훈련받아 이 소프트웨어를 사용하고 있다.

비용에 관해서는 이 프로젝트에서 BIM의 사용은 FM 데이터 납품을 지원하기 위해 필요한 상세 정도(level of development)로 인해 전통적인 CAD 도면에 비해 비용이 더 소요되었다. 그러나 MathWorks의 시설물 관리자에 따르면 이 추가적인 비용은 '하나의 전형적인 주문 변경에 의한 비용'보다 작다(Bernardi and Donahue 2012). 결과적으로 MathWorks는 현장에서 변경

주문의 수를 줄임으로써 시공 기간 동안에 투자 비용을 모두 회수할 수 있다는 것을 깨달았다. 게다가 발주자는 BIM을 사용하는 추가 비용은 유지관리를 위해 필요한 건물 장비의 납품 데이터를 재입력하는 전통적인 절차보다 상당히 작을 것이라고 믿는다. BIM과 FM을 통합하여 MathWorks는 건물 입주 전에 완전히 준비된 예방적 유지관리 프로그램을 생성하게 된다. MathWorks에 따르면 전통적인 프로젝트에서는 유지관리 데이터를 수작업으로 입력하는 데 수개월 또는 수년이 소요된다. 현재까지의 결과에 따르면 MathWorks는 그들의 기존 시설물의 2차원 CAD 도면들을 업데이트해서 BIM에 넣는 계획을 하고 있다. 이 작업은 내부 자원에 의해 수행될 것이고 BIM으로의 전환은 시간에 따라 단계별로 진행될 것이다.

프로젝트 기술

MathWorks와 같이 제품과 서비스가 선진적인 회사는 FM : Systems와 같은 최신의 시설물 관리 소프트웨어를 사용하여 기술 발전의 선두에 있는 것이

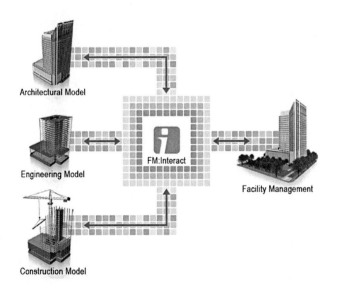

그림 6.4 FM : Interact는 시설물 관리자의 AutoCAD 도면에 온라인 접근을 허용(2010년 8월에 발표된 version 8은 Revit 모델 접근 지원) (출처 : FM : Systems)

의미가 있다. MathWorks는 2004년부터 기존의 캠퍼스 빌딩의 건물 관리를 위해 FM : Interact라는 FM : Systems의 소프트웨어를 사용해오고 있다. 그러나 FM : Interact는 2010년까지 오직 AutoCAD 도면만 지원해왔다. 그림 6.4는 FM : Interact에 의해 실현된 시스템 통합을 나타낸다.

오토데스크의 Revit 소프트웨어는 이 프로젝트의 BIM 소프트웨어로 선정되었다. BIM과 시설물 관리 소프트웨어 시스템과의 통합은 새로운 가능성을 제공하기 때문에 MathWorks와 FM : Systems는 모두 상호 이익을 얻을 수 있었다. 이 프로젝트의 결과로 FM : Systems는 그들의 Revit 통합 소프트웨어를 개선했고 Revit에서 생성된 BIM 데이터와 형상을 시설물 관리 소프트웨어에서 사용될 수 있게 되었다.

이러한 BIM 통합 요소는 그림 6.5와 같이 Revit을 통해서 공간 관리 모듈의 목록, 할당, 점유 상태를 관리하도록 하고 Revit 모델에서 건물 부분들에 대한 시설물 유지에 필요한 건물 시스템 데이터를 조정하고 Revit 모델로부터

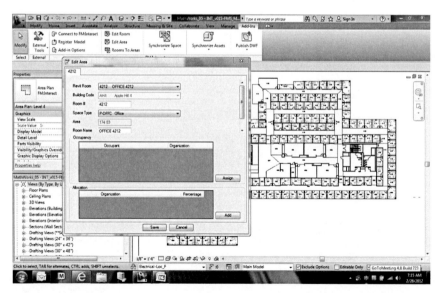

그림 6.5 메뉴의 상호작용이 유지관리 절차의 사용과 흐름을 용이하게 해야 함(출처 : FM : Systems)

평면도를 출력해서 FM : Interact로 보내서 관련된 부서가 웹에서 평면을 볼 수 있도록 해준다(www.fmsystems.com/products/bim_revit.html).

FM : Interact는 자산, 시설물, 유지관리 요구사항들에 대한 것을 분석하고 접근하기 위해 실시간 정보를 조정한다. 3가지 주요 모듈은 공간관리(Space management), 전략계획(Strategic Planning), 자산관리(Asset Management)이다. 또 다른 모듈은 부동산 포트폴리오 관리(Real Estate Portfolio Management), 이동 관리(Move Management), 프로젝트 관리(Project Management), 시설물 유지관리(Facility Maintenance Management), 그리고 지속가능성(Sustainability)이다. 이 새로운 지속가능성 모듈은 환경과 재정적인 영향들에 대한 균형을 잡도록 도와주고 에너지 성능에 대한 중요한 정보와 건물 인증, 에너지 개조와 같은 지속가능성 프로젝트를 관리하는 데 도움을 준다(Khemlani 2011).

FM : Interact의 적용은 MathWorks에게 상당히 좋은 결과를 제공했다. 이 소프트웨어를 사용함으로써 2명의 시설물 전문가가 500명의 직원들을 2주 내에 오류 없이 이동시키는 것이 가능했다. 이는 상당히 인상적인 묘기로 FM : Interact가 없다면 이 이동이 몇 달은 걸렸을 것이고 더 큰 팀과 더 많은 자원을 필요로 했을 것이기 때문이다. 다른 가치 있는 성과는 MathWorks의 공간 계획 팀을 위해 구매 임원이 증가했다는 것이다. FM : Interact 소프트웨어로부터 나온 보고서로 경영진과 공간 및 계획 관리 사이의 의사소통이 단순히 숫자의 용량/점유 숫자의 정확성을 논의하는 것에서 더 많은 공간과 어느 그룹이 영향을 받는지, 중요한 위치들을 인식하기 위한 회사의 수요를 논의하는 것으로 바뀌게 했다. 공간 계획 관리자인 Bob Danahue는 소프트웨어의 가치를 종합해서 이렇게 말했다. "결론적으로 이 기술을 적용한 이후로 생산성이 상당히 높아졌다는 것입니다. 시간 절약의 비율이 1 : 10, 즉 FM : Interact를 사용하기 전에 우리가 사용한 10분이 이제는 1분만 필요하다는 것입니다. 이게 모든 걸 말하는 거죠."(www.fmsystems.com/knowledge/knowledge_cs_MathWorks.html).

링크 수정 : http://www.fmsystems.com/resources/success-stories/mathworks/

협 업

건설 환경에서 협업 절차는 참여한 모든 사람의 이익을 위한 공통의 목표를 달성하기 위해 개개인을 통합하는 일이다. 대부분의 건설 협업에서 이는 제안된 시설물의 소유자 또는 소유자의 대리인, 건축가 또는 디자인 팀, 시공사, 시설물 관리자를 포함한다. 또한 특정 형태의 구조물 제안에 따라서 다른 다양한 주체들이 협업 기간 동안에 프로젝트의 개념 단계에서 나타날 수 있다는 것을 이해하는 것이 중요하다. 좋은 예가 지역 대학에서 새로운 강의동에 대해서 학생대표가 참여하는 것이다.

MathWorks의 설계 팀은 CAD/CAFM 조정자로 Chris Bernardi; 시설물 계획 관리자로 Bob Donahue; CFO인 Jeanne O'Keefe; CEO인 Jack Little; 시설물 엔지니어링 감독과 운영의 부사장(VP)인 Alex Braginsky를 포함하였다. 시설물 관리자는 프로젝트의 개념 단계에서부터 설계 팀과 함께 협업 절차에 참여되었다. 시설물 관리자, 설계 및 시공 팀 사이의 조정 작업은 Alex Braginsky가 설계 팀에 참여한다는 사실로써 더 권장되었다. Braginsky는 30년 경험을 갖춘 노련한 베테랑이고 이 절차에서 여러 종류의 역할을 담당했다. MathWorks의 의도는 Braginsky가 설계와 시공 팀의 연결고리로 역할을 하게 하는 것이었다. 동시에 Braginsky는 시설물 관리자로서의 책임도 수행하였다(Bernardi and Donahue 2012).

MathWorks 사례 연구의 협업 절차에서 나열된 설계 팀원들 모두는 매주 GoToMeeting 소프트웨어를 통한 협업에 참여하였다. 이 소프트웨어는 컨퍼런스나 온라인 회의를 위해 누구나 어느 장소나 연결하는 상호작용이 가능한 웹 기반의 제품이다(www.gotomeeting.com/fec/). 주마다 열리는 웹 세미나와 더불어 모든 문서와 프로젝트 성과물들을 공유할 수 있는 Dropbox라는 오프라인 데이터베이스를 통해 협업이 이루어졌다. Dropbox는 온라인 서비스로 문서, 사진, 비디오를 무료로 호스팅하는 서비스를 제공한다. 이 제품의 장점은 어디서나 누구나 사용할 수 있다는 것이다(www.dropbox.com).

이 프로젝트가 완공되기 전까지(2012년 6월) 시설물 관리자와 설계 및 시공 팀 사이의 협업 절차는 진화하는 절차이다. 건물의 운영 및 유지관리를 위한 대부분의 정보는 과거 경험에만 근거해서 수집되고 있다. 전통적으로 이 정보는 운영 및 유지관리(O&M) 매뉴얼과 기록 도면들의 모음으로 구성되고 프로젝트 완료 후 몇 개월 내로 전달될 것이다. 이 협업 절차의 주요한 목표 중의 하나는 완공과 프로젝트 턴오버 전에 모든 문서를 PDF 형태로 가지는 것이다. 이 정보의 수집은 FM : Systems를 사용해서 얻는 이점의 하나로 BIM 모델 내의 데이터베이스를 생성하는 데 도움을 주기 위해서이다(Bernardi and Donahue 2012). MathWorks는 COBie 표준을 BIM 납품 가이드라인을 만들기 위해 참조 근거로 사용하고 데이터를 전달하기 위해 COBie를 사용하지는 않았다. 프로젝트 팀이 Revit을 사용하여 모델링을 하기 때문에 FM : Systems의 Revit과의 직접적인 통합을 사용해서 그들의 시스템과 모델 데이터를 동기화시켰다.

협업 절차는 BIM 소프트웨어에 의해 추진되었다. Vico 소프트웨어는 모든 BIM 모델이 하나로 결합되고 완성된 모델로 통합하기 위한 타사로 고용되었다. SG&A, van Zelm Engineers(MEP), Cranshaw Construction로부터 온 모든 랜더링과 도면들은 Vico를 통해 협력업체로 전해졌다. Vico는 회신으로 Cranshaw에는 조정 업무, FM 모델을 위해서는 MathWorks와 함께 보고서를 보냈다.

통계(Metrics)

MathWorks의 사례 연구에서 프로젝트의 성과를 추적하는 데 사용할 수 있는 어떤 공식적인 통계도 없었고 계약에서도 어떤 통계의 공식적 사용을 요구하지 않았다. 제안된 건물은 공사 중이고 프로젝트의 성과도 아직 평가 중에 있다. Chris Bernardi와 Bob Donahue의 인터뷰에 따르면 사용 중인 재료들과 공법에 기반을 두고 투자 효과(ROI, Return On Investment)에 대한 일부 평가가 수행되었다. MathWorks는 ROI 평가가 5년에서 7년의 생애주기 동안 좋은 쪽의 결과가 나올 것을 희망하고 있다. MathWorks의 주된 관심은 가능한 효율적이고 작은 대학 캠퍼스와 같은 쾌적한 업무 환경을 가진 기업 캠퍼스를 만드는 것이다(Bernardi and Donahue 2012).

Chris Bernardi와 Bob Donahue에 따르면 메사츄세츠의 새로운 stretch code[68](www.mass.gov/eea/energy-utilities-clean-tech/energy-efficiency/policies-regs-for-ee/building-energy-codes.html)를 만족시키고 일반적으로 건설업체가 보는 2년 내지 3년 대신에 5년에서 7년의 ROI에 기반을 둔 의사결정을 내리는 것이 MathWorks로 하여금 LEED 표준을 상회하는 공격적인 지속가능성 차원의 이익을 얻을 수 있을 것이라는 의견이다(Bernardi and Donahue 2012). MathWorks의 모든 의사결정이 ROI에 의해 정당화될 수 없는 반면에 MathWorks는 회사를 위해 의미 있는 일을 하는 데 중점을 두었다. BIM의 사용이 FM과 점유 이후의 건설비용 측면에서 전체적인 비용과 성과에서 향상된 결과를 줄 것으로 회사는 믿고 있다. 그럼에도 Bob Donahue와 MathWorks는 정확한 건물 설비의 목록을 가짐으로써 적절한 예방적 유지관리 프로그램을 지원할 수 있어 추가적인 비용 발생의 가치가 있다고 언급했다.

Navisworks를 이용한 시공 기간 동안의 간섭 검토는 비용 절감을 가져올 것이지만 아직 그 양은 알 수 없다(그림 6.6의 예 참조).

---

68) The Stretch Energy Code is the International Energy Conservation Code(IECC) 2009.

그림 6.6 MEP/FP 조정을 위한 Navisworks의 사용 예

이 단계에서 아직 전체 프로젝트에서 절감이 어느 정도 이루어질 수 있을지 정확하게 말하기는 너무 이르다. BIM과 FM을 통합함으로써 예상되는 주된 이점은 시설물을 점유하기 전에 운영 및 유지관리를 위한 정보를 손에 쥘 수 있다는 것이다. MathWorks는 시설물 관리가 BIM에 통합되는 것이 새로운 경험이고 이러한 전환이 가능한 쉽고 완전하기를 원했다. BIM에 관해 MathWorks가 좋아한 1가지는 FM : Systems와 Revit의 결합으로 자산 목록과 유지관리 스케줄을 설계 및 시공기간 동안에 물리적이거나 하드카피 O&M 매뉴얼이 아닐 것이라는 것과, 준공 후 2~3개월 동안 기다리는 대신에 점유 이전에 전자문서 형태의 O&M 매뉴얼을 가질 수 있다는 것이다. 데이터 이외에도 MathWorks는 BIM 모델과 BIM 모델에 연결된 모든 파일의 PDF

를 CD 또는 DVD로 받을 것이고 이것은 재료와 유지관리 cut sheet를 포함할 것이다(Bernardi and Donahue 2012).

프로젝트가 아직 시운전 단계가 아니기 때문에 MathWorks의 시설물 관리자는 BIM을 이용해서 시운전과 FM 절차로부터 데이터의 통합에 대한 장단점을 논하는 것이 너무 이르다고 느낀다. 그러나 그들의 유지관리 및 자산 관리 시스템이 시운전 전에 건물 설비의 정보로 채워질 것이기 때문에 MathWorks는 시운전을 위해 데이터를 수집하고 그것을 FM : Systems에 넣을 생각이다. BIM 모델에서 데이터를 시운전을 위해 활용하고 실제 성능 데이터로 모델을 업데이트하는 것은 시운전 대리인이 시공 성능과 BIM 기준에 따라 확인할 때 이점을 가질 것이다. 어떠한 차이도 수정되거나 업데이트되어서 통합된 유지관리 시스템과 BIM 모델에 반영될 것이다. 예를 들면, 공기 흐름 속도는 통풍을 위해 모델에 업데이트될 것이다(Bernardi and Donahue 2012).

최종적으로 FM 부서는 건물이나 장비가 변경되는 것에 따라 모델에 반영되도록 계획한다. MathWorks는 지원들이 모델 형상을 업데이트할 수 있도록 Revit 교육에 투자하고 있다. 건물이 시간에 따라 변경됨에 따라 MathWorks 시설물 관리자는 FM : Systems의 Revit 통합기능을 이용해서 현재 데이터와 모델을 일치시킬 것이다. 시설물 관리자의 목표는 건물의 어떤 미래의 변경이나 갱신 프로젝트를 위해 기존 상태를 문서화하기 위한 'as-maintained' 모델을 갖는 것이다.

교 훈

MathWorks 설계 팀의 일반적인 합의는 건설이 완공되기 전까지는 경험의 평가가 시간, 비용, 품질 측면에서 완전히 알 수 없다는 것이다. 비용 절감은 설계 팀의 협업을 더해서 조기 간섭 검토를 통해 달성할 것이라는 가정이 있다. 현재까지 MathWorks는 BIM 모델을 FM : Systems의 소프트웨어에 시험 시스템으로 통합했다. 그러나 실제 가동 시스템에 연결했을 때 어떻게 이 통합을 변경할지에 대한 계획은 없다. 설계 팀이 얻은 가장 큰 이슈는 절차의 대부분을 마치 장님 비행하듯이 했다는 것이다. 학문적 경험이 그들이 기대는 전부였다. MathWorks의 설계 팀은 시설물 유지관리 시스템과 연계할 수 있는 BIM 기술을 선도적으로 시도하고 있다.

지금까지 이 경험으로부터 얻은 가장 중요한 교훈은 수립된 규칙이 없다는 것이다. 다음 프로젝트는 설계 팀이 현재 배우고 문서화하는 절차들로 인해서 좀 더 잘 흘러갈 것이다. 설계 팀이 언급한 것처럼 이 사례 연구에서 주로 얻은 교훈은 프로젝트를 완료한 후에 최종적으로 얻게 될 것이다. 시설물의 소유자이자 운영자인 MathWorks는 그들의 시설물을 최고의 도구를 사용하여 관리하고 싶어 한다(Bernardi and Donahue 2012).

감사의 글

이 사례 연구의 저자들은 Osma Aladham, Jasmin Gonzalez, Iris Grant, Kenyatta Harper, Abe Kruger, Scott Nannis, Arpan Patel, Lauren Snedeker가 이 문서화를 위해 들인 일과 노력에 감사한다. 이 사례 연구는 Kathy O. Roper 교수의 지도하에 Georgia Institute of Technology의 BC 6400 수업을 위해 준비되었다. 추가로 MathWorks의 Chris Bernardi, Bob Donahue와 FM : Systems의 Marty Chobot에게도 이 사례 연구를 위해 정보를 제공하는 시간, 노력, 협조에 감사드린다.

참고문헌

Bernardi, C., and B. Donahue. 2012. *Personal Interview by A*, Kruger, March 19, 2012.

Butler, B. 2009. *MathWorks begins expansion*, Worcester Business

Journal Online(December 16). Retrieved from www.wbjournal.com/news45225.html.

Khemlani, L. 2001. *BIM for Facility Management*, AECBytes (September 30). Retrieved from www.aecbytes.com/feature/2011/BIMforFM.html.

Case Study 2 : Texas A&M Health Science Center-시설물 관리를 위한 BIM과 COBie의 사례 연구

Rebecca Beatty, Geogia Institute of Technology
Charles Eastman, Geogia Institute of Technology
Kyungki Kim, Geogia Institute of Technology
Yihai Fang, Geogia Institute of Technology

관리 개요

설계 및 시공 기간 동안에 건물 정보 모델에 담긴 풍부한 데이터는 시설물의 전체 운영 수명 동안에 중요하게 사용된다. 이 수명 동안 유용한 데이터의 인식, 획득, 처리는 이제 막 시작되었다. Texas A&M Health Science Center (TAM HSC)의 가장 최근에 완성된 프로젝트는 텍사스 Bryan에 Phase 1로 시설물 관리 프로그램에 BIM을 통합하기 위해 몇 단계를 밟았다. 이 사례 연구는 9개의 캠퍼스에 걸쳐 HSC 시설물들의 시설 관리를 위해 사용되는 공간, 시스템, 설비에 대한 디지털 정보를 획득하기 위해 수행된 노력들을 살펴본다. 이 연구의 주된 초점은 COBie를 Bryan 캠퍼스에 적용해보는 것인데 이는 COBie를 적용하는 첫 번째 캠퍼스이다. COBie를 적용하는 두 번째 캠퍼스는 몇 년된 시설물을 위해 텍사스의 Round Rock이었지만 FM 데이터는 기존 건물에 그 절차를 그대로 적용해도 충분한 그대로였다. 장기적인 의도는 신규와 기존 시설물들을 위한 장점들을 평가하는 것이고 예상되는 장점과

ROI를 검증하는 것이다. 일단 검증되면 그 절차는 전체에 대해서 시설물 관리 데이터를 기준을 다시 세우고 정상화하기 위해 다른 캠퍼스들과 기존 시설물들에 적용될 것이다.

TAM HSC는 이 프로젝트의 소유주이자 고객이고 Broaddus & Associates의 추천 및 제안된 접근방법에 맞게 프로젝트에 BIM을 적용하기 위한 초기 목표 요구사항을 정의했다. 소유주 팀은(TAM HSC와 Broaddus) 예방적 유지관리와 시설물 상태 분석을 지원하기 위한 기본 데이터를 생성하기 위해 COBie의 사용을 정의했다. 유지관리 업무들을 수행하기 위해 선택된 컴퓨터에 의한 유지관리 시스템(CMMS)은 AiM(AssetWorks에 의해 개발되고 판매됨)이었다. AiM은 웹기반이고 Bryan 캠퍼스를 위한 모든 기존 데이터베이스를 가져오는 데 사용되었고 다른 캠퍼스들로부터도 그들을 하나로 통합한 단일 CMMS 시스템을 만드는 데 사용되었다. 텍사스 오스틴의 Broaddus & Associates는 Texas A&M 대학의 Phase 1 프로젝트를 위한 프로그램 관리자였다. 그들은 $130백만의 Phase 1 프로젝트를 위한 설계, 시공, 시운전 절차를 감독하였다. 프로젝트의 초기에 BIM에 대한 주제가 프로젝트 팀에게 소개되었다. Broaddus는 핵심 TAM HSC와 함께 TAM HSC를 위해 COBie 절차를 적용하기 위해 일했다. 이 프로젝트의 BIM의 주된 목표 3가지는 (1) 시공 절차로부터 as-built 3D 모델을 전달하고, (2) 시설물 관리 데이터를 COBie 데이터 포맷으로 전달하고, (3) 데이터와 문서들을 CMMS로 불러들이는(업로드) 절차를 구현하는 것이다. TAM HSC 직원은 기업 자산 관리 시스템을 위한 요구 분석을 수행하였고 그것을 경쟁적으로 획득하고 CMMS의 배포 및 구성을 관리하였다. AssetWorks에 의한 AiM은 선택되고 설치된 시스템이었다. Broaddus는 TAM HSC가 특정 BIM과 COBie 요구사항들을 공식화하고 획득과정에서 사용되는 시나리오들을 시험하도록 지원하였다.

이 연구는 프로젝트가 Texas A&M University 시스템을 위해 설정한 새로운 사례를 보고하고 미래의 프로젝트를 위해 얻은 교훈을 정리하고 BIM과 CMMS 시스템 사이의 목표된 통합을 실현시키는 방법을 정리한다. TAM

HSC는 COBie를 그들의 건설 프로그램을 모든 방법으로 시설물 관리 응용에 적용하는 첫 번째 대규모의 교육 기관이었다. Bryan Campus Phase 1은 시설물 관리 산업의 미래를 발전시키고 바라볼 수 있는 예시를 제공하고 있다. 여기서 논하게 될 미래의 발전은 한정되지 않지만 TAM HSC에 특정한 BIM POR(Program Of Requirements)의 개발을 포함하고 캠퍼스 전략, 3D 모델링 제한조건들, FM 데이터 제한조건들(COBie), 그리고 AiM의 영역에서 일관성 있는 BIM을 미래에 추구할 수 있도록 할 것이다.

개 요

TAM HSC는 제휴가 되었지만 독립적인 Texas A&M University 시스템의 시점이다. TAM HSC는 9개의 캠퍼스를 텍사스 전역에 걸쳐 가지고 있다. 가장 최근에 완성된 TAM HSC 프로젝트는 텍사스 Bryan의 남쪽 경계에 위치하고 있다. Bryan 캠퍼스 Phase 1 프로젝트에는 3개의 구성요소들이 있다. 첫 번째는 3개의 새로운 시설물들로 구성된 Phase 1의 물리적 건설이다. 각 프로젝트 내에서 건물 모델들이 개발되었다. 두 번째는 자산 데이터 목록을 구현하기 위해 COBie를 적용한 것이었다. 세 번째는 FM 용도의 데이터를 채우고 적용하기 위한 CMMS 시스템이다.

Bryan 캠퍼스는 2008년 10월에 공사가 시작되었고 2010년 12월에 예정 공기대로 완공되었다. Bryan 캠퍼스의 마스터플랜은 205 에이크의 녹지 캠퍼스 위에 4백만 평방피트(GSF)의 계획 공간을 포함한다. TAM HSC의 목표는 이것을 건물과 부지 모델뿐 아니라 AiM을 위한 디지털 FM 데이터를 포함하는 '디지털 캠퍼스'를 개발하는 것이다. Phase 1의 전체 프로젝트 비용은 $131,372,000이었다. Phase 1은 3개의 새로운 건물을 건설한다. 12,565 GSF에 Telecom Building을 위한 독립 구조를 포함한 중앙 유틸리티 플랜트; 128,159 GSF에 Health Professional Building(HPEB); 127,514 GSF에 의학연구 및 교육 건물(MREB, Medical Research and Education Building).

HPEB는 27,000 GSF의 시뮬레이션 센터를 포함하고 MREB는 4,100 GSF
의 3층 biological safety lab(BSL-3)을 가지고 있다. 그림 6.7을 참고한다.

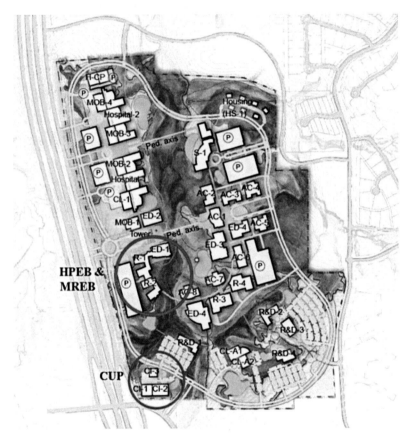

그림 6.7 Bryan 캠퍼스 마스터플랜. Phase 1은 원으로 표시된 구역

이 3개의 새로운 시설물들은 경쟁 밀봉 제안 방식(competitive sealed proposal
delivery method)에 의해 채택되었고 초기 채택 시 비용은 $102,200,000이
었다. 최종 완성 비용은 $109,451,000이었다. 초기의 경쟁 가격은 원래 예산
의 무려 22.2%를 절감한 가격이었고 추가적인 작업을 가능하게 했는데, 추가
되는 대안들 모두와 소유주가 제기한 범위 업그레이드를 포함했다. 이러한

절감은 일반 시공사인 Satterfield & Pontikes Construction, Inc.가 입찰 절차 이전에 3개 건물 모두에 대한 BIM 모델을 개발하는 데 기인할 수 있다 (그림 6.8 참조). 시공사는 기초, 상부구조, 그리고 외장 쉘을 제안 검토와 경쟁 가격을 위해 모델링했다. 이 모델로부터 그들은 정확한 수량을 추출하고 정확한 비용 산정과 공사 스케줄 등을 만들었다. 이러한 방법은 그들로 하여금 일반적인 예비비(contingency)를 입찰금액에서 줄이고 절감된 비용으로 공사를 제안할 수 있게 하였다. 이 건물들은 교육, 연구, 클리닉, 병원, 행정, 거주 및 사적인 인큐베이터 형태의 시설물들을 위한 공간으로 기능한다.

그림 6.8 Bryan 캠퍼스의 Phase 1, HPEB와 MREB 건물(출처 : TAM HSC)

HPEB와 MREB 상부구조는 철근 콘크리트로 건설되었고 CUP의 상부구조는 강재 골조와 전통적인 조적 벽체로 건설되었다. HPEB, MREB, CUP는 900개 이상의 오거 타설 콘크리트 파일로 된 기초를 가진다. 구조체는 현장 타설 콘크리트 기둥과 플랫 슬래브 시스템이다. 외장은 벽돌과 석재 판으로 강재 스터드 고정한 것이었다. 그림 6.9는 내장 완료 후의 최종 모델과 시공 단계에서 사용한 3차원 코디네이션에 대한 것이다.

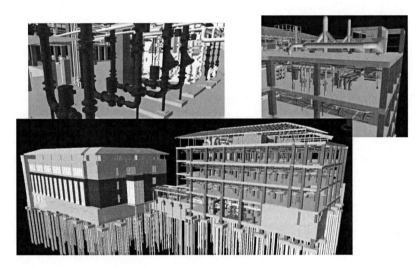

그림 6.9 시공사에 의한 Bryan 캠퍼스 프로젝트의 설비 룸의 Revit 준공 모델(출처: Broaddus & Associates)

프로젝트 팀

Bryan 캠퍼스의 Phase 1에 참가한 프로젝트와 건설 팀은 다음과 같다.
- 건축사＝FHP Architects
- 엔지니어＝Shah Smith & Associates(MEP), Hanes Whaley Associates (Structural), Mitchel & Morgan LLP(Civil)
- 시공사/BIM＝Satterfield & Pontikes Construction, Inc.(S&P)
- 프로그램 관리자/시공 관리자/COBie integrator＝Broaddus & Associates

계 약

Architect/Engineer = 설계 계약(Design contract)

시공사 = CM-R(construction manager at risk)로 시작

사전 시공 후에 원래 건설 관리 팀(S&P가 아님)은 프로젝트에서 제외되었다. 계약은 그리고 나서 남은 작업에 대한 경쟁 밀봉 입찰(CSP, Competitive Sealed Proposal)로 변경되었다. COBie 데이터는 이러한 계약들 모두에서 요구사항이었다.

시공 관리 팀과의 CSP 계약으로 변경된 것은 원래 CMAR 시공사와 Texas A&M System 사이의 최대 보장 가격 합의가 이루어지지 못했기 때문이었다. 하도급과 제조에 관한 모든 계약 협의는 시공사와의 계약을 통해 이루어졌다.

시공 기간 동안에 Bryan 캠퍼스의 Phase 1 프로젝트는 시공사에 의해 모델링되었고 Broaddus에 의해 현장에서 검증되었다. S&P는 전체 Revit 모델을 조정했고 실제 준공 상태로 업데이트했는데, 지하 설비 등을 포함한 현장 구성 요소들을 모두 포함했다. Broaddus & Associates는 Texas A&M University System Facilities Planning & Construction(TAMUS FPC)에 의해 프로그램 관리자와 COBie 통합을 위해 고용되었고 COBie를 TAM HSC 시설물 변경에 적용하는 역할을 맡았다. COBie 데이터는 Broaddus에 의해 만들어진 건축 모델로부터 일부 추출되었다. 게다가 Broaddus는 계약 문서와 시공 기록들에서 건축 및 엔지니어링 팀들에 의해 제공된 COBie 데이터를 구성했다. 하도업체 정보도 COBie에 통합되는 데이터를 위해 프로그램 관리자에게 전달되었다. Broaddus & Associates는 처음에 TOKMO(지금은 EcoDomus)를 사용했고 나중에는 Onuma를 COBie 파일을 생성하기 위해 모델로부터 데이터를 추가하거나 편집하는 데 사용했다. 프로젝트의 마지막 5%를 위한 Onuma 사용으로 전환하기 위해 Broaddus 직원들의 교차 교육이 이루어졌다. 이러한 전환의 성공적인 이야기는 COBie 데이터 절차가 가진 상호연동성을 잘 보여준다. 하나의 COBie 구성 도구(TOKMO/EcoDomus)에서 다른

도구(Onuma)로 전환하는 것은 BIM과 데이터 상호연동성이 매우 중요하다는 것을 보여주었고 적절한 계획과 도구를 통해 달성될 수 있다. 이 전환은 훈련 목적으로 이루어졌고 TOKMO의 어떤 시도들과도 관련이 없다. 두 소프트웨어 시스템은 모두 잘 작동된다. Broaddus는 그 이후에 이 정보를 Microsoft Excel 형태(COBie)로 변환하여 TAM HSC Facilities & Construction 부서에 전달했다. AiM의 적용과 구성을 하는 동안에 Broaddus는 복수의 COBie 파일에 지속적인 지원과 수정작업을 제공했다. 정보가 AiM의 정확한 셀에 이관되는지와 그 문서들이 올바른 경로로 맵핑되는지를 확인하기 위해 많은 수의 시험이 이루어졌다. 이는 TAM HSC로 하여금 데이터가 AiM의 어디로 받아들여지는지를 검증하기 위해 수행되었다. 어떤 경우에는 절차의 미세조정(fine-tune)과 데이터가 TAM HSC의 기능적 요구사항을 만족시키기 위해 AiM 내부에서 보여주는 방식을 개선하기 위해 COBie 데이터의 수정이 이루어졌다. BIM 모델과 데이터의 이관이 이루어진 이후에 TAM HSC는 모델의 소유권을 갖게 되었다.

AssetWorks와 Broaddus & Associates는 BIM 데이터를 AiM과 통합하기 위해 협력하였다. COBie 데이터를 이 프로젝트에 통합하는 비용은 독립적으로 산정되지 않았고 시공 관리 비용에 포함되었다. 그러나 COBie를 구성하는 데 소요된 시간을 산정되었다. 산정된 시간은 1년에 1FTE[69]보다 큰 약 2,400과 동일했다. 이는 데이터 구성을 시작하기 전에 수행하는 계획과 조정에 사용된 시간은 제외한 것이다. 적용 전략의 수립을 위해 TAM HSC와 Broaddus 직원들은 여러 차례 토의를 했다. AssetWorks가 COBie를 AiM 내에 받아들이는 절차에 사용된 예측 비용은 대략 $10,000로 AssetWorks의 서비스 비용과 라이선스를 포함한 것이다. 그러나 이 비용은 AssetWorks에 의해 9개의 캠퍼스에 적용하는 것을 포함하였기 때문에 COBie에 해당하는 부분을 별도로 분리하는 것은 기업 차원의 적용 노력이기 때문에 산정할 수 없다.

---

69) Full-Time Equivalent의 약자로 프로젝트에 참여한 인력을 측정하는 데 사용되고 미국 연방정부의 정의에 따르면 "number of total hours worked divided by the maximum number of compensable hours in a full-time schedule as defined by law"이고 주당 35시간, 1년에 52주를 기준으로 한다.

Bryan 캠퍼스에서 COBie 프로젝트는 2009년 5월부터 2011년 9월까지 진행되었다. 셋업은 2009년 5월부터 10월까지 되었다. 그러고 나서 수집, 구조화, 업데이트를 2009년 11월부터 2011년 8월까지 수행하였다. 최종적으로 import 시험, 검토, 조정을 2011년 6월부터 9월까지 했다. 독립적이지만 동시에 진행된 CMMS AiM 프로젝트는 9개 캠퍼스 모두에 대해서 이루어졌다. AssetWorks는 AiM을 기존의 캠퍼스들에도 적용했는데, 가용한 정보들인 AutoCAD 도면들과 같은 것이었고 수작업으로 업로드하는 재료도 포함했다. Bryan 캠퍼스는 COBie 데이터 플랫폼을 통합하는 시작이었고 2011년 11월에 완료되었다. 이후에 Round Rock에 있는 HPEB 건물이 COBie를 사용하였는데, 2011년 4월에서 2012년 3월까지 이루어졌다. 마지막 4개월(12월에서 3월)은 Bryan 캠퍼스에서 얻은 경험을 AssetWorks와 Broaddus의 소통을 통해서 개선하는 노력에 사용했는데, 업로드와 import 시험에 대한 것이었다(다음에 토의).

이 프로젝트의 소유주는 TAM HSC이고 건축가, 시공사, 그리고 Broaddus and Associates와 직접적인 관계를 가지고 있었다. 모든 엔지니어들은 건축가와 직접 컨설팅을 가졌다. 하도업체와 제조업체는 시공사에 보고하였다. Broaddus & Associates는 또한 TOKMO(현재 EcoDomus)와 Onuma와 연계를 가지고 있었는데, 모델과 COBie 데이터 출력으로부터 데이터를 더하고 수집하기 위해 이들에 의해 엄격하게 사용되었다. Bryan 캠퍼스에서의 예산절감은 Round Rock에 위치한 HPEB 건물을 COBie Phase integration에 포함할 수 있도록 하였다.

BIM과 FM 요구사항을 설정하기 위한 소유주와 FM 직원의 역할

Bryan 캠퍼스의 Phase 1 프로젝트의 BIM/FM 통합의 주된 목표는 자산 데이터를 좀 더 쉽게 통합하고 CMMS에 종합적으로 넘겨주는 것이었다. TAM HSC의 기대는 이 정보를 유지관리와 운영의 필요성, 공간관리, 그리고 신속한 시설물 상태 평가(FAC, Facility Condition Assessment)에 사용하는 것이었다. 프로젝트에서 BIM 기술과 COBie 포맷을 정보 교환에 사용하도록 채택한 장점들은 다음과 같다.

- 건물이 시공되면서(완공된 이후가 아닌) 정확하고 구조화된 데이터를 획득하고 FM 데이터 품질 관리와 시공 중 검증을 할 수 있음
- 사무실 직원들의 시간 및 노력 절감
- 시설물 운영에 소요되는 전체 효율성과 비용 절감
- BIM과 asset models을 시설물 업그레이드 계획에 사용할 수 있음
- 예방적 유지관리 프로그램에 포함되어야 하는 자산들을 식별할 수 있음
- 모든 TAM HSC가 궁극적으로 정규화된 FM 데이터를 가진 완전히 디지털 캠퍼스로 전환할 수 있는 가능성
- 바로 파악할 수 없는 필수 설비를 쉽게 찾을 수 있음
- 간섭 검토 및 FCA를 위한 자산/설비 정보의 접근성
- 참조로 CMMS에 포함된 O&M 매뉴얼, 보증서, 시험운행 기록, 납품기록과 다른 문서들을 포함할 수 있음

TAM HSC 시설물 관리 직원들은 Phase 1 Bryan 캠퍼스 프로젝트로부터 BIM 정보 전달을 결정하는 직접적인 기여자들이다. 매뉴얼, 납품, 그리고 관련 문서들이 각 시설/설비 프로파일에 링크되어 사용할 수 있게 되었다(그림 6.10 참조). BIM 모델에서 FM 기능을 갖는 것은 건물과 관련된 자산 데이터에 쉽게 접근하고 좀 더 나은 의사소통을 가능하게 한다. 이 프로젝트에서 시운전 정보는 BIM 모델에 다시 import되지 않았지만 AiM에 import되는 COBie 데이터의 범위에는 정의되는 일부였다.

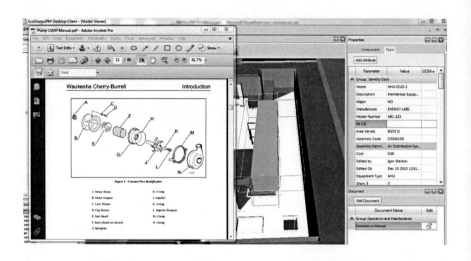

그림 6.10 매뉴얼들이 어떻게 BIM 모델에 연결되고 PDF 형태로 사용되는지의 예(출처 : EcoDomus)

시운전 관련 문서들은 장비와 시스템에 해당하는 적절한 레벨에 첨부되었다.

초기에 TAM HSC는 어떤 CMMS 시스템이 그들의 프로그램에 가장 적합한지를 알지 못했다. TAH HSC 직원들은 산업계의 전문가와의 네트워킹을 구축하고 컨퍼런스와 웨비나에 참석해서 그들의 산출물에 요구해야 하는 실무적이고 필수적인 정보에 대한 깊이 있는 이해를 얻었다. 그러한 지식을 독립적으로 획득한 것은 TAM HSC 직원들이 그들만의 가이드라인과 운영 요구조건들을 수립할 수 있게 하는 데 핵심적인 요소였다. TAM HSC 직원들은 적용을 위한 변수들을 설정하기 위해 시공관리 팀과 함께 프로젝트 건축과 엔지니어링 설계 회사들에게 컨설팅을 받았다. 시설물 관리 기능들은 BIM 모델의 콘텐츠와 FM 데이터(COBie) 요구사항들을 개발하는 데 통합적인 부분이었다. 이 요구사항들 중의 많은 부분들이 프로젝트 탐색이 발생하면서 프로젝트의 전 과정에 걸쳐 진화했다.

TAM HSC FM 직원들과 Broaddus는 건물 요소들과 모든 자산들의 다양한 리스트를 검토하면서 데이터 수집 절차를 설계하기 시작했다. 이는 Broaddus

가 선정되고 FM 데이터 컨텐츠를 제안하면서 시작했다. 그러고 나서 업무의 범위를 확실하게 하기 위해서 FM 직원들과 조정 회의를 열었다. 다음에 Construction Specifications Institute의 OmniClass 시스템을 이용하여 자산들을 카테고리로 나누고 하부 카테고리로 분리하였다. BIM 모델들은 많은 데이터를 전달할 수 있고 TAM HSC의 업무 계획 목표에 가장 중요한 세부 항목을 결정하는 것이 중요한 이슈였다. 그들은 어떻게 정보를 구조화하고 연관 짓는 것을 원하는지를 표준화하였다. TAM HSC는 Broaddus & Associates 와 함께 협력하여 시설물 요소들에서 LOD를 정의하였다. TAM HSC 직원들이 어떤 자산들이 BIM/COBie 데이터에 포함되어야 하는지 평가할 때 우선시하는 3가지 중요한 영역이 있다.

1. 예방적 유지관리(preventive maintenance)
2. 운영에 관한 비상 상황
3. 리모델 용이성

모델과 COBie 데이터 세트의 범위는 이러한 요구되는 FM 기능들에 의해 결정되었다. 모델에 포함된 상세와 사양의 정도는 직접적으로 관리, 유지관리, 그리고 시설물의 운영에 관련되었다. 예를 들면 BIM 모델은 직경 2인치 이상의 파이프들에 대한 정보는 포함하고 직경 2인치 이하의 파이프들은 무시하였다. 불필요한 데이터를 생략하는 것은 FM 직원들이 활용할 수 있는 상세들만 산출물에 들어가게 되도록 하였다. TAM HSC는 BIM 모델을 사용하는 것은 생애주기 동안의 운영을 위한 지속되는 도구로 생각했다. 최종적인 COBie 데이터 수집 절차는 Broaddus & Associates가 만든 그림 6.11과 같다. 이 초기 프로젝트에서는 입력이 수작업이었다. 미래에는 좀 더 자동화된 연결들로 RFID(Radio-Frequeny Identification) 태그와 같은 것들이 사용될 수 있을 것이다.

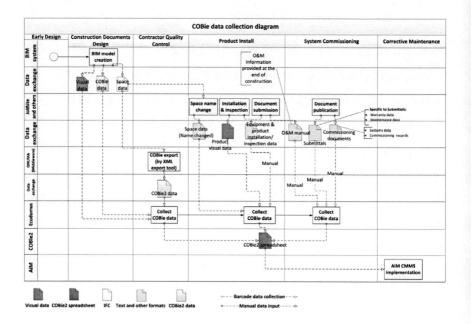

그림 6.11 COBie 데이터 수집 다이어그램(출처 : Broaddus & Associates)

ROI

개선된 소유권 이전에 기반을 둔 단기 효과가 있는데, 좀 더 나은 직원들의 생산성과 보증 기회들을 잃는 것이 줄어드는 것이 그것들이다. 요약하면 소유주의 FM 직원들의 평가는 시설물의 생애주기 관리(FLCM, Facility Life-Cycle Management)와 연관된 데이터의 시스템적인 초기 업로드를 위한 투자는 100% 첫 해의 ROI를 가진다는 것인데, 이는 첫 해 또는 더 긴 운영기간 동안 소유주의 직원들이 FLCM 데이터를 연구하고, 구성하고, 업로드하기 위한 첫 번째 비용 노력과 비교할 때 그렇다는 것이다. TAM HSC Phase 1을 위해 수행된 동일한 수준과 상세로 소유주의 직원들이 데이터의 구성과 구조를 수집하기 위해 필요한 노력은 Broaddus 팀의 2배에서 2.5배에 이른다. 이는 BIM COBie 절차를 사용한 데이터 수집에 필요한 시간과 충돌하는 다른 책임들 때문이다.

AssetWorks의 도움으로 Broaddus & Associates는 사용되어 오던 절차(그림 6.12)와 반대로 COBie 기반의 절차를 사용한(그림 6.12) 작업 순서 동안에 절감될 수 있는 시간을 평가하기 위한 사전 분석 비교를 완료했다.

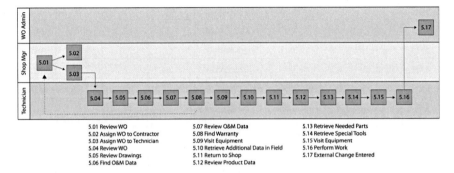

그림 6.12 3개의 캠퍼스를 조사하여 수집되는 Pre-COBie-enabled CMMS 작업 지시 절차(출처 : Broaddus & Associates)

TAM HSC FM 직원들은 전자적인 CMMS 시스템을 가짐으로써 작업지시 주기에서 시간을 줄이기 위해 COBie를 사용하기를 희망했다. Broaddus & Associates는 FM 직원들과의 인터뷰에 기반을 두고 COBie 시스템이 어떻게 작업지시 절차를 좀 더 효율적으로 만들 수 있는지 예측을 수행하였다. 작업자들은 작업 지시의 기존 절차에서 COBie가 가능한 CMMS 시스템이 없는 상태에서 제출에서 실행까지 얼마나 소요되는지 조사하였다. 표 6.3은 COBie 데이터 사용 전에 소요 시간 예측을 반영하고 있고 표 6.4는 통합된 시스템이 적용된 이후에 평가된 것을 보여준다. 요약된 비교를 보면 TAM HSC가 유지관리와 시공 직원에 관해 단기간 ROI를 어떻게 실현할지를 제안하고 있다. 이러한 작업 흐름의 개선의 주요한 점은 AiM이 적용하는 작업 지시의 일관성에 있다. CMMS는 기업의 자산 관리 프로그램이 도입되기 전에는 불가능했던 일관된 접근 방식을 제공한다.

표 6.3 COBie 가능한 CMMS 이전의 작업 지시 절차(work order process)

COBie 이전 CMMS의 작업 지시 절차				Dallas	Bryan	McAllen	
Activity ID	Activity	Predecessor 전 단계	Responsibility 책임	Estimated Time (min)	Estimated Time (min)	Estimated Time (min)	Average Time
5.01	검토 지시	시작, 5.08	Shop manager	5	5	5	5
5.02	시공 지시 지정	5.01	Shop manager	15	12.5	16	14.5
5.03	기술자 지정 지시	5.01	Shop manager	5	5	2	4
5.04	작업 지시 검토	5.03	Technician	5	5	2	4
5.05	도면 검토	5.04	Technician	2	11	10	7.7
5.06	O&M 탐색	5.05	Technician	1	3	2	2.0
5.07	O&M 검토	5.06	Technician	1	5	2	2.7
5.08	보증 탐색	5.07	Technician	3	2	2	2.3
5.09	장비 방문	5.06	Technician	1	1.25	0.75	1
5.10	장비로부터 제품 데이터 검색	5.09	Technician	0.75	1.25	1	1.0
5.11	Shop 복귀	5.10	Technician	0.75	1.25	1	1.0
5.12	제품 데이터 검토	5.08,5.11	Technician	10	12	13	11.7
5.13	필요 부분 검색	5.12	Technician	5	10	15	10
5.14	특수도구 검색	5.13	Technician	3	3	2	2.7
5.15	장비 방문	5.14	Technician	10	20	5	11.7
5.16	작업 시행	5.15	Technician	45	30	60	45
5.17	외부 교체 입력	5.16	작업 지시 행정	3	2	7.5	4.2
	합계			115.5	129.25	146.25	130.3

표 6.4 COBie 가능한 CMMS 이후의 작업 지시 절차

COBie 이후 CMMS의 작업 지시 절차				Dallas	Bryan	McAllen	
Activity ID	Activity	Predecessor 전단계	Responsibility 책임	Estimated Time (min)	Estimated Time (min)	Estimated Time (min)	Average Time
6.01	검토 지시	시작	Shop manager	5	5	5	5
6.02	시공 지시 지정	6.01	Shop manager	15	12.5	10	12.5
6.03	기술자 지정 지시	6.01	Shop manager	5	5	2	4
6.04	작업 지시 검토	6.03	Technician	5	5	2	4

6.05	도면 검토	6.04	Technician	1.25	8.5	8.5	6.1
5.06	O&M 탐색	5.05	Technician	0.26	0.14	0.38	0.3
5.07	O&M 검토	5.06	Technician	1	5	2	2.7
5.08	보증 탐색	5.07	Technician	0.25	0.25	0.25	0.3
5.09	장비 방문	5.06	Technician	0.75	1.25	1	1
5.10	장비로부터 제품 데이터 검색	5.09	Technician	0.25	0.75	0.5	0.5
5.11	Shop 복귀	5.10	Technician	0.75	1.25	1	1.0
6.12	제품 데이터 검토	6.05	Technician	8.5	7.5	8	8.00
6.13	필요 부분 검색	6.12	Technician	5	10	15	10
6.14	특수도구 검색	6.13	Technician	3	3	2	2.7
6.15	장비 방문	6.10	Technician	10	20	5	11.7
6.16	작업 시행	6.15	Technician	45	30	60	45
6.17	외부 교체 입력	6.16	작업 지시 행정	3	2	7.5	4.2
	합계			109.01	117.14	130.13	118.8

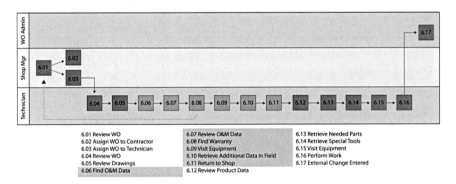

그림 6.13 COBie 통합 이후의 예상 미래 작업 지시 절차. 그림 6.6~6.11은 그러한 절차에 해당하는 부분에 소요되는 시간의 예상되는 단축을 보여줌(출처 : Courtesy Broaddus & Associates)

현재 작업지시를(그림 6.12 참조) 진행하기 위해 요구되는 업무들과 COBie와 AiM을 이용한 작업지시를 진행하기 위해 필요한 업무들을 고려한다. 작업 지시마다 절감되는 것은 그림 6.14와 같이 3개의 캠퍼스에 확장되었다.

이 조사는 작업 지시 절차에 소요되는 시간에 대한 절감이 8.7%로 예상되었다는 것을 보여준다. 이 절감은 정확하고 완전한 전자정보와 문서들에 언제나 접근할 수 있는 것에 기인한다. CMMS 시스템과 함께 COBie 프로젝트는 오직 짧은 시간 내에서 운영되었고 COBie가 가능한 CMMS 시스템(AiM)을 사용함으로써 얻을 수 있는 실질적인 장점들에 대한 추가 분석은 없었다. TAM HSC FM 직원들의 이 장점에 대한 다음 단계는 예상되는 장점들을 평가하기 위해 작업 지시 데이터(소요 시간)를 수집하는 것이다. 일단 데이터가 사용 가능하면 사례 연구를 위해 Broaddus는 TAM HSC와 함께 연구를 계속 진전시켜서 목표 시간 평가로 예상되는 결과에 대한 확인을 할 것이다.

표 6.5 BIM/COBie/AiM을 통해 절감된 프로젝트 시간을 보여준 3개의 캠퍼스에 대한 내용
(출처 : Courtesy Broaddus & Associates)

	Dallas	Bryan	McAllen	Average	Details:
Total Time per WO(Min)	115.5	129.3	146.3	130.3	Average time before COBie (from interviews)
Total Time per WO(Min)	109.0	117.1	130.1	118.8	Average time after COBie (from interviews)
Total Time per WO(Min)	6.5	12.1	16.1	11.6	Average savings per WO realized by COBie data (from interviews)
SAVING per WO(MH)	0.11	0.20	0.27	0.19	Average hour savings per WO realized by use of COBie data (from interview)
TIME SAVINGS(%)	5.6%	9.4%	11.0%	**8.7%**	WO time savings diveded by total time per WO
Technician Count	16.00	5.00	1.00	n/a	Amount of campus technicians available for WO's
Available Hours/Yr	24000	7500	1500	n/a	Technician count multiplied by actual FTE (1,500 MH)
Expected WO's/Yr	13210	3842	692	n/a	Available MH's divided by total time per WO
Expected MH Savings/Yr	**1429**	**775**	**186**	n/a	Expected WO's/Yr mulitplied by MH savings per WO

기술(Technologies)

Bryan 캠퍼스에서의 TAM HSC Phase 1 건물들에 대해 프로젝트 팀은 COBie 데이터 교환 템플릿을 입력으로 이용한 새로운 프로젝트를 위한 지정 부분들의 상세한 장비/자산 관리 데이터 세트를 개발하였다. TAM HSC와 Broaddus는 COBie를 선택했는데, 이는 잘 문서화된 공개 표준이기 때문이다. TAM HSC는 사업 자산 관리(EAM, Enterprise Asset Management) 시스템이 COBie와 연동되어야 하고 새로운 캠퍼스를 위해 개발된 데이터를 또한 기존 캠퍼스를 위한 데이터로도 활용해야 한다고 규정했다. Broaddus & Associates (COBie 통합의 역할 수행)는 초기에 TOKMO(현재의 EcoDomus)를 대부분의 프로젝트에서 미들웨어로 사용했다. 자산관리와 관련한 데이터의 일부는 Broaddus에 의해 Architectural Revit 모델에서 추출되었다.

추가적인 데이터는 납품(자산과 건물 정보), O&M 제품 매뉴얼, 현장 데이터(설치와 검사)로부터 보충되었다. 보충된 정보는 수작업을 통해서 또는 EcoDomus와 Onuma 미들웨어를 통해 입력되었다. 이 정보들은 데이터 세트를 생성했고 CMMS 시스템(AiM)에 불러들여졌다. 이 절차는 그림 6.14와 같다. 일단 데이터가 업로드되면 시설물 관리 팀은 작업지시와 관리 일정들과 같은 CMMS 시스템 내에서 다른 기능들을 활용해서 디지털화된 관리가 가능하게 되었다. 이 자동화는 FM 직원들의 일정 관리와 어떤 공급업자가 설비 서비스 계약을 하고 있는지를 파악하는 데 도움을 줄 것으로 기대된다.

Broaddus & Associates는 95%의 COBie 데이터를 EcoDomus 내에서 개발했다. 대부분의 공간 데이터는 설계 동안 생성되었고 예외적으로 제품 설치 단계에서 간판/표시가 나올 때 변경된 공간 명칭들이 있었다(그림 6.11의 COBie 데이터 수집 다이어그램 참조). 공간 데이터(층과 공간들)는 Revit 모델로부터 Onuma로 불러들여지고 다시 COBie 파일로 내보내기(Onuma사에서 개발된 XML export tool 사용)하고 EcoDomus[70]에 불러들여졌다. 이

---

70) 2010년에 EcoDomus는 FIATECH CETI(Celebration of Engineering & Technology Innovation)

는 어떻게 BIM이 여러 개의 도구를 사용하도록 요구하고 데이터가 하나의 도구에서 다른 도구로 연동될 수 있는가를 보여주는 좋은 예이다. 프로젝트 동안 약 95%의 방식에서 Broaddus는 Broaddus 직원들이 여러 개의 COBie 구성 도구들을 훈련하기 위해 Onuma로 전환되도록 했다. COBie와 연관된 다른 정보는 수작업으로 스프레드시트에 입력되었고 COBie 구성 도구에 업로드될 수 있었다. 이는 데이터 수집과 제공이 시공사와 협력사로 하여금 COBie를 완전히 이해하지 않아도 되도록 하였다. Excel(XLS) 템플릿과 단순한 지시사항들은 복잡한 주제(COBie 데이터 편집)를 단순한 XLS 요구로 감소시켰다. 그리고 나서 Broaddus는 이러한 정보의 문자열들을 통합하여 COBie 데이터 세트를 만들었다. 따라서 COBie integrator의 개념이 형성되었다. 위치 데이터(Location data)는 전체 COBie 노력의 약 6%에 달했다. 장비와 제품 데이터는 제품 설치 단계에 생성되었다(그림 6.11 참조). COBie 는 Revit 모델로부터 수집된 제품의 정보로 생성된 데이터이고 Excel 스프레드시트로 내보내기가 되었다. 장비 일련번호들은 시스템 시험운영 단계(그림 6.11 참조)에 생성된 문서들로부터 검증되었다.

Bryan 캠퍼스 프로젝트에 사용된 여러 가지 다른 기술들이 있었다. 2차원 Auto CAD 도면들은 건축가에 의해 그려졌고 나중에 시공사가 Revit Architecture 로 3D 모델을 생성하기 위해 사용되었다. Revit 모델은 다시 S&P에 의해 현장에서의 간섭 검토를 위해 Navisworks에 불러들여졌다. 시공사가 BIM 을 활용함으로써 초고가에 비해 20% 낮은 입찰가로 계약을 수주하는 데 도움

상을 "Lifecycle Data Management and Information Integration"에 대해 받았다. FIATECH CETI 웹사이트(http://fiatech.org/ceti-award/2010-ceti-recipients)에는 이 상을 다음과 같이 설명한다. "Texas A&M" 대학의 Health Sciences Center 프로젝트는 $68백만 규모의 health professional education building과 $60백만 규모의 medical research and education building, 그리고 중앙 유틸리티 플랜트로 구성되었다. 대학은 COBie와 OmniClass와 같은 공개 표준을 사용하기를 원했고 설계와 시공과정에서 데이터를 수집하기를 원했다. 이 프로젝트는 사례 최초로 COBie를 사용한 대형 프로젝트였다. Broaddus & Associates와 EcoDomus 소프트웨어에 의해 관리된 이 절차를 통한 절감은 표준적인 비용의 45%에 달했다. 게다가, EcoDomus 소프트웨어는 3D 캐드 모델을 COBie 데이터 세트를 수집하는 데 연결되도록 하여 3D 캐드로부터 지능화된 BIM 모델을 생성할 수 있도록 하였다. Fiatech Roadmap의 Element 9인 Life-Cycle Data Management and Information Integration은 이 프로젝트에서 해결한 문제에 초점을 두고 있다.

이 되었는데, 이는 프로젝트의 3차원 모델이 있었고 이를 통해 프로젝트를 보다 잘 이해하고 예비비를 줄일 수 있었기 때문이다.

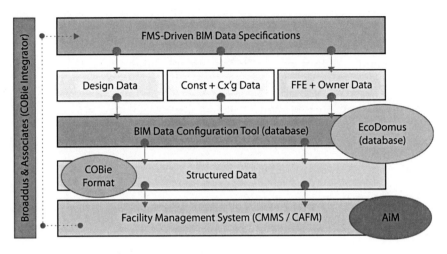

그림 6.14 정보 흐름(출처 : Broaddus & Associates)

협업과 훈련

이 소유주는 매우 능동적인 협업을 하였다. TAM HSC는 그들이 BIM/COBie 가 시설물 관리에 관한 기능을 하기를 기대하는 방향에 관해 없어서는 안 될 정보를 제공하였다. TAM HSC는 Broaddus와 시공사가 소유주가 어떤 방식 으로 정보가 실행되기를 원하는지에 대한 어떤 질문에도 답해줄 수 있었다. 시운전과 FM 기능들에 대해 관찰된 장점들은 모든 자산들에 대해서 적절한 예방적 유지관리(PM)가 가능할 것이라는 것이다. FM 직원들은 빌딩 모델에 서 자산의 위치를 정확하게 알 수 있게 될 것이고 자산의 데이터와 작업 이력 을 기록할 수 있게 될 것이다. 이 새로운 자동화는 엄청난 시간을 절약하고 실수를 줄일 수 있을 것으로 기대된다. 이러한 시도의 주된 단점은 새로운 작업 절차 프로토콜을 개발하기 위해 필요한 자원들과 CMMS 시스템에서 바 로 BIM 모델을 활용하도록 직원들을 훈련시키는 것이다. 새로운 BIM FM

시스템의 협력은 TAM HSC의 FM 직원이 이 새로운 시스템을 통합하고 운영할 수 있는 적절한 기술을 갖춘 사람을 고용해야 할 필요가 생겼다. 기존 직원들에 대해서는 모든 캠퍼스 위치에서 상당한 훈련이 제공되었다. 현재는 TAM HSC는 BIM 모델(Revit & Navisworks)의 관리를 책임지고 있다. 향후에 TAM HSC FM 직원은 이 모델의 유지하기 위한 서비스 계약을 고려할 수도 있다. Broaddus는 또한 최근에 건설된(Clinical Building 1) 개발 프로젝트를 위한 현장 모델 업데이트 서비스를 제공하고 있다. 이는 현장 모델 업데이트와 빌딩 모델을 '디지털 캠퍼스' 마스터 파일에 추가하는 것을 포함한다.

교 훈

TAM HSC는 Round Rock 캠퍼스의 완료된 Phase 1 Bryan 캠퍼스 프로젝트로부터 얻은 경험을 적용할 기회를 가졌다. 다음 프로젝트를 위해서 TAM HSC 시설물 관리 직원들은 COBie 통합을 위한 비용 구조를 아이템화하여 계약에서 각 세부 업무 범위에 따른 책임들을 참조할 수 있도록 계획하고 있다. 이는 BIM POR(Program Of Requirement)를 TAM HSC에 특정하게 공식화하여 달성될 수 있다. BIM POR에는 BIM 실행계획(BEP) 프레임워크, 3차원 모델링 요구사항(FM 데이터 요구와 연관), FM(COBie) 데이터 요구사항들에 대한 제한사항들을 포함한다. 게다가 BIM POR은 FM 데이터 내용, 데이터 포맷(구조), 책임 부분의 윤곽을 그리고 결과물 전달에 대한 일정 계획을 포함한다.

Bryan 캠퍼스의 BIM/COBie 프로젝트는 이러한 방법들에 대한 프로토 타입을 제공하여 다음 TAM HSC 프로젝트에 사용될 것이다. 데이터베이스를 생성하는 요구들과 프로젝트 셋업과 관리에 관한 교훈들을 얻었다. 획득한 주요한 교훈 중의 하나는 프로젝트의 개념 설정에서 완공까지 모든 부분들이 맡은 역할과 범위에 관한 것이다. 이전에 언급한 책임의 구분은 누가 FM 데이터를 위한 가장 좋은 저작 소스를 갖는가 하는 것이다. 게다가 한 부서가 COBie

데이터의 지정 관리를 책임질 필요가 있다는 것이 명확해졌다. 이 절차는 'gatekeeper'를 필요로 하는데, 데이터의 품질이 높아야 하고 데이터의 구성 관리가 여러 개의 부서에 의해 개발 단계에서 COBie 데이터 세트에 승인되지 않은 변경을 함으로써 손실되지 않도록 해야 한다.

Bryan 캠퍼스의 BIM/COBie 프로젝트는 TAM HSC의 이런 부분에서 첫 시도였다. 이를 통해 TAM HSC 팀은 다음에 좀 더 나은 형태의 계약들을 할 수 있게 되었다. 다음 프로젝트는 특정 임무에 명시적으로 할당된 비용을 가질 필요가 있다. 참여하는 각 부분의 책임이 좀 더 명확하게 범위 설정이 되고 계약에 명확하게 정의되어야 한다. BIM POR는 이러한 절차를 용이하게 할 것이다. 모델링되는 요소들의 요구 상세 정도(LOD)는 계약에 명시될 필요가 있다. 데이터 수집에 대한 시간에 대한 기록이 다음 프로젝트에서는 필요한데 이를 통해 좀 더 나은 비용 분할이 가능하다. FM 직원들이 제시한 많은 요구사항들이 COBie 통합을 하는 사람들과의 토의로 도출되었고 그들의 범위는 바로 실행에 옮기는 것과 동시에 설계되었다. 다음 프로젝트는 좀 더 명확한 가이드라인들을 가지게 될 것이다. 이 프로젝트의 FM 데이터 절차에 대한 기준들은 COBie 데이터 기준과 포맷으로 구축되었다. 즉, 프로젝트 시작할 때는 아무런 기준이 없었다. 이 기준은 COBie 데이터 세트의 결과를 문서화하기 위해 개발되었다.

소유주 쪽에서는 프로젝트의 성과를 추적하기 위한 아무런 공식적 수단이 사용되지 않았다. TAM HSC는 Broaddus와 시공사의 전문성에 많이 의존하였다. 어떤 계약에도 아무런 방법론에 대한 요구사항이 없었다. 새로운 시스템이 TAM HSC 시설물의 관리를 간소화하기 위해 사용되고 있다. 새로운 시스템에 대한 경험이 생긴 후에는 BIM/COBie 결과들이 BIM 모델이나 COBie 데이터 세트를 가지고 있지 않은 다른 캠퍼스와 비교하게 될 것이다. 이 분석이 완료되면 TAM HSC는 시간과 비용 절감에 대한 이해를 높일 것이고 그들의 실질적인 절감과 투자효과를 계산할 수 있을 것이다.

TAM HSC는 현재의 데이터를 에너지 관리를 위한 시스템을 지원하는 개발을 위해 확장할 목표를 갖고 있고 이는 기존 모델링을 활용하고 건물 에너지 모델(BEM, Building Energy Model)의 장점들을 갖기 위한 FM 데이터로 달성될 수 있다.

개선 영역

TAM HSC는 Bryan 캠퍼스의 결정사항들을 돌아보면서 개선 영역을 벌써 규정했고 Round Rock 캠퍼스의 COBie 프로젝트를 위해 새로운 'best practices'를 개발하고 있다. 주된 수정사항은 COBie 문서에 포함되어야 하는 패밀리/형태(family/type) 데이터의 수준을 정의하는 것이다. TAM HSC는 다음 프로젝트에서 예상되는 상세 정도를 식별하였다. FM 직원들에게는 COBie 데이터를 XML 형태로 검토하는 것은 어려웠다. 일단 시험 데이터 업로드가 이루어지면 FM 직원들은 어떻게 COBie 데이터가 AiM에서 사용되는지를 좀 더 잘 이해할 수 있었다. 이는 Broaddus가 최종 데이터 세트를 넘기기 전에 이루어진 조정과 정렬을 한 이유가 되었다. TAM HSC와 Broaddus로서는 데이터 구성 노력을 위한 학습 과정이었다. 이 절차의 첫 번째 단계의 하나가 선택목록에 적용 범주의 목록을 설명하는 것이었다. TAM HSC는 OmniClass를 장비와 자산 분류체계를 위한 표준으로 지키기를 원했지만 기술자들이 작업 지시상의 자산 목록에 있는 아이템을 인지하고 AiM 시스템을 사용하는 동안을 위해서 표준 숫자 값을 직관적인 이름으로 변환했다. 이 예의 하나가 공기처리장치에 대한 OmniClass 분류체계가 23-33 25 17이다. 이 코드를 혼자 사용하면 기술자가 어떤 장비 그룹이 적용되는지 직관적으로 이해할 수 없기 때문에 그것을 찾아야 한다. 이 자산 그룹 번호는 'AHU'로 변경되었고 이 아이템이 공기 처리 장치라는 것을 좀 더 잘 설명할 수 있다. 명칭은 9개의 캠퍼스에 일관성 있게 사용되었다.

방에 대한 공간들은 Texas Higher Education Coordinating Board에 의

해 수립된 코드로 식별되었다. OmniClass Table 21이 COBie 파일에서 카테고리/요소의 명칭으로 사용되었고, 자산 그룹들은 OmniClass product Table 23에 의해 식별되었다. Bryan 캠퍼스 프로젝트에 이어서 Broaddus는 바로 얻은 교훈들을 가지고 Round Rock 캠퍼스 프로젝트에 적용할 기회를 가졌다. Bryan 프로젝트에서 개발된 COBie 'best practices'는 Round Rock 캠퍼스에서 AiM 시스템을 위한 고품질의 데이터를 위해 사용되었다.

다른 개선 영역으로는 240개의 '형태(Types, 시리얼 번호가 있는 자산그룹)'를 요구했다. 이러한 '형태들'은 사용자로 하여금 모델 번호와 독립적인 윈도우 창을 통하는 대신에 자산의 제조사를 볼 수 있도록 모델 번호로부터 분할되었다. 간결한 자산 그룹들은 예방적 유지관리(PM) 절차를 개발하기 위해 좀더 나은 그룹 선택이 가능하도록 한다. 이에 대한 단순화된 예는 'bathroom'에 대한 관리를 요구하는 대신에 'lavatory'로 요구사항을 라벨링하는데, 이는 'bathroom'은 많은 다른 요소들을 내포하고 있는 반면에 'lavatory'는 좀더 명확한 분류를 정의하기 때문이다. 좀 더 정의된 보고에는 잘 정의되고 시리얼 번호가 매겨진 자산 그룹들(Types)의 장점이다. 시리얼 번호가 매겨지지 않은 자산 그룹 시스템은 60개의 추가가 필요하다. Bryan 캠퍼스에서는 자산들이 기능에 근거해서 그룹화되었다(즉, 배관, 전기, 기계). Round Rock 캠퍼스에서는 자산들이 기능 위주로 그룹화되었지만 parent/child 시스템을 포함하였다(예를 들면, AHU/fan motor). 이러한 분류체계의 장점은 시스템이 상위 및 하위 요소들의 정보를 제공하고 팬 모터가 AHU 내에 포함된다는 것을 이해할 수 있다는 것이다. Parent/child 시스템은 사용자로 하여금 소스를 문제에 연결하는 지도를 제공해서 현장에 배치되기 전에 상황을 좀 더 잘 이해하도록 한다. 이 지식은 이슈를 해결하기 위해 필요한 시간과 에너지를 절약할 수 있도록 할 것이다.

자산들은 상세한 속성정보를 포함한다. Round Rock에서는 Bryan 캠퍼스에서 규정하지 않았던 다수의 중요한 부분들의 속성들을 통합했다. 속성들은 설계 변수들을 포함하고 약 1,800개가 Bryan에서 Round Rock으로 절차가 개선되면서 추가되었다. 속성정보를 추가하는 것의 장점은 사용자가 좀 더 수월하게 도면이나 문서에 접근할 수 있다는 것이다. 이 예는 단순히 AHU를 부르는 것뿐 아니라 팬 모터의 제조사와 모델 번호를 추적하는 것을 포함한다. 이 예는 '팬 모터'의 속성을 독립적인 객체로 포함하고 팬 모터가 작동하지 않으면 어떻게 고치거나 새로운 부품을 주문할 수 있는지에 대한 정보를 정확하게 식별할 수 있게 된다. 이것이 AHU의 속성이 아니라면 주어진 정보는 이 부분이 고장이 났다는 것뿐일 것이다. 기술자는 그러고 나서 현장에 가서 팬 모터인지 확인해야 하고 팬 모터에 대해 필요한 정보를 얻기 위해 공기조절장치에서 데이터를 획득해야 할 것이다.

Round Rock 캠퍼스에서 속성의 추가는 새로운 문서들을 포함하지 않고 기존의 큰 문서를 작은 조각으로 나누어서 설비가 여러 개의 카테고리에 나눠지도록 하는 것이다. 이 절차는 원래 문서의 실제 번호가 바뀌지 않았음에도 불구하고 좀 더 많은 문서가 아이템들로 생성되었다. 문서를 세분화하는 것의 장점은 사용자가 수백 페이지의 관련도 없는 데이터를 포괄할 수 있는 전체 제출물이 아니다. 좀 더 직접적인 연관성이 있는 자산에 관한 참조 문서를 사용함으로써 다운로드 시간을 줄이고 빠르고 정확한 검토 시간을 가질 수 있게 된다는 것이다. 예를 들면 AHU 제출물들이 모델 번호로 분할되었다. 모든 프로젝트의 AHU 제출물을 하나의 문서로 포함되는 대신에 COBie에서 관련된 형태의 모델 번호로 나눠졌다. TAM HSC는 앞으로의 프로젝트에서도 이를 채택할 것이다.

결 론

TAM HSC는 Bryan 캠퍼스에서 새로운 사례를 만들었는데, 이는 Texas A&M 시스템뿐 아니라 다른 조직들도 디지털화된 시설물 유지관리로 전환을 위한 것이었다. 포함된 소프트웨어, 절차, 그리고 시스템은 이 산업의 방법론과 표준을 제공할 것이다. TAM HSC는 그들의 현재 표준에 대한 보안 표준을 세웠고 다음 프로젝트에서의 절차와 데이터 구성에 대한 변경을 계획하기 시작했다. 성장의 각 면들은 다음 단계의 개선을 위해 확장된 이해와 축적된 지식을 가져온다.

현재 COBie와 AiM의 적용은 BIM 모델로부터 도출된 데이터로 이뤄졌지만 자산과 BIM 모델을 가진 CMMS 데이터와 직접적인 연계는 없었다. 이것이 TAM HSC가 다음 단계에서 목표로 하는 것이다. TAM HSC로서는 3차원 모델 통합의 이슈를 다루기 전에 우선 FM 데이터와 문서들을 규정하고 획득하고 구조화하고 검증하여 AiM으로 불러들이는 것이 중요했다. 이것이 조만간 실현될 것이다.

기술이 이 새로운 현상의 중심에 있지만 목표는 적절한 협업과 훈련이 없으면 결코 달성될 수 없다. 시설물 유지관리 산업이 전진하는 새로운 시대에 따라 FM 팀은 소유주로서의 역할뿐 아니라 리더로서의 봉사도 중요하다. 시설물 관리자는 사업 및 운영의 목표 및 조직이 갖는 목적들을 이해하고 이를 달성하기 위해 필요한 수단들을 알아야 한다. 그들은 새로운 관계들을 안고 팀워크의 중요성을 인식해야 한다. TAM HSC는 산업이 향하고 있는 곳과 거기에 도달하기 위해 계획을 어떻게 하는지에 대한 연구를 제공한다. 이 연구는 도달하는 절차뿐 아니라 FM 산업계를 위한 새로운 임계점의 가능성을 제공한다.

감사의 글

- Texas A&M Health Science Center의 시설물 관리자(편집과 프로젝트 지식 제공)
- 시설물 및 시공의 부감독(편집과 프로젝트 지식 제공. 정보를 수집하는 데 주된 연락을 담당해 주어 특별히 감사함)
- 캠퍼스 운영과 Texas A&M Health Science Center의 책임(편집과 프로젝트 지식 제공)

- Satterfield & Pontikes Construction Inc.의 부사장(프로젝트 정보 제공)
- Satterfield & Pontikes Construction Inc.의 전문 서비스 부사장(프로젝트 정보 제공)
- Broaddus & Associates의 부사장(편집과 프로젝트 지식 제공)
- Broaddus & Associates의 BIM 매니저(프로젝트 정보 제공)

Case Study 3 : USC School의 영 예술화

Victor Aspurez

PE assistant Director-Engineering services, Facilities Management ervices, University of Southern California; PhD student in the Sonny Astani Department of Civil and Environmental Engineering, University of Southern California Angela Lewis, PE, PhD, LEED AP Project Manager with Facility Engineering Associates

관리 개요

The Universtiy of Southern California(USC)의 School of Cinematic Arts는 현재의 실무에 도전적인 BIM FM 프로젝트의 성공적인 예라고 할 수 있다. 6개 건물로 이루어진 복합관이 3개의 독립적인 단계로 2007년에 시작하여 오늘까지 진행되고 있다. 이 프로젝트의 첫 번째 단계에서 건설의 중심적인 방법론으로 BIM을 사용하였다. 단계 1에서 대학의 자본건설부서(CCD, University Capital Construction Division)와 시설물 관리 서비스(FMS, Facility Management Services)는 BIM FM의 잠재적 가치를 실질적으로 이해하기 시작했다. 단계 2는 설계 BIM 중심이었고 이 단계에서 설계자들은 BIM을 활용하도록 요구받았다. 단계 3은 시설물 관리 중심 단계로 생각되었다. 이 단계는 진행 중인데 이 사례 연구가 2012년에 작성되었기 때문이다.

이 단계 동안에는 대학에 의해 수립된 BIM 가이드라인에 따라 BIM으로부터 FM에 관련된 정보가 설계와 시공단계에서 수집되고 있다.

3단계의 프로젝트로부터 얻은 주된 발전은 다음과 같다.

- BIM 가이드라인의 개발은 OmniClass, National CAD standard, COBie 를 포함한 여러 가지의 공통의 산업 표준을 어떻게 사용할지에 대한 문서화 된 방법론을 포함한다. 이 가이드라인은 프로젝트 이해관계자들로 하여금 서비스와 FM 목표를 달성하기 위해 필요한 산출물의 완성을 위한 프레임 워크를 제공하고 있다.
- FM을 위한 가장 중요한 정보가 BIM 모델로부터 온다는 것을 인식한 것이 다. 3차원 그래픽 모델은 부차적이다.
- FM 담당자들의 필요성을 감안하고 개발된 시설물 관리 포털은 정보를 찾 는 것을 수월하게 하였다.

3단계를 거치면서 BIM FM의 성과에 많은 영향을 미친 주요 이해관계자는 주요 기부자를 포함해서 USC Facility Management Services(FMS) 팀; BIM 통합을 맡은 View By View; 건축사인 Urban Design Group; 미들웨 어 소프트웨어를 공급한 EcoDomus이다. 추가로 대학과 프로젝트 컨설팅 책 임자들이 비전과 프로젝트의 요구사항들에 영향을 미치는 중요한 역할을 하 였다.

프로젝트 수행기간 동안에 가장 큰 도전 중의 하나는 FM을 위한 목적으로 시공 완료 후에 준공 모델을 업데이트하기 위한 자원을 찾는 것이었다. 이 모델들은 시설물 관리 의사결정과 건물 운영상의 문제 해결을 위해 필요했다. 이 FM 시스템(건물 자동화 시스템, BAS, Building Automation System) 은 정확한 실시간 데이터를 필요로 한다. 이러한 목표는 2차원의 정적인 준공 도면이나 정리 문서를 통해서는 달성될 수 없다. 추가적인 기술과 자원이 모 델과 이에 연관된 정보를 관리하기 위해 필요하다. 게다가 새로운 FM 절차들 은 BIM과 FM의 통합을 지원해야 한다.

이 프로젝트에 사용된 주요 기술은 BIM 저작도구 소프트웨어로 Revit Architecture, Revit MEP, Tekla Structure, 미들웨어로 Navisworks Manage, EcoDomus, FM 시스템으로는 FAMIS(Facility Management Information System), Enterprise Building Integrator, Meridian Enterprise가 사용되었다.

가장 중요한 교훈은 다음과 같다.

- 새로운 절차들이 기존의 FM 정보 시스템을 대체하기 위해 새로운 형태의 소프트웨어를 반드시 필요로 하지는 않는다. 어떤 경우에는 기존의 FM 소프트웨어(CMMS, CAFM, BAS, DMS)와 좀 더 효율적으로 BIM FM을 사용하는 것이 문제이다.
- 어떤 실무와 표준이 사용되는 것이 좋은지에 대한 권고는 종종 맡은 임무에 기반하는데, 예를 들면 설계자는 전통적으로 설계를 위해 사용되는 표준을 선호할 것이다. 따라서 어떤 실무와 표준을 사용할지를 결정하는 팀은 FM을 포함해서 모든 주요 이해관계자를 대표해야 한다.
- BIM FM은 바로 사용할 수 있는 제품이 아니다. 이는 새로운 절차, 새로운 기술, 그리고 새로운 의사소통 체계를 필요로 한다.

개 요

University of Southern California(USC)는 캘리포니아 로스앤젤레스에 위치한다. The school of cinematic arts는 영화에서 예술에 관한 학위를 제공하는 미국에서 최초의 대학들 중에 하나이다. 오늘날 The school of cinematic arts는 부전공을 포함해서 학사, 석사, 그리고 박사학위를 가진 상위에 위치한 프로그램이다. 이 대학의 새로운 복합관을 추가하는 것은 BIM과 BIM FM을 위해 USC가 하는 파일럿 성격이었다. 이 복합관은 USC 캠퍼스의 영화예술대학 건물에 인접해있다. 그림 6.15와 같이 복합관의 건축 양식은 베네치아 양식과 석조 외관을 가진 남부 캘리포니아 미션 스타일의 건축의 해석이라 할 수 있다.

그림 6.15 새로운 영화예술대학의 건축양식 : 남부캘리포니아 미션 스타일(출처 : Hathaway Dinwiddle)

2009년에 USC의 영화예술대학은 대학의 80주년을 기념하기 위해 복합 빌딩 프로젝트를 시작했다. 3단계의 건설이 완성되었을 때 비용이 $165백만으로 산정되었다(기부자에 의해 제공). 시작할 때부터 BIM이 설계, 시공, 그리고 생애주기 유지관리를 위해 사용되었다. 특히, BIM은 프로젝트의 시작 단계에 서부터 건축, 구조, MEP 부분들에서 사용되었고 비용과 공기 관리를 개선하기 위해 모든 부분들 사이의 조정작업에 활용되었다. 기부자도 또한 건물이 지속성과 성능을 극대화하고 100년 설계 수명에 대한 설계가 되도록 요구하였다.

이 복합관은 3단계로 건설되었다(그림 6.16). 첫 번째 단계는 영화예술대학 건물 A(SCA)로 2008년에 완성되었다. 이 건물은 137,000평방피트로 강의실, 프로덕션 랩, 행정실, 200석의 영화관, 전시 홀, 그리고 카페로 이루어졌다. 이 건물은 공기보다 빨리 예산보다 적은 비용으로 완성되었다. 이 공기 단축의 주된 이유는 통합된 방법론으로 재시공을 상당 부분 줄일 수 있도록 협업에 기반을 둔 팀워크이다. 두 번째 이유는 3차원 모델의 이용이 일을 하는 팀이 시각화하고 시공 절차를 개선할 수 있도록 하였다. 세 번째 중요한 공기 단축의 이유는 BIM의 사용이 구조 부재의 상당수를 사전 제작할 수 있도록 했다는 것이다.

단계 2는 2010년에 완공되었고 63,000평방피트의 교육 및 프로덕션 공간을 4개의 빌딩인 영화예술대학 건물 B, C, D, E(SCB, SCC, SCD, SCE)을 포함한다. 건설은 조기 완공되었다. 공기 단축의 주요 원인은 BIM 사용을 통해 강구조의 상당 부분이 사전 제작되었고 이를 통해 30%의 공기를 단축하였다.

단계 3은 건물 F(SCF)로 이 사례 연구가 작성되는 시점에 건설 중에 있다. 이 단계는 80,000평방피트 면적으로 컴퓨터와 미디어 기술 및 작업실로 구성된다. 이 건물은 또한 게임과 영화기술에 관한 교육과 연구를 위해 사용될 것이다.

6개 건물의 복합시설은 에너지 효율성, 내진 성능과 매우 유연한 인테리어를 갖도록 설계되었다. 이 복합시설의 가장 혁신적인 특징 중의 하나는 복층 건물을 위한 구조 시스템이었다. 이는 대규모 지진에 견딜 수 있고 보수 가능한 손상을 갖도록 의도된 연성 하이브리드 시스템을 사용하여 설계되었다. 건물

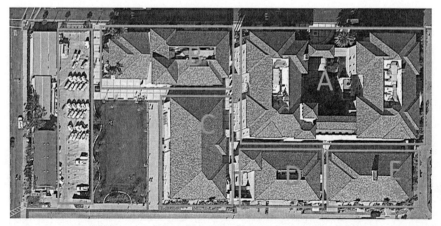

그림 6.16 건물 글자로 표시한 새로운 영화예술대학 건물들

하중을 지지하기 위해 교체 가능한 강재 퓨즈를 사용하여 이 목적을 달성하였다(그림 6.17). 외관은 콘크리트 판인데 연성 연결 전단벽, 라킹 전단 패널, 교체 가능한 강재 퓨즈를 가지고 있다. 이 퓨즈의 개념은 전기에서 회로 차단기와 유사하다(또는 오래된 전기 퓨즈). 높은 하중에서 이 교체 가능한 강재 퓨즈는 항복하고 파단 없이 지진 에너지를 흡수하여 벽체가 손상 없이 견디도록 한다. 이 개념은 건물이 지진에 견디지만 희생되도록 설계한다고 하는 기존의 건물 설계 요구사항을 넘어서도록 개발되었다. 교체 가능한 구조 요소를 사용함으로써 이 퓨즈들은 건물 대신에 희생된다. 따라서 주된 지진 이후에도 이 퓨즈들만 교체하면 되고 전체 건물을 부수거나 재건축할 필요가 없다.

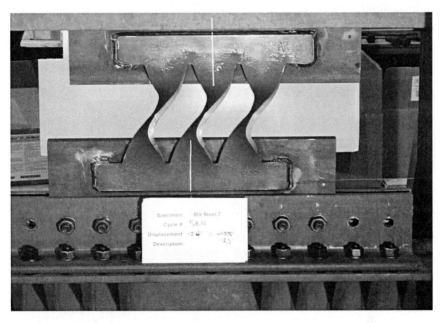

그림 6.17 교체 가능한 강재 퓨즈 지지 시스템(출처 : Gregory P. Luth Associate)

주 건물에 대한 기계 시스템의 설계도 또한 혁신적이었다. 천장에 통합된 복사 가열 및 냉각 패널, 바닥 공기 분배 시스템이 사용되었다. 복사 패널이 설치된 것은 에너지 분석에서 이 시스템이 상당한 에너지 절약을 가져올 수 있다고 밝혔기 때문이다(캘리포니아 에너지 코드에 의해 요구되는 것보다 30% 에너지 절감). 그러나 시설 사용 후에 복사 시스템이 목표한 것만큼 에너지 효율성은 있지만 강의실 같은 곳에서 간헐적인 난방 및 냉방이 필요한 공간에 대한 온도 조절이 어렵다는 것을 알았다. 바닥 공기 분배 시스템은 복사 바닥과 함께 사용되었는데, 주 스크린 룸(영화가 상영되는 룸)의 외부 로비에 사용되었다. 로비의 높은 지붕으로 인해 복사 바닥은 사용자 근처에서 난방과 냉방을 제공하게 되고 이 공간 전체를 냉방 또는 난방하는 데 필요한 전체 에너지와 공기량을 절감할 수 있게 되었다.

단계 2와 3의 기기 시스템은 표준 변동 공기량(VAV, Variable Air Volume) 시스템이다. 예외는 바닥 공기 분배 시스템이 대형 극장에 설치되었다. 따라서 대부분의 기기 시스템은 표준 시스템 형태이다.

BIM FM 적용의 목표

전술한 바와 같이 BIM의 활용은 시작단계부터 이 복합시설의 요구사항으로 설정되었다. 많은 프로젝트 팀원들이 그들의 이전 BIM 이력에 기반으로 선택되었는데, 특히 설계와 시공 기간에 간섭 검토를 위해 사용되기 위해서였다. 그러나 USC 시설물 관리서비스 부서(FMS)의 많은 구성원들은 BIM을 사용하는 것이 처음이었다. 초기에 인식된 장점 중의 하나는 단일 3차원 모델에서 기기, 전기, 화재 안전 및 배관 시스템을 볼 수 있고 상호 관계나 연결을 포함할 수 있다는 것이었다. 이는 이 시스템들을 즉시 보다 잘 이해할 수 있기 때문에 가치가 있었다. 이는 특별히 FMS에 중요한데 건물에서 대부분의 유지관리가 동일 시스템에서 실행되기 때문이다. 게다가 간섭 검토가 수행될 때 모델이 많은 정보를 담고 있다는 것이 명확해지고 이 대부분이 시설물 유지관리 시 의사 결정 흐름에서 사용될 가능성이 있기 때문이다.

프로젝트가 진행되면서 장기적 비전의 한 부분으로 태블릿 컴퓨터가 현장에서 사용되고 건물의 일부분이 겹쳐지면서 3차원 모델에서 마감면 뒤에 무엇이 있는지를 이해할 수 있다는 것이었다.

프로젝트가 처음 시작할 때는 프로젝트의 어떤 단계에서 BIM의 사용을 위한 공식적인 가이드라인이 존재하지 않았다. 따라서 USC 팀은 이 복합시설을 BIM이 어떻게 시설물 유지관리 절차에 활용될 수 있고 FMS, 컨설팅 및 시공사 사이의 의사소통을 좀 더 효율적으로 할 수 있는 프로젝트 정보전달 절차를 개선할 수 있는지를 정하는 기회로 생각했다.

프로젝트가 진행됨에 따라 BIM의 사용이 증가했다. 단계 1 시공기간 동안에 FMS 부서는 어떻게 BIM이 설계와 시공에 활용되는지를 이해하기 시작했다. 이러한 이해의 특정 영역은 다음과 같다.

- 어떻게 BIM이 건물의 구조와 건물 시스템을 3차원으로 정확하게 시각화하는가?
- 어떻게 BIM이 조정작업을 지원하기 위해 설계와 시공에서 높은 품질의 문서를 제공할 수 있는가?

단계 1 동안의 BIM의 활용은 단계 2와 단계 3에서 BIM 활용을 위한 정보를 제공했다. 단계 1 동안 FMS가 BIM을 알았지만 시공 이전에는 이 절차에 능동적으로 참여하지 않았다. 이 시점에 그 팀은 BIM FM의 장점들을 일부 보기 시작했고 시공 기간 동안의 여러 문제들을 해결하는 데 BIM이 어떤 도움이 되는지를 알기 시작했다. 그 결과 FMS는 BIM에 초점을 두고 FM을 어떻게 지원하도록 할 수 있는지를 알기 위해 프로젝트 절차를 따라가도록 위원회를 구성했다. 이 위원회의 주요 관심은 어떻게 BIM이 기존의 FM 기술과 절차에 통합될 수 있을 것인가 하는 것이다.

단계 3에서는 협력사의 하나인 CSI Electrical Contractors가 Revit MEP

를 지하, 상부 배치, 관통 및 장비 배치도를 포함한 샵 드로잉을 생성하는 데 사용하였다. 동일한 소프트웨어가 1.25인치 또는 이보다 큰 직경의 도관, 케이블 트레이, 도관 지지대를 모델링하는 데 사용되었다. Revit MEP 내에서의 피드 스케줄링 기능을 이용해서 좀 더 정확한 인력 및 자재 예산이 산출될 수 있도록 하는 피더의 길이를 정확하게 결정할 수 있었다. 동일한 모델이 도관, 케이블 트레이, 지지대와 같은 것들의 사전 제작을 가능하도록 하였다. CAD가 물론 이 과정에서 사용되었지만 Revit MEP를 사용하는 것이 더 수월하다는 것이 밝혀졌다.

Revit MEP의 또 다른 적용은 면적단위로 전기 구성요소들을 제작하고 패키징하도록 지원했다는 것이다. 예를 들면 특정 면적에서의 전구 고정장치들을 제작자의 패키징에서 분리될 수 있고 이 고정장치에 연결되는 전선의 적정 길이가 산정될 수 있다. 이는 현장에서 설치 속도를 증가시키고 층 평면에서 주어진 층에 고정장치의 수량을 신속하게 산정할 수 있다.

프로젝트 팀과 계약

프로젝트 팀

USC FMS 부서는 BIM FM 적용에서 상당한 역할을 수행했다. FMS는 USC Construction division(CCD)의 자매부서이다. FMS는 University Park 캠퍼스의 261에이크, 떨어져 있는 Health Science 캠퍼스의 72에이크에 걸쳐 있는 220개 대학건물들 내의 13억 평방피트의 공간에 대한 매일 운영, 보수 및 유지관리에 대한 책임을 지고 있다. FMS는 300명의 직원과 1년에 40,000개의 작업 지시에 대한 절차를 가지고 있다. CCD는 신축 또는 개보수 시설물들에 대한 프로그래밍, 설계, 건설, 그리고 준공에 대한 책임을 지고 있다. FMS는 시공 프로젝트가 적절한 운영 및 유지관리가 가능하도록 대학의 기준을 만족하도록 설계 및 시공되는지에 대한 내부적인 품질 관리를 통해 CCD를 지원한다. 추가적으로 FMS는 캠퍼스의 모든 건물들에 대한 시운전에 참여한다.

영화예술대학 복합시설의 설계 및 시공을 완성하기 위해 참여한 시공 및 컨설턴트 팀은 다음과 같다.

- 건축사 : Urban Design Group
- 시공사 : Hathaway Dinwiddie(Phases 1 and 2), Matt Construction (Phase 3)
- 토목엔지니어 : KPFF Consulting Engineers(Phase 1 and 2), Brando & Johnston(Phase 3)
- 기기, 전기 및 배관 설계 엔지니어 : IBE Consulting Engineers(Phases 1 and 2), TMADTad, Taylor & Gaines(TTG)(Phase 3)
- BIM 통합 : View By View
- 구조 엔지니어 : Gregory P. Luth and Associates(GPLA), Inc.

Urban Design Group은 건축설계와 설계 팀의 리더 코디네이터로서 CCD와 함께 프로그래밍, 설계, 시공에 걸쳐 역할을 수행하였다. 3단계에 모두 BIM 통합은 View By View에 의해 BIM의 사용을 통한 협업과 코디네이션을 지원하도록 하였다. BIM 통합의 주된 책임은 모든 부분들과 설계 및 시공 팀에 걸쳐서 모든 BIM 모델을 조정하는 것이다. 간섭 검토가 이 노력의 일부이기는 하지만 설계와 시공 팀의 서로 다른 구성원들의 필요 사항들을 이해하는 것이 또한 필요했다. 사실 수준 높은 BIM 통합 역할을 하는 사람은 문제들을 적절히 지정하고 해결하는 것을 도와서 RFI의 수를 줄여줄 수 있다. 성공적인 BIM 통합 엔지니어는 팀원들이 다양한 개성을 가지고 있기 때문에 효율적인 의사소통이 가능해야 하고 협동과 협업을 지원하기 위한 효과적인 전략들을 종종 결정해야 한다. 최종적으로 BIM 통합 엔지니어는 외교적일 뿐 아니라 능동적이어야 하고 의사결정 절차에서 소유주를 언제 참여시킬 필요가 있는지를 결정할 수 있어야 한다.

개발된 BIM FM이 사용됨에 따라 View By View는 FM을 포함하도록 서비스를 확장하였다. 그들은 BIM을 사용하기 위한 기술과 절차를 이해해야 하고 적절한 질문을 할 수 있도록 충분한 설계 및 시공에 관한 지식을 갖추고 있어야 한다. BIM FM이 목표일 때는 동일한 BIM 통합 엔지니어가 설계, 시공, FM을 위한 목적의 준공 단계에 걸친 전 프로젝트에 참여하는 것이 이상적이다. 이를 통해 BIM의 전망을 수립하고 소유주의 가장 중요한 관심사를 지원할 수 있게 된다.

BIM 통합 역할은 설계와 시공 프로젝트 전체에 걸쳐서 공통적인 역할이 아니기 때문에 BIM 통합 역할을 고용할 필요가 있는지를 평가할 때 다음 사항을 고려해야 한다.

- BIM 통합 역할이 프로젝트의 한 단계 또는 생애주기 동안에 고용되어야 한다면 생애주기 동안 2가지 장점이 있을 수 있다. (1) 프로젝트 팀 사이의 신뢰를 구축할 수 있다. (2) 프로젝트의 서로 다른 단계에 걸쳐 좀 더 나은 정보가 공유될 수 있다.
- BIM 통합 엔지니어가 사용되는 기술들에서 가진 경험과 어떻게 팀 협업을 육성하고 다양한 프로젝트 팀 이해관계자들의 신뢰를 받을 수 있을 것인가이다.
- BIM 통합 역할이 설계와 시공 팀에서의 BIM 매니저가 맡은 책임을 대신하는 것을 의미하지 않는다. 이러한 역할들은 일반적으로 리더 컨설턴트와 최종 준공을 책임지고 있는 시공사의 고용자에 있다.

계약 구조

역사적으로 USC는 전체 최대가격(GMP, Gross Maximum Price) 계약을 사용해왔다. 이 형태의 계약은 보통 사전 시공 서비스를 위해 시공사(GC)와 협상 금액을 포함한다. GC는 USC와 GMP 예산을 책정하기 위해 일하고 이후 시공 계약의 기본으로 사용된다. 추가적으로 설계를 지원하는 일들이 보통 이루어진다. 그림 6.18은 계약 구조와 프로젝트 팀의 구성원들을 보여준다.

GMP 구조와 통합된 접근법에 대한 원칙들은 영화예술 복합시설의 3단계 전체에 걸쳐서 활용되었다. 건축사인 Urban Design Group은 통합된 준공 방식(integrated delivery approaches)이 그들의 일반적인 사업 실무형태의 일부여서 익숙한 상태였다. 이 프로젝트에서는 통합된 접근 방식이 건축가, 엔지니어, 그리고 시공사 간의 협동의 수준을 높이는 것으로 나타났다. 이는 초기 설계단계에서 제공된 시공성에 대한 인지가 일을 동시에 수행할 수 있도록 유도하였다.

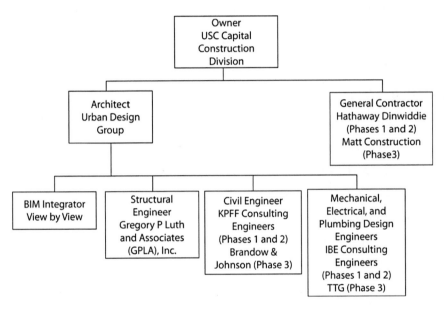

그림 6.18 팀 구성을 보여주는 전체 최대 가격 계약구조

협 업

시공의 각 단계가 완료됨에 따라 협업 도구의 사용도 증가했다. 단계 1 동안에는 대면하는 방식의 팀 협업이 가장 일반적인 협업의 방법이었다. 단계 2와 3에서는 GoToMeeting과 같은 협업의 가상적인 방법이 대면 협업을 보충하기 위해 사용되었다. 팀은 월 단위 정도의 대면 협업 회의로 전환되었고 이 회의의 나머지는 가상으로 진행되었다. 가상 협업이 매우 효과적이었음에도

불구하고 가상 협업만 하는 것은 바람직하지 않았다. 어떤 협업은 대면 방식의 의사소통이 가장 잘 이루어졌다. 정기적인 대면을 통한 의사소통이 없으면 프로젝트 팀은 분열될 수 있다.

사용된 소프트웨어

3단계에 모두에 걸쳐 많은 서로 다른 소프트웨어 패키지가 사용되었다. 이를 분류하면 (1) BIM 저작, (2) 제작, (3) 협업, (4) 미들웨어, 또는 (5) 시설물 관리이다. 이 사례 연구에서는 이 모든 것들을 자세하게 다룬다. 사용된 특정 소프트웨어는 다음과 같다.

- BIM 저작
  - Autodesk : Revit Architecture, Revit MEP, Revit Structure, AutoCAD Civil3D
  - Tekla Structure
- 상세/제작
  - AEC CADpipe, CADduct
- 협업 소프트웨어
  - e-Builder
  - GoToMeeting
- 미들웨어
  - Navisworks
  - EcoDomus
- 시설물 관리
  - Accruent : FAMIS(CMMS)
  - Honeywell : Enterprise Building Integrator(BAS)
  - BlueCielo : Meridian Enterprise(DMS)

BIM 저작 소프트웨어

단계 1을 진행하는 동안에는 BIM과 2D 캐드 패키지를 함께 사용해서 설계와 시공 문서들을 완성했다. 건축 및 구조도면은 Revit을 사용했고 MEP 도면들은 AutoCAD로 작성되었다.

프로젝트가 단계 2로 접어들면서 모든 문서들이 BIM 저작 소프트웨어를 활용해서 만들어지도록 요구되었다. USC는 다른 BIM 저작 소프트웨어가 좀 더 나은 결과를 제공할 수 있는 것이 증명되지 않는 한 Revit를 사용하기로 결정하였다. 하나의 예외가 Tekla Structures로 이는 구조 설계에 사용되었다. 구조 엔지니어에 따르면 3단계 모두에서 Tekla가 세계적으로 오랫동안 제작을 위한 구조 샵드로잉을 만드는 데 사용되어왔다. Tekla가 설계자와 시공자둘 다에 의해 사용되면 구조 엔지니어와 시공자 사이의 중복된 노력을 줄일수 있고 의사소통을 개선할 수 있다. 추가적으로 설계와 시공에서 동일 소프트웨어가 사용되면 설계자가 설계 의도를 넘어서 도면의 품질을 개선할 수있는 기회를 가질 수 있고 설계에서 시공성을 고려하는 사전 시공에 대한 노력의 일환으로 시공자와 일할 수 있게 된다. 이러한 접근법으로 설계자와 시공자가 통합된 방법을 갖는 것이 중요하다.

구조와 관련되지 않은 설계자와 시공자를 위해서는 무료 뷰어인 Tekla BIM sight가 Tekla Structure 모델을 볼 수 있도록 사용될 수 있다. 이 뷰어는 프로젝트 팀의 누구나 전체 구조 BIM을 볼 수 있고 모델의 스냅사진을 만들수 있다. 이러한 스냅사진들은 RFI(Requests For Information)에 대응하거나 이를 만들 때 조정과 의사소통의 도구로 사용될 수 있다.

서로 다른 BIM 소프트웨어로 Tekla와 Revit이 사용되어도 Navisworks를 이용하여 모델을 조정하는 것이 가능하다(이후 논의함). 단계 2에서는 설계자들이 완전히 조정된 시공 문서들을 제공하였는데 건축, 구조, 토목, MEP 도면을 포함하였다. 이 도면들 사이의 충돌을 제거하기 위해 종종 덕트나 도관들의 위치를 원래 제안된 위치에서 좀 더 전체 시스템의 배치에 적합하고 실무적으로 좀 더 잘 설치될 수 있는 방향으로 이동할 필요가 있다. 내장된 BIM 저작 소프트웨어 특성(Revit에서 참조 검토와 같은)과 함께 Navisworks의 간섭 검토 기능들을 사용하면 좀 더 완전하게 조정된 엔지니어 도면들을 제공할 수 있게 된다.

BIM 저작도구의 견고함이 3년에 걸친 시공기간 동안에 포함되었다. 프로젝트가 처음 시작되었을 때 BIM 저작 도구의 가장 중요한 제한사항 중의 하나가 큰 모델 용량을 다루는 것과 이것이 성능에 미치는 영향이었다. 소프트웨어가 개발되고 모델을 관리하는 방법이 개선됨에 따라 사용자들이 데이터와 그래픽 정보들을 다루기가 쉬워졌다. 이 개발의 예는 여러 종류의 조정을 지원하고 원격 파일 공유를 지원하기 위해 파일을 불러들이고 내보내기 하는 파일 검토하는 대안으로 파일들을 연결하고 워크세트를 만드는 방법들을 포함한다.

프로젝트가 단계 2의 끝으로 진전되면서 BIM 요구사항들이 좀 더 정제되고 BIM 가이드라인이 만들어졌다. BIM 가이드라인은 수작업으로 엑셀과 같은 도구 내에서 아무 지능적 기능 없이 스프레드시트 테이블에 붙여넣기나 하드코딩해서 스케줄을 만드는 것과 반대로 변수화된 속성들을 이용한BIM 모델로부터 생성된 장비와 요소들의 스케줄에 대한 요구사항을 포함한다. 연관된 장비 패밀리와 형태 또는 경우에 대한 변수들을 이용한 BIM 저작 소프트웨어에서 스케줄을 생성하는 것은 이 데이터가 미들웨어에 내보기기가 가능해지고 USC의 경우에는 CMMS에 불러들여지기도 가능하게 된다. 이 사례 조사가 작성될 때 데이터가 BIM에서 내보내기되고 EcoDomus(미들웨어)에 불러들여지기가 되었다. 그러나 CMMS(FAMIS)에 직접 불러들여지기는 개발 중에 있었다.

Revis에서 패밀리 변수에 기반을 둔 장비 스케줄을 만드는 것은 많은 장비/구성 요소 패밀리들이 없기 때문에 설계자가 그들의 표준 라이브러리의 일부분으로 생성할 필요가 있기 때문에 쉽지 않을 수 있다. 게다가 자동화된 전체 스케줄 생성을 목표로 하는 것을 지원하기 위해 좀 더 사용자 정의 속성들을 설정하려는 시도가 있으면, 원하는 수준에서 객체(패밀리)에 어떻게 더 많은 변수들을 속성으로 넣을 수 있는지에 대한 지식이 필요하다. 많은 BIM 저작 도구들이 설계자를 위한 그래픽 도구를 제공하는 반면에 정보를 관리하고 공유하는 기능들은 그렇게 잘 개발되어 있지 않다. 새로운 객체들이 BIM 모델에서 요구되는 정도로 이것은 설계를 완성하는 데 소요되는 시간을 증가시키고 모델로부터 데이터를 생성하는 표준화된 접근법을 방해하게 된다. Revit에서 스케줄을 생성하는 것은 BIM 저작도구들을 적절히 사용하도록 하고 그 후에 데이터를 표준화된 파일 포맷인 IFC 또는 COBie(스프레드시트)를 위한 포맷으로 내보내기가 될 수 있기 때문에 중요하다. 이는 또한 CMMS나 시설물 관리 정보 시스템의 입력으로 사용될 수 있다.

이러한 산업계에서의 시도들에 더해서 FMS는 Revit 내에서 설계자가 사용할 수 있는 공유된 변수들의 파일을 생성했다. 공유 변수들의 파일들은 시설물 관리자들이 설계자에게 어떤 정보가 건물이나 특정 장비/구성요소 객체(패밀리)에 대해 수집되어야 하는지를 전달할 때 사용될 수 있는 템플릿이다. 즉, 공유 변수 파일들은 공기 조절 장치와 같이 각 시스템과 그들의 설비의 형태에 필요한 정보를 정의하는 속성들을 포함한다. 공유 변수 파일들에 포함되는 정보의 형태는 전형적으로 2차원 도면 세트에 있는 장비와 구성요소 스케줄들에서 보이는 정보들과 유사하다.

초기에 FMS는 모든 주요 설비와 관련된 마스터 속성이라 불리는 높은 수준의 정보에 초점을 두었다(그림 6.19). USC에게 마스터 속성의 중요성은 시설물 관리 정보 시스템들의 하부 통합을 가능하게 하기 위해 사용될 필수적인 'hooks' 데이터베이스를 제공하는 데 있다. 비록 몇몇 USC 직원들이 '마스터 속성들'은 COBie 표준에 맞는 데이터를 포함해야 한다고 하지만 그들의 의도는 모든 COBie 데이터를 획득하는 것은 아니다. 예를 들면 어떤 COBie 데이터는 장비 스케줄에서 발견되고 FMS에 의해 범위가 설정된 데이터 카테고리가 서로 배타적이지 않기 때문에 표준 COBie 데이터의 전부가 장비 스케줄에 있는 것은 아니다. O&M 단계에서 자산의 궁극적인 관리를 위한 데이터를 구성하기 위한 노력으로 다음의 4가지 카테고리들이 설정되었다. (1) 마스터 속성, (2) 스케줄 속성, (3) 표준 COBie 속성, 그리고 (4) 소유주 확장 속성. 어떻게 데이터를 분류할지를 평가할 때 하나의 데이터가 여러 가지 방법으로 분류될 수 있다는 것을 인식하는 것이 중요하다. 이 카테고리들의 목적이 프로젝트의 설계, 시공, 준공을 거치면서 어디서, 언제, 이 데이터가 수집되는지를 좀 더 명확하게 의사소통하는 데 있다. 마스터 속성과 스케줄 속성들은 설계 모델들에서 얻어져야 하고 나머지 카테고리들에 있는 데이터의 대부분은 시공자에 의한 프로젝트 막바지에 얻어지고 준공 시 포함된다.

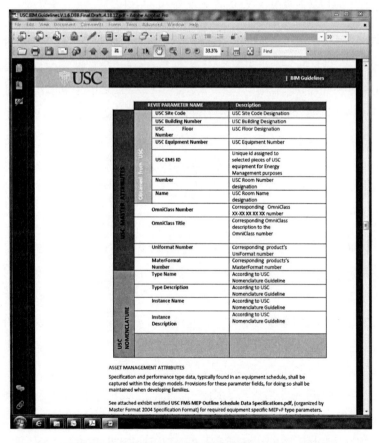

그림 6.19 공유 변수 파일들의 내용(출처 : USC FMS)

모델 공유 노력의 극복

프로젝트 참가자들 사이에 모델 공유를 지원하기 위해서 계약 요구사항에 USC가 모든 모델을 소유한다고 명시하고 있다. 이것이 설계와 시공 팀이 모델이 서로 공유될 수 없어서 생기는 법적 문제 또는 리스크로 클레임을 거는 것을 방지하는 것으로 믿었다.

단계 2에서 설계와 시공 팀 사이에 모델 공유에 관한 문제가 발생하였다. 설계 모델이 완전히 조정된 후에 시공자에게 전해졌는데, 대부분의 시공 협력사들이 Revit 라이선스가 없거나 BIM 저작도구에 익숙하지 않다는 것을 인식하였다. 가능한 이 모델들을 최대한 활용하기 위해서는 설계 BIM에서 3D DWG 파일들을 내보내기하여 협력업체의 상세 소프트웨어에 불러들여야 했다. 프로젝트가 효과적으로 진전되었음에도 불구하고 중요한 교훈은 설계 팀이 사용하는 소프트웨어가 시공 팀에 의해 사용하는 것과 반드시 같을 필요는 없다는 것이다. 이는 물론 업계에서 토론 중인 문제이고 파일 연동성의 필요성을 강조하는 것이다.

협업 소프트웨어

제출물, 정보 요구서(RFI), BIM 모델들과 다른 모든 시공 프로젝트 문서들을 효과적으로 관리하기 위해 웹기반의 프로젝트 관리 소프트웨어인 e-Builder 라는 것이 단계 3에서 구현되었다(그림 6.20). e-Builder의 'document' 부분은 파일이 제출되고 편집될 때 그 과정을 추적 기록하기 위해 FTP 사이트로 접속하는 디지털 교환 서버의 역할을 한다. E-builder는 파일 관리 기능 이외에도 USC의 프로젝트 관리와 의사소통 표준들에 관한 형식과 절차들을 다룬다. 이 사례 조사를 하는 때에 대학은 e-Builder로 BIM을 좀 더 지원하고 독자적인 디지털 교환 서버를 대체할 수 있을지에 대해 검토 중이다.

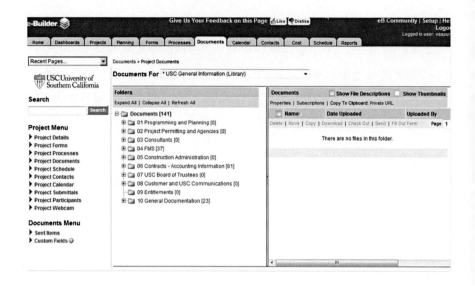

그림 6.20 웹기반 자본 프로그램과 시공 프로젝트 관리 소프트웨어인 e-Builder의 화면 (출처 : USC FMS)

미들웨어

미들웨어는 2개의 다른 소프트웨어 패키지들 사이에서 정보 교환과 어플리케이션들을 연결하도록 하는 소프트웨어이다. FM을 지원하기 위한 정보는 설계와 시공 프로세스에 걸쳐 수집되기 때문에 미들웨어는 시설물 관리 소프트웨어에 분배하고 통합하는 것을 개선할 수 있도록 이 정보를 수집 및 관리하고 패키징하는 것을 도와줄 수 있다. 이 사례 연구가 작성될 때 시공 협력업체는 EcoDomus가 어떻게 장비 시방 데이터와 같은 정보를 수집하는지를 배우고 있다. 예를 들면 이 데이터는 원래 설계 모델들에 입력된 것을 대체할 수 있고 제출 승인과정에서 약간의 변경이 있을 수 있다. 목표는 USC에게 중요한 데이터를 협력업체가 효과적으로 수집하는 방법을 제공하는 것이었다. 데이터는 (1) 표준 COBie 속성들과, (2) 소유자가 확장한 속성들로 카테고리가 나뉘게 된다.

영상예술 프로젝트 기간 동안에 Navisworks는 간섭 검토에 사용되었고

EcoDomus는 BIM 저작도구 소프트웨어로부터 정보를 내보내고 관리하기 위해 사용되었다. 이들은 다음에 설명하도록 한다.

Navisworks

Navisworks는 팀으로 하여금 설계와 시공 BIM 모델들을 복수의 파일 형태로 받을 수 있게 하고 이들을 묶어서 하나의 마스터 모델로 만들어준다. 예를 들면 CADpipe와 CADmech, 그리고 Revit 파일들이 하나의 단일 파일형태로 결합될 수 있다. 결합된 파일은 간섭 검토와 협업을 위해 사용될 수 있다.

단계 1 동안에 프로젝트 팀은 Navisworks를 모델 뷰어로 장비 기록들과 FM 소프트웨어인 FAMIS CMMS, BlueCielo 문서관리 시스템(DMS)으로부터 The Honeywell BAS, Meridian Enterprise(그림 6.21, 6.22, 6.23 참조) 사이의 연결을 가지는 'proof of concept' 포털을 만드는 데 사용되었다. 그

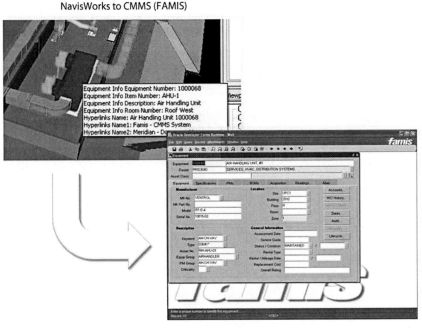

그림 6.21 Navisworks와 CMMS를 연결하는 포털(출처 : USC FMS)

림 6.21은 Navisworks 뷰어에서 공기 조절 장치(AHU)와 CMMS에서 AHU 장치 기록을 보여준다. 그림 6.22는 뷰어와 BAS에서 AHU 그래픽 사이의 연결을 보여준다. 그림 6.23은 뷰어와 DMS에 있는 운영 매뉴얼을 구성하는 여러 문서들 사이의 연결을 보여준다. 여기에 나타난 특정 데이터 시트는 그림, 형태, 설명과 unit fan curve를 포함한 공기 조절 장치에 관한 정보를 제공한다. 그림과 같이 이러한 연결의 의도는 사용자가 Navisworks 모델 뷰어 인터페이스로부터 다른 3개의 FM 소프트웨어 시스템인 CMMS, BAS, DMS 중의 하나와 연결하는 것이었다. 요구된 정보의 어떤 것도 Navisworks의 모델 뷰어에 'hard'하게 붙지 않고 이 정보가 계속 관리될 수 있는 실제로 적절한 FM 정보 시스템에 존재한다는 것이 중요하다.

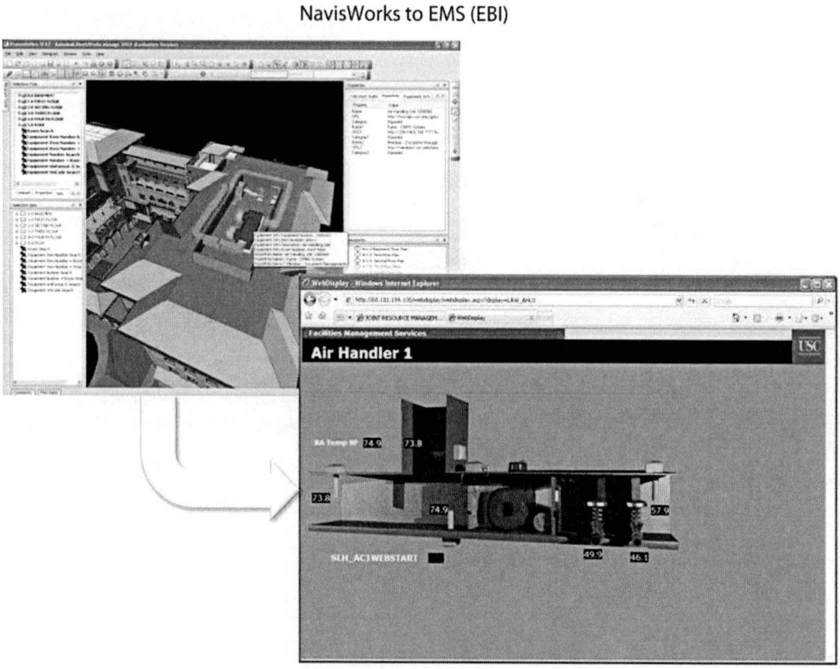

NavisWorks to EMS (EBI)

그림 6.22 Navisworks와 BAS를 연결하는 포털(출처 : USC FMS)

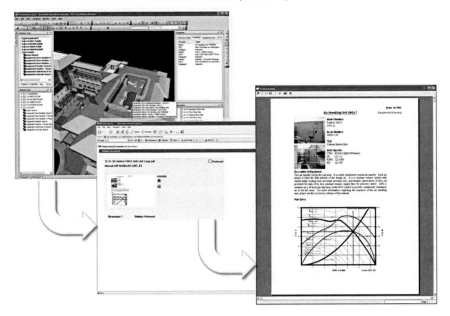

그림 6.23 Navisworks와 DMS를 연결하는 포털(출처 : USC FMS)

포탈은 2가지 방법으로 접근될 수 있다. 첫 번째는 FM 정보 시스템 첫 번째 페이지에 있는 나열되어 있는 링크를 이용하는 것이다. 두 번째는 그 전의 3가지 예시들처럼 Navisworks의 모델 뷰어 인터페이스를 이용하는 것이다. 3D 뷰어로 시작하는 두 번째 방법이 사용자들이 제일 많이 사용할 것으로 예상되었다. 콘셉트는 사용자가 일단 뷰어에 접속하면, 공기 조절 장치와 같은 사용자의 관심 영역을 추적할 수 있다. 사용자가 AHU 위에 커서를 올리면, 장비 번호나 아이템 번호(AHU-1과 같은), 장비 설명, 방 번호가 구분된 FM 정보 시스템, BAS, CMMS, 그리고 DMS로 이어지는 링크와 같은 고급 정보들이 나타난다.

링크를 클릭하면 사용자는 바로 원하는 정보를 갖는 소프트웨어로 연결되는 데 문서관리 시스템에 있는 공기 조절 장치의 보증 정보와 같은 것들이다. 사용자가 BAS로 연결되는 공기 조절 장치의 링크를 클릭하면 BAS에서 공기 조절 장치에 해당하는 그래픽으로 직접 연결된다. 유사하게 링크가 CMMS로 가는 것을 클릭하면 사용자는 CMMS 내의 공기 조절 장치에 대한 자산 기록으로 직접 연결될 수 있다. 이러한 절차들이 가능해지기 위해 각 링크는 그 자산에 대한 유일한 인식자에 관한 정보와 관련된 내장된 쿼리를 가지고 있었다. 예를 들면 DMS 내에 있고 특정 공기 조절 장치와 연관된 모든 문서들은 건물 번호와 그들에게 적용된 유일한 자산 식별자를 갖게 될 것이다. 이 포털 개념에 관한 추가적인 논의와 개발의 방향성은 추후 다룬다.

프로젝트의 각 단계가 완성됨에 따라 Navisworks의 사용이 이루어진다. 예를 들면 FMS는 조정된 모델들을 사용을 원하기 때문에 FMS는 몇 단계에 걸쳐 시스템의 컬러 코딩, 파일 명칭, 구성요소의 위계, 구성요소의 명칭이 정확하도록 모델을 정리하였다. 시공자가 정리된 모델을 제공하는 것이 초기의 목표였지만 일반적인 실무에서는 요구된 수준의 컬러 코딩과 명칭 부여를 가진 모델을 제공하지 못한다. 대신에 현재의 실무에서는 주로 모델을 간섭 검토와 협력업체가 상세와 제작을 위해 요구하는 특정 사항을 만족하는 수준에서 이용하고 있다. 따라서 FMS와 형식 요구사항에 맞게 정리된 모델을 위한 BIM integrator의 작업이 필수적이라고 결정되었고, 이 노력은 USC BIM 가이드라인에 기술되어 있다. 초기 예측과 현재 실무 사이의 차이는 FMS에게 현 상태를 도전하는 리더로서의 인식하도록 하는 기회를 제공하였다.

EcoDomus PM

EcoDomus PM은 단계 2를 진행할 때 시험된 미들웨어 소프트웨어이고 단계 3에서 소프트웨어간의 통합과 데이터 수집을 지원하기 위해 사용되었다. 또한 문서들의 중앙 등록 및 저장소로 사용될 수 있고 나중에 소유주에게 순차적으로 전달하게 될 것이다. 일단 수집되면 데이터베이스에 유지되고 FM 정보 시스템과 같은 다른 곳에 내보내기될 수도 있다. 정확한 데이터가 정확한 포맷으로 수집되는 가능성이 개선할 수 있도록 품질 제어와 데이터 검증 절차에 COBie가 사용된다. COBie와 같은 표준의 사용은 최소 데이터와 문서에 대해 어떤 정보가 수집되어야 하는지를 결정하는 구조를 제공한다. EcoDomus는 서로 다른 BIM 저작도구와 같은 많은 소프트웨어 시스템으로부터 데이터를 불러들이고 SQL 데이터베이스에 저장한다. BIM으로부터 데이터는 모델에서 내보낼 수 있고 BIM의 파일 사이즈를 줄이기 위해 BIM 외부의 데이터베이스에 저장한다. 예를 들면 프로젝트 완공 전에 설계자와 시공자는 EcoDomus의 기록에 정보를 붙일 수 있고 나중에 FM 시스템으로 정보를 내보낼 때 사용될 수 있다.

데이터/문서 품질 관리와 절차 리포팅과 같은 다른 다양한 목적으로 USC는 EcoDomus PM을 설계, 시공, 준공에 이르도록 활용할 수 있도록 제안하였다. 이는 데이터의 모든 카테고리를 수집하고 주로 CMMS인 다른 시스템으로 내보내기 전에 그러한 데이터를 검증하는 수단을 제공한다. 원활한 데이터 통합이 BIM 저작도구와 미들웨어 패키지 사이에서 이루어지도록 FMS 소프트웨어 기술 파트너들의 자리를 대신할 수 있는 노력은 계속된다. EcoDomus PM과 FM은 독립적인 시스템이고 PM에서 EcoDomus의 FM 제공으로 전환하는 데 많은 이점들이 있음에도 불구하고 두 시스템은 독립적일 수 있고 적용해서 명확한 목표의 차이를 가지고 있다. 미들웨어의 전통적인 정의(데이터와 문서 전달) 측면에서 PM은 이 카테고리에 속한다. 진행 중인 EcoDomus FM의 개발을 알려주고 FM 정보 시스템과의 통합을 달성하는 개념을 증명하는 용도로 USC와 파트너십에 대해 좀 더 논의할 것이다(다음 단계 2 포털의 토의 참조).

EcoDomus FM
EcoDomus FM은 FM 정보 시스템(www.ecodomus.com/ecodomusfm.html)과 같은 다른 소프트웨어 패키지와 양방향 데이터 프롬을 제공하는 것을 제안한다. 예를 들면, 센서와 미터 데이터를 관리하고 보여주는 BAS 서버로부터 데이터를 소비할 수 있고 이 데이터를 BIM 모델과 함께 보여준다.

서로 다른 FM 소프트웨어 사이에서 데이터를 연결하기 위해서는 다음 2가지 방법이 사용될 수 있다.

- 하이퍼링크(Hyperlinking)
- 데이터 통합(Data integration)

EcoDomus가 하이퍼링크에 사용될 수 있음에도 불구하고 이 기능이 USC의 마지막 목표는 아니었다. 예를 들면, BAS는 외부 기온을 표시할 수 있다. 만일 사용자가 이 동일한 외기 온도를 EcoDomus에서 보는 것이 필요하다면 데이터 통합의 결과로 EcoDomus 내부의 필드를 통해서 직접 보일 수 있을 것이다. BAS 대신에 EcoDomus에서 데이터를 보는 것은 사용자가 BAS를 찾아볼 필요가 없기 때문에 시간을 줄여준다. 이는 또한 '포털 솔루션'이 데이터 측면에서 다른 FM 정보 시스템들과 통합되고 동기화될 수 있는 능력을 보여주는 것이다. 그림 6.24는 두 번째 예제를 보여주고 있다. 그림에서 EcoDomus의 시각화 부분은 inline fan을 보여준다. 오른쪽에는 팬에 대한

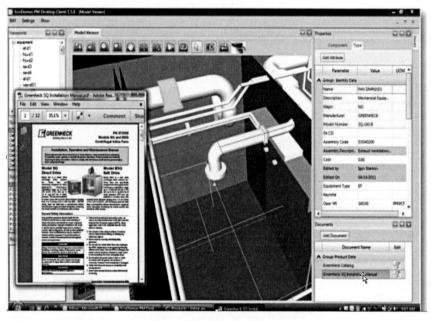

그림 6.24 inline fan의 위치와 운영 및 관리 매뉴얼을 보여주는 EcoDomus(출처 : USC FMS)

일반 정보가 제공된다(이는 CMMS와 함께 있는 정보이다). 왼쪽에는 팬에 대한 운영 및 유지관리 매뉴얼이 있고 이는 DMS 내에 있는 문서이다. 이 인터페이스는 또한 BAS와 관련된 창을 포함하는데, 전통적으로 BAS에 의해 관리되고 접근되었던 상태 데이터를 표시하기 위한 것이다.

EcoDomus는 Phase 1 동안에 2009년 여름에 이 프로젝트에 참여하기 시작했다. 그러나 EcoDomus와 USC가 공식적으로 시작한 것은 FMS팀이 어떤 정보가 BIM에 있어야 하는지와 어떤 데이터가 시설물 관리를 위해 사용될 수 있는지를 결정하려고 노력한 Phase 2 동안이다. O&M 부서들과의 인터뷰를 통한 피드백으로 USC는 EcoDomus FM의 진전된 개발을 도와주었다. 특히, FM 기능을 위한 인터페이스의 주요 구성을 명시하였다. 결론은 어느 정도 수준의 모델 뷰어와 시각화의 그래픽 제어와 결합된 데이터와 문서 검토 목적의 가벼운 버전의 FM 정보 시스템을 제공하는 것이었다. 데이터의 최종적인 소스는 개별적인 FM 정보 시스템들이었다. EcoDomus FM의 기능은 이러한 시스템들을 동기화시키고 현재 데이터에 접근하고 보여주는 것을 허용하는 것이다.

시설물 관리 시스템(Facility Management Systems)
이 장에서 논의하고 있는 시설물 관리 소프트웨어는 대형 시설물 유지관리 조직들이 일반적으로 사용하고 있는 CMMS, BAS, DMS, 그리고 CAFM들이다.

컴퓨터화된 유지관리 시스템(CMMS, Computerized Maintenance Management System)
Accruent의 FAMIS는 USC가 약 14년 동안 사용해왔고 자산관리, 재고관리, 서비스 요청서 만들기, 예방적 유지관리 작업 지시서 관리, 그리고 작업 지시를 완료하기 위해 사용되는 서비스와 재료의 시간과 비용 산정에 활용된다. FAMIS는 오라클 데이터베이스를 이용하고 고용인 기록을 관리하기 위해 재정 관련 데이터베이스와 통합된다. 그림 6.25는 FAMIS의 스크린 모습이고 공기 조절 장치에 대한 장비 기록을 보여준다. 유지관리 서비스 요청(customer resource center, 고객 자원 센터)을 받는 O&M 부서원과 FMS 부서는 이것들을 진행하고 끝내기 위해 필요한 시간, 재료, 노동력을 지정하고 관리하기 위해 주로 FAMIS로 상호 협업을 진행한다.

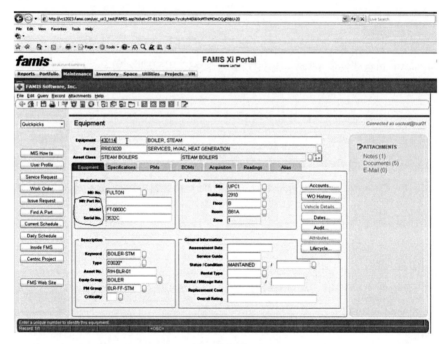

그림 6.25 FAMIS 장비 기록의 화면(출처 : USC FMS)

CMMS에서 자산의 위치 기록들은 캠퍼스, 건물, 층, 그리고 방으로 구분되어 있다. 또한 시스템과 장비 형태로도 분류된다. 상세 정도는 일반적으로 AHU, 펌프, 냉각기와 같은 수준의 장비이다. 그러나 보일러의 가스버너와 같은 몇 개의 예외는 있다. 이 예외들은 장비의 원래 부분과 비교해서 그 부분의 교체 주기에 의해 결정된다. 예를 들면, 공기 조절기는 냉각 코일, 히팅 코일, 필터,

팬 또는 모터에 대해 독립적인 기록들이 관리되지는 않는다. 공급 팬에 대한 정보와 같이 시스템상의 부분들에 대한 정보가 가용하다면 공기 조절기의 자산 기록의 일부분으로 사양 부분(specification section)에 기록될 수 있다.

FAMIS가 원래 설정될 때 컨설턴트가 FMS가 자산들을 분류할 때 UniFormat 표준을 사용하도록 도와주었다. 오늘날 UniFormat은 여전히 FMS가 적절하도록 하부 레벨에 사용되고 있다. USC 캠퍼스에 새로운 건물이 생길 때 자동으로 FAMIS가 이 새로운 건물과 일반적으로 관련된 설비의 전형적인 형태들의 자산 기록을 생성하도록 스크립트가 실행된다. 이 스크립트는 110개의 자산 기록들과 새 건물에 대한 스크립트가 실행된 후에 자동으로 생성되는 각각의 필드들을 포함한다. 이 기록들의 대부분은 HVAC와 배관 설비와 시스템들이다. 스크립트는 계층적인 필드들을 포함하는데, 특정 장비 기록과 관련한 3층의 데이터를 허용하고 이로 인해 부모 장비 자산(parent equipment asset)과 하위(child) 구성 부분의 관계를 추적할 수 있게 한다.

건물 자동화 시스템(BAS, Building Automation System)
Honeywell Enterprise Building Integration(Honeywell BAS) 시스템이 USC에서 사용되는데, 모든 캠퍼스에 주요 HVAC 시스템들의 제어, 모니터링, 경고, 그리고 방향성을 제공한다. Honeywell BAS는 건물 자동화를 위해 거의 모든 건물에 사용된다. 이는 통합의 대상으로 오직 하나의 BAS 벤더 제품만 있기 때문에 통합을 위해서는 장점이 될 수 있다. 게다가 이는 FMS에 동일 서비스 관계, 시스템에 대한 직원들의 익숙함, 그리고 공급 채널의 공통 부분 측면에서 장점을 제공한다. 최종적으로 캠퍼스 건물의 업그레이드와 증가에 따라 이 BAS의 사용을 확장하는 것을 수월하게 할 수 있다. 이 사례 연구가 진행될 때 BIM과 BAS의 통합은 초보 단계였다. FMS는 장비의 주요 부품의 운영 상태에 관련된 실시간 데이터 접근을 허용하기 위해 Honeywell과 EcoDomus의 파트너십을 통해 이 통합으로부터 좀 더 이익을 얻기 위해 계속 노력하고 있다. 관련된 데이터는 BAS가 갖는 그래픽 내에서 표시되고

대부분의 데이터베이스 적용보다 높은 빈도로 갱신된다. 그림 6.26은 공기 조절기의 Heneywell BAS 그래픽의 스크린이다. 이 그래픽은 공급 및 회수 공기 팬들, 온도, 상대습도와 공급 및 회수 공기의 엔탈피, 시스템 정적 압력, 난방 및 냉방 코일에서의 밸드 개방률, 그리고 공기 조절기의 현재 운영상태를 정의하는 많은 다른 변수들의 운영상태를 보여준다.

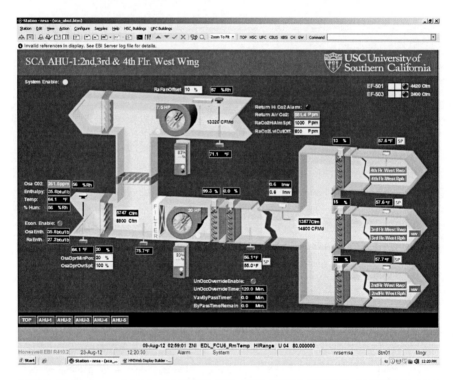

그림 6.26 Honeywell BAS 시스템에서 BAS 공기 조절기 그래픽의 스크린(출처 : USC FMS)

문서 관리 시스템(Document Management System)

Meridian Enterprise System의 문서 관리 시스템(DMS)은 캠퍼스에 있는 O&M 매뉴얼, 도면, 보증서 정보를 포함하고 이외에도 제한 없이 전자 건물의 정보를 담아두는 주 저장소의 역할을 한다. DMS는 데이터를 조회하여 조직

하고 CAD 매니저가 관리하는 데이터베이스이다. 그림 6.27처럼 DMS는 프로젝트 문서들을 구축하여 조직화할 수 있다. DMS는 CMMS와 통합되어 있고 두 시스템을 연결하고 있다. 예를 들면, DMS에 있는 문서는 CMMS에 있는 자산, 프로젝트, 또는 위치 기록에 첨부될 수 있다. 실무적인 예를 들자면, CMMS에 있는 작업 지시서는 각각의 장비 부품과 위치를 지정한다. CMMS의 첨부 기능에는 DMS를 실행시키는 탭이 있는데, 이는 독립적으로 로그인해서 자동으로 각 장비 기록에 첨부된 문서를 조회하는 기능을 이용한다. 세션 내에서는 CMMS 첫 번째 조회가 완료되었을 때, DMS에 한 번만 로그인하면 된다.

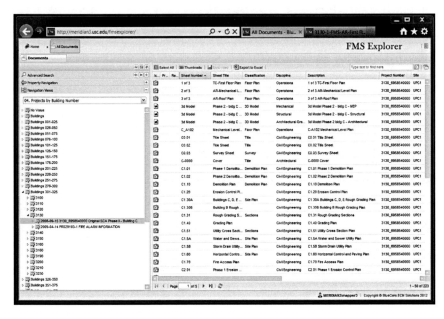

그림 6.27 건물 단위의 DMS 프로젝트 리스트 화면(출처 : USC FMS)

공간관리를 위한 컴퓨터 기반의 시설물 관리 시스템(CAFM)
USC에서는 공간 관리가 Financial and Business Services 부서에 의해 다뤄져서 FMS의 소관이 아니다. 공간은 정확한 방 번호와 공간을 소유한 부

서들, 그리고 다른 공간 데이터에 대한 정확한 기록을 가지고 관리된다. 공간 정보를 업데이트하기 위해 2차원 도면이 사용되는데, 방의 경계를 따라 여러 개의 선을 그리고 이 선들이 공간 데이터의 여러 층을 이루어 공간들의 주제도 (thematic map)를 만들게 된다(예를 들면 기능에 따른 부서별 색 코딩). 분명히 이러한 공간 데이터는 BIM에서 추출될 수 있고 좀 더 효과적으로 주제도를 생성하고 나아가서 CAFM 시스템이나 다른 관련 재정관리 소프트웨어와 통합될 수 있다. FMS CAD 부서는 현장 조사와 모든 건물의 정확한 건축 평면계획을 유지하는 책임이 있고 대학의 CAFM 시스템에서 필요로 하는 면적 정보의 근간이 되게 된다. 이러한 건축 평면들을 'operationals'라고 부른다. BIM 저작도구와 2차원 캐드 제품을 사용한 이러한 파일들에 대한 생성 및 유지는 금방 알 수 있고 달성할 수 있는 사례가 되었다. 이러한 장점들은 많은 건물들이 소급해서 모델링되고 새로운 건물들이 정립된 BIM 가이드라인에 따라 진행될 때 계량화될 수 있을 것이다.

USC BIM 가이드라인

이 사례 연구가 쓰일 때 CCD와 FMS는 최근에 USC BIM 가이드라인을 설계 시공 계약(DBB)에 대해 최종 버전으로 version 1.6을 발표했고 이 프로젝트의 단계 3에 사용되었다(첫 적용). 이 가이드라인은 이 사례 조사가 작성되는 시기에 USC 캠퍼스에 진행 중인 두 번째 프로젝트에 사용될 것이다(USC 2012).

USC BIM 가이드라인의 목적은 새로운 USC 건설 프로젝트, 주요 개선작업과 다른 프로젝트들에 대한 BIM 성과물을 정의하기 위한 것이다. 주요 주제들 중의 일부는 다음과 같다.

- BIM의 내용을 검토하고 검증하는 USC의 책임 정의
- BIM 실행계획의 요구사항 정의
- BIM 저작도구에 대한 요구사항 문서화

- 필요 데이터를 포함한 COBie 사용
- 개념 설계, 설계, 시공 문서, 입찰, 시공, 그리고 준공의 각 프로젝트 단계에서의 요구사항 문서화

가이드라인의 부록에는 많은 자세하고 유용한 정보들이 있는데, 어떤 요소들이 모델링되어야 하고 바람직한 상세 수준, Revit 공유 변수 파일들에 대한 정보, 명칭과 분류체계 명명법에 대한 논의와 공정 데이터 사양에 대한 개요가 있다.

수집될 정보 결정

이 프로젝트의 단계 2 동안에 정보 중심의 절차로서 BIM에 대한 이해가 명확해지기 시작했다. 동시에 BIM 저작도구들은 상세한 수준의 정보 수집을 지원할 수 있게 좋아지고 있었다. 이 사례 연구가 작성될 때 어떤 데이터가 모델로부터 수집되는지를 여전히 결정하고 있었다. 이 과정이 복잡한 이유는 다음과 같다.

- 모델에는 많은 데이터가 있고 이 모든 것을 요구하는 것은 올바른 접근법이 아니라는 결정을 했다.
- 프로젝트 팀의 서로 다른 구성원들은 그들의 업무를 완료하기 위해 다른 정보를 요구하고 어떤 데이터가 필요한지도 역할에 따라 다른 추천을 한다.
- 어떤 명칭의 변환이 사용되어야 하는지도 결정해야 한다.
- 각 자산 형태는 수집되어야 할 적절한 수준의 상세와 데이터 형태에 관해 독립적인 결정을 요구한다.

이러한 어려움에도 불구하고 BIM으로부터의 데이터(3D 모델이 아니고)는 BIM FM에서 가장 가치 있는 것이라는 결론을 내렸다. 그러나 이 데이터를 얻기 위해서 현재의 설계 및 시공 절차를 데이터 수집을 지원할 수 있도록 변경할 필요가 있다. 이러한 이슈들은 다음 장에서 논의한다.

출발점으로 현재 FM 소프트웨어에 저장된 데이터가 평가되었다. 데이터 수집 템플릿들은 다음 질문들을 하면서 생성되었다.

■ 전체 MEP 시스템과 건물의 건전성을 위해 그 부분이 중요한가?
■ 그 자산이 정기적인 유지관리를 필요로 하는가? 그렇다면 그 자산에 의해 제공되는 서비스의 중지를 방지하기 위해 필요한 유지관리는 무엇이고, 어떤 종류의 정보가 유지관리를 위해 필요한가?

데이터를 검토할 때 어떤 데이터는 정적인 반면에 다른 데이터는 자산 또는 건물의 생애주기 동안에 변경되기가 쉽다. 예를 들면, AHU-1과 같은 설비 번호는 건물의 생애 동안 정적으로 관리되어야 한다. 그러나 냉각수 펌프가 주어진 날에 유량이 얼마인지와 같은 다른 정보는 건물의 요구 냉방 부하에 따라 달라질 것이다. 동적 데이터의 다른 예는 AHU 내의 필터 데이터가 변하는 것이다. 이러한 정보는 펌프의 유량보다 덜 자주 변경되지만 이러한 정보는 정적인 정보보다 다르게 관리될 필요가 있다. 데이터가 정적 또는 동적으로 정의되면 다음과 같은 질문이 고려된다.

■ 어떤 데이터가 요구되는가? 누가 이 정보를 수집하는가?
■ 언제 이 정보가 수집되어야 하는가?
■ FM으로 전달되는 데이터의 형태는 무엇이어야 하는가?
■ 어떤 데이터가 BIM 절차의 일부이거나 또는 이미 기존의 전달 절차의 일부분인가?

이러한 질문들에 대한 도움을 얻기 위해 BIM 통합 담당자는 워크숍을 개최하였다. 워크숍의 일부는 어떤 정보가 필요하고 왜 그 정보가 필요한지, 그리고 어떤 정보가 수집되어야 하는지에 대해 집중했다. 가장 어려운 질문은 어떤 명명법이 사용되어야 하는지를 결정하는 것이다. 결정은 설비 명칭을 위해서는 OmniClass Table 23을 사용하기로 하고 설비의 약자, 형태, 경우는 National CAD Standard version 3.1을 사용하기로 하였다. 설비 약자의 예로는 'variable air'를 위해 VAV를 사용하는 것이다. 형태의 예는 VAB box with reheat이다. 경우에 대한 예는 VAV-D01로 건물 D 내에 특정 크기의 변동 공기 볼륨 박스를 의미한다. 이 경우에 대한 번호와 기호 규약은 기계 엔지니어에 의해 결정된다.

중요한 결론은 필수 정보의 많은 것들이 엔지니어링 컨설턴트에 의해 작성되는 시공 문서 내의 장비 스케줄에서 제공된다는 것이다. 중요한 것은 어떻게 장비 스케줄에서 정보가 유지관리, 문제해결, 그리고 교체를 위해 사용될 것인가 하는 것이다.

게다가 재료 명세서에서의 정보는 그것이 2일보다 긴 리드 타임 때문에 어떤 부분이 대학에서 관리 목록으로 가지고 있어야 하는지를 정의하기 때문에 유용했다. 보증에 대한 정보도 또한 중요한데 장비 스케줄에는 없다. 어떤 경우에는 교체 부분과 보증 시작 및 종료 일자가 특별히 중요할 수 있다.

이 프로젝트 이전에 USC는 건물 준공 시 도면들과 정보를 담은 바인더들을 받았다. 이 정보가 FM 의사결정에 도움이 될 수는 있지만 이 정보를 분류하고 이해하고 구성하는 데 소요되는 시간이 많아서 이 형태로는 사용하기가 너무 힘들다는 결론을 내렸다.

어떤 데이터가 수집될지에 대한 의사결정에서 여러 가지 교훈을 얻었다.

- BIM이 설계와 시공 데이터를 좀 더 수월하게 접근할 수 있게 한다는 결론을 얻었다.
- FM 조직들은 설계자와 시공사에게 MEP 스케줄, 교체 부분 및 보증들과 관련한 것을 고려해서 BIM에 포함되어야 하는 정보가 무엇인지에 대한 가이드를 제공할 수 있다.
- 이 절차의 가장 중요한 부분은 의사결정이 이루어짐에 따라 어떤 정보가 가장 중요한지를 문서화하는 것이다. 필요 정보에 대해 문서화하는 1가지 방법은 공유 변수 파일과 같은 템플릿을 생성하는 것이다.
- 첫 단계가 정보를 관리하기 위해 어떤 기술을 활용해야 하는지를 결정하는 것이 아니라는 것을 인식하는 것이다. 어떤 정보가 중요하고 이 정보를 관

리하기 위해 필요한 절차들을 처음에 결정하는 것이 필요하다. 그 이후에 적절한 기술이 결정될 수 있다.

모델 요소들과 BIM 내의 상세도(LOD)

어떤 데이터를 수집할 것인지를 결정한 결과 BIM 가이드라인에서는 각 부분 별로 모델링되어야 하는 요소의 형태를 정의하기 시작했다. 주로 많은 부품을 갖는 주요 설비와 중요한 유지관리를 요구하는 장비를 포함한다. 이러한 요소들에는 건축, 구조, HVAC 시스템, 전기 시스템, 배관 및 방화 설비, 주요 특수 설비, 그리고 현장 유틸리티들이다. 상세 정도(LOD)는 설계에서 시공단계로 가면서 높아진다. 요소들의 LOD 요구수준은 기하적 정밀도를 결정하고 이러한 시스템들(공기, 물 등)에서 나오고 들어가는 분배 서비스를 하는 중요 실비(패밀리)로의 연결을 적절하게 정의한다. LOD에 대한 논의는 다음 장에서 논의하도록 한다.

데이터 속성

전술한 바와 같이 O&M 단계에서 자산의 종국적인 유지관리를 위한 데이터를 구성하려는 노력에서 4가지 주요 카테고리가 FMS에 의해 수립되었다. 이는 다음과 같다.

- 마스터 속성(이전에 논의함). 이는 설계 BIM 모델에서 요구된다.
- 스케줄 속성 : 장비 스케줄에서 전형적으로 발견되는 모든 사양 정보는 결국 유지관리, 문제해결, 종국적인 특정 자산의 교체를 위해 사용될 것이다. 따라서 이러한 속성들 모두는 모델링되는 설비(패밀리)와 연관된 변수들로 정의되고 수집되어야 한다. 소유주는 이러한 속성들이 확장될 것을 요구할 수도 있다.
- 표준 COBie 속성 : 표준 COBie 워크시트의 부분으로 고려되는 모든 속성들은 FMS에 중요하다. 예로는 보증과 관련된 정보와 어느 정도 수준의 재료 명세서 데이터이다. FMS는 설계 모델에 일반적으로 포함되지 않는

COBie 속성들이 모델에 더해지는 것을 요구하지 않는다.

■ 소유주 확장 속성 : 이는 FMS에 의해 정의되는 자산별 데이터 템플릿을 완성하기 위해 필요하지만 다른 카테고리에 포함되지 않는 모든 다른 속성들을 위한 카테고리이다. 이들은 필수적으로 '사용자 정의(user defined)'이고 설계 BIM 모델에서는 없을 것이다. 이들은 COBie가 확장 속성들에 허용하는 구조를 따를 것이다.

이러한 4가지 카테고리는 FMS가 프로젝트의 설계, 시공, 준공 단계에 걸쳐 (1) 언제, (2) 어디서, (3) 어떻게 데이터가 수집되는지를 의사소통할 수 있게 한다. USC의 경우에는 마스터 속성과 스케줄 속성이 설계 모델들로부터 수집되는 것이 요구되었다. 나머지 2개의 카테고리의 대부분의 데이터는 시공과 프로젝트 준공 단계에서 시공사에 의해 수집되었다.

데이터 표준 및 가이드라인

어떤 명칭 및 분류체계 표준이 사용될 것인지를 결정하는 것은 복잡하다. 이 사례 연구가 작성될 때 FMS 팀이 거치는 절차는 15년 전에 FAMIS가 적용될 때 UniFormat을 사용하기로 한 것과 유사하다. 따라서 프로젝트 구성원들은 UniFormat을 설계와 시공 문서 내의 정보 명칭과 분류에 사용하였다. UniFormat은 지속적으로 FM 조직들에 자리를 잡고 가치를 가지고 있고 시공 전문가들에 의해서도 어셈블리 수준에서의 견적과 스케줄링에 장점을 가진다. 그러나 프로젝트가 진행됨에 따라 OmniClass, the National CAD Standard, Master Format, COBie가 추가로 검토되어야 한다는 것을 인식했다.

■ MasterFormat은 A&E 컨설턴트에 의해 주로 사용되는 표준에 가교 역할을 한다고 믿어진다.
■ OmniClass는 데이터를 분류하는 좀 더 탄탄한 수단일 수 있고 기계 언어에 더 적합하고 관계 데이터베이스 내에서 데이터를 관리하기에 좋다. UniFormat과 MasterFormat 사이의 연계를 제공함으로써 OmniClass가 하나 또는 다른 것에 익숙한 서로 다른 업계 이해관계자들을 위해 변환을 제공해서

결국 이해관계자들을 통합하는 가교를 제공할 수 있다.

■ National CAD Standard는 전형적인 MEP 시스템 부분들의 명칭을 제공하는 일관성 있고 잘 인지된 수단을 제공한다.

가장 어려운 문제 중의 하나는 장비 명칭을 부여할 때 어떤 명명법 표준을 사용하는가 하는 것을 결정하는 것이다. 결정은 설비 명칭을 위해서는 OmniClass Table 23을 사용하기로 하고 설비의 약자, 형태, 경우는 National CAD Standard version 3.1을 사용하기로 하였다. 설비 약자의 예로는 'variable air'를 위해 VAV를 사용하는 것이다. 형태의 예는 VAB box with reheat이다. 경우에 대한 예는 VAV-D01로 건물 D 내에 특정 크기의 변동 공기 볼륨 박스를 의미한다. 이 경우에 대한 번호와 기호 규약은 기계 엔지니어에 의해 결정된다. 그림 6.28처럼 National CAD standard와 OmniClass를 사용하기로 결정하였다. UniFormat과 MasterFormat이 OmniClass의 일부분이기 때문에 이 표준들 모두는 명칭과 분류체계 구조의 일부분이다.

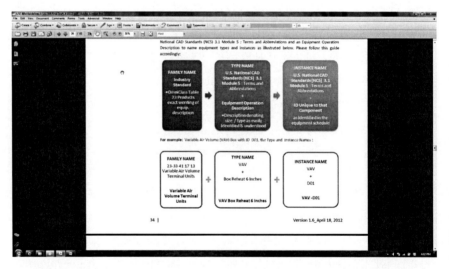

그림 6.28 OmniClass와 the National CAD standard의 관계(출처 : USC FMS)

COBie

FMS는 단계 2 동안에 처음으로 COBie에 익숙해지기 시작했고 단계 3에서 이를 적용했다. 프로젝트 팀은 COBie가 시설물 유지관리를 위해 사용될 수 있는 정보를 수집하기 위해 프로젝트 팀들 간에 복수의 이해관계자들을 위한 일관성 있고 인지 가능한 프레임워크를 제공할 수 있음을 알게 되었다. 따라서 COBie는 USC BIM 가이드라인의 일부분으로 포함되었다. 표 6.6과 같이 가이드라인에서는 프로젝트가 설계에서 시공으로 옮겨감에 따라 COBie 데이터의 양이 증가될 것을 요구한다.

USC BIM 가이드라인은 디자인 팀은 설계 데이터를 COBie 엑셀 파일로 제출할 것을 요구한다. 이 요구조건을 만족하기 위해 데이터를 엑셀 파일에 직접 입력하거나 EcoDomus를 사용해서 Revit 모델에서 COBie 데이터를 자동으로 추출할 수 있다. 두 번째 안은 많은 양의 데이터를 정확하고 안전하게 추출할 수 있다. 데이터가 제공되면 USC는 COBie 요구조건들에 대하여 데이터의

표 6.6 프로젝트 단계별 COBie 데이터 요구조건

COBie 데이터	프로젝트 단계			
	Schematic Design	Design Development	Construction Documents	During Construction
속성 (Attribute)			×	×
부위(Component)		×	×	×
연락처(Contact)	×	×	×	×
문서(Document)			×	×
시설물(Facility)	×	×	×	×
층(Floor)	×	×	×	×
업무(Job)				×
자원(Resource)				×
공간(Space)	×	×	×	×
여유품(Spare)				×
시스템(System)		×	×	×
형태(Type)		×	×	×
영역(Zone)	×	×	×	×

품질을 검토한다. USC BIM 가이드라인은 또한 시공 팀에게도 요구되는 COBie 데이터의 그들의 몫을 제출하도록 요구한다. 이 요구조건을 만족하기 위해서는 COBie 엑셀 파일에 직접 데이터를 입력한다.

FMS는 현재 Revit 모델에서 COBie 데이터를 자동으로 추출하기 위해 EcoDomus PM의 사용을 시험하고 있다. 이를 통해 Revit 모델에 데이터가 정확하게 들어가 있다면 이 데이터를 쉽고 정확하게 추출할 수 있다.

COBie 데이터를 구성하기 위해 USC BIM 가이드라인은 3가지 정보 층(information tier)을 생성한다.

- Tier 1 데이터는 프로젝트 진행과정에서 설계 모델 내에서 유지되고 추출될 수 있을 것이다.
- Tier 2는 모델에서 일반적으로 포함하고 있지 않는 COBie '표준' 정보의 요구사항을 맞추기 위한 것이다.

Tier 3(준공도서)은 O&M 매뉴얼과 같은 COBie에 의해 요구되는 문서들이다. 이 프로젝트 전에 USC는 건물 준공 후에 문서 바인더와 도면 다발을 받았다. 이 정보가 FM 의사결정에 도움이 될 수는 있지만 이 정보를 분류하고 이해하고 구성하는 데 소요되는 시간이 많아서 이 형태로는 사용하기가 너무 힘들다는 결론을 내렸다. 이는 보통 시설물 사용 시기를 앞당기고 중요한 데이터를 CMMS에 입력하는 것을 심각하게 지연시킬 수 있음을 의미한다. COBie 프레임워크는 시기적절하고 정확한 문서화 수집을 가능하게 하고 시공 과정에서 이러한 데이터의 품질 관리를 가능하게 한다. 이러한 것들은 FMS에 중요한 장점을 제공한다.

BIM 가이드라인에 따라서 마스터 BIM 워크시트는 생성될 것이고 프로젝트 단계별로 업데이트될 것이다.

- 설계 문서의 100%
- 시공을 위한 이슈

- 75% 상당의 완료
- 시험운행 완료
- 프로젝트 준공

AIA 문서 202 : Building Information Modeling Protocol Exhibit
각 프로젝트 단계별로 LOD를 정의하기 위해서 AIA 문서 202(BIM 프로토콜 서류)가 사용되었다(AIA 웹사이트 참조). 이 문서에 정의된 것은,

- LOD 100은 개념 설계 문서를 생성할 때 사용된다.
- LOD 200은 설계 문서를 생성할 때 사용된다.
- LOD 300은 시공 문서를 생성할 때 사용된다.

AIA 202에는 400과 500 수준을 가지고 있지만 USC BIM 가이드라인에는 포함되지 않았는데, 이는 LOD 300이 시공 문서들을 만드는 데 적당하기 때문이었다. 대신에 USC에 의해 요구된 추가적인 상세 정도가 주요 건물 시스템들을 설명하기 위해 필요한 광범위한 데이터 변수들에 관해 제시되었다. 추가적으로 FMS는 모델에 있는 모든 정보가 시설물 유지관리를 위해 필요한 것은 아니고 형상 모델링에서 가장 자세한 수준의 모델링이 FM 목적을 달성하기 위해 필요하지는 않다는 것을 알았다. FMS에 의해 시스템들의 연결성을 나타내기 위해 제기된 약간의 모델링 실무가 있음에도 불구하고 형상 모델링 요구사항들은 수용 가능한 치수 오차, 적절한 위치 및 배치, 설비(패밀리)에 관한 모든 서비스를 위한 '스마트' 연결재들의 생성에 집중해서 제시되었다. 앞으로 FMS는 에너지 모델링과 같은 특정 해석이 가능하도록 더 높은 LOD를 요구할 수도 있다.

산업 표준 사용 결정
대학이 내부적인 표준을 개발할 수 있음에도 불구하고 USC는 산업 표준들이 통합을 제공하고 문서 이력을 제공할 수 있음을 알았다. 담당 직원이 바뀌면 산업 표준은 지속성을 가질 수 있는데, 이는 새로운 FMS 직원이 산업표준에

익숙할 가능성이 더 높기 때문이다. 동일한 것이 설계 및 시공 팀에도 해당된다. 소유주가 정한 표준을 사용하는 것은 비용을 증가시키고 소유주로 하여금 적절한 표준 준수를 할 수 없을 정도의 추가적인 리스크를 감수해야 한다.

데이터 저장

산업계가 해결하지 못한 1가지는 BIM으로부터의 정보를 준공 후에 어디에 저장할 것인가 하는 것이다. USC는 BIM 저작도구들이 BIM 모델을 개발하기 위한 것이지 데이터를 저장하기 위한 것이 아니기 때문에 BIM 데이터는 데이터베이스에 의해 관리되어야 한다고 결정하였다. 이 전략에 따르면 BIM으로부터의 정보는 CMMS, BAS, DMS와 같은 기존의 FM 시스템에 의해 사용될 수 있다. DMS의 사용은 문서들이 DMS에 직접 저장될 수 있기 때문에 문서들과 CMMS 또는 다른 어플리케이션들 사이의 연결을 생성하지 않고도 FM 문서화를 위한 구조를 제공하는 데 도움이 된다. 문서들 또는 정적인 연결을 모델에서 특정 문서로 첨부할 수 있지만 효율적인 접근법은 특정 장비 또는 시스템에 연관된 문서들을 위한 쿼리를 DMS에 주는 것이다.

데이터 저장에 관한 중요한 교훈은 도구들이 원래의 기능들을 넘어서 사용될 수 있기 때문에 그래야 한다는 것은 아니다. BIM 저작도구들과 유사하게 EcoDomus와 같은 미들웨어는 소프트웨어들 사이의 정보를 불러들이고 내보낼 때 사용되었는데, 정보 저장을 위한 장기적인 해법은 아니라는 것이다.

시설물 유지관리를 위한 BIM의 활용

단계 3이 진행됨에 따라 단계 2부터 시작된 BIM FM 통합의 비전이 형태를 갖추어 갔다. 이 비전을 수용하는 것은 HVAC, 전기, 배관, 방화, 건축, 그리고 구조를 포함한 모든 부분들에서 BIM 모델들이 하나의 마스터 모델로 합쳐질 필요가 있었고 완전히 조정되어야 한다. 추가적으로 BIM 통합하는 역할을 하는 사람(BIM integrator)을 위해 FM 모델 뷰어의 근간이 될 수 있도록 하기 위해 어떻게 모든 BIM 저작도구들로부터 설계 모델을 구성하고 병합할지에 대한 가이드라인을 제공할 필요가 있다.

건물 운영에서 BIM의 활용을 위한 목표 중의 하나는 냉난방 관련 요청에 관한 문제해결를 돕는 것이다. 현재 이러한 요청이 접수되면 고객 콜 센터는 이 정보를 운영자에게 전하고 운영자는 BAS를 통해 이 요청이 온도 영점 조정의 부정확함 때문인지 잘못된 센서로 인한 것인지를 결정할 것이다. 만일 문제를 알아내지 못하면 작업 지시가 내려진다. 작업 지시는 기술자에게 전해지고 현장에 가서 문제를 어떻게 해결할지 결정하게 된다. 그러나 원천적인 원인을 찾는 것이 어려울 수 있다. 따라서 그 기술자는 정보가 더 필요하고 시스템을 잘 이해하기 위해 HVAC 도면들을 검토하는 것이 필요할 수 있다. 준공 도면에서 HVAC 시스템에 대한 모든 필요한 정보를 얻는 것이 어려울 수 있기 때문에 기술자는 여전히 필요한 정보를 찾지 못할 수도 있다. 이 경우, 문제의 근본원인이 미해결 상태가 되고 고객 불만으로 이어지게 될 것이다.

반대로, 3차원 모델이 있다면 작업 지시자는 작업 지시를 보낼 때 좀 더 많은 정보를 기술자에게 제공할 수 있을 것이다. 예를 들면, 모델의 활용을 통해 2층에 위치한 공기조절기 AHU-1에 의해 서비스가 되는 너무 덥거나 추운 방과 냉난방 요청이 있는 방이 배관의 끝 부분 근처에 위치한다는 것을 알려줄 수 있다. 이 정보로 인해 기술자는 현장에서 문제를 해결하기 시작하기 전에라도 문제의 근본적인 원인을 이해할 수 있을지도 모른다. 제공된 정보는 시스템 균형이 해결되거나 시스템 수준에서 특정 공기 조절기가 미치는 영향 영역에 대한 이슈가 있다는 것을 알도록 도와줄 수 있다. 결과적으로는 적은 노력으로도 이러한 문제들을 빠르고 정확하게 해결할 수 있다.

3차원 모델을 활용하는 두 번째 목적은 공급자(tradesman)에게 새로운 건물들에서 시스템의 형태나 위치에 대한 정보를 제공할 수 있다. 공급자에게 이야기식 또는 시스템 리스트로 제공되는 일반적인 실무에 비해서 3차원 모델은 시각적으로 이를 설명할 수 있다. 이 3차원 모델은 공식적인 훈련 또는 프로젝트 회의를 통해 공유된다. 이 정보가 프로젝트 조정 회의에서 공유되면 공급자는 시스템을 알 수 있는 기회가 있어서 좋지만 시간 제약으로 인해 자세한 조정 논의에 참여할 수는 없다는 결론이 내려졌었다. 대신에 그들은 조정 절차를 지원하도록 사용하기 위해 시공사, 협력사 및 BIM 통합자를 위한 각 품목의 검토 목록을 제공하는 것을 선호했다. 회의가 보통 2~4시간 소요되어 공급자는 이 회의가 현장에서부터 너무 많은 시간을 소모한다는 것을 알게 되었다. 다른 대안은 shop supervisor가 이 회의에 참여해서 현장 기술자들로부터 또는 기술자들에게 피드백을 제공할 수 있다.

이 사례 연구가 작성될 때 3차원 모델을 이용한 공급자 훈련 프로그램이 시범적으로 수행되었다. 이 훈련은 3차원 모델을 사용했고 새로운 단계 3 건물에 설치될 시스템의 형태에 대해서 시각적인 의사소통을 가능하게 했다. 훈련의 일부로 모델을 내비게이션하면서 학생들은 관찰하고 시스템을 어떻게 다루는지 배운다. 이 훈련은 USC에서 설계와 시공단계에 공급자가 일찍 참여하도록 돕는 더 큰 훈련의 일부분이었다.

BIM FM 작업 흐름

BIM FM 절차들을 적용하기 위해서는 현재의 FM 작업 흐름을 이해해야 하고 BIM 내의 정보를 활용하기 위해서 어떤 변화가 필요한지를 알아야 한다. 이 필요성을 위해 단계 2 동안에 FMS는 프로세스 맵 형태로 BIM 실행 프레임워크를 만들었다. 이 절차 맵은 프로젝트에서 배운 교훈들을 포함했고 BIM FM 전략의 핵심적인 부분들을 나타내었다. 프로세스 맵의 전체적인 목적은 이해관계자들과 그들의 역할을 절차 내에서 정의하고 각 부분들 사이의 정보 교환을 정의하는 것이다. 전술한 BIM 가이드라인은 프로세스 맵에 의해 정보가 제공되었다. 이 지도가 이 사례 연구에 포함하기에는 너무 자세하기 때문에 주요 사항들만 요약한다.

- 설계 및 시공 팀이 참조할 수 있도록 가이드라인을 개발한다.
- 모델 조정을 지원하기 위해 모든 주요 컨설턴트들과 피드백 과정을 수립한다.
- 모든 주요 설계 거래가 모델이 최소한 수준의 문서 조정이 되도록 공개되기 전에 간섭 검토를 수행할 수 있도록 요구된다.
- 소유주에 의해 요구된 상세 정도에서 설계 모델이 개발되도록 요구한다.
- 설계 모델이 시공자에게 활용 가능한 형태의 원본 포맷(3D.dwg 파일과 같은)으로 제공된다.
- 어떤 데이터가 어떤 형태로 초기 데이터 전달이 이루어지는지에 대한 문서화가 동의되어야 한다. 데이터가 어떻게 수집되고 유지될지에 대한 의사결정도 필요하다.
- 상세한 shop 및 제작 도면들이 승인된 후에 어떻게 설계 팀에게 설계 문서들을 업데이트할지에 대한 문서화. 이 절차는 두 모델들 사이의 차이를 인지할 수 있는 model mashup 기술을 이용한 설계와 시공 모델 사이의 간섭 검토를 포함한다. 설계 팀들은 시공 도면과 맞추기 위해 그들의 도면들을 조정한다. 이 절차는 장비, 시스템 배치, 시스템과 장비에 관한 데이터의 재조정을 포함한다.
- 납품이 승인된 후 설계 모델 내의 데이터, 특히 장비 변수 속성들은 실제 발주되고 현장에 설치된 장비를 반영해서 설계 팀에 의해 업데이트되어야 한다. 설계 팀은 프로젝트에 소유주가 요구한 변경사항에 대한 문서를 월간 게시판에 올려야 한다. BIM 모델에서 무엇이 변경되어야 하는지는 시공사가 결정한다.
- 상세와 제작 도면들의 간섭 검토에 대한 문서화는 시공 전 단계에 걸쳐 일어난다.
- 모든 모델들이 FMS로 제출되는 것이 문서화된다. 모델들은 FMS에 의해 완결성이 검토된다.
- COBie와 같은 모든 워크시트들은 FMS에 제출되어 완결성이 검증되도록 문서화된다.

시설물 유지관리 포털 생성

Navisworks를 이용한 포털의 개발은 나중에 논의한다. 여기서는 포털의 개념에 대해 논의하고 프로젝트의 3단계에 걸쳐 포털의 개발에 초점을 맞춘다. 포털의 전체적인 목적은 문서를 좀 더 수월하게 찾도록 하는 것이고 특히 FM 시스템에 정기적으로 접속하지 않는 직원들을 위한 것이다. 3D 모델과 BIM 으로부터의 정보는 포털의 개념들 중의 일부이다. 포털은 특히 시설물 관리자 와 기술자를 포함하는 시설물 관리 사용자 그룹의 필요성을 만족하기 위해 개발되었다. 따라서 포털의 요구조건들을 결정하기 위해 많은 논의가 시설물 유지관리 팀의 구성원들 사이에서 내부적으로 있었다.

다음에 자세하게 논의하겠지만 적용되지 않은 단계 1 포털은 단계 2 포털에 정보를 주기 위해 사용되었다. 주요 사항은 BIM FM 포털이 복잡하고 개발 첫 단계에서 모든 도전과 필요성이 정의되기를 기대하는 것은 비현실적이라 는 것이다. 단계 2 동안 USC가 포털을 개발하기 위해 한 업무는 CMMS와 CAFM과 같은 FM 소프트웨어의 적용이 사용자의 초기 기대[71]를 만족시키기 어려울 때가 많다는 것을 고려해야 할 때를 미리 생각하는 것이었다.

단계 1 포털

포털의 개념은 BIM 사용을 옹호하는 위원회에 의해 단계 1 동안에 개발되었 다. 단계 1 포털은 Navisworks, CMMS, DMS, BAS 사이의 연결(link)을 사용한다. 이 연결(link)을 누르면 사용자는 이 연결의 내용을 볼 수 있는 시 설물 유지관리 소프트웨어의 로그인 화면으로 가게 된다. 포털은 특정 시스템 또는 장비 부품의 특정 문서 또는 정보를 검색할 수 있도록 허용한다.

Navisworks Manage(Navisworks)는 설계와 시공 모델들 간의 통합점이 되는 간섭 검토에 사용되었기 때문에 시공과 시설물 유지관리를 통합하는 데

---

71) Standish 그룹의 연구(Standish 1995), IT 적용을 추적하는 연구를 진행하는 회사로 IT 프로젝트의 66%가 사용자의 수요와 기대를 만족시키지 못했음을 발견했다.

에도 사용될 수 있을 것이라고 볼 수 있다. Navisworks에 익숙한 시공자는 시설물 유지관리에 가치를 추가할 수 있는 문서들과의 연결(link)을 생성할 수 있을 것으로 이해한다. 그러나 이 접근법에 여러 가지 도전과제들이 파악되었다.

■ 건물 형상에 변경이 있다면 3차원 형상에 대한 연결은 Navisworks에서 업데이트되어야 한다. 이는 포털에서 연결을 유지하는 데 상당한 시간 투자를 하지 않으면 준공도면을 유지관리하기가 어려울 것이다.

■ 시공사에 의해 제공된 Navisworks 파일들은 3차원 준공 모델을 위해 필요한 상세 정도와 품질이 아니었다. 연결이 추가되기 전에 필요한 상세 정도와 품질을 갖춘 도면이 되기 위해서는 FMS는 파일 검토와 편집에 상당한 시간을 투자할 필요가 있을 것이다.

■ Navisworks 플랫폼은 이해하기 위해 교육이 필요하다. 반대로 포털은 특별한 훈련 없이 FMS 내에서 여러 가지 역할을 지원할 수 있도록 계획되었다.

가장 중요한 것은 사용자가 Navisworks를 사용하는 것은 모델 뷰어를 이용해서 언제나 정보 검색을 시작해야 한다는 것이다. 어떤 사용자에게는 타당할 수 있지만 다른 사람들에게는 적절하지 않았다. 문제 해결이 처음에 모델을 보는 것으로는 잘 가동되는 예였다. 문제 해결에서 일반적인 작업 흐름은 도면을 먼저 보고 BAS로부터 trend logs, O&M 매뉴얼, 유지관리 이력과 같은 다른 정보를 보게 된다. 그래서 포털은 효과적으로 종이 도면을 대체할 수 있다. 모델에서 출발하는 예는 개별적인 FM 도구에 익숙한 BAS, CMMS, DMS 기술자들과 잘 맞지 않을 수 있다.

단계 1은 많은 가치 있는 교훈들을 얻을 수 있었고 개념을 유용하게 증명한 것이었다.

■ Navisworks 포털은 데이터가 풍부한 모델들의 활용에는 가치 부여가 거의 없다. 포털은 모델로부터 데이터를 활용이 허용될 필요가 있다.

■ 포털은 하나 이상의 작업 흐름을 갖고 있어야 한다. 사용자는 용도에 따라

서 3차원 모델 또는 정보를 통해 접근할 수 있어야 한다.

- FM 포털에서 3D 모델을 사용하기 위해서는 명칭과 컬러 코딩 표준에 맞게 모델을 직접 정리하기 위해 상당한 시간을 투자해야 한다.
- Navisworks가 시공 후에 BIM 모델을 유지하기 위해 건물 형상에 어떤 변화나 리노베이션의 결과로 도면을 업데이트하기 위해 사용하기에 좋은 도구는 아니다.
- Navisworks는 시설물 유지관리 운영과 유지관리를 관리하는 소프트웨어로 개발된 것이 아니다. 주로 시공 시 조정 절차를 지원하기 위해 개발된 도구이다. 따라서 어떤 소프트웨어를 사용할지를 결정하는 것은 그 소프트웨어의 주요 기능이 뭔지를 검토해야 한다.

추가로, 포털의 추가적인 개발을 위해 여러 가지 가이드가 되는 원칙들을 정의하였다.

- 기존 FM 소프트웨어와의 연결은 포털의 주요 목표가 되어야 한다.
- BIM은 기존 FM 시스템을 대체하기 위한 것이 아니고 통합하고 보완하기 위한 것이다.
- 적용된 전략들은 건물과 건물 시스템의 생애주기 동안 앞으로의 변화를 반영하기에 충분히 유연할 필요가 있다.
- BIM 모델로부터 기존의 FM 소프트웨어를 보충할 수 있는 가용한 데이터를 최대한 활용할 수 있는 기회를 명확하게 정의해야 한다.

단계 1 포털은 적용되지 않았음에도 불구하고 단계 2에서 포털 개발에 중요한 정보를 제공하였다.

단계 2 포털

단계 2 동안 단계 1에서 얻은 여러 가지 활용 사례에 대한 정의, 기술 파트너로부터의 통찰력, 팀 구성원들의 관찰 등의 교훈에 바탕을 두고 새로운 포털이 개발되었다. 중요한 요구사항은 포털 인터페이스가 단순하고 유연해서 광범위한 사용자들에 의해 활용될 수 있어야 한다는 것이었다. 또한 3D 모델은 시작하는 중점사항이 되지 않아야 한다는 것이다. 포털의 장점은 다음 사항을 포함한다.

- 사용자가 여러 개의 시스템에 접속하는 대신에 포털 내에서 직접 높은 수준의 정보를 볼 수 있다.
- 여러 개의 FM 소프트웨어 패키지에 익숙할 필요 없이 포털만 사용하면 된다.
- 포털은 네트워크 트리를 통해 시스템들과 장비의 관계를 이해하는 데 사용될 수 있고 단순한 모델 그래픽 내비게이션과 뷰어 조절이 가능하고 FM 정보 시스템들 내에서 윈도우 형태로 통합된 버전의 FM 정보 시스템을 제공한다. 이는 사용자로 하여금 원래 포털 외부에 있는 (DMS, CMMS, BAS에 있는) 정보에 접근할 수 있게 해준다.

포털을 개발하는 것은 상당한 시간을 소비하는 노력이다. 시스템들 사이에 교환되어야 하는 높은 수준의 정보가 무엇인지 결정하고 포털과 FM 시스템들 간의 필요한 연결을 생성하는 데 많은 시간이 소요된다. 포털의 성공을 이끄는 주요 작업은 사용자 사례들의(use cases) 개발을 통해 사용자의 주요 역할을 정의하는 것이다.

포털 요구사항 정의를 위한 사용자 사례 개발
사용자 사례는 설명되는 작업을 지원하기 위해 참여자들 사이에 교환되는 문서의 특정 데이터 요소들을 인식하고 정의하는 절차를 공식화하는 문서화 작업이다(ASHRAE 2010). 사용자 사례는 소프트웨어 개발자들에 의해 일반적으로 사용된다. 단계 2 동안 여러 개의 사용자 사례들이 공통적인 사업 이익을 통해 Honeywell, FAMIS, Autodesk, BlueCielo 등을 포함한 기술 파트너들과 일하는 USC 사용자의 핵심 그룹에 의해 개발되었다. 사용자 사례를 개발하기 위해 USC와 기술 파트너들 사이에 공식적인 계약은 없었다. 전체적인 목표는 USC와 기술 파트너들 사이에 USC가 현재 사용하고 있는 소프트웨어

가 어떻게 BIM FM 요구들을 개발하는 것을 만족시키도록 할 수 있는지에 대한 의견을 교환하는 것이었다. 역할에 대한 사용자 사례(role use cases)는 다음 4가지를 포함한다.

■ CAD 프로젝트 전문가
■ 에너지 관리 행정가
■ 시험운행 관리자
■ HVAC 유지관리 관리자

역할 사용자 사례는 어떻게 특정 전문가 역할이 소프트웨어 제품을 사용하는 지를 기술하는 것이다. 이는 FMS 내에 특정 개개인들을 인터뷰해서 개발되었다. 인터뷰의 목적은 전문가의 핵심적인 일일 업무들과 이러한 책임들을 수행하기 위해 개선사항이 무엇이 될 수 있는지 하는 것이었다.

사용자 사례들은 다음의 질문들에 대한 대답을 만드는 데 도움을 주었다.

■ 누가 어떻게 기존의 시설물 유지관리 정보시스템들 사이의 인터페이스를 해야 하는가?
■ 설계와 시공 절차로부터 어떤 정보가 시설물 유지관리 절차에 가치를 더해 줄 수 있을 것인가?
■ 이 정보는 어디서 어떤 형태로 찾을 수 있는가?
■ 사용자 인터페이스는 얼마나 정교해야 하는가?
■ 만일 있다면 시설물 유지관리 직원들이 설계와 시공 단계에서 어떤 역할을 해야 하는가?
■ 시설물 유지관리 직원들이 그들의 업무를 좀 더 효율적으로 수행할 수 있도록 도울 수 있는 기술과 절차 개선은 어떻게 가능한가?

이러한 사용자 사례들의 개발은 결국 다음 3가지 카테고리의 사용자들을 정의하는 데 도움을 주었다.

■ 관리자 (Administrators) : 소프트웨어들 사이의 문제들을 통합하는 해결

책을 찾고 데이터와 이 데이터가 있는 개별적인 FM 정보 시스템을 관리하는 책임을 진다.

■ 기여자 (Contributors) : 정보를 수집하고 넘기는 데 사용되는 절차에 대한 제안을 한다.

■ 소비자 (Consumers) : 특정 용도로 어떻게 데이터와 포털이 사용되는지를 확인해줄 수 있다.

사용자 사례를 개발하는 것은 FMS 팀과 기술 파트너들에게 굉장한 연습이었는데, 이는 어떤 소프트웨어 인터페이스가 되어야 하는지, 어떤 정보가 진짜로 필요한지, 누가 서로 다른 인터페이스와 관련 정보를 사용할 것인지를 결정하는 데 도움이 되었기 때문이다.

데이터 품질

고품질의 데이터는 정확하고 의사 결정에 도움이 될 수 있다. FM 포털을 위해 데이터가 충분한 품질을 확보하고 있는지를 확인하기 위해 'source of truth'가 무엇이 되어야 하는지를 정의해야 한다. 이는 정보가 어디에 저장되어야 하는지에 대한 주요(지배) 원천이 되어야 한다. 만일 미들웨어가 데이터를 전달하는 데 도움을 주는 경우와 같이 정보가 한 곳 이상에 저장된다면 오직 하나의 source of truth를 정의하는 것이 중요하다. 만일 미들웨어가 건물의 운영 단계에서도 계속 사용된다면 변경이 발생될 때 이러한 시스템들이 동기화되도록 하는 자동 동기화 기능이 있어야 한다. 이는 관리되지 않은 중복이나 데이터 손실을 막기 위한 것이고, 이로 인해 정확도에 확신이 없게 되는 것을 방지하기 위한 것이다. FMS는 정보의 source of truth가 그들의 각각의 FM 정보 시스템이 되어야 한다고 결정하였다. 이는 미들웨어가 리모델링과 같이 정보를 업데이트하는 과정에 사용될 수 없다는 것은 아니고 이후 공간이 사용 모드로 갈 때 source of truth는 각각의 FM 정보 시스템으로 환원되어야 한다는 것이다.

기록 BIM 모델(Record BIM Models)의 활용

As-record BIM 모델의 사용과 업데이트에 관해 필요한 절차는 아직 잘 정의되지 않았다. 시공자에 의해 제출되는 준공 모델(as-built model)은 시간상의 스냅 샷과 같이 여겨지는데, 이는 건물이나 시스템에 가해지는 변경이 종종 건물 생애주기 측면에서 큰 가치가 없는 경우가 있기 때문이다. 다음과 같이 아직 해결해야 할 과제들이 있다.

- 시공 BIM(construction BIM)은 FM과 무관한 파이프나 덕트를 매다는 것 등의 많은 상세한 내용을 포함하고 있다.
- FM을 위해 사용되기 전에 설계 및 시공 BIM 모델은 상당한 시간을 들여서 정리해야 한다.

모델들을 정리하는 시간을 줄이기 위해서 명명법과 모델 요구사항들과 같은 것을 포함한 자세한 BIM 가이드라인이 도움이 될 것이다.

기록 BIM 절차의 부분은 설계 모델이 FM에서 필요한 LOD에서 실제 상태를 반영하기 위한 것이다. 기하적인 측면에서 이 LOD는 일반적으로 설계 도서에서 시스템의 위치나 배치를 특정 오차이내에서 기술하기 위해 필요한 수준보다는 높지 않다. 제작 모델에서 볼 수 있는 행거나 지지구조에 대해서는 추가적인 상세가 FM 직원들이 건물 시스템의 모델을 볼 때 실질적으로 중요하지 않을 수 있다.

기록 모델들을 제출하는 절차의 부분은 model meshup이라고 불린다. 이는 설계와 시공 모델들을 서로 겹쳐서 시공 조정 과정에서 어떤 변경이 이루어졌는지를 확인하는 것이다. 이는 그림 6.29와 같다. 그림에서 밸브가 더 있는 모델은 시공에서 온 모델인 반면에 열 교환기와 펌프들이 있는 다른 모델은 설계 모델이다. 두 모델들 사이에 스팀과 온수 공급 파이프 사이의 차이는 명확하게 드러난다.

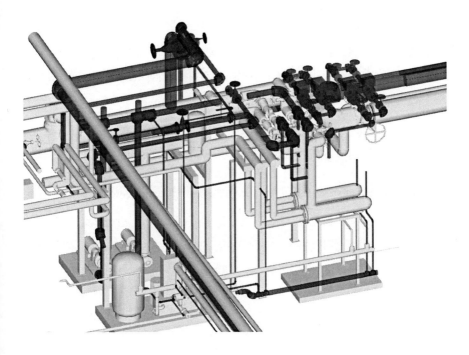

그림 6.29 Model Meshup, 설계와 시공 모델의 중첩(출처 : USC FMS)

기록 모델들이 FMS로 제출된 후에 추가적인 모델 정리가 필요할 수 있다. 이는 다음 사항을 확인하기 위한 것이다.

■ 시스템들이 컬러 코드에 적합하게 되었다.
■ 파일들이 명칭이 정확하다.
■ 구성요소들의 명칭이 정확하다.
■ 구성요소들의 위계 구조가 정확하다.
■ 적절한 시스템 연결들과 흐름의 방향이 확인되었다.
■ 스마트 연결(smart connectors)를 포함해서 패밀리가 정확하게 생성되었다.

준공 BIM 모델의 의도는 이전 프로젝트에서 사용되어 왔던 2차원 도면과 같은 기록 도면이다. 따라서 BIM으로 추가적인 건물이 건설되고 리노베이션이 이루어지면 CAD 관리자는 이를 받고 업데이트하고 BIM 저작도구를 사용하는 책임을 지게 될 것이다. BIM 모델이 많아질수록 BIM 모델들을 최신으로 유지하는 것이 준공도면을 최신 상태로 유지하는 이전 경험과 비슷할 것으로 예상된다.

필요한 교육과 기술들

BIM FM을 사용하기 위해서는 새롭게 나타나는 도구들을 이해해야 한다. 이는 프로젝트 팀 구성원 모두가 새로운 기술을 배우고 새로운 방식으로 문제를 해결하는 것에 대해 생각해야 한다는 뜻이다. 여기에는 주요 참여자에 의해 BIM에 대한 기본적인 이해가 있어야 한다. 다음에서 이에 대한 예들을 다루고자 한다.

중요한 의사결정 및 이해

모든 프로젝트는 프로젝트의 성공을 좌우하는 중요한 결정들이 있다. 이 프로젝트의 중요한 결정은 다음과 같이 요약할 수 있다.

- 서비스 제공자 관점에서 가장 중요한 의사결정은 소유주 입장에서 성과물을 정의하는 것이다. 때때로 이러한 것이 너무 막연할 수 있다. 이러한 결정을 해야 할 때, 서비스 공급자에 달려있는 것이 능동적으로 시설물 그룹들의 참여자들과 교류하고 최종 목표를 설득하고 성과물을 정의하도록 돕는 것이다. 이는 특히 BIM이 시설물 유지관리 팀에게 새로운 것일 때 중요하다.
- 또 다른 중요한 의사결정은 BIM 저작도구를 결정하는 것이다. 이는 특히 중요한 데 그 이유는 어플리케이션들 사이의 정보 교환, 서로 다른 분야들 사이의 정보 조정, 종국적으로 FM 정보 시스템을 위한 데이터 전달을 성공적으로 하는 데 영향을 미치기 때문이다.
- 정보의 형태와 수집되는 특정 정보도 중요한 의사결정 사항이다. 이는 데

이터를 수집하고 의사소통을 하는 데 도움을 주는 방식(COBie와 같은)을 선택하는 것이다. COBie는 공개 표준이기 때문에 다양한 도구들에(스프레드시트와 같이 단순한) 의해 데이터가 수집되는 것을 허용한다.

소유주 교육 요구조건

소유주의 주요한 요구사항은 BIM FM으로부터 어떤 사업적인 목표들이 있는지에 대한 선명한 그림이 필요하다는 것이다. 이는 감소되는 운영 및 유지관리 비용, 개선되는 서비스, 잘 조율된 절차와 향후 건물 변경을 위한 좀 더 나은 지원으로 명확하게 표현될 수 있다. 이 사례 연구에서 발견된 것에 기반으로 하여 주요 소유주 교육 요구사항들이 절차와 기술 측면에서 정의될 수 있다. 기술적 측면에서는 새로운 형태의 소프트웨어와 소프트웨어 용어와 같은 소프트웨어를 이해할 필요가 있다. 이해해야 하는 용어 중에는 미들웨어, 상호연동성, 사용자 사례 등이 있다. 소프트웨어에 대해 배울 때는 설계와 시공 중에 어떤 형태의 데이터가 수집될 수 있는가 하는 것이다. 또한, 현재의 FM 절차를 이해하고 어떻게 BIM FM을 활용해서 이를 최적화할 수 있는가 하는 것이다.

교 훈

이 프로젝트의 3단계를 거치면서 프로젝트 팀은 여러 가지 교훈을 얻었다. 주요한 교훈들은 다음 카테고리별로 요약된다. 전체적인 교훈, 기술에 관한 교훈, 기술 사용자에 대한 교훈, 모델로부터의 정보, 그리고 BIM FM 절차들이다.

전체적인 교훈

모든 이해관계자들에게 적용 가능한 교훈은 3D 모델에 비교해서 정보의 가치, 끝을 생각하고 시작하는 것의 중요성, 목표를 설정하는 것의 중요성, 그리고 기존의 절차나 기술을 단지 반복하지 않는 것의 중요성이다.

BIM FM의 가장 큰 도전 과제 중 하나는 어떻게 BIM의 3차원과 정보 부분들이 사용되어야 하는지를 평가하는 것이다. USC 팀은 BIM FM의 가장 중요한 부분은 3차원이 아닌 데이터라고 결론지었다. 특히 시설물 유지관리를 위해 사용될 수 있는 높은 품질의 데이터를 수집하고 전달하는 것이 가장 중요하다. 물론, 정확한 기하 형상 모델이 중요하지만 데이터에 비해서는 두 번째 중요성을 가진다.

BIM FM의 가장 중요한 장점은 좀 더 나은 FM 절차를 지원할 수 있는 적절한 정보를 가질 수 있다는 것이다. 이를 위해서는 데이터의 사용을 통해서 장점을 얻는 사람들로부터 의견을 수용해야 한다. 어떤 경우에는 현재 업무 흐름을 자세하게 이해해야 하고 좀 더 나은 정보가 쉽게 사용될 수 있다면 어떻게 개선될 수 있을지를 이해해야 한다. 어떤 데이터가 수집되고 포맷이 어떻게 되어야 하는지 의사결정이 이루어지면 데이터를 제공하고 사용하는 팀원들로부터 피드백을 받는 것이 중요하다. 신속하게 피드백을 받을수록 협업의 기회가 커지고 어떤 것이 가능하고 실무적인지를 결정할 수 있다.

종국적인 것이 어떠한지를 생각하고 시작하는 것이 또한 중요하다. 시설물 유지관리 팀에게는 무엇을 달성하기를 원하고, 어떤 자원이 이 목표들을 달성하기 위해 가용한지, 시설물 유지관리 팀의 가장 중요한 기능은 무엇인지를 이해하는 것이 중요하다. 이는 데이터를 수집하는 데 상당한 노력이 소요될 것이기 때문에 중요하다. 게다가 프로젝트 생애주기 동안 데이터의 정확도가 유지되지 못하면 초기의 데이터 수집노력은 투자가치가 없을 것이다.

새로운 절차가 적용될 필요가 있는 곳에 목표를 설정할 때 달성 가능한 목표를 정하는 것이 중요하다. 작게는 달성 가능한 목표는 BIM을 사용하는 동기부여가 안 되거나 성공할 가능성이 낮아질 수 있는 높은 목표를 잡는 것보다 더 효과적이다. 다음 프로젝트에 적용되고 기록될 수 있는 새로운 교훈들을 인식하기 위해 새로운 프로젝트를 사용해야 한다. 적용함으로써 새로운 기회가 인지되기 때문에 표준을 개발하는 절차는 멈추지 않을 것이라고 인식하는 것이 중요하다.

새로운 기술들과 절차들이 BIM FM 통합을 적용하기 위해서 필요하다는 것을 인식하는 것이 중요하다. 데이터를 수집하고 활용하는 오래된 접근방법들은 추가적인 비용과 좋지 않은 결과를 초래할 것이다. 어떤 경우에는 새로운 도구가 필요할 수 있다. 그러나 CMMS와 DMS와 같은 기존의 도구들을 간과해서는 안 된다. 최종적으로 한 팀원이 언급한 것처럼 '우리는 여전히 배우고 있다.'와 같이 BIM FM이 시작 단계라는 것을 인식해야 한다.

기술에 관한 교훈

기존의 도구들이 이미 필요한 기능들을 제공할 수 있을 것이다. 예를 들어, CMMS와 CAFM 시스템은 여러 해 동안 시설물 유지관리 산업에 적용되어 왔다. 비록 이러한 시스템들이 충분히 활용되고 있지 않지만 이것이 이러한 시스템들이 버려져야 한다는 것은 아니다. 기존의 도구뿐 아니라 현재의 시설물 유지관리 절차들에 저장된 데이터의 양과 형태는 새로운 도구가 필요한지를 결정하기 전에 세심하게 평가해야 한다. 기술적인 의사결정은 시설물 관리자, 설계, 시공사에 영향을 미친다.

시설물 관리자와 기술에 관한 2가지 주요 교훈은 사용자 인터페이스 설계와 데이터 통합이다. 사용자 인터페이스 설계에 관해 사용자 인터페이스가 어떤 모양이어야 하고 어떤 시스템들이 통합되고 독립적인 의사결정이지만 상호 관련성을 갖는지를 인식하는 것이 중요하다. 사용자 인터페이스가 어떤 모양이어야 하는지 결정하기 전에 통합에 관한 모든 의사결정이 내려질 필요는 없다. 어떻게 통합될 것인지에 대한 의사결정은 어렵고 시간이 걸린다. 모든 이해관계자들이 서로 다른 목표를 가지고 서로 다른 정보를 요구한다. 무엇을 통합하고 왜 하는지를 결정하는 것은 통합을 완성하기 위해 필요한 기술적 노력보다 훨씬 더 도전적인 과제이다. 새로운 소프트웨어와 미들웨어를 포함한 새로운 도구를 사용할 때, CMMS와 DMS와 같은 현재의 시설물 유지관리 소프트웨어를 재설계하지 않도록 주의하는 것이 중요하다.

기술 사용자에 대한 교훈

FM 팀이 BIM 성과품에서 그들이 원하는 정보를 받기 위해서는 FM 팀은 그들의 요구사항을 명확하게 정의해야 한다. 이를 달성하는 한 방안은 설계자가 사용할 수 있는 공유 변수 파일(shared parameter files)을 생성하는 것이다. 이러한 파일들은 어떤 정보가 필요하고 FM 활용을 위해 BIM 저작 소프트웨어에서 내보내기되는 데이터를 허용하는 방식으로 장비 스케줄을 갖도록 할 수 있다.

BIM이 FM을 위해 활용될 때 설계 팀은 시공 기간 동안에 좀 더 프로젝트에 참여하게 된다. 이는 현재의 실무와는 상당한 변화가 된다. 게다가 설계 모델은 시공 기간 동안에 준공 모델을 만들기 위해 업데이트되는데, 이는 현재 시공이 끝날 때까지 기다리는 것과 반대가 된다. 목표는 건물이 운영되는 첫째 날에 기록 모델(record model)이 가용해야 한다는 것이다.

모델로부터 정보

BIM FM을 적용하는 최대의 과제는 설계자, 시공사, 그리고 재정적인 의사결정권자들에게 데이터의 가치와 통합의 필요성을 정당화하는 것이다. 시공비는 언제나 빠듯하기 때문에 설계와 시공으로부터의 데이터는 물질적인 건물에 비해 가치가 작아 보인다. 그러나 올바른 정보를 갖는 것은 FM 의사결정을 효과적으로 하기 위해서 매우 중요하다.

어떤 정보가 수집되어야 하는지를 결정할 때 사용자의 참조 프레임으로부터 의사결정을 하는 것이 중요하다. 따라서 어떻게 정보가 사용되어야 하고 누가 사용할 것인지를 정하는 것이 중요하다. 설비에 관해 어떤 데이터를 수집할지를 결정하는 것은 어떤 공간 데이터를 수집할지 결정하는 것보다 복잡하다. 설비 데이터는 좀 더 많은 이해관계자와 데이터에 대한 기술적 이해를 필요로 한다. USC에서는 설비 데이터 수집 절차는 보일러, 냉각기, 그리고 공기 조절장치와 같은 대형 설비에 대해 FAMIS에 있는 설비 정보가 무엇인지를 결정하는 것부터 시작했다. 가장 중요한 설비 정보로 결정된 것은 설비 명칭, 제조사, 사양 단면 번호, 모델 번호와 일련번호이다. 의사결정 절차의 일부분은 장기적으로 정보가 어디에 저장되어야 하는지를 결정하는 것이다(BIM, 미들웨어, 또는 시설물 유지관리 소프트웨어).

BIM FM 절차

BIM FM은 'out-of-the-box' 제품(박스에서 꺼내면 바로 사용가능한 제품)이 아니라는 것을 인식하는 것이 중요하다. 따라서 BIM FM은 현재의 시설물 유지관리 업무 흐름에서 효율성을 증대시킬 수 있는 영역을 밝히기 위해 다시 보고 검토하는 기회를 제공한다. 프로세스 매핑은 업무 흐름을 평가하는 데 좋은 방법이다. 절차를 변경할 때 성공하기 위해서는 시설물 유지관리 조직들 내의 리더들로부터 의견을 수용하는 것이 중요한데, 이는 절차 변경을 문서화하는 데 시간과 자원이 필요하고 시설물 유지관리 조직을 통해 구매결정을 얻고 기존 계약에 변경을 해야 하기 때문이다.

데이터를 수집하기 위해 어떤 소프트웨어 도구들을 사용할지를 정하는 것도 중요하다. 시공사의 제작 모델들은 프로젝트 팀 내에서 공유하는 데이터로는 적합하지 않은 것으로 밝혀졌다. 제작 모델들은 개별 부품들의 조합에 기반을 두어서 생성되어 시스템으로 생성되지 않는다. 예를 들어, 배관의 각 부분은 제작 소프트웨어에서 독립적인 부분으로 생성된다. 따라서 각 덕트의 앨보우, 단면 감소부, 덕트의 직선부는 시공 모델에서 독립적인 요소이다. 반대로 Revit은 개별적인 부분들을 연결해서 조합을 만들 수 있다. 따라서 Revit은 덕트 시스템을 그리기가 훨씬 수월한데, 이는 각 부분들이 쉽게 연결될 수 있기 때문이다. 시공사에 의해 사용되는 제작 소프트웨어가 각 부분들을 시스템으로 그룹화하는 것이 가능하지만 각 부분들을 제작하는 데 필요한 단계가 아니기 때문에 시공사에 의해 수행되는 일반적인 실무는 아니다.

설계와 시공 팀의 관점에서 가장 중요한 교훈은 프로젝트 시작 단계에서부터 FM 팀의 의견을 청취하고 요구사항을 이해하는 것이다. 이는 BIM의 활용을 시각화와 시공 중 조정작업을 위해 하는 것과는 많이 다르다. 최종적으로 BIM

FM이 각 역할들 사이의 협업과 데이터 교환을 필요로 하기 때문에 프로젝트 팀의 모든 구성원은 능동적으로 같이 업무를 진행해야 한다.

남은 도전과제

현재 상태에 대한 도전을 하는 어떤 프로젝트도 유일한 문제들을 가질 것이다. Cinematic Arts 프로젝트 동안에 팀은 많은 도전들을 만나고 해결했다. 가장 큰 것 중의 2가지를 여기서 요약한다. 하나는 시공이 완료된 후에 기록 BIM 모델을 누가 관리할 것인지를 결정하는 것이다. 전통적인 프로젝트에서는 CAD 관리자가 준공 도서에 대한 책임을 가진다. 이 사례 연구가 작성될 때 BIM 모델의 관리는 여전히 해결되지 않았다. 2가지 대안이 검토될 수 있다. CAD 관리자와 셰어 기술자들이다. FMS는 BIM이 어떻게 건물 운영상의 문제 해결에 활용될 수 있을지를 검토했다.

향후 도전과제는 BIM FM을 적용하기 위해 필요한 진척사항을 만들기 위한 전용 자원들을 발견하는 것이다. 자원에 대한 의사결정은 BIM FM 업무를 완성하기 위해 필요한 시간과 비용을 이해하는 것이 필요하다. 설계와 시공 기간 동안에 영상예술대학은 BIM의 가치를 인식하는 아주 관대한 기부자를 가지는 행운을 가졌다. 그러나 많은 프로젝트에서 BIM FM 업무는 비록 장기 간 동안에 이익들이 보임에도 불구하고 추가적인 비용으로 여겨진다. 종종 의사결정은 말하자면 1년 같은 단기간에 시간과 자원에 근거해서 이루어진다. 추가적으로 만일 요구를 파악하고 이점들을 정량화하기 위한 데이터를 수집 하기 위해 설계 사례가 개발되어야 한다면 이는 BIM FM을 적용하는 것의 효율성을 평가하는 데 몇 년이 소요되기 때문에 도전과제가 될 수 있다. 이 사례 연구가 FM 조직 내에서 BIM 적용으로부터 얻을 수 있는 실제 이점들을 지원하고 다루기 위해 필요한 도전과제를 이해하는 기회를 제공할 것이다.

예술영상대학 프로젝트 동안에 USC와 BIM FM 업무는 성공적인 노력으로 보인다. 이는 종국적인 것을 염두에 두고 시작하고 최고 관리자로부터 좋은 지원을 받는 것으로 가능했다. 이러한 이해는 BIM FM의 가치를 이해하는 최고 리더에 의해 영향을 많이 받는다. 이는 중요한 의사결정을 하는 데 필요한 시간을 줄이고 FM 직원들로 하여금 새로운 건물에 좀 더 익숙해지고 효과적인 운영을 위해 준비해야 한다.

요 약

Southern California 대학의 영상예술대학 복합관은 BIM FM 실무들의 선도적인 예이다. 이 사례 연구는 시공의 3가지 단계에 걸쳐 BIM에서 BIM FM으로 진척되는 것을 요약한다. 이 사례 연구는 BIM 절차에서 정보에 집중하는 것의 중요성을 보여주고 효과적인 의사 결정을 위한 이 정보의 사용을 지원하기 위해 필요한 사용자 인터페이스와 통합의 필요성을 보여준다.

감사의 글

이 사례 연구는 Facilities Management Services, University of Southern California; John Welsh, 시설물 유지관리 서비스의 동료 부사장, Jose Delgado, CAD 관리자; John Muse, 정보관리 시스템 부 감독으로부터 얻은 통찰력이 없으면 완성하지 못했을 것이다. 다음의 컨설턴트와 시공사는 이 사례 연구를 개발하는 데 도움을 주었다: David Kang, 프로젝트 엔지니어, CSI 전기 시공사; France Israel, 사장, View by View, Inc.; Ray Kahl, Urban Design Group; Igor Starkov, 사장, EcoDomus Inc.; Gregory P. Luth, 사장, Gregory P. Luth & Associates, Inc.; Cliff Bourland.

이 연구는 Facilities Management Services를 만드는 운영 및 행정 부서의 많은 사람들의 노력과 근면이 없었다면 가능하지 않았을 것이다. 게다가 Facilities Management Services와 Capital Construction Development 의 두 회사의 리더들의 비전과 지원이 이 작업의 성공을 위해 가장 중요한 것이었다.

이 사례 연구의 정보는 BIM FM에 관한 리더들을 교육하는 데 도움이 되도록 공유되어야 한다. 이 사례 연구에 포함된 벤더와 서비스 공급자의 이름들을 사용하는 것은 University of Southern California가 어떤 소프트웨어나 서비스 공급자를 보증한다는 의미는 아니다.

참고문헌

ASHRAE. 2010. *Guideline 20-10: Documenting HVAC&R Work Processes and Data Exchange Requirements*, Atlanta, GA: ASHRAE.

Standish. 1995. *Standish Group Report*, www.bing.com/search?q= Standish+Group+Project+Failure&FORM=QSRE1.

USC. 2012. *Building Information Modeling (BIM) Guidelines for Design Bid Build Contracts*, Version 1.6. Final Draft, April 18, 2012. USC Capital Construction Development and Facilities Management Services. www.usc.edu/fms/technical/cad/BIMGuidelines.shtml

Case Study 4 : 자비어 대학에서의 BIM과 FM 구현

Elijah Afedizie, Rebecca Beatty, Erica Hanselman, Eric Heyward, Aisha Lawal, Eric Nimer, Laura Rosenthal, and Daryl Siman

관리 개요

본 사례 연구는 최근 자비어 대학 건축 프로젝트의 모든 단계에 걸쳐 BIM의 활용, 통합 및 성과를 설명한다. 프로젝트를 완성하는 데 주요 주체는 Messer

Construction Co., Shepley Bulfinch, Richardson & Abbot, Michael Schuster Associates 그리고 자비어 Facilities Maintenance 부서였다. 이 프로젝트는 학교 역사상 가장 비용이 많이 드는 대규모 확장이었다. 총 포트폴리오에 25%가 추가되고(약 2백만 GSF에서 2.5백만 GSF로 증가) 4개의 캠퍼스 건물, 즉 Smith Hall(Williams 경영학부 건물 포함), Conaton Learning commons(학습공유공간), Central Utility Plant, 그리고 Bishop Fenwick Place가 추가되었다.

선정된 BIM 프로그램(Autodesk Revit)은 설계 및 건설을 용이하게 하기 위해 활용되었다. 그러나 하청계약자들은 다양한 CAD 기반의 소프트웨어 제품으로 기계, 전기, 배관(plumbing) 그리고 소방 시스템을 모델화하였다. CAFM 시스템(FM : 시스템에 의한 FM : 상호작용)은 공간과 점유를 관리하고 건축학적 마감을 추적하기 위해 활용된다. CMMS 시스템(TMA 시스템에 의한 WebTMA)은 유지(보수)를 관리하고 건물 시스템 자산을 추적하기 위해 활용된다. 철저하게 조사된 비용/편익 라이프사이클 분석을 아직 구할 수는 없지만, 자비어는 BIM에 있는 데이터를 활용함으로써 데이터 입력 인년(person-year)을 방지할 수 있을 거라고 추정한다. 또한 최초 추정 결과에 따르면, 이러한 프로젝트를 활용하게 됨으로써 건물의 라이프사이클 동안 시설 관리 비용의 상당한 절감효과가 있을 것으로 보인다. 추가로 모델에서 얻은 데이터 덕분에 자비어는 라이프사이클 시설비용을 추정할 수 있었다. 즉, 시설부(facilities department)가 갱신 및 교체 예산을 연간 $750,000에서 연간 $12백만으로 증가시키는 데 도움이 되었다. 이러한 금액은 캠퍼스 시설의 총 교체 비용 중 약 2.3%를 차지하는 것이다.[72]

추가 예산 덕분에 시설부는 보수 지연을 줄이고 활기 넘치는 캠퍼스 환경을 만들 수 있는 프로젝트의 자금 조달이 가능해졌다.

---

72) 현재교체가치(CRV, Current Replacement Value) 지수가 2.3% 덕분에 이 시설은 '2009 유지비용 조사' 시 IFMA가 조사한 모든 건물들 중 상위 80% 내에 포함되었다(http://www.ifma.org/resources/research/reports/pages/32.htm, 48p 참조). 보고서의 코멘트에 따르면, "……. 올해 측정치(평균 1.55%)는 이전 보고서와 비교하여 CRV 지수 연속 하락을 나타내는 것이다."

이것은 대형 프로젝트에 BIM을 이용하려는 자비어의 최초 시도였기 때문에 아무런 어려움 없이 마무리할 수는 없었다. 가장 중요한 사항으로, FM부는 프로젝트 초기 단계에 관여하지 않았다. 그로 인해 FM 통합을 지원하는 모델을 바꾸는 데 추가 비용이 소요됐다. 이러한 추가적인 모델링 비용 외에도, 이러한 건물(WebTMA)에 사용된 CMMS와 현재 BIM 소프트웨어와의 연결이 용이하지 않다. 결과적으로 자비어는 CMMS 자산 목록을 추가하기 위해 전통적인 방법을 이용하여 작업을 해야 했다. 이러한 추가적인 비용에도 불구하고 Messer는 프로젝트에 BIM을 활용함으로써 예산 범위에서 그리고 예정보다 빨리 건축을 완료할 수 있었다(BIM-FM 통합 노력에 대한 보상 그 이상이었다).

또한 자비어의 FM부는 대학교 직원들이 이러한 소프트웨어 애플리케이션에 보다 익숙해지면서 이들의 프로세스가 진전될 것이기 때문에 향후 프로젝트에서 BIM 활용의 이점이 지속적으로 증가할 것이라고 확신한다. 최초 BIM 프로젝트 완료에 대한 학습 곡선 이점 외에도, 자비어는 적절한 이해관계자들이 적절한 방법으로 필요한 정보를 입력할 수 있도록 소유자가 가능한 빨리 프로세스에 BIM 데이터 요건을 명시하는 것이 중요하다는 것을 학습하기도 했다.

FM용 BIM을 활용하여 프로젝트 라이프사이클에 완전히 몰입한 후, 자비어 직원들은 부가가치, 사용 편익 그리고 도구와 관련하여 라이프사이클 비용 절감을 이해하기 시작했다. 이들은 캠퍼스에 있는 기존 시설뿐만 아니라 향후 프로젝트에서도 이것을 활용하고자 한다.

일반 설명

자비어 대학교는 오하이오 주 신시내티에서 1831년에 설립되었다. 이 대학교는 전국에 있는 28개의 예수회 대학들 중 하나이며, 전국에서 6번째로 가장 오래된 가톨릭 대학교로서 자부심을 가지고 있다. 이러한 것은 웹사이트의 프로파일에 명시되어 있다.

다음의 목록은 학교의 교육 프로그램을 설명한 것이다.

- 3개 대학
- 85개 재학생 전공
- 54개 재학생 부전공
- 11개 대학원 프로그램
- 총 학생 수 7019명
- 재학생 수 4368명(www.xavier.edu/about/)

표 6.7 본 사례 연구에서 다루는 건물

건물	설계 개시일	건축 완공일	면적(평방피트)	평방피트당 원가
Smith Hall	2008년 9월	2010년 8월	88,000	$303.97
Conaton Learning Commons	2008년 10월	2010년 7월	84,000	$326.37
Bishop Fenwick Place	2010년 2월	2011년 8월	245,000	$237.00
Central Utility Plant	2008년 9월	2010년 6월	19,160	$528.03

본 사례 연구는 자비어 캠퍼스에서의 4개 중 프로젝트에 대한 BIM의 활용을 탐구한다. 표 6.7은 각 프로젝트에 대한 간략한 개요를 보여준다. 그림 6.30~6.33은 표 6.7에 나열되어 있는 건물을 보여주고 있다.

예전에, 대학이 소유하여 사무실로 활용했던 낡은 주택이 공사 현장에 포함되어 있었다. 공사를 개시하기 위해 그 주택들을 철거했다. 자비어 프로젝트는 채권, 기증 또는 기부를 통해 재원을 조달했다.

그림 6.30 자비어 대학교(출처 : Smith Hall)

그림 6.31 Messer 건설회사(출처 : Conaton Learning Commons)

그림 6.32 자비어 대학교(출처 : Bishop Fenwick Place)

그림 6.33 자비어 대학교(출처 : Central Utility Plant)

건축 프로젝트에 사용된 자재는 벽돌 단판(brick veneer)과 현장 타설 콘크리트(cast-in-place concrete)를 조합한 것이다. 프리패브 골조(structure)는 건축에 전혀 사용되지 않았다. 그러나 약간의 클래딩(cladding)이 사용되었다.[73]

자비어는 건물 시스템 설계 시 지속가능성(친환경성)을 강조했다. 이 건물의 특징은 고효율성을 지닌 보일러와 냉각기, 2개 파이프 시스템, 팬 코일 유닛, 중앙 유틸리티이다. 이러한 것들은 확장을 위해 설계된 기계적 면적과 자체 열을 생성한다. 설치되어 있는 전기 시스템도 역시 지속 가능한(친환경적) 특성을 가지고 있다. 프로젝트는 고효율적 조명과 중앙 유틸리티 포트를 이용함으로써 LEED 실버(silver, 은상) 요건을 충족한다. 중앙 유틸리티는 캠퍼스에 제공되는 단일 중앙 미터기로서 개별 건물에 할당되어 있는 변압기에 전력을 보낸다. BIM의 활용은 LEED 실버를 충족하는 데 역할을 하지 못했다.

건축은 예정대로 진행되었으며 그 결과 지체 배상금(liquidated damage)과 관련한 어떠한 비용도 지불할 필요가 없었다(Meyer 인터뷰).

건물 모델링 작업은 건축 프로그래밍 단계 이후 개시됐다. 자비어는 프로젝트에 대한 건축 매니저인 Messer 건설회사와 함께 작업하여 다양한 모델들을 수집하고 통합하였으며 그리고 이러한 것들을 'FM : 시스템의 FM : 상호작용' 제품의 공간 관리 모듈과 통합하였다(자비어 대학교 마스터플랜). 이러한 연구 시점에 이 모델들을 FM : 상호작용 테스트 현장과 연결시켰다. 자비어와 Messer는 이 모델들을 자비어의 FM : 상호작용 생산 현장과 연결시키는 작업 중이다. 이 현장에서는 새 건물로부터 얻은 데이터가 캠퍼스에서 기존 건물로부터 얻은 데이터와 결합될 것이다(Meyer 인터뷰).

---

73) 2012년 3월 21일, 학생이 Greg Meyer와 인터뷰한 내용; 이후 인터뷰 내용은 'Meyer 인터뷰'라고 문구를 삽입함.

BIM과 FM 요건을 설정하는 데 소유자와 FM 직원의 역할

2009년 가을, Messer는 2개의 프로젝트 이행 접근법을 자비어에 제시했다. 첫 번째는 전통적 접근법(설계/입찰/건축)으로, 공사 팀과 엔지니어링 팀이 건축을 완전히 설계한 후 프로젝트를 낙찰받은 최저가 입찰자의 입찰서에 그 설계를 넣는 방식이었다. 이 옵션의 경우 추정 완료일은 2011년 12월이었다 (Meyer 인터뷰).

두 번째 옵션은 상대적으로 새로운 프로젝트 이행 시스템으로써 통합식 프로젝트 시행(IPD, Integrated Project Delivery) 원칙을 활용하는 것이었다. 프로젝트 예정일 측면에서, 팀은 전통적 접근법을 사용한 경우보다 약 6개월 당겨서 프로젝트를 설계하고 건축할 계획이었다. 사실적인 측면에서는, BIM과 IPD를 활용함으로써 프로젝트 완료일을 예상보다도 2주 반 앞당겼다 (Meyer 인터뷰).

이 프로젝트에서 BIM과 FM 통합의 주요 목표는 새 건물에 대해 요구되는 FM의 수동 데이터 입력을 최소화하는 것이었다. Greg Meyer는 시설 보수와 교체의 모든 부분을 다루는 포괄적 캠퍼스 시설 10년 플랜 작성을 담당했다. 보수와 교체가 필요하다고 카테고리로 분류된 건물은 대학이 보수를 지연할 필요가 있는 경우에도 여전히 적합하게 작동하고 기능한다.

자비어와 Messer는 BIM이 이러한 건물 건설 시 중요한 역할을 할 것이라는 것을 알고 있었지만, 특정한 어떠한 BIM 요건도 계약 서류에 포함되지 않았다. 그러나 대학의 향후 프로젝트에서 이들은 이러한 프로젝트에 사용되는 절차를 BIM 제공품 가이드라인과 시행 플랜에 문서화할 것이다. Greg Meyer는 FM 데이터 요건에 대한 적합한 커뮤니케이션이 향후 프로젝트에서 부가가치를 창출할 것이라고 믿고 있다.

프로젝트에 활용되는 계약

자비어 대학은 프로젝트를 가능한 신속하면서도 효율적으로 완료하기 위해 IPD를 이용한 방법을 선택했다. IPD는 프로젝트에 관여된 모든 당사자들이 협력할 것을 장려하고 있기 때문에 모든 사람들은 전체 프로젝트뿐만 아니라 세부적인 제공품에 대해서도 완벽하게 이해한다. Messer는 하청업체를 선정하기 위해 기계, 전기 및 소방 하청업체를 포함하여 사전에 자격을 얻은 회사들에게 제안 요청서(RFP, Request For Proposal)를 배포했다. 이후 선정된 회사들은 Messer와 계약을 맺었다. 하청 계약서는 설계/건축 이익을 공유하는 것으로 작성되었다. 이것은 모든 당사자들이 프로젝트 비용 절감의 혜택을 공평하게 공유하는 것이었기 때문에 프로젝트 팀은 비용과 시간을 절감할 인센티브를 가졌다. 기계 설계자, 구조 엔지니어 그리고 건축사를 포함하여 설계 팀은 자비어 대학이 직접 계약을 맺었지만 프로젝트 기간 내내 설계/공사 팀의 일부로서 역할을 이행했다(Chris Speier, Messer 건설회사, 프로젝트 매니저, 개인용 커뮤니케이션, 2012년 4월 17일). 프로젝트의 공사 관리자로서 Messer는 Central Utility Plandt 건물을 모델화했으며, Sheply Bullfinch, Richardson & Abbott는 나머지 3개 건물에 대한 모델을 만들었다. 하지만 자비어 대학이 이 모델들의 소유권을 가지며 Messer가 이것들을 보관한다. 자비어는 조달 방법을 기밀로 유지하였으며, Messer를 공사 관리자로 선정한 이유 중 하나는 BIM에서 이 회사의 이력과 전문성 때문이었다(Meyer 인터뷰).

BIM과 더불어 IPD 덕분에 공사 관리자, 소유자, 설계자 그리고 핵심 하청업자들은 마음속에 하나의 목표를 공유하였으며 최단 시간 내에 최소한의 비용으로 최선의 프로젝트를 달성할 수 있었다. 계약업체들은 프로젝트 기간 내내 새로운 건축 기법(예를 들어, 도랑을 이루는 지하 파이프를 자갈로 되메우는 것 그리고 지하 배수를 위해 개별 도랑을 파는 것이 아니라 지하 배수 시스템을 형성하기 위해 이러한 동일한 도랑을 이용하는 것)을 선보였다. 설계자와 건축자 간 지속적인 커뮤니케이션 덕분에 동일한 사이즈와 복잡성을 지닌 프로젝트의 경우 명료화 요청서가 50% 이상이었던 것과 비교하여 이러한 요청서를 50% 이하로 줄일 수 있었으며, 제품 주문 승인에 걸리는 시간도 크게 줄일 수 있었다. 또한 이것으로 인해 이들은 예상보다 최소 3개월 전에 오랜 리드 타임(lead time)을 가지고 주요 장비를 주문할 수도 있었다. 이는 프로젝트 스케줄에 영향을 미치는 공급망 위험을 줄여주었다(Meyer 인터뷰).

프로젝트 팀 설명

프로젝트와 관련된 회사는 표 6.8에 요약되어 있다. 팀은 몇몇 건물에 대해 아주 미미한 변동사항을 가졌다.

표 6.8 프로젝트 팀의 핵심 구성원

건축사	메인 : Shepley Bulfinch Richardson, 그리고 Abbott, 보스톤, MA 보조 : Michael Schuster Associates, 신시내티, OH 조경 : Brown Sardina사; 보스톤, MA
엔지니어	골조 : Steven Schaefer Associates사, 신시내티, OH; MEP AKF 엔지니어링 토목 : Kleingers & Associates, 웨스트체스터, OH 코드 : Rolf Jensen & Associates, 프레이밍햄, MA
컨설턴트	오디오/비디오 : Acentech, 캠브리지, MA 건축 : Campbell-McCabe사, 월섬, MA 지질공학 : Thelen Associates사, 신시내티, OH
공사 관리자	Messer 건설회사, 신시내티, OH
시운전 엔지니어	Thermal Tech Engineering, 신시내티, OH

주요 설계 혁신 그리고 이것이 건물 라이프사이클에 미치는 영향

BIM은 이러한 건물의 설계 건축을 합리화하는 데 필수적인 역할을 하였지만, 구체적인 설계 혁신을 이끌지는 못했다. 자비어는 프로젝트를 학습 경험(BIM 의 기능을 테스트하는 것, BIM 도구 및 프로세스와 익숙해지는 것, 그리고 향후 프로젝트를 개선하기 위해 BIM을 어떻게 활용할 수 있을지를 학습하는 것)으로 활용했다. 향후 몇 년 동안의 활동 계획에서, 자비어는 BIM의 기능을 지속적으로 더 많이 사용할 것이다. 여기에는 프로젝트 도식 및 설계 개발 단계에서 설계 혁신을 테스트하는 것 그리고 상이한 설계 옵션을 평가하는 것이 포함될 것이다. 이를 활용하여 자비어는 프로그래밍 시 설정한 요구사항을 기반으로 둔 최선의 솔루션을 제공해주는 대안을 선정할 수 있을 것이다. 본 사례 연구의 학습 교훈(Lessons Learned) 섹션에서 논의하였듯이, 자비어는 이제 프로젝트의 모든 당사자(특히, 건설회사와 총괄 계약자)가 BIM을 경험할 필요가 있다는 것을 이해하고 있다. 자비어는 향후 모든 계약 서류에서 이러한 이력을 요구할 것이다(Meyer 인터뷰).

이 대학은 에너지 사용량, 지속가능성 또는 기타 환경 관련 측면을 분석하기 위해 BIM 시뮬레이션을 사용하진 않았다. 그러나 자비어는 향후에 이러한 도구 사용을 면밀히 검토할 것이다(특히 캠퍼스에 난방과 냉방을 제공하는 20,000평방피트의 Central Utility Plant 건설을 감안하면 더욱 그렇다). 이 플랜트는 이 프로젝트 작업 범위에서 Messer에 의해 건축됐다. 또한 대학은 발전용량을 가지고 있으며 캠퍼스 전체적으로 자체 전기를 배전하기 때문에, 새 건물을 짓고 낡은 건물을 개량시키는 것에 관한 시뮬레이션 및 환경 관련 영향 연구를 시행하고자 한다. 이러한 연구는 대학이 향후 더 나은 용량 수요 플랜을 계획하고 새 건물을 추가하는 것에 관한 재정적 영향을 더 잘 이해할 수 있도록 해 줄 것이다. 또한 이것을 활용하여 FM부는 캠퍼스에 있는 낡은 건물에서 구식 기계 시스템을 대체함으로 인해 나타나는 비용 절감을 추정할 수도 있다. 또한 이 대학이 캠퍼스에서의 향후 건축 활동에 서 LEED 표준을 따르기로 했기 때문에 에너지 시뮬레이션은 더욱 중요해지며, 에너지 시뮬레이션을 통해 얻은 결과를 이용하면 이러한 설계로 인해 예상되는 결과를 예측할 수 있을 것이다(Meyer 인터뷰).

대학은 운영 및 유지를 시설 팀에게 넘기기 전까지 프로그래밍에서부터 건물 설계에 관여했었다. 대학의 특정 팀은 시설 사용자를 포함했었다. 그러나 시설 유지 직원은 설계 단계에 참여하지 않았다. 이러한 직원의 인풋을 활용했다면 각 건물 최종 설계에 부가가치를 부여하며 부가적인 비용 발생을 방지할 수 있었을 것이기 때문에, 이 직원의 미참여는 상당한 손실이었다(Meyer 인터뷰).

건물은 새로 지은 것이기 때문에 이러한 건물이 어떻게 작동할지에 대한 데이터는 제한적이다. 그러나 자비어는 향후 계획에 보탬이 되기 위해 자비어가 소유하고 유지하는 시설들 전체에 대해 이 프로젝트를 검토하는 공식적인 분석을 시행하였다. 이러한 분석에는 새로운 건축 활동, 기존 건물의 보수 지연 감소 그리고 자비어의 Central Utility Distribution Plant(중앙 유틸리티 배전 플랜트)에 대한 지속적인 개량 및 교체에 대한 내용이 포함되었다. 현재 건물 목록을 면밀히 살피면서, 자비어는 기존 건물의 지속적인 보수에 소요되는 금액을 줄이고, 시설 상태 지수(FCI, Facility Condition Index)를 개선하고자 하였다. FCI 측정은 벤치마킹 프로세스로서, 자비어는 모든 캠퍼스

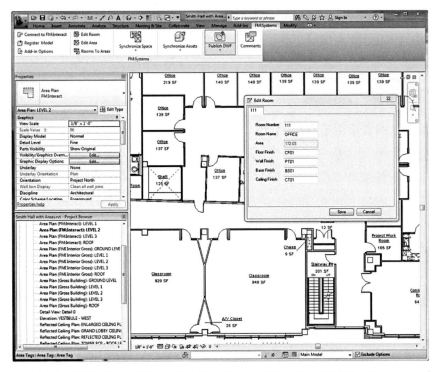

그림 6.34 이러한 공간에 대한 방 마감 데이터와 2D 평면도 간 링크(출처 : FM : Systems)

시설의 상대적인 상태를 비교하기 위해 이것을 사용한다. 건물의 FCI를 계산하기 위해서는 시설에 대한 모든 지연 보수 및 주요 개량 프로젝트의 총비용을 현재의 교체 금액으로 나눈다. 이러한 지수의 싼 값은 시설의 상태가 우수하다는 것을 의미하는 반면, 높은 값은 건물의 상태가 나쁘다는 것을 의미한다. 예를 들어, 건물이 총 보수와 교체 프로젝트 시 $1백만을 가지고 있으며 전체 건물을 교체하는 데 $50백만의 비용이 소요된다면, FCI는 0.02이며 자비어는 그 시설의 상태가 우수하다고 판단할 것이다. 자비어는 2021~2022 회계 연도에 $110백만에서 $37백만으로 지연 보수를 줄이기 위한 10년 플랜을 개발했었다. 자비어는 기존의 미실행 건물들 중 몇몇을 교체하는 것과 관련한 새로운 건축 활동을 통해 이러한 목표를 달성할 것이다. 이러한 전략적 플랜은 FCI를 0.21(나쁨)에서 0.06(우수)로 떨어트리는 데 도움이 될 것이다(Meyer 인터뷰).

FM 요건 지원 시 BIM의 역할

Messer는 여전히 컴퓨터 지원 시설 관리(CAFM) 소프트웨어, 즉 'FM : Interact Workplace Management Suite(상호작용 작업장 관리 슈트)'에 모델을 연결하는 작업을 진행 중이다. 이 소프트웨어는 Revit과 직접적으로 통합하는 웹을 통해 접속할 수 있는 작업장 관리 제품이다. Revit 사용자는 FM : 상호작용 공간 관리 모듈과 Revit에서 방과 지역 요소 데이터를 동기화할 수 있다. 그림 6.34는 이러한 공간에 대한 방 마감 데이터와 BIM으로부터의 2D 평면도 간 링크를 보여주고 있다. 또한 Revit 사용자는 FM : 상호작용 시설 관리 유지 모듈에서 건물 시스템 데이터와 Revit 모델의 건물 구성요소를 동기화할 수도 있다. 그림 6.35는 평면 데이터가 라이프사이클 데이터와 어떻게 통합되는지를 보여준다. 설계, 건축 및 개량으로부터 얻은 BIM 데이터가 입력되고 업데이트됨에 따라 FM : 상호작용과 즉각적으로 동기화된다.

자비어는 설계 및 건축용으로 입력된 BIM 데이터는 시설 관리에도 유용할 수 있다는 것을 알게 되었다. 예를 들어, 자비어의 FM부는 10년 시설 플랜을 지원하기 위해 시설 정보를 수집하는 데 2인년(person-year)을 투자했다. 시설 팀은 각 건물을 걸어서 통과하여 사용된 방 마감(벽 마감, 바닥 마감 등)을 파악하고 사용된 양과 설치일을 추정하였다.

그림 6.35 라이프사이클 데이터와 플로어링(flooring) 데이터 간 링크(출처 : FM : Systems)

이후 자비어는 그 데이터를 활용하여 마감의 잔여 내용 연수를 계산하고 시설 플랜에 대한 교체 비용을 추정하였다. 건축 시, 자비어의 FM부는 건축사가 계약업자에게 설계 의도를 전달하기 위해 Revit을 사용하여 각 룸에서 사용되는 마감을 문서화했다는 것을 발견했다. 결과적으로 Messer은 이 룸 데이터를 FM : 상호작용과 동기화할 수 있었다. 이 덕분에 자비어는 마감 데이터 수작업 수집 및 입력, 그리고 데이터 수집 및 수작업 계산 추정 인년 저장을 방지할 수 있었다(Greg Meyer).

그러나 BIM-FM 통합 프로세스는 프로젝트 라이프사이클 후반(건축 이후) 개시되었고 하청계약업자들은 Revit과 통합되는 BIM 솔루션을 사용하지 않았기 때문에, 자비어는 Revit이 얼마나 많은 데이터를 제공할 수 있을지 그리고 FM부가 FM : 상호작용에 수동으로 어떤 데이터를 입력해야 하는지를 아직까지 확신하지 못하고 있다. 자비어는 FM 데이터 요건에 대한 우수한 문서화 그리고 프로젝트 라이프사이클 초기 관여는 엄청난 양의 데이터 입력 노력을 방지하는 데 도움이 될 것이라고 믿고 있다. 이 둘 간 연결은 더 나은 공간 관리, 에너지 효율성, 예방적 관리, 개량 및 개장(retrofit) 비용 감소, 그리고 더 나은 라이프사이클 관리를 가능하게 할 것이다(FM : Systems 2012).

자비어 대학이 직면하는 기술적 장애가 여전히 존재한다. 첫째, 대학에서는 현재 시설 관리와 유지 관리에 대해 2개의 상이한 시스템을 사용하고 있다. 공간 관리, 시설 상태 평가 그리고 캠퍼스 갱신 프로젝트 기획을 담당하는 시설 관리 팀은 CAFM 시스템으로서 FM : 상호작용을 사용한다. 예방적 유지 및 서비스 요청을 담당하는 물리적 플랜트 팀은 컴퓨터화된 유지관리 시스템(CMMS, Computerized Maintenance Management System)으로 WebTMA를 활용한다. CAFM과 CMMS 둘 모두를 사용하는 단일 시스템이 이상적이지만, 자비어는 통합식 BIM과 FM 워크플로우의 잠재적 가치를 현실화하기 전 WebTMA를 구현했다. 자비어는 이러한 2개 시스템이 서로 그리고 Revit과 커뮤니케이션할 수 있기를 원한다. 통합 덕분에 2개 팀은 건축 자산에 대한 정보를 공유할 수 있었다. 예를 들어, 시설 팀은 자산의 유지 이력과 관련 비용을 볼 수 있었으며 상태 평가를 위해 그 정보의 활용을 감안할 수 있었다. TMA가 Revit와 직접적인 통합을 개발하는 경우 또는 자산 데이터를 Revit에서 TMA로 이전하기 위해 FM : 상호작용의 Revit 통합을 활용함으로써 시스템 통합을 달성할 수도 있다.

건축 이후 개시로 인해 통합을 더디게 했던 또 다른 장애는 시설 관리에 활용하기 위해 BIM을 전환하는 것이었다. 모델링이 완료된 이후 Messer는 자비어에게 건물에 대해 구성된 대로의(as-constructed) 모델을 모두 제공했다.

향후 프로젝트의 경우, 시설 관리 팀이 상세한 요건을 제공할 것이며 이러한 단계를 방지하기 위해 프로젝트 라이프사이클 초기에 참여할 것이다.

셋째, BIM-FM 통합 활동 개시 시, 자비어와 Messer은 FM : 상호작용 소프트웨어에 익숙하지 않았다. 자비어는 2011년에 FM : 상호작용의 구현을 개시했으며, 이 시스템은 2012년에 작동되었다. Messer는 BIM 데이터를 FM : 상호작용과 통합하는 경우, 이것을 적절하면서도 효율적으로 사용할 수 있는 방법에 대해 사용자들을 교육시킬 필요가 있을 것이다. Revit 통합은 여전히 생소한 새로운 것이기 때문에, FM : 시스템은 자비어와 Messer가 참여했던 BIM + FM 작업 그룹을 지원했다. Messer는 소프트웨어 판매자 지원을 필요로 하는 통합이 진행됨에 따라 묘안을 찾고 있다(Meyer 인터뷰).

FM : 상호작용으로 BIM 데이터의 통합은 진행 중인 프로세스이다. 시설 관리 팀을 위한 새로운 소프트웨어를 가지고 BIM은 FM 요건에서 중요한 역할을 담당하게 될 것이다. FM : 상호작용은 Revit에 직접적으로 연결되기 때문에, 모델이 업데이트되거나 에러가 수정되는 경우 시설 관리자는 관련 공간을 보다 잘 관리할 수 있을 것이다. 가까운 장래의 주요 도전은 모든 정보에 대한 하나의 정보원을 활성화하기 위해 FM : 상호작용 및 Revit과 TMA 시스템을 통합하는 것이 될 것이다.

프로젝트에 사용되는 기술

자비어 대학교 Hoff Academic Quad(학교 구역) 프로젝트 팀은 프로젝트를 성공적으로 마치기 위해 몇 개의 소프트웨어 제품을 활용했다. 이 팀은 전체 프로젝트 라이프사이클을 지원할 수 있는 도구를 찾는 데 상당한 관심을 쏟았으며, 또한 자비어의 기대에 따라 각 전문가가 자신의 프로젝트 단계를 효과적으로 관리할 수 있도록 하는 것에도 심혈을 기울였다. 새로운 기술의 비용, 가용성 및 익숙함과 같은 주요 고려사항은 소프트웨어 선정 시 중요한 역할을 했다. 이 프로젝트를 위해 선정된 주요 제품은 Revit, Navisworks, 그리고

FM : 상호작용이었다. 자비어는 이 프로젝트를 위한 소프트웨어 선정 전 WebTMA를 구매하여 구현했다. Revit과 Navisworks는 프로젝트 조율, 2D 도면 해석 그리고 프로젝트 상황 추적에 서 계약업자를 지원했다. FM : 상호작용(강력한 BIM 통합을 이용한 작업장 관리 수트)은 전략적 기획과 공간 관리를 다루면서 시설 관리 소프트웨어로서의 역할을 했다(Meyer 인터뷰).

BIM의 사용은 프로젝트 문서화, 다수의 건축 분야 간 활동 순서화, 충돌 탐지, 설계 해석, 변동사항 관리 그리고 시설 관리를 통합하는 데 중요하다는 것이 입증되었다. 이러한 상호 호환적인 기술 제품을 활용하게 되면 정보 교환이 용이할 뿐만 아니라 FM부는 건축된 대로의(as-constructed) 정확하면서도 완벽한 도면을 얻을 수 있다(Meyer 인터뷰).

건축 단계에서 BIM 도구를 선정하는 데 사전 듀딜리전스(due diligence, 모든 분야를 철저히 조사하는 것)는 프로젝트 팀 전체에게 매우 유용했다. 비용, 가용성, 그리고 익숙함을 비용 선정 기준으로 함으로써 프로젝트 팀뿐만 아니라 소유자도 용이한 채택이 가능해졌다. 가장 중요한 사항으로서, 선정 프로세스 덕분에 프로젝트 기술에 대한 세심한 접근법 수립이 가능해졌으며 운영과 유지에 필요한 사항을 고려할 수 있게 되었다. Revit, Navisworks, 그리고 FM : 상호작용의 선정, 구현 및 사용 덕분에 이 프로젝트가 성공적으로 마무리되었다고 믿을만한 충분한 근거가 있다(Meyer 인터뷰).

협 업

Hoff Academic Quad Project에 대한 협업은 Messer의 프로젝트 관리 및 협업 소프트웨어[74] 덕분에 용이해졌다. 이것 덕분에 모든 핵심 이해관계자들은 문서화와 정보, 지불금 제출 및 관리, 외부 커뮤니케이션 관리, 온라인 입찰 입력, 그리고 수많은 기타 중요한 프로젝트 커뮤니케이션을 공유할 수 있

---

74) 이 소프트웨어 패키지는 BIM과 통합되지 않았지만 CM과 프로젝트 팀에서의 기타 사람들이 이 프로젝트에서 사용했기 때문에 여기에서 설명하였다.

었다.

효과적인 협업 중시는 소유자가 활동 조율, 지불, 그리고 문서화 버저닝(versioning)에 상당한 영향을 미치지 않고 스케줄 잡힌 예정 접근법을 신속하게 처리할 수 있다는 측면에서 분명하게 드러났다(Meyer 인터뷰).

대다수의 설계 팀이 시 외곽에 위치해 있었기 때문에, 프로젝트 이해관계자와 성공적으로 협업할 수 있는 능력은 매우 중요했다. 프로젝트 팀은 프로젝트 피크 시 1주에 3~4번 또는 프로젝트 소강상태 시 한 달에 1~2번 미팅을 가졌다. 이것이 의미하는 바는, 프로젝트 미팅에만 국한된다면 실수, 잘못된 커뮤니케이션, 그리고 팔로우업(follow up)이 모두 지연되기 때문에 프로젝트 팀 구성원들은 협업을 하고 정보를 전파하는 방식에서 항상 주의를 기울여야 했다는 것이다(Meyer 인터뷰). 일반적으로, 협업은 이 프로젝트에서 잘 이루어졌으며 그 덕분에 프로젝트 팀은 충돌을 피할 수 있었다.

학습 교훈

대형 프로젝트와 관련하여 학습해야 할 교훈이 매우 많다. 이러한 교훈은 향후 프로젝트 관리를 향상시키는 데 도움이 될 것이다. 자비어 사례를 견지에서 볼 때, 이러한 4가지 건물 사례의 건축을 통해 학습한 교훈은 다음과 같다.

- 모든 당사자들에게 계약 서류에 있는 상세한 BIM 요건을 제공한다.
- 프로젝트 초기에 모든 당사자들에게 데이터 표준을 제공한다.
- 설계 초기 단계에 시설부를 참여시킨다.
- 모든 프로젝트 팀 구성원들에게 BIM 워크플로우와 방법론을 사용하도록 요구한다.
- 전략적 시설 목표를 입증하는 데이터를 수집하기 위해 BIM과 FM 통합을 활용한다.

■ LEAN 원칙을 활용한다.

첫 번째 교훈은 총괄 계약자, 건축사, 그리고 엔지니어에 대한 향후 모든 계약에서는 구체적인 BIM 요건이 포함될 것이라는 것이었다. 자비어는 Messer의 계약에서 상세한 BIM 요건을 명시하지 않았지만, BIM에 대한 Messer의 광범위한 지식은 이러한 활동의 성공에서 매우 값진 것이었다. Messer의 팀 덕분에 자비어는 모델들이 건축 단계에서 유용할 뿐만 아니라 시설이 인계되어 운영 및 유지되는 경우에도 매우 효과적이라는 것을 알게 되었다. 결과적으로 자비어의 향후 계약은 각 프로젝트 참여자들이 입증해야 할 구체적인 BIM 조건을 포함시킬 것이다. 이러한 조건은 이들이 BIM을 어떻게 활용할지, 이들이 어떤 문서화를 제공할지 그리고 유사 프로젝트에서 BIM을 활용한 과거 이력에 대한 상세한 표시를 포함할 것이다. 모든 캠퍼스 건물에서 추가 데이터가 FM : 상호작용에 입력되고 저장되기 때문에 이러한 요건이 더욱 중요해질 것이다. 자비어의 BIM 요건은 이러한 당사자들이 제공하는 BIM 문서화가 시설 관리 시스템으로 용이하게 통합될 수 있도록 하는 데 도움이 될 것이다. 추가로, 이러한 요건은 총괄 계약자, 건축사, 그리고 엔지니어가 BIM에 대한 동일한 수준의 경험을 가질 것을 요구할 것이며, 이들이 프로젝트 스케줄을 단축시키는 데 도움이 되는 그리고 프로젝트 초기에 잠재적 문제점을 파악하는 데 도움이 되는 사항과 변동사항을 커뮤니케이션하여 과다비용 발생을 방지하기 위해 그러한 도구를 적절히 활용할 것을 요구할 것이다(Meyer 인터뷰).

두 번째 학습 교훈은 각 자재를 확인하는 데 사용되는 고유의 코드와 모든 캠퍼스 시설에 사용하기 위해 대학이 요구하는 자재에 관한 상세를 제공해야 할 필요성이었다. 프로젝트 시작 시, 건설회사는 내부와 외부 자재 및 마감에 대한 설계 표준과 마감 코드를 받지 못했다. 그래서 설계 문서는 부정확했으며 사용해야 할 특정 자재에 대해 당사자들 간 혼돈이 발생했다. 또한 Revit 모델에서 얻은 데이터를 시설 관리 시스템에 있는 다른 정보와 결합하기 위해 마감 코드를 사용했기 때문에, 계약업자는 모든 프로젝트 문서가 정확할 수 있도록 적절한 마감 코드를 가지고 모델을 업데이트하는 데 시간을 투자해야 했다(Meyer 인터뷰).

세 번째 학습 교훈은 FM 직원들이 프로젝트 최초 단계에서부터 참여해야 했다는 것이었다. 이들은 건물 외각, 지붕 시스템, 기계 시스템, 자연적 조경, 그리고 인공적 조경을 포함하여 각 시설의 외관과 내부를 유지해야 할 책임을 지고 있는 주요 담당자였기 때문에, 이들이 프로그램 수립 활동에 참여했더라면 값진 정보를 얻을 수 있었을 것이다. 이들의 인풋은 이러한 건물을 유지하는 데 현재의 절차 때문에 특정 설계 부분이 시설에 왜 적합하지 않은지에 대한 이유를 파악하는 데 도움이 되었을 것이다. FM 직원들은 종종 프로세스에서 중요한 이해관계자로서 간과되었지만, 이들은 건물 라이프사이클 동안 건물을 관리하는 주요 담당자라는 사실 때문에 이들의 참여는 매우 중요하다(Meyer 인터뷰).

네 번째 교훈은 가능한 한 모든 프로젝트 팀 구성원들이 BIM 툴과 워크플로우를 사용해야 한다는 것이었다. 핵심 건축 시스템(기계, 전기, 배관 그리고 소방)을 담당하는 하청업자들은 서로 상이한 CAD 기반의 툴을 사용했기 때문에, 장비 데이터를 Revit으로 그리고 이후 FM : 시스템으로 입력하는 명확한 워크플로우가 없었다. 결과적으로, 몇몇 장비 데이터의 인계와 인수는 이 프로젝트에서 놓친 기회였다. 자비어는 보다 상세한 BIM 요건과 계약을 통해 향후 프로젝트에서 이러한 문제점을 다룰 것이다.

다섯 번째 교훈은 상세한 BIM 데이터는 시설 전문가들이 전략적 목표를 달성하는 데 도움이 될 수 있었다는 것이었다. 자비어의 경우, 전략적 목표는 보수 지연을 줄이고 캠퍼스 전체적으로 시설의 상태를 향상시키는 것이었다. 자비어는 포괄적 100년 시설 플랜을 지원하기 위해 설계 및 건축용으로 입력되어 있는 BIM 데이터를 사용했다. 이러한 플랜은 시설 펀딩을 크게 증가시키기 위해 대학 행정 지원을 얻는 데 매우 중요했다.

감사의 글

이 글에 제시되어 있는 자비어 대학 사례 연구는 조지아 기술 협회 건물 건축 학부의 대학원 프로그램을 통해 다음과 같은 학생들로부터 집단적, 협력적, 직접적인 도움을 받았다. Elijah Afedizie, Rebecca Beatty, Erica Hanselman, Eric Heyward, Aisha Lawal, Eric Nimer, Laura Rosenthal, 그리고 Daryl Siman.

이 글의 모든 결과, 설명, 그리고 결론은 Kathy Roper 부교수의 지도 아래에서 작성되었다. 본 사례 연구는 협회의 '건물 건축 6400 : 시설 기획, 프로젝트 관리 및 벤치마킹 등급'에 포함되어 있는 모든 주제의 통합 및 기능을 입증하기 위한 최종적인 과제였다. 자비어 FM 직원들은 전체 사용 데이터, 시설 방문 및 Q&A를 제공해주었다. 특히 Greg Meyer(자비어 대학의 시설 평가 부감독관)는 많은 시간, 노력, 전문성, 그리고 지식을 기여했다. Messer의 Chris Mealy에게 특별히 감사드린다. FM : 시스템의 Marty Chobot는 본 사례 연구를 검토하고 명확하게 하는 데 반드시 필요한 도움을 주셨다.

참고문헌

FM : Systems. 2012. *The FM : Interact Building Information Modeling (BIM) Integration Component*, viewed April 12, 2012, www.fmsystems.com/products/bim_revit.html.

Xavier University. 2011. *Xavier University Facility Master Plan*, updated 2011.

Case Study 5 : 행정부, 주(state) 시설국, 위스콘신 주 시설 관리 사무실
Angela Lewis, PE, PhD, LEED AP
Project Professional with Facility
Engineering Associates

관리 개요

행정부, 주 시설국, 위스콘주 시설 관리 사무실은 2011년에 BIM FM 파일럿 (시범) 프로그램을 구현하기 시작했다. 본 사례 연구는 2011~2012년에 완료된 4개의 BIM FM 파일럿 프로젝트 중 2개에 대한 학습 교훈과 프로세스를 담고 있다. 첫 번째 프로젝트는 '위스콘신 대학 리버폴(UWRF) 캠퍼스의 기숙사이다. 여기에서 다루어져 있는 라이프사이클의 주요 단계는 설계 및 시설 관리였다. 따라서 BIM FM 활동에 대한 기여 주체는 위스콘신 주시설국, UWRF 시설 팀, 그리고 SDS 건축사였다. 두 번째 프로젝트는 위스콘신 대학 매디슨 캠퍼스에 위치해 있는 위스콘신 에너지 협회이다. 여기에 다루어져 있는 주요 단계는 건축 및 시설 관리였다. 따라서, BIM FM 활동에 대한 기여 주체는 위스콘신 시설국과 M.A. Mortenson사였다.

양 프로젝트에서 기술의 사용은 중요한 부분이었다. 양 프로젝트는 2D와 3D 객체 기반의 파라미터적 모델링 소프트웨어뿐만 아니라 협업 소프트웨어와 컴퓨터화된 유지 관리 시스템(CMMS)를 사용했다. Autodesk Revit은 가장 흔하게 사용되는 3D 모델링 소프트웨어였다. UWRF 프로젝트에 사용된 협업 소프트웨어로는 Submittal Exchange, LogMein, 그리고 FTP 사이트가 있었다. 위스콘신 에너지 협회 프로젝트에 사용된 메인 협업 소프트웨어는 Skier Unifier였다. 위스콘신 에너지 협회에서 협업(공동작업)을 지원하는 몇몇 프로세스도 시행됐는데, 이것은 작업 현장에서 대형 모니터를 지닌 컴퓨터를 가지고서 일중 플랜과 BIM 프로토콜 매뉴얼의 사용을 포함했다. TMA 시스템 CMMS는 UWRF에서 사용되었으며, AssetWorks는 UW Madison

캠퍼스에서 사용되었다.

2개 프로젝트를 비교하면, 프로젝트 팀 구성원들은 정보 플로우, 설계에서부터 건축까지 시설 관리에 대한 정보의 가용성, 그리고 정보를 시설 관리 팀에게 넘겨줄 때의 양식에 대해 커다란 영향을 미쳤다.

2개 프로젝트 간 수많은 세부사항이 상이하지만, 주요 도전과 가장 중요한 학습 교훈은 유사하였다. 양 프로젝트에 대한 주요 도전은 다음과 같았다.

■ 위스콘신 주 전반적으로 건축과 엔지니어링 설계 커뮤니티는 2D에서 3D 객체 기반의 파라미터적(parametric) 모델링 소프트웨어로 여전히 전환 중이다. 따라서 3D 객체 기반의 BIM 파라미터적 모델링 소프트웨어를 활용하는 방법뿐만 아니라 객체 기반의 파라미터적 모델에 정보를 연결하는 가치를 이해하는 학습 곡선은 매우 가파르다.

■ 프로젝트 라이프사이클의 상이한 단계 간 커뮤니케이션은 흔하지 않다. 따라서, 대부분의 프로젝트 팀 구성원들은 다른 분야의 용어와 프로세스에 익숙하지 않았다. BIM FM을 보다 효과적으로 시행하기 위해서는 프로젝트 라이프사이클의 상이한 각 단계에 대한 설계자, 건축자, 그리고 시설 관리자들의 이해와 커뮤니케이션을 증진시킬 필요가 있다.

양 프로젝트를 감안하면 가장 중요한 학습 교훈은 다음과 같다.

■ 시설 관리 팀이 FM에게 가장 유용한 양식으로 정보를 수령하기 위해서는 잘 작성된 BIM FM 시방서와 지침이 필요하다. 그러나 그러한 요건이 주(state) 전체에 적용될 수 있을 정도로 충분히 일반화되었으면서도 제공되는 정보가 가치를 지닐 수 있을 정도로 충분히 구체적일 필요가 있는 경우 그러한 요건을 개발하는 것은 어려운 일이다.

■ 각 BIM FM 프로젝트는 최소 2명의 전문가를 보유할 필요가 있다(설계 팀이나 공사 팀에서 1명, 그리고 시설 관리 팀에서 1명). 기숙사의 경우, 건축사는 BIM 전문가들 중 1명으로써 역할을 했으며 총괄 계약자는 위스콘신 에너지 협회의 BIM 전문가들 중 1명으로써 역할을 했다.

서 론

행정부, 주시설국(DSF), 위스콘신 주 시설 관리 사무실은 Jim Doyle 주지사가 행정 명령 145를 발령했던 2006년 4월 11일에 건축 정보 모델링을 구현하기 시작했다. 행정 명령(EO, Executive Order)은 모든 주 건물이 고도의 환경 및 에너지 효율성 표준을 충족할 것을 요구했다. EO를 충족하기 위해서는 에너지를 보존하고 주요 프로젝트의 지속가능성을 향상시키기 위해 통합식 프로세스를 활용해야 했다. EO 채택 초기에, 주는 EO 요건을 충족하기 위해서는 BIM의 활용이 필요하다는 것을 인식했다(Napier 2008).

행정부, 주 시설국(DSF), 시설 관리 사무실

DSF는 위스콘신 주 부동산 포트폴리오를 관리하며, 위스콘신 주 건축 위원회 직원을 채용하고 그리고 주요 프로젝트 및 리스 공간을 통해 주의 모든 프로그램에 대한 시설을 제공한다. DSF의 구체적인 기능으로는 시설 관리, 엔지니어링 서비스, 부동산 취득, 건축 및 엔지니어링 설계, 설계 및 건축 프로젝트 감독, 에너지 관리, 난방 플랜트 연료 고나리, 연료 조달, 건축 계약 행정, 그리고 주 건축에서 장애를 지닌 미국인 법령(Americans with Disabilities Act(ADA)과의 부합성 확보가 있다(DSF 2011).

위스콘신 주는 약 80백만 평방피트를 관리하고 있는데, 여기에는 사무실 건물, 연구소, 대학 캠퍼스 및 전력소뿐만 아니라 22개의 상이한 주 기관과 13개의 위스콘신 캠퍼스 대학이 사용하고 있는 다양한 기타 건물도 포함된다. 주 전반적으로 수많은 시설 관리 팀들은 자산 추적, 유지, 그리고 서류 관리와 같은 공통의 수요를 가지고 있다. 그러나 기관들은 상이한 수준의 자원과 능력을 보유하고 있다. 몇몇 시설 관리 팀은 완전하게 직원들을 갖춘 시설 관리부를 보유하고 있는 반면, 다른 기관은 컨설턴트와 다른 직원에게 의존하는 1명의 직원만을 보유하고 있을 수도 있다. 기관 간 사용되는 기술의 범위는 연필과 종이, 스프레드시트, 복잡한 소프트웨어 애플리케이션으로 다양하게 이루어져 있다(Beck 2011a).

AE BIM 지침 및 표준

2009년 6월, DSF는 BIM 기술 현황과 구현을 위한 권고사항에 대한 보고서를 발간했다(Napier 2009). 이 보고서는 무엇이 BIM인지를 요약하고, BIM이 소유자/운영자, A/E 설계자 및 건축자와 왜 관련 있는지에 대한 개요를 제시하며, 그리고 위스콘신 주가 BIM을 어떻게 채택하여 활용하고 있는지에 관한 다양한 권고사항을 제안하고 있다. 이 보고서의 권고와 결과는 위스콘신 주의 '건축사 및 엔지니어를 위한 건축 정보 모델링(BIM) 지침 및 표준'(2009년 7월 1일 발간)의 기반이 되었다(Napier 2009). 이 '지침과 표준'은 그 이름이 의미하듯이 건축사, 엔지니어, 건설자와 가장 관련 깊은 정보를 담고 있다(예를 들어, BIM 저작 소프트웨어, 작업 활동 및 보상 스케줄, 설계 전부터 건축완료까지 BIM 활용 목표). FM용 BIM의 활용과 가장 관련 깊은 콘텐츠로는 IFC 준수, 상호작동성에 관한 개방된 표준 활용, 그리고 어떤 요소를 모델화해야 하는지에 대한 상세 목록이 있다. 이 목록은 각 분야에 맞게 작성되었다. 예를 들어, HVAC 시스템 모델은 장비, 분배 덕트 작업, 확산기(diffuser), 2인치(바깥지름) 이상의 파이프, 접근 통로 확보 등을 포함해야 한다.

공간 기획 및 관리의 경우, BIM 저작 소프트웨어를 활용하여 프로그램 요건을 실제 설계 솔루션과 비교하여 유효화해야 한다고 문서에 명시되어 있다. 결과적으로 배정 가능한 면적(ASF, 즉 배정 가능한 평방피트)과 배정 불가능한 면적(NaSF, 즉 배정 불가능한 평방피트) 데이터가 모델에서 자동으로 생성될 수 있어야 한다.

입찰, 건축, A/E 계약 종료 단계 기간 동안, 모델은 건축된 대로(as-built) 물리적 상태를 반영하기 위해 업데이트되어야 한다. A/E 계약 종료 시 완전한 모델이 제출되어야 하며, 이러한 것은 상당한 완료 전 개시되어야 한다.

2009년 7월 1일을 기산일로하여 이후에 개시되거나 광고된 모든 프로젝트는 '지침 및 표준'을 준수해야 하며, 다음과 같은 기준을 충족해야 한다.

- 모든 건축(신축, 증축/변경)은 $5백만 이상의 총 프로젝트 펀딩을 지녀야 한다.
- 모든 신축 건축은 $2.5백만 이상의 총 프로젝트 펀딩을 지녀야 한다.
- 모든 새로운 증축/변경은 $2.5백만 이상의 총 프로젝트 펀딩을 지녀야 한다. 이 경우 증축 비용은 총 프로젝트 펀딩 중 50% 이상이어야 한다.

이러한 기준을 충족하지 못하는 프로젝트는 BIM 지침과 표준을 따르도록 권고를 받는다(의무사항 아님).

BIM FM의 목적과 비전

BIM FM 인도 프로그램의 목적은 '시설 정보의 비용—효율성, 시기적절성, 품질을 향상시키기 위한 것이다(Beck 2011a).', '기획 결정, 운영상 추정, 설계 의도, 날짜, 비용, 설치되는 구성품, 테스트, 시설에 대한 잠재적인 모든 것, 정보가 생성되거나 알게 된 경우 그 정보의 문서화, 다양한 툴을 이용하여 접근할 수 있도록 하면서, 상호작동성을 지니고 검색 가능한 유용한 양식으로 이러한 정보를 저장하는 것, 그리고 점유 하루 만에 이것을 전부 활용할 수 있도록 하는 것'을 통해 이러한 목적을 달성할 수 있다(Beck 2011a). DSF 내의 시설 관리 사무실이 프로그램을 시범 운영했지만, 이 프로그램은 모든 주 시설에 대해 주 차원에서 이 프로세스를 채택할 수 있도록 고안되었다.

BIM FM에 대해 모든 위스콘신 주 기관이 공유하는 비전은 정확한 정보에 대한 시기적절한 접근이다. 이러한 비전을 이룩하기 위해, DSF는 다른 소유자가 사용하는 기법과 방법 개발을 모니터링하고 새로운 기법을 사용하기 위해 점진적으로 정책과 절차를 개발할 계획을 가지고 있다.

또한 주는 이러한 비전으로 나아가기 위해 문화적, 비즈니스 모델 및 법적 변경이 필요하다는 것을 인식하고 있다(Beck 2011a).

2.3 전환

BIM FM을 구현하고자 하는 수많은 기타 공공 및 민간 조직과 관련하여, 현행 프로세스의 수많은 전환이 필요하다. 특별히 DSF와 관련 있는 몇몇은 다음과 같다.

■ 프로젝트 중심적에서 자산 중심적 정보로 마인드를 바꾸는 것
■ 종이 기반의 프로세스와 문서에서 디지털 프로세스와 문서로 전환하는 것
■ 팀 구성원들의 시각을 동료의 일부로서뿐만 아니라 전반적인 팀프로세스의 일부로서 자신들을 파악하도록 바꾸는 것
■ 새로운 전달 모델을 창출할 수 있는 협력적 지식 형성 및 정보 개발
■ 컴퓨터에 대한 익숙함과 지식의 필요성을 증대시키는 것

DSF 전반적으로, 컴퓨터 데이터의 보안에 대한 우려와 컴퓨터와 친숙하지 않음으로 인해 디지털 문서와 프로세스로의 전환에 대한 약간의 저항이 있다. 이러한 난관을 극복하기 위해서는 팀 구성원들에게 새로운 기술을 활용할 수 있는 기회를 제공하면서, 이들이 종이 기반의 프로세스와 문서 사용을 지속하는 경우 발생하는 위험, 비효율성, 그리고 비용 증가를 이해할 수 있도록 만들어야 한다. 이러한 도전은 건물 운영자와 유지(보수) 기계공 간에 가장 크게 나타난다.

2개 파일럿 프로젝트에 대한 개요

2012년 중반쯤, 4개의 파일럿 BIM FM 프로젝트가 완료되었거나 또는 최종 완료 단계에 있었다. 4개 프로젝트에는 대학 건축 2개, 대학교에서 기숙사 1개 그리고 주 연구소 1개가 있었다. 이 장에서 논의되는 2개 프로젝트는 위스콘신 주 리버폴의 위스콘신 대학 리버폴(UWRF) 캠퍼스에 위치한 기숙사와 위스콘신 주 매디슨에 위치한 위스콘신 에너지 협회이다(그림 6.36). 이 프로젝트는 다음 사항을 고려하여 20개의 가능한 프로젝트 중에서 선정되었다.

- 프로젝트는 다수의 주 기관, BIM 플랫폼, CMMS 소프트웨어, 다양한 AE 회사 그리고 건축 계약업자에게 전반적으로 확산되어 있어야 한다.
- 프로젝트 팀은 2009 AE BIM 지침을 이미 사용하고 있는 중이었다.
- 건축사, 엔지니어, 계약업자, 그리고 지방 시설 팀을 포함하여 팀 구성원들은 프로젝트를 지지할 의향을 가지고 있었다.
- 건물이 위치해 있는 캠퍼스 또는 건물은 이미 CMMS를 시행 중이었다.
- 현재 건축 스케줄에 건물이 포함되었다.

그림 6.36 파일럿 BIM FM 프로젝트 위치를 보여주는 위스콘신 주 지도

파일럿 프로젝트의 목적은 BIM FM 인도에 관한 요건 정의를 지원하는 것이다. 결정 및 확인이 필요한 몇몇 항목은 다음과 같다(Beck 2011b).

- BIM 제공품에 포함되어야 하는 것
- 정보를 전달해야 하는 방법
- 방법 개발
- 건축된 대로의(as-built) 시설 관리 툴로서 BIM을 활용할 수 있는 방법

각 파일럿 프로젝트의 목적은 다음과 같다(Beck 2011b).

- 건축 BIM에서 구할 수 있는 모든 데이터를 추출하여 시설 관리를 위해 그 데이터를 사용할 수 있는지 그리고 어떻게 사용할 것인지를 평가한다.
- 가능한 경우 항상 표준을 사용한다.
- 데이터를 CMMS 쪽으로 들여온다.
- 데이터를 공간 그리고/또는 유지 관리 시스템 쪽으로 들여온다.
- BIM FM을 위해 선정된 프로젝트가 이미 진행 중이었기 때문에 파일럿을 가능한 최저 비용으로 완료하고, 기존 예산 내에서 적은 펀딩을 가용하여 BIM FM 활동을 지원한다.

각 파일럿 프로젝트의 범위가 형성되었기 때문에 팀은 다음 중 하나 이상을 사용할 수 있는 옵션을 가졌다.

- COBie
- IFC 내보내기
- 제3자 데이터 프로세싱

처음 3개 BIM FM 프로젝트 동안, DSF는 COBie 준수, 그리고 이것이 프로젝트 설계 단계와 어떻게 정렬되었는지에 대해 명확하지 않았으며, 그로 인해 COBie가 사용되지 않았다. 구체적으로, 파일럿 프로젝트가 보유했던 시설 관리 소프트웨어가 COBie와 부합했는지 명확하지 않았다. IFC 내보내기 활용은 표준 BIM 플랫폼의 일부인 것처럼 보였으며, 현재 모델로부터의 내보내기는 구하기 쉬운 것처럼 보였다. 그러나 양식과 가용할 수 있는 엄청난 양의 데이터는 약간의 난관을 낳았다. 이러한 난관을 극복을 위해, IFC 데이터가 피스(piece) 별로 도입되었다. IFC 들여오기(도입) 프로세스를 이해함에 따라, DSF는 향후 프로젝트에서 동일한 프로세스를 사용할 수 있었다. 데이터를 처리하기 위해 제3자를 활용하지는 않았다(Beck 2011a).

사용할 프로세스와 기술을 결정하고 요건을 정의하는 것은 알지 못하는 수많은 사항을 내포했기 때문에, 파일럿 프로젝트의 활용은 매우 큰 도움이 되었다. 알지 못하는 미지의 사항으로는 다음과 같은 것들이 있었다.

- 장비 목록
- 장비 속성
- 데이터 양식 및 파일 유형
- 다수의 기관 간 상이한 프로세스, 지식수준, 그리고 소프트웨어 플랫폼에 대한 고려사항을 포함한 데이터 관리 프로세스
- 다수의 기관 간 상이한 프로세스, 지식수준, 그리고 소프트웨어 플랫폼에 대한 고려사항을 포함한 데이터 들여오기 프로세스
- 데이터 교환 방법

파일럿 프로젝트가 완료됨에 따라 이상적인 파일럿 프로젝트에 대한 정의를 내릴 수 있었다.

- 잘 개발된 A/E BIM 모델
- 계약업자 BIM 모델(세부사항 포함)을 구할 수 있다.
- 기술적으로 요령 있는 소유자 에이전시
- 소유자 에이전시는 데이터를 들여올 수 있는 소프트웨어를 보유하고 있다.
- 모든 팀 구성원들이 참여하고자 하며 팀은 새로운 프로세스를 통해 작업하는 것을 현실화한다.

일련의 파일럿 프로젝트를 완료한 후 콤포짓(composite, 합성) 결과를 활용하여 AEC BIM 지침을 업데이트하고 계약업자 BIM 요건을 생성할 수 있을 것이다(2012년 7월 발행되었으며, www.doa.state.wl.us/dsf/masterspec-view-new.asp?catid=61&locid=4에서 구할 수 있음). FM 지침에 관한 BIM은 이후에 발행될 것이다.

파일럿 1 : 리버폴, 위스콘신 대학의 기숙사

리버폴의 위스콘신 대학(UWRF) 캠퍼스는 위스콘신 북서쪽에서 226에이커

면적을 차지하고 있다. 1874년에 설립된 UWRF는 처음엔 농촌 교사들을 교육시키는 주립 일반학교였다. 오늘날 등록 학생수는 연간 약 7,000명이며, 약 40%의 학생들이 캠퍼스에 거주한다.

본 사례 연구에 논의되어 있는 기숙사는 UWRF 캠퍼스 동쪽에 위치해 있다 (그림 6.37). 건물 설계를 시작하는 프로젝트 개시는 2009년 10월에 시행되었으며, 건축은 2011년 3월에 개시되었다. 건물은 2012년 7월 오픈할 것으로 예상된다. 총 82,000평방피트의 건물은 240명의 거주자를 수용할 것이며, 또한 단층 주거 학습 센터용 공간을 제공할 것이다. 건물의 4층짜리 주거 면적은 12개 주거 포드(pod, 공간)로 나뉜다. 2가지 스타일의 포드가 있는데, 1가지는 ADA에 부합하는 것이다. 11개의 포드는 12개의 침실을 가지고 있으며, 일반적으로 방 1개 당 2명의 학생이 사용한다. 각 포드는 부엌, 몇 개의 샤워기, 화장실, 그리고 싱크를 포함하여 라운지를 가지고 있다. 기숙사 각 층은 학습 및 세탁 시설과 함께 메인 로비를 가지고 있다.

그림 6.37 기숙사의 외관 렌더링(rendering) (출처 : SDS 건축사)

1개의 포드는 기계실과 풀타임 직원용 아파트 2개를 수용한다. 직원들 중 1명은 캠퍼스의 기숙사 건물 절반을 지원하기 위해 그 건물 내에 거주한다.

승인을 받은 프로젝트 예산은 $18.9백만이었다. 건축 입찰서는 6개의 태양열 패널이 아니라 16개로 설치를 늘리면서도 예산 범위에 들어왔다. 이러한 것은 최초 건축 입찰서에 포함되어 있었다. 설계 초기 단계에 허비한 많은 시간을 조정하기 위해 BIM 기반의 프로젝트 이행을 위한 보정 프로세스에 대해 약간의 조정을 하였다.

거주 학습 센터는 150명까지 수용할 수 있는 유연한 다목적 룸을 지닌 컨퍼런스 센터로서의 기능을 할 것이다. 거주 학습 센터는 건물에서의 특별한 이벤트와 케이터링(catering, 음식료 서비스)을 지원하기 위해 활용할 수 있는 상업용 부엌을 가지고 있다. 거주 학습 센터의 특징은 빔과 석회암 마감으로 되어 있다는 것이며 단일 공기 취급 장치에 의해 작동된다는 것이다.

펜트하우스는 기숙사에 환기를 제공하는 용도의 공기 취급 장치와 가정용수 난방에 사용되는 태양열 온수 시스템용 저수통을 가지고 있다. 난방과 냉방 시스템을 제어하기 위해 Johnson Controls Metasys 건물 자동화 시스템이 설치되었다. Metasys 시스템을 설치하였는데, 이것은 캠퍼스에서 사용되는 주요 BAS 판매자이기 때문이었다.

캠퍼스 고압 증기 시스템을 이용하여 건물에 난방이 제공된다. 고압 증기는 저압 증기로 낮춰진 후 열 교환기를 통과해서 순환하여 건물에 온수를 생성해 준다. 온수는 팬코일, VAV 박스, 재열코일, 단위 히터기 그리고 핀 튜브 라디에이션(fin tube radiation)에 공급된다. 냉각은 캠퍼스 칠러(chiller, 냉동기) 플랜트가 공급한다. 환풍은 거주 학습 센터와 기숙사에 사용되는 전용 옥외 공기 장치를 통해 이루어진다. VAV 재순환 공기 취급 장치는 거주 학습 센터의 공간 공기조화 요건을 충족하기 위해 1층에 위치해 있다. 기숙사 내에서 유닛 장착식 제어기를 지닌 4개 파이프 팬 코일 장치가 각 룸에서의 공기를 조절한다. 추가로, 건물에는 작동 가능한 창문이 있어서 잔연 환풍도 가능하다.

에너지 절감 조치로서 가정용 온수를 보완하기 위해 소형 태양열 시스템이 설치되었다. 이 시스템은 51개까지의 패널을 포함할 수 있도록 설계되었다. 그러나 이전에 설명했듯이 처음에 16개만이 설치되었다. 나머지 패널을 설치할 예정이었기 때문에 장착 인프라가 이미 설치되어 있었다(그림 6.38과 6.39).

전체 건물의 골조(구조) 시스템은 2~4층을 위해 프리캐스트 콘크리트 바닥 완충재(floor plank)와 벽돌 외관을 지닌 하중 지탱형 콘크리트 석조 레인 스크린이다. 캠퍼스의 다른 건물과 일치시키기 위해 벽돌과 석회암 외관을 선정하였다.

그림 6.38   **그림 6.39**
추가 패널을 위해 인프라를 장착한 태양열 시스템; 태양열 패널 확대(출처 : SDS 건축사)

건물 내부 벽은 콘크리트 석조, 석고보드를 지닌 강철 스터드, 장식용 나무와 금속 패널 그리고 석회암으로 건축되었다.

건물의 지속가능한(친환경적) 측면

이 프로젝트는 '새로운 건축을 위한 에너지 및 환경 관련 디자인에서 미국 녹색 건축 위원회 리더십(LEED-NC)'의 실버(silver, 은상)로 인증받을 수 있을 것으로 예상했지만, LEED 버전 3하에서 골드(gold, 금상)를 획득할 수 도 있었다. LEED 기능에는 건물 시운전과 빗물 저장도 포함된다.

빗물 관리를 다루는 것은 이 프로젝트에서 중요한 부분이었다. 새 기숙사보다 몇 년 전에 완공된 인근 건물 건축 시 최소한의 설계와 건축만이 빗물 관리를 고려했다. 따라서 불침투성 표면을 늘리면서 상당한 양의 빗물 관리 인프라를 구축하여 폭우 이후 국지적인 범람을 예방할 필요가 있었다. 물을 저장하기 위해 몇 개의 저지대형 습지 건축이 설계에 포함됐다(그림 6.40).

그림 6.40 빗물 유량을 관리하는 데 도움이 되는 저지대형 습지(출처 : SDS 건축사)

계약 구조 및 프로젝트 팀

프로젝트는 일반적인 설계/입찰/건축 계약 구조를 활용했다(그림 6.41). 위스콘신, Neenah에 근거를 둔 Micron 건설회사가 총괄 계약자로서 역할을 했다. 건축사는 위스콘신, Eau Claire에 근거를 둔 SDS 건축사였다. 기계, 전기 및 배관(MEP) 설계 팀은 위스콘신, 매디슨에 근거를 둔 KJWW 엔지니어링 컨설턴트였다. 건축사는 BIM FM 활동에서 주요 주체였다. MEP 설계자들은 Revit을 사용했지만 모든 기능에 사용하진 않았다. 총괄 계약자는 공사 현장에서 BIM을 사용하지 않았지만 정기적으로 BIM 파일을 요청하여 샵 도면을 생성했다. 따라서 건설 계약자는 2D 도면을 이행했다.

SDS 건축사는 위스콘신 주에서 요구하였기 때문에 2000년 초반에 Autodesk Revit를 사용하기 시작했다. 오늘날 Revit은 사무실의 설계 표준이다. 따라서 기숙사를 설계하는 프로세스는 비-BIM FM 프로젝트와 상이하지 않았다. 설계 프로세스에는 다음 사항이 포함되었다.

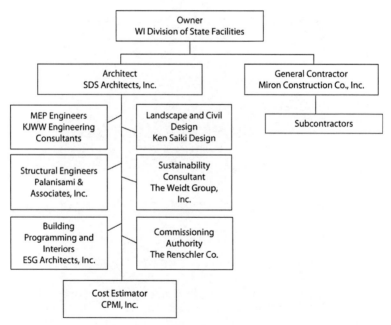

그림 6.41 파악된 핵심 이해관계자에 관한 설계/입찰/건축 계약 구조

■ MEP 장비 위치와 건물 내 점유자를 위한 가용 공간, 체적 및 모양을 정했던 3D 객체 기반 파라미터적 모델로서 주요 건물 구성요소를 그리는 것
■ 정보를 Revit에 바로 스케줄로 입력하는 것

따라서 BIM에 포함된 정보는 스케줄을 생성하기 위해 필요한 유형의 정보에 의해 도출된 것이었다. 예를 들어 구성요소로서 창문은 스케줄 잡혀 있지만 창문 안에 있는 유리는 그렇지 못했다. 추가로 난방과 냉방 부하를 계산하기 위한 U값 및 R값과 같은 성능 기준을 BIM에 입력하지 않았다.

Revit은 모든 설계 분야에서 사용하는 도구로 아직까지 발전 중이다(건축용 Revit 이후 Revit MEP가 개발되었다). 이로 인해 몇몇 건축사가 이미 이 소프트웨어에 능숙해진 이후 MEP 설계자들이 Revit을 채택했다. Revit 건축과 Revit MEP를 사용하는 데 난관들 중 하나는 모델에서 자동으로 스케줄을 생성시키는 방법을 이해할 필요가 있다는 것이다. 모델과 스케줄은 연결되어 있기 때문에 설계자는 모델이나 스케줄에 정보(텍스트와 치수 모두 포함)를 입력할 수 있다. 정보가 Revit에 포함되는 경우 이것을 IFC로 내보내기 할 수 있으며 데이터를 CMMS에 전송할 수 있다. 반대로 스케줄 정보가 엑셀 파일에 타이핑되어 있고 Revit 파일에 복사되어 있는 경우, CMMS 내에서 업로드하기 위해 이것을 내보내기 할 수 없다. 건축사는 자신의 스케줄을 자동으로 생성하였지만 MEP 설계자는 엑셀 파일을 이용하여 자신의 스케줄을 생성하였고 이것을 Revit에 복사했다.

건물 설계 시 캠퍼스 기획자는 UWRF에 관한 건축사와의 연락책으로의 역할을 했다. 프로젝트가 건설 서류 상 90%의 완공에 도달하자 캠퍼스 기획자는 이 프로젝트를 UWRF 시설 팀에게 넘겼다. 시설 팀은 건설 종료 시까지 이 프로젝트를 관리했다. 건설 이후 프로젝트는 UWRF FM에게 인도됐다.

시운전
건축사는 Textura 기업부가 판매한 웹 기반의 파일 관리 소프트웨어 프로그램인 Submittal Exchange를 이용하여 시운전 프로세스를 모니터링했다.

Submittal Exchange의 1차 목적은 건설 시 분야 간 제출 프로세스를 추적하는 것이다. 여기에는 샵 도면 관리와 제출 양식도 포함된다.

제출서류는 PDF로 생성되어 일련의 로그로 저장된다. 제출서를 발송하고(5부의 하드카피가 필요하기 때문에) 이것을 5번 레드라인(redline, 빨간줄)을 그어서 다시 되돌려 보내는데 2~3일 걸릴 수 있는 종이 기반의 프로세스를 사용하는 것이 아니라, 이 프로세스는 도면에 스탬프 찍는 것을 포함하여 모든 것이 전자적으로 이루어진다. 대부분의 경우 전자 프로세스는 반나절 안에 완료된다. 개별 작업자에게 제출서를 발송하는 데 소모되는 엄청난 양의 시간을 절약하는 것 외에도, 이것은 종이 사용량을 크게 줄여주며 단 하나의 사본만을 생성하기 때문에 레드라인 프로세스를 보다 신속하게 마무리할 수 있도록 해준다.

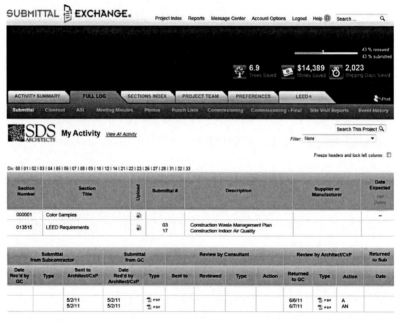

그림 6.42 Submittal Exchange 소프트웨어에 대한 스크린 출력(출처 : SDS 건축사 및 Submittal Exchange)

프린트 페이지에 맞게 정정된 이미지. 실제 로그는 2개 줄이 포개진 것이 아니라 연속적인 열이다.

그림 6.42와 같이 이 소프트웨어는 이것을 사용함으로 인해 절감되는 총비용, 종이 그리고 운송일을 수량화한다. 추가로, 이 그림은 제출서 섹션의 제목, 제출서 번호, 제출서 설명, 중요 일자 그리고 프로세스를 통한 제출 경로를 포함하여 로그 관리 프로세스의 핵심 섹션을 보여주고 있다. 제출 프로세스와 상응하는 중요 일자라 함은 총괄 계약자가 제출서를 수령한 일자, 건축사나 시운전 에이전트에게 발송한 일자, 컨설턴트에게 발송한 일자, 건축기사가 검토한 일자, 그리고 총괄 계약자에게 회송된 일자를 말한다.

프로젝트 팀이 Submittal Exchange를 사용할 수 있도록 하기 위해 프로젝트 관리자는 프로젝트를 설치하여 제출서를 처리하는 모든 팀 멤버들이 그 시스템에 접속할 수 있도록 한다. 기숙사 프로젝트 시행 시 설계 컨설턴트, 건설 계약자, 그리고 하청계약자는 Submittal Exchange에 접속할 수 있었다. 팀 멤버 중 1명이 다른 팀 구성원이 검토할 수 있도록 제출서를 업로드하는 경우 제출서의 검토가 필요하다는 이메일 통지가 그 사람에게 자동으로 생성된다. 제출서를 처리하기 위해 도면이 전자적으로 마킹된다.

BlueBea PDF나 Adobe Acrobat을 마킹 툴로 사용했다. 어떤 분야 또는 작업이 도면에 마킹되는지 표시하기 위해 상이한 색상을 사용했다. 건축사는 빨간색을 사용했으며 총괄 계약자는 파란색을 사용했다. 제출서를 질서정연하게 정리하기 위해 제출서 번호를 이용하여 각 제출서에 이름을 매겼다. 그러나 정보의 라이프사이클을 감안하여 판단했을 때 프로젝트 시 설계와 공사 팀에게 가장 유용한 명명법(naming convention)은 시설 관리 팀에게도 똑같이 유용하진 않을 수 있다. 건설이 완료된 후 제출 번호의 중요성은 떨어진다. 그러나 이것은 설계 및 건설 시 사용한 명명(naming) 구조였기 때문에, 건축된 그대로의(as-built) 정보를 메모리 스틱으로 시설 관리 팀에게 전달할 때 사용되는 명명 구조이기도 했다. 이러한 프로세스를 통해 학습한 중요 교훈은 시설 관리 팀이 특정 포맷과 색인 체계를 사용하여 전달되는 전자 콘텐츠를 원하는 경우 프로젝트 초기에 이것을 결정해서 프로젝트 라이프사이클 내내 이것을 사용할 수 있어야 한다는 것이다.

또한 시운전 문서화를 관리하기 위해 Submittal Exchange를 사용하기도 했다. 건설 하청계약자가 건설 인증 양식을 작성했기 때문에 시설 관리 팀의 목표는 CSI 시방 부분이 정보를 폴더에 조직화할 수 있도록 하는 것이었다. 추가로, 각 파일은 폴더에 위치했으며 장비 태그 번호로 라벨이 붙여졌다. 이러한 것 덕분에 건설 데이터를 CMMS 내에서 장비 기록과 연결시키는 것을 지원하는 조직화된 방법으로 건설 문서를 시설 관리 팀에게 넘길 수 있었다.

계약자들은 시방 부분을 이용하여 문서를 폴더에 위치시킬 것을 합의했지만 이러한 요건은 프로젝트 요건 내에서 명확하게 명시되어 있지 않았기 때문에 요구되는 대로 파일에 라벨을 붙이지 못했다. 정보가 원하는 만큼 조직화되지는 않았지만 UWRF FM 팀은 제공받은 것이 수많은 건설 프로젝트 종료 시 종종 제공 받는 것보다 더 낫다는 결론을 내렸다. 가용할 수 있는 건설 정보를 단일의 검색 불가한 PDF에 담은 메모리 스틱.

맞닥트리는 난관들 중 하나는 주(state)가 제공하는 건설 인증 양식 구조과 번호 매기기 구조로 인한 다수 작업자의 사인이 필요한 장비 시운전 데이터 수집이었다. 예를 들어 펌프를 시운전하려면 동일한 양식으로 기계, 전기 및 배관 하청업자들의 사인이 필요했다. 3개 사인 모두를 수집하는 데 단일 양식을 활용하는 것은 까다로우면서도 어려운 조율 작업이었다. 따라서 건축사는 각 작업자에 대한 개별 사인을 생성하기 위해 주와 작업을 했으며, 그로 인해 각 장비 당 다수의 사인지가 발생했다. 이러한 프로세스에서의 학습 교훈은 시설 관리를 위해 보다 개별적인 데이터가 필요할수록 보다 많은 건설 인증 양식이 요구된다는 것이었다.

시운전 프로세스 시 생성되는 몇몇 PDF의 한계 중 하나는 PDF 양식을 수작업으로 필드에 작성하여 스캔한 후 새 PDF로 업로드하여 프린트 출력했다는 것이었다. 정보를 전자적으로 포착했지만 이것은 검색 가능한 양식으로 되어 있지 않았다. 생성된 PDF를 메모리 스틱에 담아서 시운전 프로세스에서 시설 관리 팀으로 전달했다. PDF를 CMMS로 업로드하기 위해 각각을 수작업으로 검토하고 CMMS 기록에 첨부할 필요가 있었다.

시운전 활동을 통해 학습한 2가지 교훈은 다음과 같다.

■ BIM 지침 향후 버전에서 장비 태그 번호 별로 PDF를 명명하는 요건이 명확하게 명시돼야 한다.
■ 계약자의 1차 초점은 문서 관리가 아니라 건물을 짓고 시스템을 설치하는 것이다. 따라서 수령받는 건설 문서의 품질을 향상시키기 위해 계약자 관리 활동의 변화가 필요할 것이다. 특정 관리 활동 변경은 시설 관리 팀에게 유용하면서도 검색 가능한 양식(바인더와 도면 종이 또는 조직화되지 않은 단일 문서와 상반되는 것)으로 정보를 전달하는 것의 가치를 계약자가 이해할 수 있도록 지원하는 것을 포함한다.

팀 협업

설계 시 팀은 대면 워크숍, 설계 팀 미팅, GoToMeetings, 그리고 전자 데이터 및 파일 교환 방법(예를 들어, FTP 사이트와 Submittal Exchange의 활용)을 통해 공조작업을 한다. 추가로 LogMein 원격 접속 소프트웨어를 활용하여 건축사와 인테리어 설계자 간 설계를 조율한다. 건축사와 인테리어 설계사는 그러한 건축 모델에서 동시에 작업할 필요가 있었지만, 물리적으로 동일한 사무실에서 작업할 수는 없었다. 건축사는 자신의 사무실 컴퓨터에 LogMein을 설치했기 때문에 인테리어 설계자는 원격으로 로그인하여 건축사의 Revit 모델을 작업할 수 있었다. 이는 건축사와 인테리어 설계자 모두에게 매우 효과적이었지만, 모든 분야에 이러한 수준의 조율로 인해 모델은 매우 커지게 되었으며 컴퓨터에서 작동 속도가 느려지게 되었다. 따라서 팀은 다른 설계 분야 각각에 맞는 개별 모델을 설치했다. 이러한 모델은 중앙 모델에 다시 참조되었다.

시설 관리 시스템

정보를 관리하기 위해 시설 관리 팀이 사용하는 주요 소프트웨어 시스템은 TMA Systems CMMS와 Johnson Control Metasys 건물 자동화 시스템이다.

TMS Systems은 캠퍼스의 니즈(needs)를 충족하였기 때문에 CMMS로 선정되었으며 수많은 위스콘신 주 다른 기관들이 이것을 사용하고 있다. 작업 명령서를 관리하고, 예방적 보수를 추적하며, 차지백(charge back, 역청구)을 배정하고, 인벤토리(inventory)를 관리하며 그리고 보고서를 운영하기 위해 CMMS가 사용된다. CMMS의 인벤토리 모듈은 작업 명령서를 작성하기 위해 필요한 부분이 컴퓨터 기반의 인벤토리 시스템에서 자동으로 도출되도록 해준다. 작업 명령서는 시간 기반의 예방적 보수와 고객 서비스 요구를 수행하기 위해 생성된다. 모든 작업 명령서는 데이터베이스에 남겨져서 저장된다. 현재 기술자들이 종이 기반의 프로세스를 이용하여 작업 명령서를 작성한다. 일과 종료 시 작업 명령서를 인력 관리부에 제출하며, 이 부서는 그 정보를 CMMS에 입력한다. 전자 작업 명령 관리 프로세스로 전환하는 것의 이점을 알고 있지만, 우선 기술자들이 컴퓨터를 사용하는 것에 관해 보다 높은 이해와 능숙함을 습득할 수 있도록 지원할 필요가 있다. 인력 관리부가 시간 보고와 출장 요청 프로세스를 종이에서 전자로 전환함으로써 이루어진다.

CMMS 내의 장비 기록은 바닥 닦는 기계, 엘리베이터, 도어 알람, 모터 스타터, 공기 취급 장치, 공기 압축기, 역류 방지기, 그리고 펌프에 관한 것을 포함한다. 장비 기록으로는 장비 태그 번호, 설명, 위치 ID, 보수 우선순위 코드가 있다. 어떤 경우, 장비 모델 번호가 포함되기도 한다. CMMS 내에서 프로그램 자금지원(주 세금과 상반되는 것)을 이용하여 건축되어 운영되는 캠퍼스 프로젝트에 대한 유지 작업 비용을 추적하기 차지백(charge back)을 활용한다. 프로그램 자금지원을 통해 펀딩을 받은 UWRF 시설에 대한 사례 중 하나가 기숙사이다.

모든 장비 기록은 장비 유형 별로 등급 분류된다. 장비 유형 등급 분류는 다음과 같다.

- 건축 관련
- 칠러/냉각 타워
- 제어기 및 기기
- 전기 관련
- 비상 제너레이터
- 접지
- HVAC
- 난방 플랜트
- 자물쇠 및 도어 오프너
- 기타
- 배관 작업(위생공사)
- 지붕

- 건축 잡일
- 압축 공기
- 보관 관련
- 엘리베이터
- 소방 또는 안전
- 접지 장비
- 난방 장비
- 부엌/이동식 냉각기
- 미터기
- 모터류
- 풀
- 테스트 작업

캠퍼스에서의 이벤트를 스케줄을 잡고 공간을 관리하기 위해 Dean Evans and Associates 이벤트 관리 시스템이 활용된다. FM 팀은 건물을 난방하고 냉방하는 시점을 스케줄을 잡을 수 있도록 이러한 이벤트 관리 시스템을 BAS에 연결시킬 수 있는 방법을 고민하기 시작했지만, 각 시스템은 현재 단독 시스템으로 활용되고 있다.

건설에서 FM으로 BIM 인계

건설에서 시설 관리로 BIM 인계 프로세스는 BIM 내 정보 유형과 FM 팀이 요청하는 데이터 구조에 주로 달려 있다. 이 내용은 다음에 설명한다.

Revit에서 IFC로 내보내기

인계 프로세스의 첫 번째 작업은 설계 팀이 건축된 그대로의(as-built) 도면을 생성하기 위해 도면을 업데이트하는 것이었다. 도면 세트의 그래픽 부분을 업데이트하기 위해 RFI, 건설 공지, 그리고 변경 명령서로부터 데이터를 수집했다. 설치된 장비를 문서화할 수 있도록 제출서와 샵 도면을 시설 관리 팀에게 제공했다. 건축된 그대로의 정보를 포함하기 위해 장비 스케줄을 업데이트하지는 않았다. 가능은 했지만 이것은 계약 요건에 포함되어 있지 않았다.

인계 프로세스의 두 번째 작업은 건축사가 Revit에서 시설 관리 팀으로 IFC 파일 내보내기를 이행하는 것이었다. IFC를 생성하는 것은 MS Word 파일을 PDF로 저장하는 것과 매우 유사하다. 이것은 단지 원하는 파일 양식을 선정하는 것에 관한 문제이다. 전체 프로젝트를 위해 하나의 IFC 파일이 생성됐다. 내보내기는 플랫 파일(flat file)로 생성되었으며 메모리 스틱으로 FM에게 전달됐다. 이후 SQL 데이터베이스를 가지고 IFC 파일을 프로세싱하여 파일에서 객체 타입(object type)을 추출했다. 파일 프로세싱은 완료하는 데 몇 시간이 걸리며 대용량 메모리를 지닌 컴퓨터(예를 들어, 64비트 마이크로소프트 7 운영 시스템으로 운영되면서 8GB 메모리를 지닌 쿼드 코어 프로세서 장착 PC)가 필요하다. 무엇이 가장 유용한지를 판단하기 위해 정보를 검토할 수 있도록 소량의 데이터를 프로세싱하는 것이 도움이 되었다.

인계 프로세스의 세 번째 작업은 모델 내에 포함되었던 데이터를 검토하고, 그 데이터를 활용할 수 있는지 그리고 데이터의 품질을 판단하는 것이었다. 대부분의 데이터가 통일적으로 라벨이 붙여져 있지 않았으며 장비를 유형 별로 식별할 수 있는 방법으로 라벨이 붙여져 있지 않았기 때문에, 데이터 검토 초기 단계에서 건물 시스템에 대해 알고 있는 누군가가 필요했다. 예를 들어, 모델로부터 2개의 객체는 'A. O. Smith-Commercial Gas'와 'KJWW-FP-BFP-DC 2.5-10 Inch'라고 라벨이 붙여져 있었다. 판매자 이름(A. O. Smith)을 통해 첫 번째 객체가 상업용 가스 온수 가열기라는 것을 추측할 수 있지만, 두 번째 이름의 명명법(naming convention)은 훨씬 덜 명확하다. 객체 명칭에 대한 보다 많은 샘플이 그림 6.43에 나와 있다.

```
'Fire Pump-6x8:6x8 Fire Pump:6
'Floor Drain - Round:5" Strain
'Floor Drain - Round:HD-2:HD-2
'Floor Drain - Round:MB-1:MB-1
'Generic Duplex Water Softener
'Inline Pump:1.5":1.5":1213707
'Inline Pump:1.5":1.5":2277361
'Inline Pump:1.5":1.5":3128613
'Inline Pump:1.5":1.5":3194595
'KJWW_B & G ROLAIRTROL Air Sep
'KJWW_B & G SU Heat Exchanger-
'KJWW_Balancing Damper - Recta
'KJWW_Balancing Damper - Round
'KJWW_Cab Heater-Horizontal Re
'KJWW_Circiut Setter 0.5-2 Inc
KJWW_Circulation Pump-High He
```

그림 6.43 기계 시스템 IFC 내보내기로부터 객체 명칭 예시(출처 : KJWW 엔지니어링 컨설턴트)

장비 명명법에 관한 표준화의 부족을 해결하기 위해서는 향후 프로젝트가 표준 명명법을 활용할 수 있도록 장비 데이터 유형을 정할 필요성이 있다.

어떤 유형의 데이터가 제공되었는지에 대한 일반적 이해 이후 데이터를 활용했는지를 판단할 필요가 있었다. 평가를 하기 위해 다음과 같은 2가지의 기준이 추가되었다.

■ 데이터를 어떻게 활용할 수 있는가?
■ 데이터를 이용함으로써 시간을 절약할 수 있는가?

이러한 2가지 질문에 답하기 위해 정보 기술(IT)과 FM 관점에서 데이터를 검토할 필요가 있었다. 데이터를 CMMS에 업로드할 수 있었는지 그리고 업로드가 가능한 경우 데이터 수작업 입력과 비교하여 데이터를 클린업하는 데 상당한 양의 시간이 필요할지라도 업로딩 시 시간이 덜 걸렸는지를 판단하기 위해서는 IT 관점이 중요했다. 작업 명령서와 예방적 보수와 같은 유지 활동에 어떤 데이터가 필요한지를 판단하기 위해서는 FM 관점이 중요했다.

TMA 시스템 CMMS를 사용하는 경우 BIM으로부터 얻은 데이터를 매끄럽게 업로드하기 위해서는 장비와 룸 유형을 명확하게 정의하는 것이 중요하다.

유형은 CMMS에 데이터가 어떻게 들어오는지에 대한 구조를 제공해준다. 장비에 대해 수령한 BIM 데이터는 매우 깨끗하지 않았다. 따라서 데이터를 약간 수동 입력할 필요가 있었다. 추가로 사용되는 명명법을 정렬하기 위해 약간의 교차점을 생성할 필요도 있었다.

FM을 위한 제출 데이터 활용
전술한 바와 같이 제출서의 최종적인 파일 양식은 PDF였다. 건축사와 시설 관리 팀은 CMMS 내에서 장비 기록에 PDF를 첨부할 수 있다는 것을 서로 이해했다. 그러나 언급한 바와 같이 제출서의 PDF와 CMMS 내 장비 기록을 매치하기 위해서는(PDF는 제출서 번호를 이용하여 명명되었기 때문에) 각각을 개별적으로 검토할 필요가 있다.

BIM의 정보

BIM으로부터 얻은 정보는 룸 번호, 룸 지역, 룸을 사용하는 부서, 도어, 그리고 도어 하드웨어를 담고 있었기 때문에 시설 관리에 유용하다고 판단되었다 (이 정보에 대한 사례는 표 6.9에 나와 있다). BIM의 기초 정보는 룸 번호와 명칭이다. 이러한 정보를 보유함으로써 장비를 어떤 위치에 배정할 수 있는 구조를 얻을 수 있다.

BIM 내 인근 룸에 할당된 도어 위치는 장비 위치를 파악하는 데 유용한 것으로 나타났다. 도어 하드웨어 정보는 예방적 보수를 위한 가장 흔하게 사용되는 정보가 아닐지라도, 구성품을 교체할 필요가 있는 경우 도어 하드웨어의 상세 기록을 제공하기 위해 그리고 CMMS 내에 핵심 관리 모듈을 덧붙이기 위해 자동식 도어 오프너에 예방적 보수를 수행하는 데 유용하다.

표 6.9 룸 데이터 정보 발췌(출처 : SDS Architects, Inc.)

Element ID	Room Number	Area	Department	Name
#79462	'100'	1416.96	'CIRCULATION'	'CORRIDOR'
#79190	'100A'	111.40	'COMMON SPACE'	'VEST'
#79311	'100B'	98.42	'COMMON SPACE'	'VEST'
#81146	'100C'	341.30	'CIRCULATION'	'CORRIDOR'
#78879	'100D'	368.78	'CIRCULATION'	'CORRIDOR'
#79914	'101'	498.46	'MISC.'	'LOUNGE'
#277	'102'	1164.16	'MISC.'	'MULTI-PURPOSE'
#80635	'102A'	25.57	'COMMON SPACE'	"
#80082	'103'	308.51	'MISC.'	'MULTI-PURPOSE'
#80200	'104'	927.71	'MISC.'	'MULTI-PURPOSE'
#80756	'104A'	25.57	'COMMON SPACE'	"
#80352	'105'	134.88	'MISC.'	'MULTI-PURPOSE'
#80465	'106'	936.43	'MISC.'	'MULTI-PURPOSE'
#39317	'106A'	526.53	'SERVICE AREAS'	'STORAGE'

BIM은 몇몇 상세한 도어 정보를 내포했지만, 자물쇠 세트(lockset) 정보와 같은 몇몇 도어 정보는 시방서에만 포함됐다. BIM 내에서 시방서에 있는 정보는 스케줄을 이용하여 각 도어에 배정됐다. 그러나 자물쇠 세트 유형을 나타내기 위해 사용된 코드는 자물쇠 세트 스케줄을 활용할 수 있는 경우에만 유용하다. 이로 인해 중요한 학습 교훈을 얻을 수 있었다. 정보와 함께 덧붙여진 BIM 객체를 가져야 하는 장비 유형을 명시해야 한다. 가장 유용할 것 같은 장비 유형은 HVAC, 위생공사 시스템, 그리고 엘리베이터이다. 왜냐하면 대부분의 예방적 보수가 이러한 장비 유형에 대해 이루어지기 때문이다.

BIM으로부터 정보를 얻음으로써 가장 큰 이점은 기술자, 감독관, 구매 대리인이 정보를 활용할 수 있도록 한다는 것이다. CMMS 내에서 정보를 얻음으로써 데이터를 보다 쉽게 구할 수 있기 때문에 행정 업무를 하는 데 소비되는 시간을 줄이고 직원들의 효율성을 올릴 수 있다.

BIM의 몇몇 데이터는 유용했지만 몇몇 데이터는 시설 관리에 유용하지 않았거나, 분실되었거나 또는 CMMS 쪽으로 부정확한 데이터의 들여오기를 방지하기 위해 삭제할 필요가 있는 디폴트 값이었다. 예를 들어 공기 취급 장치의 공기 플로우는 일반적으로 목록에 나와 있지 않았다. 주 당국은 Revit 모델에서 MEP 장비 스케줄을 생성할 것을 요구했지만 이러한 것은 이루어지지 않았다. 대신, 표준 방법을 이용하여 MEP 스케줄이 생성되었다.

BIM으로부터 얻은 정보를 이용하는 경우 모델에 있는 정보가 설계 정보 또는 건축된 그대로 정보의 기준이 되는지를 명확하게 판단하는 것도 중요하다. 일반적으로 장비 요소 또는 설치된 구성품은 설계를 기준으로 선정된 1명의 판매자가 아니라 상이한 판매자로부터 얻은 것이다. 이러한 차이를 감안하여, BIM에 어떤 정보를 언제 입력해야 하는지 결정하고 입력된 정보가 건축된 그대로 상태를 정확하게 반영할 것을 요구할 필요가 있다.

CMMS 테스트 사이트

데이터를 어떻게 사용할 수 있으며 이것을 기존의 CMMS 쪽으로 어떻게 들여오기할 수 있는지를 이해하는 데 매우 중요한 부분은 테스트 사이트를 가지는 것이다. BIM의 정보는 최종적으로 다른 자산 정보와 동일한 데이터베이스에 저장되기 때문에, 먼저 테스트 사이트를 이용하여 이것을 평가할 필요가 있었다. 때때로 샌드박스(sandbox)라고도 불리는 테스트 사이트는 실제 데이터베이스에 대해 원하지 않는 변동을 가하지 않고 데이터를 사용하는 새로운 프로세스와 방법을 시험하기 위해 사용할 수 있는 CMMS 데이터베이스의 미러 이미지(mirror image)이다. 테스트 사이트는 설치하기 어렵지 않지만 테스트 사이트를 관리하고 무엇을 테스트할 것인지를 결정하기 위해서는 새로운 프로세스와 데이터 사용법을 가지고 실험하는 목표와 데이터 관리 프로세스에 대한 이해가 전제되어야 한다.

건물 인계(turnover) 프로세스 합리화

건물이 유지 직원에게 넘어간 경우, BIM을 사용하고 있지 않았다면 1명 이상의 유지 직원이 각 장비 부품을 파악하고, 예방적 보수가 수행되었는지를 판단하며 그리고 태그를 붙이면서 건물에 상당한 시간을 쏟아 부어야 한다. 장비에 대한 몇몇 정보를 BIM 내에서 구할 수 있는 경우 워크스루(walk-through) 시 결정되는 몇몇 정보를 신속하게 처리할 수 있기 때문에 이러한 프로세스는 훨씬 빨리 마무리될 수 있다. 워크스루를 계획하기 위해 평면도를 활용할 수 있지만 평면도 활용은 매우 시간 소모적이며 이것은 CMMS와 맞는 양식으로 되어 있지 않을 수도 있다.

BIM 내에서의 정보

파일럿 프로젝트의 목적은 건축사, 엔지니어, 건설 계약자가 어떤 데이터를 제공하는가에 판단하기 위한 것이었다. 따라서 모델에 어떤 데이터가 포함되는지에 대한 특정 요건은 의도적으로 명시되어 있지 않았다. 이러한 것 덕분에 시설 팀은 A/E와 계약자가 무엇을 의도하는지 그리고 무엇을 제공할 수 있는지를 이해할 수 있었다. 본 사례 연구 작성 시, 시설 관리 팀은 BIM FM을 지원하기 위해 필요한 데이터의 상세 목록이 설계 팀과 공사 팀에게 제공되었다면 요구되는 정보가 제공되지 않았을 것이라고 생각했다. 시설 관리 팀은 요구되는 데이터를 수집하고 조직화하는 데 필요한 절차가 현재 산업에서 시행 중이 아니었다고 판단했기 때문에 이러한 결론을 도출하였다.

향후 프로젝트의 경우 특정 장비 유형 목록이 요구될 것이라고 예상할 수 있다. 모든 장비 유형에 대해 요구되는 상세 수준은 명시되지 않겠지만 데이터를 보유함으로써 시설 관리에 어떤 정보가 유용한지를 판단할 수 있을 것이다. 따라서 주 당국은 현장에서 데이터를 수집하는 것보다 데이터를 삭제하는 것이 더 용이하기 때문에 실제로 사용되는 것보다 더 많은 데이터를 가지고자 한다.

BIM 데이터 소유권

주 당국은 자신이 BIM과 BIM 내의 정보를 소유하고 있다는 문서를 계약 체결한다. 주 당국은 BIM의 소유권 취득에 대해 거부감이 없다는 것을 알았다. 단지, 모델의 정확성에 대한 책임에 대해 관심이 더 높다. 그로 인해 A/E와 건설 계약자 간 법적 계약의 수가 증가하게 되었다. BIM이 건축사에게서 계약자에게로 이전되는 경우 BIM에 있는 정보가 설계 기준인지 또는 건물에 실제실 설치된 것을 기준으로 한 것인지를 명확히 하는 것이 중요하다.

BIM FM 구현 시 이러한 사항에서 1차적인 이점은 모델로부터 얻은 데이터이다. 3D 모델은 향후 리모델링이나 개량 활동에서 매우 중요하겠지만, 3D 모델은 건물 수명 동안 업데이트되지 않을 것이다. 개량 시, A/E에게 3D 모델이 주어진다. 이러한 모델을 제공함으로써 건축된 그대로 상태를 문서화하는 데 필요한 현장 시간을 줄일 수 있을 것으로 예상할 수 있다. 추가로, 3D 모델은 향후 변동된 상태를 보여주는 데 유용하며, 평면도와 입면도를 읽는 데 익숙하지 않은 사람들과 이것을 공유할 수 있다. 따라서 BIM은 실제로 건설과 시설 관리 간 원 타임 이관(one time hand-off, 한꺼번에 인계하는 것) 프로세스라고 보여진다. 건설 데이터는 이관된 후 BIM이 아니라 CMMS에 보관될 것이다.

우수한 파일럿 프로젝트의 특성

다양한 프로젝트 평가에서 UWRF가 우수한 파일럿 프로젝트인 이유는 다음과 같다.

- FM팀은 이 활동 참가에 관심을 가졌다.
- CMMS IT 관리자는 이 프로젝트에 관심을 가졌으며 새로운 아이디어에 대해 개방적이었다.
- Revit에서 건축과 엔지니어링 BIM을 구할 수 있었다.
- Submittal Exchange 소프트웨어는 건설과 시운전 프로세스를 통해 수집된 데이터를 구조화할 수 있도록 해주었다.

소유자 교육 요건

이 프로젝트는 파일럿이었기 때문에 새로운 것을 창출하는 것에 대해 외부 아이디어, 그리고 시도와 실수를 통해 프로세스와 사용 방법을 학습했다. 향후 프로젝트의 경우 시설 관리 팀 구성원들이 데이터를 포착하고 처리하는 방법을 이해할 수 있도록 하기 위해 교육을 시행할 필요가 있을 것이다.

정량화

시설 팀은 예방적 보수 시행 시 사용하기 위해 CMMS 내에 데이터를 보유함으로 인해 발생할 수 있는 시간 절감을 공식적으로 수량화하지 않았지만, 시간 절감은 상당할 것으로 추정할 수 있다. 예를 들어 배관공은 1976년의 부품에 대한 정보를 찾고 있었다. 하드카피로 된 매뉴얼을 구할 순 있었지만, 그 부품을 주문하기 위해서 이 배관공은 그 정보를 발송하기 위해 스캐너를 사용할 줄 아는 시설팀원과 공조할 필요가 있었다. 스캐닝 프로세스만 30분이 걸렸다. 문서를 전자적으로 구할 수 있었다면 30분이 절감되었을 것이다. 기술공들은 종종 정보 검색을 싫어하며 어떤 것을 고치는 것을 선호하기 때문에, 정보를 전자적으로 구할 수 있는 경우 정보 검색에 허비되는 시간을 절감하고 수리 시간을 늘릴 수 있을 것이다.

학습 교훈과 도전

사례 연구를 통해 설명하였듯이 설계 팀과 FM 팀은 FM용 BIM을 사용하는 공동의 목표를 위해 공조할 필요가 있다. 따라서 설계자, 시설 관리자, 양 이해관계자 그룹과 관련한 몇몇 학습 교훈을 조명할 필요가 있다.

설계자에게 직접적으로 영향을 미친 3가지 핵심 학습 교훈은 다음과 같다.

- 설계 커뮤니티는 Revit를 정보 툴이 아니라 그래픽 툴로 보고 있다. 따라서 BIM FM을 심화시켜 구현하기 위해서는 Revit을 그래픽 툴뿐만 아니라 정보 툴로 인식할 필요가 있을 것이다.
- FM용 BIM의 활용이 진전됨에 따라 건축사의 역할이 변화될 것이다. 건축

사는 더 많은 정보를 관리하고 데이터 입력 서비스를 제공해야 할 수도 있다.

■ 3D 모델링 소프트웨어 프로그램을 학습하는 데 도전(난제)들 중 하나는 2D CAD와는 상이한 사고 프로세스가 요구된다는 것이다. 이러한 것은 2지점 간 직선으로서 건물의 각 부분에 대한 사고를 요구한다. 그러나 3D 에서의 객체를 올바르게 모델화하기 위해서는 객체의 속성 정보와 높이, 그리고 각 직선의 시작점과 종말점을 알아야 한다. 예를 들어 3D 모델링 프로그램에서 벽을 추가하기 위해서는 벽이 무엇으로 이루어져 있는지 뿐만 아니라 벽의 길이, 높이 및 두께를 알아야 한다. 도식적 설계에서 프로젝트 요건은 정의되는 프로세스 내에 있기 때문에 3D 모델링 소프트웨어를 사용하는 경우 더욱 큰 도전이 발생한다.

시설 관리를 위한 핵심 학습 교훈은 다음과 같다.

■ 기술자들이 더 많은 데이터를 사용할 수 있게 됨에 따라 관리 변동 플랜을 구현하여 데이터를 어떻게 사용할 수 있는지, 데이터를 어디에서 찾을 수 있는지 그리고 기본적인 컴퓨터 스킬 교육을 시연할 필요가 있을 것이다.

■ 프로젝트 라이프사이클 기간 동안 정보에 대한 명명(naming, 이름 붙이기)은 정보가 건설에서 시설 관리로 인계되기 때문에 이해관계자들 간 이해를 증진시키는 데 중요하다.

■ BIM 정보의 가치를 이해하고 이것을 가장 효과적으로 사용할 수 있는 방법을 결정하기 위해 CMMS 테스트 사이트를 보유해야 한다.

설계자와 시설 관리자 모두에게 영향을 미치는 학습 교훈은 다음과 같다.

■ 새로운 아이디어를 수용하고 어떤 것을 다르게 행할 수 있어야 한다. BIM을 사용할 수 있는 방법은 무수히 많이 있지만 이것이 무엇인지를 밝혀내는 것은 시간이 걸린다.

■ 프로젝트 내에서 COBie를 사용하기 위해 프로세스 초창기에 이것을 채택했어야 한다고 제안했다. 설계 팀은 COBie에 익숙하지 않았기 때문에, 먼

저 팀 구성원들이 이러한 오픈 정보 교환 표준의 사용 지식을 습득할 필요가 있다.

■ 모델을 신속하면서도 일관성 있게 덧붙이기 위한 표준군(standard families)이 부족하기 때문에, 모델에 데이터를 덧붙이는 것은 또 다른 도전이다.

■ 건축사와 설계자는 반드시 설치된 장비와 동일한 판매자로부터 얻은 장비 정보를 설계 기준으로 사용하진 않는다. 따라서 설계 종료 시(건설 문서와 건축된 그대로 모델 내에) 어떤 수준의 상세 정보가 제공돼야 하는지를 결정할 필요가 있다.

기숙사 파일럿 프로젝트 요약

UWRF 캠퍼스에서 기숙사에 대한 BIM FM의 활용은 건축사의 BIM 활용으로 인해 양(+)으로 영향을 받았다. FM은 표준 산업 관행을 감안하여 현재 무엇이 가능한지 판단하기 위해 그리고 BIM FM을 심화시켜 구현하기 위해 필요하게 될 프로세스와 요건을 수립하기 위해, BIM을 활용했다. 이러한 파일럿 프로젝트를 통해 학습한 수많은 교훈을 활용하여 위스콘신 주 전반적으로 BIM FM 프로젝트[다음 버전의 'BIM 지침 및 표준'(2012년 7월 발행)도 포함]를 추가로 홍보할 필요가 있다.

파일럿 2 : 위스콘신 에너지 협회

위스콘신 에너지 협회에 대한 사례 연구는 건물이 50% 건설되었던 시점에 완료되었다. 건설은 2010년 12월에 개시했으며 2012년 12월에 완공될 예정이다. 프로젝트는 시설 관리 팀에게 상세한 프로젝트 데이터를 지닌 BIM의 전달을 지원하는 건축 프로세스를 설명하는 것이다. 위스콘신 주의 목표는 UWRF 사례 연구와 유사했다. BIM으로부터 어떤 정보를 가용할 수 있는지를 파악한 후 시설 관리를 위해 그 정보를 어떻게 활용할지를 결정하는 것. 본 사례 연구에서 FM 프로세스를 지원하기 위해 건설 시 데이터 수집을 지원하는 데 필요한 프로세스가 강조되어 있다.

1552 University Avenue의 UW 매디슨 캠퍼스에 위치한 에너지 협회(그림 6.44)는 엔지니어링 학부를 위한 연구 시설로서의 역할을 할 것이다. 건물 내에서 바이오 에너지, 풍력, 그리고 배터리 연구가 시행될 것이다. 바이오 에너지 연구는 연료용으로서 옥수수 줄기와 같은 비식용 에탄올 공급원의 활용에 주로 초점을 맞출 것이다. 107,000평방피트 규모를 지닌 $46백만(미달러)의 4층짜리 건물은 연구실, 미팅 룸 그리고 사무실을 가지고 있다. 건물 하부에는 핵자기 공명(NMR, Nuclear Magnetic Rresonance) 원자로, 비상 제너레이터 그리고 몇몇 전기실이 배치될 것이다. 1층에는 공공장소, 미팅 룸, 그리고 몇 개의 사무실이 배치될 것이다. 2~4층에는 연구실과 사무실이 배치될 것이다.

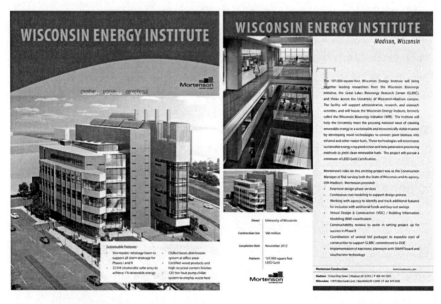

그림 6.44 위스콘신 에너지 협회 외관 렌더링(출처 : Potter Lawson/HOK)

또한 건물은 향후 확장이 가능하도록 설계되었으며, 그로 인해 향후에 건물 규모는 2배로 늘어날 수도 있다.

골조 시스템(structural system)은 건물의 절반인 사무실을 위한 구조용강이며, 나머지 절반인 연구실은 강화식 현장 타설 콘크리트이다. 건물의 각 절반은(아직까진 섞여 있지만) 상이한 건축적 기능을 가지기 때문에, 골조 시스템 간 전환 부분은 건물이 완공된 이후 미학적으로 매우 투명할 것이다(그림 6.44). 건물의 연구실 부분의 골조 시스템은 주 당국 요건에 맞춘 것이었다. 연구실 장비에서 생성되는 진동으로 인해 구조용강을 연구실에 사용할 수 없다. 건물의 사무실 부분은 비용을 절감하기 위해 구조용강으로 제작되었다.

자연광이 건물에 많이 들어올 수 있도록 건물의 2개 섹션이 채광정(light well)으로 연결되어 있으며 동—서 방향으로 되어 있다. 채광정은 지상층에서 모임 공간으로서 그리고 연구실 층에서 커뮤니티 모임 공간으로서 역할을 할 것이다.

그림 6.45 냉수빔(chilled beam) (출처 : M. A. Mortenson사)

커뮤니티 모임 공간에는 소형 부엌과 좌석 지역이 배치되며, 건물과 University Avenue(대학로)의 센터가 보일 것이다.

캠퍼스 증기와 냉각수 플랜트가 건물에 난방과 냉방을 제공한다. 가변 풍량(VAV, Variable Air Volume) 공기 취급 장치를 통해 연구실에 대한 환풍이 제공되며, 사무실은 280개의 수동 냉수빔(그림 6.45)을 통해 컨디셔닝되며 전용 옥외 공기 장치를 통해 환풍된다. 에너지 효율성을 증대시키기 위해 펜트하우스에 위치해 있는 120톤 열펌프 냉각 시스템을 활용하여 폐열(건물에서 배출되는 공기)을 이용한 옥외 공기를 전처리를 할 것이다.

건물의 지속 가능한(친환경적) 특징은 다음과 같다.

- 모든 빗물 배수를 지원하는 빗물 저장 분지
- 공인 나무 제품과 고함유 재활 마감의 활용
- 일광 활용도를 최대화하기 위한 동-서 방향
- 연구실 공간 내 시간 당 공기 순환을 조정하기 위해 사용되는 점유 제어 센서

이 건물은 최소한 LEED-NC 골드 등급을 받을 것으로 예상된다.

계약 구조 및 프로젝트 팀

BIM을 활용하여 프로젝트를 설계하고 건설하였지만 'BIM 지침 및 표준'이 시행되기 6개월 전인 2008년 12월에 건축사가 프로젝트를 낙찰받았다는 것을 주목할 필요가 있다. 따라서 BIM을 이용하여 설계를 완료해야 한다는 계약상 의무는 없었다. 이에, 공사 관리자는 건설을 위해 2D 문서를 작성해야 했다.

건설 계약자와 위스콘신 주 간에 체결된 리스크를 부담한 공사 관리자(CMAR, Construction Manager At Risk) 계약 하에서 프로젝트가 완료되었다. 이 계약 구조 하에서 M. A. Mortenson사는 54명의 하청업자들을 관리하면서 프로젝트에 대한 공사 관리자로서 역할을 했고, 주 당국은 Mortenson과 하나의

계약을 체결했다(그림 6.46). 다음과 같은 사유로 인해 대다수의 하청업자들을 수많은 일반 건설 프로젝트와 비교하였다.

- 연구실 건물에는 일반 건물보다 많은 시스템과 장비를 조달하여 설치할 필요가 있기 때문에 보다 복잡하다.
- 건물은 보다 상세한 마감을 지녔다.
- LEED는 의무적인 현지 조달을 명시하고 있기 때문에 참여해야 했던 하청업자와 공급업자의 수는 증가하였다.
- 위스콘신 주는 프로젝트를 낙찰하기 위해 5% 소수 요건(minority requirement)을 가지고 있다(프로젝트 목표인 10%가 충족되었음).

공사 관리자의 책무는 공사 코디네이션을 지원하기 위해서 필요한 디자인 모델과 모델 구성요소를 검토하는 것이었다.

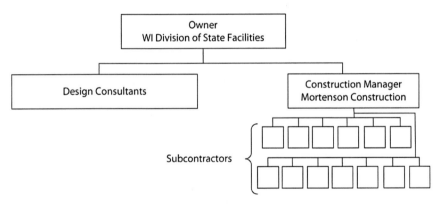

그림 6.46 파악된 핵심 이해관계자에 대한 리스크를 부담한 공사 관리자 계약 구조

공사 관리자인 Mortenson은 종종 다음과 같은 사유로 CMAR 계약을 활용한다.

- 관계를 기반으로 둔 의사결정. 계약상 요건만을 기반으로 둔 공사 결정을 하는 것이 아니라, 소유자와 공사 관리자가 공사 기간 동안 프로젝트에

가장 적합한 의사결정을 공조하여 할 수 있다.

- 다수의 하청계약자들이 BIM을 생성하고 관리하는 방법에 대해 통제를 할 수 있는 공사 관리자
- 공사 관리자가 적합하다고 판단한 바에 따라 프로젝트 기간 동안 시행되는 혁신적 아이디어
- 설계/건축 프로젝트를 위해 이행되는 고품질 결과. 계약 구조 내에서 공사 관리자는 하청계약자들이 시연할 수 있어야 하는 BIM 전문성 수준에 관해 특정 요건을 설정할 수 있다.

계약서는 프로젝트 종료 시 위스콘신 주에게 건축된 그대로(as-built) BIM을 인계해야 하는 것을 명시하지 않고 있지만 이러한 것은 Mortenson에게는 표준 관행이다.

Mortenson은 거의 15년 동안 3D 모델을 이용하여 건물을 건축해왔다. Mortenson이 완공했던 최초 3D 모델 기반의 건축 프로젝트는 캘로포니아, 로스엔젤리스에 위치한 Walt Disney Concert Hall(Frank Gehry가 설계함)이다. 프로젝트를 설계한 후 몇몇 계약자들은 너무 복잡해서(강철 프레임의 각 구성부가 복잡했기 때문임) 건축을 할 수 없다고 판단했다. 이 프로젝트를 3~4년 동안 보류한 후, 스탠포드의 통합식 시설 엔지니어링 센터(CIFE)와 디즈니의 이미지 공학 팀과 공조하여 Mortenson은 건물의 건축 모델을 생성하기 위해 3D 모델링 소프트웨어 프로그램(건물 설계에 일반적으로 사용되는 것이 아님)인 Catia를 이용하여 건물을 짓는 것이 가능하다고 판단했다. 이 프로젝트를 완료한 결과, Mortenson은 3D 모델링과 BIM 툴을 이용하여 건축 서비스를 제공하는 것의 이점을 깨달았다.

공사 관리자로서 Mortenson은 다음과 같은 수많은 설계 컨설턴트 및 건설 하청계약자와 공조하였다.

- 건축자 : 위스콘신 주, 매디슨의 Potter Lawson사. 여기에서 HOK는 연구실 기획 능력을 제공하기 위해 파트너십을 맺었다.

- 수직 순환 설계 건축자 : 위스콘신 주, 밀워키의 American Design사
- 골조 엔지니어 : 위스콘신 주, 매디슨의 Arnold and O'Sheridan
- 기계 및 전기 엔지니어 : 위스콘신 주, 매디슨의 Affiliated Engineers사
- 위생공사 엔지니어 : 위스콘신 주, 밀워키의 PSJ Plumbing
- 토목 엔지니어 및 조경 : 위스콘신 주, 매디슨의 Ken Saiki Design
- 에너지 모델링 및 일광 설계 : 미네소타주, 미니통커의 Weidt Group
- 수직 수송 설계: 위스콘신 주, 밀워키의 American Design사
- 금속 패널, 소피트 패널 그리고 내부 건축 패널 : 위스콘신 주, 저먼타운의 CS&E Construction Supply and Erection
- 강철 하청업자 : 위스콘신 주, 와우나키의 Endres Manufacturing
- 기계 하청업자 : 위스콘신 주, 매디슨의 North American Mechanical사
- 전기 하청업자 : 위스콘신 주, 매디슨의 Pieper Power
- 위생공사 하청업자 : 위스콘신 주, 매디슨의 Hooper Plumbing
- 소방 하청업자 : 위스톤신주, 매디슨의 J. F. Ahern
- 엘리베이터 하청업자 : 위스콘신 주, 매디슨의 Otis Eleavators

2D 도면만을 사용했던 설계 컨설턴트는 다음과 같다.

- 토목 엔지니어와 조경
- 위생공사 엔지니어
- 기계 및 전기 엔지니어

BIM과 2D 도면을 조합하여 사용했던 설계 컨설턴트와 하청계약자는 다음과 같다.

- 건축자
- 골조 엔지니어
- 수직 수송 설계
- 공사 관리자
- 강철 하청업자

- 기계 하청업자
- 전기 하청업자
- 위생공사 하청업자
- 소방 하청업자
- 엘리베이터 하청업자
- 토목 엔지니어 및 조경 설계자

2D와 3D를 모두 사용한 경우 3D 모델을 가장 일반적으로 사용하여 사용자가 공사 개념을 이해할 수 있도록 프로젝트의 다른 측면을 시각화하였다. 공사 관리자의 견지에서 봤을 때, 다음과 같은 사유 외에도 도면 세트보다 3D 모델로 보는 것이 더 용이하기 때문에 이러한 것은 일반적인 산업 관행이다.

- 3D 모델을 내비게이트하는 방법을 이해하는 학습 곡선이 3D 모델링 소프트웨어를 이용한 설계보다 더 용이하다.
- Revit 파일을 보기 위해 Design Review와 Adobe 3D PDF 뷰어와 같은 수많은 무료 뷰어를 구할 수 있지만, Revit 라이선스 비용이 소규모 기업의 경우 비쌀 수 있다.
- UWRF 사례 연구에서처럼, 3D로 된 모델링은 2D보다 더 많은 파라미터(예를 들어, 벽 두께 및 자재 유형)를 알아야 했다.

개시점으로서 설계 문서를 이용하여 대부분의 건설 모델을 개발하였다. 예를 들어 건축 모델의 벽 위치를 활용했다. 그러나 기계, 전기 및 위생공사(배관) 엔지니어는 2D 도면만을 제공하기로 계약을 맺었기 때문에 공사 관리자는 2D 도면을 3D 모델로 전환할 필요가 있었다. 현재 산업의 어려움 중 하나는 제작에 사용하기 위해 정확한 정보를 지닌 3D 모델링 정보를 설계 팀으로부터 받는 것이다. 따라서 이 프로젝트의 경우 2D 라인 도면으로부터 3D 모델을 생성할 필요가 있었다. 이러한 프로세스에는 PDF와 시방서로서 2D 건축 문서를 검토하고 제작에 사용될 수 있는 3D 모델을 개발하기 위해 2D CAD 배경을 활용하는 것이 포함됐다.

2D 도면을 3D 모델로 변환할 수 있는 하청계약자의 능력을 테스트하기 위해 공사 관리자는 단순한 건물을 2D로 설계해서 하청계약자에게 제공하여, 이들의 능력을 테스트했다(이러한 테스트는 입찰 프로세스에 포함됐다). 또한 이러한 테스트 덕분에 공사 관리자는 하청계약자가 사용하는 모델링 소프트웨어가 상호작동성이 있는지 그리고 작업을 위해 추가적인 프로세스가 필요한지를 판단할 수 있었다. 덕트, 위생공사(배관) 시스템, 전기 시스템, 그리고 몇몇 콘크리트 작업의 제작을 지원하기 위해 BIM을 활용했다.

팀 협업

BIM 룸(그림 6.47)은 공사 트레일러에 배치되어 있다. 공사 조율을 위해 모든 작업자들이 이 룸을 사용할 수 있다. 상이한 작업을 조율하기 위해 수차례의 전화 통화를 하는 것이 아니라 이 룸에서 직접 조율을 할 수 있기 때문에 상당한 시간을 절감할 수 있다. 어떤 경우에는 이전에 며칠이 걸렸던 조율이 불과 몇 시간 만에 끝나기도 했다. 룸에는 BIM을 투영하기 위해 사용할 수 있는 대형 스크린이 있어서 팀원이 무엇을 보고 있는지 설명할 필요 없이 모델을 바로 설명할 수 있다.

그림 6.47 건축 트레일러(construction trailer, 이동식 임시 사무실)에 위치해 있는 BIM 룸

조율과 협업을 위한 두 번째 방법은 '일중 계획'이다. 매일 공사 관리자는 조율이 필요한 공사 부분을 파악한다. 이 미팅의 목적은 상이한 작업이 이루어지는 현장에 대한 팀원들의 이해를 증진시키는 것이다. 이러한 것은 취해야 할 안전 예방조치를 팀원에게 고지하는 데 도움이 될 뿐만 아니라 그리고 하청계약자가 공유하고 있는 가공(overhead) 크레인과 같은 장비 사용 순서를 정하고 스케줄 잡을 수 있기 때문에 공사 효율성을 향상시키는 데에도 도움이 된다.

일중 계획의 또 다른 이점은 공사 관리자가 수집한 모범 관행과 교훈을 습득할 수 있다는 것이다. 이후 이러한 관행을 데이터베이스에 조직화하여 저장해서 이 정보를 Mortenson 전반적으로 프로젝트 팀과 정보를 공유할 수 있다. 이것은 공사 실수를 줄이고, 건축 가능성과 난관을 파악하며, 예기치 못한 난관을 완화하고 FM에게 인계될 수 있는 정보의 품질을 향상시키는 데 도움이 되기 때문에 시설 관리자에게 유익하다.

일중 계획(그림 6.48), 타워 크레인 스케줄, 2D 공사 도면, 시방서 섹션, 그리고 3D 공사 모델에 접속할 수 있도록 46인치 컴퓨터 모니터가 공사 기간 동안 건물 내 갱 박스(gang box) 내에 설치되어 있다(그림 6.49). 하청계약자와 공사 관리 팀은 모두 컴퓨터에 접속할 수 있다. 현장에 컴퓨터를 두는 것은 종이 없는 공사 현장으로 전환하기 위한 첫 단계 중 하나이다. 전자 문서를 빨리 찾을 수 있도록 모든 도면, 모델, 시방서는 목차(각 서류의 PDF와 링크됨)를 지닌 엑셀 워크시트를 이용하여 정렬되어 있다(그림 6.50). BlueBeam을 이용하여 PDF가 디스플레이된다. 이러한 구조를 형성하기 위해서는 시간이 걸리지만, 이러한 구조를 이용하여 공사 팀은 목록을 신속하게 스캔하여 필요한 정보를 구할 수 있으며 정보를 검색하는 데 많은 시간을 허비하지 않을 수 있다.

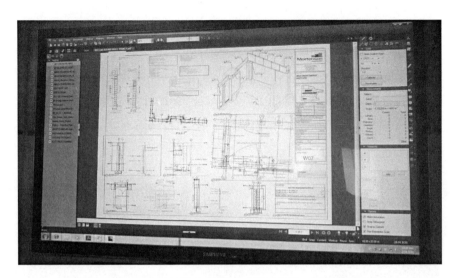

그림 6.48 공사 현장에서 컴퓨터로 볼 수 있는 일중 계획 예시

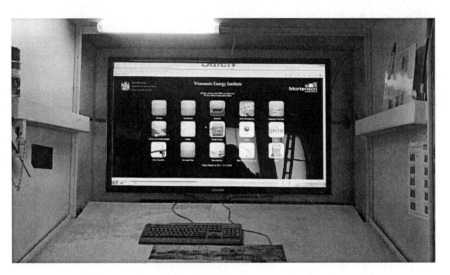

그림 6.49 공사 현장에서 갱 박스에 위치해 있는 46인치 모니터

공사 기간 동안 협업과 조율을 위한 세 번째 방법은 인터넷 기반의 문서 관리 시스템인 전자 제출서 교환 시스템, 즉 Skier Unifier를 사용하는 것이다.

이것은 UWRF 사례 연구에서 언급했던 Submittal Exchange와 유사한 것이
지만, 추가 기능을 가지고 있다. Mortenson은 RFI, 제출서, 변경 명령, 그리
고 하청업자가 제공하는 가격책정 정보를 관리하기 위해 Skier Unifier를
사용한다. Mortenson의 필요에 따라 Skier Unifier를 사용하기 위해 약간
의 커스터마이제이션(customization, 맞춤화)이 필요했다.

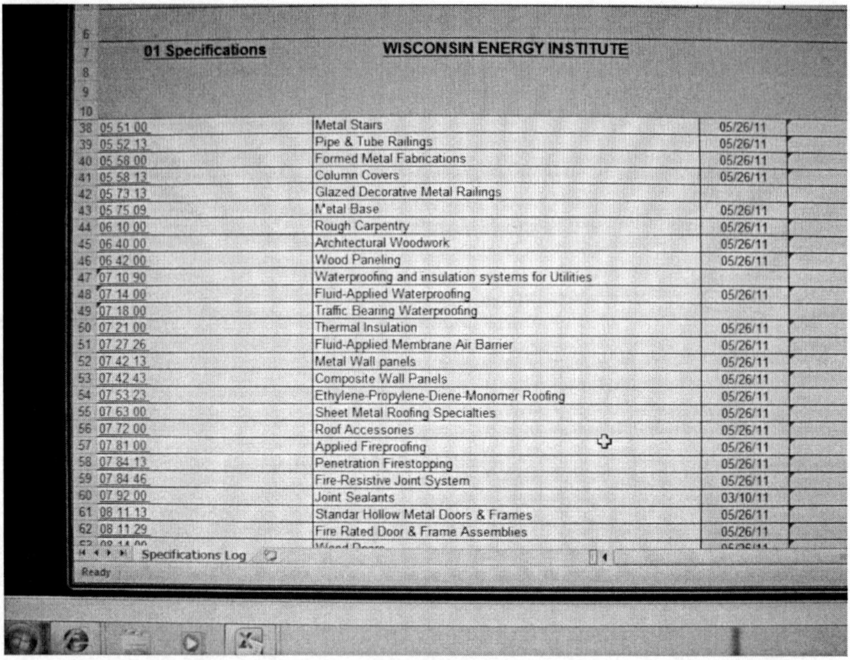

그림 6.50 현장에서 시방 부분에 접속하기 위해 사용되는 목차 구조(출처 : M. A. Mortenson사)

향후 목표 중 하나는 Skier Unifier를 Revit과 통합하는 것이다. 이러한 것
을 하기 위해서는 멀티플 상호작동성 문제를 풀어야 할 것이다. 이러한 기능
이 추가될 때까지 모델을 개발하기 위한 소프트웨어와 소프트웨어 뷰어 버전
모두를 사용하면서 2D PDF와 3D 모델로 도면을 발행해야 한다. 뷰어 버전
모델은 주로 파일을 편집할 수 있는 기능 없이 파일 내 데이터를 검토하고

모니터하는 용도로 사용된다.

설계 팀과 공사 팀 간 협업을 지원하기 위해 BIM 프로토콜 매뉴얼이 개발됐다. BIM 프로토콜 매뉴얼은 다음 사항을 포함한다.

- BIM과 3D 모델링의 개념에 대한 개요
- BIM 활동과 관련한 핵심 구성원
- 사용되는 BIM 소프트웨어 목록
- 사용되는 뷰어, 파일 포맷, 그리고 플러그인에 대한 목록
- 사용되는 하드웨어에 대한 권고사항
- 학습 교훈 및 최초 문제점
- 파일 교환 절차, 데이터 교환 절차 그리고 파일 표준을 포함하여 프로젝트 표준
- 정보 플로우 설명
- 프로젝트 종료 절차
- 고-레벨 파일-명명법
- Revit 좌표
- Revit 명명법
- 건물 충돌 플로우차트

FM 인계 시까지 공사를 통해 공유한 정보와 협업을 지원하기 위해 BIM 종료 (close out, 완공) 매뉴얼로서 역할을 하는 BIM 프로토콜 매뉴얼을 재개발했다. 종료 매뉴얼의 목적은 BIM 견지에서 건물을 운영 및 유지하기 위해 필요한 정보를 FM 팀에게 제공하는 것이다. 장 후반부에서 종료 매뉴얼을 추가로 논의한다.

시설 관리 시스템
UW 매디슨 캠퍼스는 캠퍼스 전체에서 AssetWorks CMMS를 사용한다. 각 CMMS는 저작권이 있기 때문에 Revit으로부터 내보내기된 IFC를 들여오기

위해 필요한 데이터 구조는 UWRF TMA System 데이터 구조와 다르다. 따라서 개방 표준을 사용하지 않는 경우 위스콘신 주 전체적으로 사용되는 각 CMMS 판매자에 적합한 데이터 구조를 개발할 필요가 있다.

건설에서 FM으로 BIM 인계

BIM 내의 정보는 메모리 스틱으로 설치된 그대로(as-installed) 정보를 제공했다. 정보 구조는 시방서 섹션이 조직화한 모든 도면과 PDF이다. PDF는 검색 가능할 것이다. 조직화된 PDF 세트를 생성하기 위해 공사 관리자는 모든 하청계약자들이 시방서 섹션 별로 명명된 PDF를 시방서 섹션 내에 정렬되어 있는 구조 내에 제출할 것을 요구한다. PDF를 생성하는 사람이 요구에 맞게 이것을 명명하도록 하는 것은 작업 현장 문화에 속한다. 추가로 절차가 요구에 따라 완료되었는지를 확인하기 위해 하청계약자는 건설 60% 빌링(billing) 단계 때까지 운영 및 유지 서류를 제출해야 한다. 이러한 것은 서류가 완벽한지 그리고 적절한 양식으로 되어 있는지 체크할 수 있는 시간을 공사 관리자에게 전달해준다. 추가로 프로젝트 종료 시 적절한 문서의 수집과 정리로 인해 발생할 수 있는 지연을 방지해준다.

모델에 포함되는 몇몇 정보는 위생공사(배관) 구성품, 도어 하드웨어, 나무 블록킹이었다. 건물은 여전히 공사 중이었기 때문에 위생공사 구성품 정보의 하부 세트(표 6.10)를 시설 관리자에게 제공하여 사용 방법을 결정하도록 했다. 결정된 1가지 아이디어는 정확한 건축된 그대로 데이터가 제공되었기 때문에 교체 부품을 주문하기 위해 그 데이터를 사용할 수 있다는 것이었다.

건축 팀은 수많은 설계 상세를 제공했던 도어 하드웨어 전문가를 포함하고 있었기 때문에 도어 하드웨어 정보를 BIM 내에 덧붙였다.

표 6.10 건설 BIM으로부터 내보내기된 위생공사 데이터 예시(제공 : 위스콘신 행정부)

Element ID	Element Name	'Host'	'K Coefficient'	'Level'	'Mark'
#2249157	'Backflow_Preventer-RP-Z urn_Wilkins-Model_375_	'Level : 02	NULL	'02)HC_1st Floor'	'227'
#1191191	'Balancing Valve - Straight - 0.5-2 Inch - Threade	'Level : 02	31.28	'02)HC_1st Floor'	'116'
#1191309	'Balancing Valve - Straight - 0.5-2 Inch -Threade	'Level : 02	31.28	'02)HC_1st Floor'	'117'
#1295409	'Balancing Valve - Straight - 0.5-2 Inch - Threade	'Level : 02	31.28	'02)HC_1st Floor'	'171'
#1296192	'Balancing Valve - Straight - 0.5-2 Inch - Threade	'Level : 02	31.28	'02)HC_1st Floor'	'181'
#1296279	'Balancing Valve - Straight - 0.5-2 Inch - Threade	'Level : 02	31.28	'02)HC_1st Floor'	'182'
#1298878	'Balancing Valve - Straight - 0.5-2 Inch - Threade	'Level : 02	31.28	'02)HC_1st Floor'	'190'
#445171	'Basket Strainer - 2-12 Inch - Flanged:4":4":85942	'Level : 01	5.23	'01)HC_Basement'	'22'
#197098	'Check Valve - 0.5-4 Inch - Threaded:3":3":733265'	'Level : 00	0.32	'00)HC_Undergro und'	'2'
#197206	'Check Valve - 0.5-4 Inch - Threaded:3":3":733463'	'Level : 00	0.32	'00)HC_Undergro und'	'3'
#451814	'Gate Valve - 2-12 Inch:2":2":862066'	'Level : 01	0.34	'01)HC_Basement'	'29'
#2703363	'Gate Valve - 2-12 Inch:4":4":1341511'	'Level : 01	0.16	'01)HC_Basement'	'346'

그러나 도어 하드웨어 전문가는 BIM에 익숙하지 않았으며 스케줄을 엑셀로 제공했다. 공사 관리자는 이러한 정보가 핵심 관리를 위해 FM에게 중요하다는 것을 알았기 때문에 BIM에 이 정보를 입력했다. 만약 이렇게 하지 않았다면 도어 위치를 파악하기 위해 도면을 살펴본 후 필요한 정보를 구하기 위해 도어 하드웨어 시방서를 살펴봐야 했을 것이다. 정보가 BIM에 있기 때문에 자물쇠 샵은 4개의 다른 서류가 아니라 모델만을 살펴볼 필요가 있다.

나무 블록킹 정보도 역시 BIM에 입력됐다. 건물에 수많은 케이스 공사를 했으며 연구실 공간은 건물 수명 동안 종종 재구성되었기 때문에 한쪽 벽에서 다른 벽으로 장비를 옮기거나 새 장비를 설치하는 경우가 잦았다. 연구실 장비는 대다수가 무척 무겁기 때문에 벽에 적절한 블록킹을 위치시켜야 한다. 블록킹 정보가 BIM에 들어 있는 경우 블록킹이 어디에 있는지 용이하면서도 신속하게 파악할 수 있기 때문에 장비를 장착할 적절한 위치를 신속하게 결정할 수 있다.

FM으로 전달되는 BIM은 2D와 3D 종료(close out) 모델, 그리고 PDF 종료 파일을 포함할 것이다. 3D 종료 Revit과 AutoCad 3D 모델은 모든 조율 및 공사 모델, 3D 모델에 첨부되는 2D 첨부물을 포함할 것이다. 2D 종료 모델은 조율과 건축 시 사용되는 모든 AutoCAD 파일을 포함할 것이다. PDF 종료 파일은 2D와 3D 종료 모델과 관련한 모든 파일을 포함할 것이다. BIM 데이터는 CMMS 쪽으로 들어가기 위해 포맷되기 전에 분류되어 SQL 데이터베이스에 저장될 것으로 예상된다. 조그만 데이터 세트를 검토함으로써 데이터가 분류될 것이다.

BIM 종료(close out)

BIM 내에 있는 정보를 FM으로 이전하는 것을 지원하는 것뿐만 아니라 FM용 BIM을 내비게이트하고 사용하는 방법에 대한 지식을 이전하기 위해 소유자에게 맞는 BIM 종료 매뉴얼이 개발됐다. 이러한 것 덕분에 프로젝트 연락처 정보를 포함하여 모든 관련 정보가 하나의 문서에 담길 수 있었다. 매뉴얼에는 BIM 프로토콜 매뉴얼 내용뿐만 아니라 프로젝트에 사용된 소프트웨어 목록과 BIM 소프트웨어를 사용하여 모델을 개발한 각 팀에 대한 연락처 정보도 포함됐다. 연락처 정보를 제공함으로써 FM 팀은 모델 제작자에게 연락을 취해서 특정 정보가 모델 내 어디에 위치해 있는지 그리고 어떻게 찾을 수 있는지를 물어볼 수 있다. 소프트웨어 목록은 상호작동성 문제를 해결하는 것뿐만 아니라 어떤 소프트웨어가 제공되어야 하는지를 판단하는 데 도움이 되기 때문에 이러한 목록 제공은 유용하다. 또한 종료 매뉴얼은 다음 사항도 포함했다.

■ 기술 책임자 이름을 포함하여 건설회사와 하청계약자 명칭
■ 각 회사가 사용한 소프트웨어 목록
■ 프로젝트 파일과 파일 요건을 게시하는 프로세스
■ 프로젝트 종료 시 인계되어야 하는 요구 서류 목록
■ PDF와 AutoCAD 포맷으로 된 도면 제출서에 대한 명명법의 고차원 목록
■ Revit 명명법

사용되는 BIM 소프트웨어와 FM용 BIM의 구체적인 용도가 결정되지는 않았지만 공사 관리자는 FM 직원들과 공조하여 이들이 지난 1년 반 동안 BIM 사용 방법을 이해할 수 있도록 지원했다. 학습 곡선을 줄일 수 있도록 공사 관리자는 관련 필터를 켜고서 모델에 대한 화면(view)을 제공하여 모델 내에 담겨 있는 상세 수준을 이해하거나 모델 내에서 내비게이트하는 방법을 이해할 필요 없이 모델의 내용물을 볼 수 있도록 할 것이다.

FM용 BIM의 활용

전술한 바와 같이, 사례 연구 시점에 FM을 위해 BIM을 어떻게 활용할 것인지는 명확하지 않았다. 그러나 공사 관리자와 FM 팀은 함께 공조하여 BIM 내에서 어떤 정보를 가용할 수 있고 정보를 어떻게 활용할 것인지를 연구하였다. 그러한 연구를 한 핵심 질문은 다음과 같았다.

■ 모델에 어떤 정보가 있는가?
■ 모델 내의 정보를 어떻게 찾을 수 있는가?

■ 모델 내에 어떤 정보가 포함되지 않는가?

Mortenson은 장비 스케줄, 제출서, 원래 장비 제조업자, 그리고 HVAC 시스템 제어에 관한 운영 정보 시퀀스(순서)를 BIM에 연결할 수 있었지만, 이것은 공사 계약 범위를 벗어난 것이었기 때문에 FM 팀에게 전달되지 않았다.

BIM 데이터 소유권 및 신뢰 권리

위스콘신 주가 BIM과 BIM에 있는 데이터를 소유한다는 것이 CMAR 계약서에 명시되었다. 모델은 설계자와 공사 관리자 간에 이전되기 때문에 하나의 공통적인 난관은 신뢰권이다. 공사 관리자는 계약상 설계 BIM의 정확성을 신뢰할 수 없다. 대신 계약상으로 공사 관리자는 2D 도면의 정확성만을 신뢰할 수 있다. 2D 도면을 생성하기 위한 3D 모델링 소프트웨어의 활용이 증가함에 따라 2D와 3D 제공품의 그래픽 콘텐츠가 동일하기 때문에 그렇게 큰 문제가 되지 않는다. 시간이 지남에 따라 산업 전반적으로 신뢰 수준은 증가한다.

소유자 교육 요건

전술한 바와 같이, 리스크를 부담한 공사 관리 계약 구조를 활용하였다. 이러한 유형의 계약 구조에 익숙하지 않은 소유자와 시설 관리 팀의 경우 이러한 것에 대해 소유자에게 교육이 이뤄져야 한다.

소유자 BIM 교육에 관한 두 번째 분야는 시설 라이프사이클 전반적으로 BIM의 가치와 BIM에 대한 개요를 제공하는 것이다. 공사 관리자는 대학에서 건축 기획자들에게 교육을 제공했다. 기획자들은 기능공 교육을 담당하고 있었기 때문에 이러한 기획자들에게만 교육을 제공했으며, 기획자들에게 제공된 교육은 '강사 교육(train-the trainer)' 포맷이었다. 목적은 아니지만 확인된 교육 중 하나는 BIM을 내비게이트하고 BIM 내에서 콘텐츠를 찾는 방법에 관한 것이었다. 3D 모델이 위스콘신 주에게 제공되겠지만, 주 당국은 현재 FM을 위해 이 모델을 사용할 플랜을 갖고 있지 않다.

학습 교훈과 도전

학습 교훈은 BIM FM과 관련한 것뿐만 아니라 공사 프로세스와 적합한 어떤 것을 포함한다. 따라서 공사 프로세스가 BIM FM 인계를 위해 데이터원을 제공할 때 잘 관리되고 조율된 공사 프로세스를 가지고 있다면 FM 팀이 정보를 받아들일 가능성이 더욱 커진다.

FM 학습 교훈

위스콘신 에너지 협회 프로젝트 기간 동안 시설 관리자를 위한 4가지 핵심 학습 교훈을 파악하였다. 첫째, 시설 관리 인계 시 전달되는 BIM 내의 데이터는 주로 건설 기능용으로 사용되기 때문에 주로 건설 모델에 있는 데이터에 의해 유도된다. FM은 엄청난 양의 데이터를 받을 수 있을지라도, 그 대부분은 FM과 관련성이 없는 것이다.

예를 들어 콘크리트 기둥에 있는 리바(rebar)의 사이즈나 콘크리트 유형에 대한 정보는 FM에게 필요하지 않다. 따라서 FM에게 무엇이 진짜 필요한지를 판단하기 위해 데이터를 청소해야 한다. 이와 같이 잘 개발된 설계 BIM 모델은 건설 BIM을 개발할 수 있는 강력한 기반을 형성할지라도 FM은 설계 기반으로 활용되었던 것이 아니라 주로 설치된 것을 기준으로 한 정보를 필요로 한다.

FM용 BIM에 어떤 데이터를 포함시킬지 결정하는 경우 큰 그림을 보고 그리고 BIM 정보를 CMMS 쪽으로 들여오기 위한 전반적인 목표를 결정하는 것이 중요하다. 그 이유는 바로 한 이해관계자 그룹에게 유용한 데이터가 반드시 또 다른 그룹에게도 유용하진 않기 때문이다. 예를 들어 시설 관리자는 펌프용 교체 부품에 대한 정보를 원하는 반면, 계약자는 펌프를 조달하는 것에 관한 정보를 원한다.

어떤 데이터가 관련 있는지 FM이 결정할 수 있는 1가지 방법으로, 관련 시방서 섹션을 조사한 후 계약자에게 필요한 시방서 섹션과 관련 있는 IFC 데이터

만을 달라고 요청하는 방법이 있다. 예를 들어 펌프와 공기 취급 장치에 대한 정보를 요청하는 것은 관련 있을 수 있지만 파이프 행어에 대한 정보는 그렇지 않을 수도 있다. 데이터를 심화하여 평가하기 위해 프로젝트 단계와 상관없는 중요한 질문은 '정보를 추가함으로써 어떠한 가치가 발생하는가?' 하는 것이다. 만약 모델을 사용하게 될 어떠한 팀에게도 가치가 입증되지 않는다면, 이 정보는 추가될 가능성 낮다. 산업 내에서 커다란 도전은 현재 건물 라이프 사이클 기간 동안 관련되는 각 분야에 적합하게 이 질문에 대한 답을 찾는 것이다.

세 번째 학습 교훈으로, 하청업자들은 일반적으로 계약상 요구를 받을 때까지 FM이 원하는 데이터를 제공하지 않을 것이라고 예상할 수 있다. 따라서 어떤 데이터가 필요하며 어떤 형식으로 데이터를 전달해야 하는지를 명시하는 것이 중요하다. 마지막 학습 교훈으로는 건물 요소가 모델화되어야 하는 상세 수준, 그리고 BIM을 어떻게 활용해야 하는지에 대한 주 당국 요건과 관계를 계약서에 명확하게 명시해야 한다는 것이다.

건축에 초점을 맞춘 학습 교훈
건축 프로세스에 대한 고유의 학습 교훈이 2가지 파악되었다. 시설 관리자는 이러한 학습 교훈들이 시설 관리 팀의 활동 목표 달성에 영향을 미칠 수 있기 때문에 특히 주의해야 한다.

첫째, 공사 시 RFI에 대응하거나 제출하는 경우 실시간으로 BIM에서 건축된 그대로 현재 상태를 전달하기가 무척 어렵다. 이러한 정보를 실시간으로 전달할 수 있는 능력은 보다 신속하게 RFI를 해결하는 데 도움이 된다. 모델을 이용하여 건축된 그대로 상태를 전달했던 경우에, 설계자는 공사 현장에서 해결해야 하는 문제를 보다 잘 시각화할 수 있었다.

실시간으로 조율하기 위한 향후 활동은 모델에서의 변동사항을 요약하는 설명이 있어야 한다는 것이다. 설명의 주 목적은 어떤 변동이 생겼는지를 파악하기 위해 모델을 검색하여 얻은 수정 모델을 이용하여 변동을 예방하기 위해 필요한 수준만큼 상세하게 그 변동사항을 묘사하는 것이다. 설명문이 언제 작성되어야 하며 어느 정도까지 상세해야 하는지에 대한 프로세스가 잘 정립되어야 한다. 또한 단순히 업데이트된 모델을 포스팅하는 것만으로는 혼란이 야기될 수 있기 때문에 향후 프로젝트에서는 팀원들이 모델의 변동사항을 명확하게 이해할 수 있도록 보다 많은 구두상, 그리고 서면상 커뮤니케이션의 필요성을 강조해야 한다.

두 번째, 실시간으로 조율을 지원하기 위해 2개의 효과적인 전략이 결정됐다.

1. RFI를 해결하기 위해 GoToMeeting을 활용한다.
2. 한 설계 팀원이 설계자들 그리고 공사 관리자의 모델들 간 자동화된 교환이 가능하도록 Newforma FTP를 활용하여 모델에 대한 업데이트를 자동화하는 스크립트를 작성했다. 이 모델 업데이트는 한밤중에 Newforma FTP 사이트를 통해 발송되며 아침에 스크립트가 가장 최근의 모델을 다운로드하기 때문에, 매일 설계 팀과 공사 팀은 가장 최신 버전의 모델을 가질 수 있었다. 이것은 가장 최신 버전을 가지는 데 가치가 있다고 입증되었지만 설계를 빨리 마칠 수 있었기 때문에 설계 부분이 불완전한 경우 혼란을 가중시켰다. 설명문이 작성되어 매일 아침 제공되었더라면 설계 부분이 아직 진행 중인지 또는 아닌지를 쉽게 파악할 수 있었을 것이다.

전반적인 프로젝트 학습 교훈

보다 광범위하게 2가지의 핵심 학습 교훈이 시설 관리 팀과 건설 팀에게 적용된다. 첫째, 프로젝트 초기에 어떤 분야와 작업이 2D와 3D 소프트웨어를 사용해야 하는지 그리고 어떤 구성품이 2D와 3D 제공품에 포함되어야 하는지 요건을 면밀하게 정해야 한다. 이러한 요건을 명확하게 정의하지 않고 모델을 조율하는 것은 무척 어려우며 이로 인해 활동이 중복될 수 있다.

둘째, 모든 프로젝트는 고유의 소프트웨어 문제를 가지고 있다. 종종 소프트웨어 활용을 기준으로 하여 작업 범위가 배정되었다. 프로젝트와 관련한 상이한 건축회사가 3개 있었기 때문에(각각은 BIM과 관련하여 상이한 스킬 세트를 가지고 있었으며 상이한 디자인 소프트웨어를 활용하고 있었다. HOK, Potter Lawson, 그리고 American Design사), 특히 건축 설계의 경우 이러한 문제가 심각했다. 프로젝트 전체적으로 설계 소프트웨어를 표준화하는 것이 불가능하긴 하지만, 상이한 소프트웨어 제품을 사용할수록 상호작동성을 지닌 BIM을 생성하는 것은 더욱 어려워진다.

위스콘신 에너지 센터 파일럿 프로젝트 요약

위스콘신 에너지 협회를 위한 BIM FM의 활용은 공사 관리자의 BIM 활용으로 인해 양(+)으로 영향을 받았다. 공사 관리자가 이용한 프로세스와 BIM 덕분에 시설 관리 팀은 상이한 설계 팀과 건축 팀이 전달되는 정보의 양, 품질 그리고 유형에 어떻게 영향을 미칠 수 있는지에 대한 추가적인 이해를 얻을 수 있었다. 이러한 이해는 'BIM 지침 및 표준'의 업데이트 버전 개발 필요성을 정당화시킨다.

2가지 사례 연구의 결과 합성

각 파일럿 프로젝트가 완료됨에 따라 건물 라이프사이클 전반적으로 BIM 툴의 활용과 현황을 추가로 이해하였다. 이 장에서 논의된 사례 연구는 상이한 건물 유형이었으며, 상이한 계약 구조를 활용했고, 그리고 상이한 수준으로 BIM을 사용했지만(표 6.11), 수많은 학습 교훈이 모든 파일럿 프로젝트와 관련이 있었다. 시설 관리 사무실장이 모든 파일럿 프로젝트에 관여했기 때문에 학습 교훈은 모든 프로젝트에 걸쳐 적용되었다. 이 장에서 논의된 양 프로젝트와 관련한 2가지의 학습 교훈은 다음의 자료에 요약되어 있다.

표 6.11 사례 연구 특성 비교

	UW 리버폴	위스콘신 에너지 협회
건물 유형	기숙사	연구실 및 사무실
프로젝트 예산	$18.9백만	$46백만
계약 구조	설계 입찰 건축	리스크를 부담한 공사 관리자
BIMa을 사용한 팀원	건축사 MEP 설계자들	건축사 토목 엔지니어 및 조경 설계자 공사 관리자 전기 하청업자 엘리베이터 하청업자 소방 하청업자 기계 하청업자 위생공사(배관) 하청업자 강철 하청업자 골조 엔지니어 수직 수송 설계
CMMS 판매자	TMA Systems	AssetWorks

* 몇몇 경우에 BIM과 2D 도면을 모두 사용했음

첫째, BIM FM 활용을 추가로 구현하기 위해서는 설계자, 계약자, 그리고 시설 관리자가 서로의 역할, 욕구, 책임을 보다 잘 이해할 필요가 있다. 이를 이루기 위해서는 각 분야가 서로 이종교배식으로 결합하는 것이 중요하다. 이를 위해서는 상대의 용어를 이해하려는 각 분야의 노력과 새로운 형태의 커뮤니케이션 설정이 필요할 것이다.

둘째, 각 시스템은 저작권을 지닌 방식으로 개발되었기 때문에, 각 CMMS가 사용하는 데이터 구조가 상이하다. 따라서 데이터를 각 CMMS에 들여오기 위해서는 저작권 요건을 충족할 수 있도록 데이터를 체계화할 필요가 있다. 만약 양 CMMS와 관련하여 개방 표준을 사용할 수 있었다면, UWRF와 위스콘신 에너지 센터 모두에게 동일한 데이터 구조를 사용할 수 있었을 것이다.

주 전반적으로 학습 교훈을 적용하는 것

파일럿 프로젝트의 핵심 목표 중 하나는 표준화된 프로세스를 이용하여 BM FM 프로젝트를 주 전반적으로 광범위하게 구현하기 위해 프로세스를 개선시킬 수 있는 방법을 파악하는 것이었다.

학습 교훈 중 하나는 잘 작성된 시방서의 중요성이었다. CMMS 쪽으로 들여오게 될 데이터를 요청하는 경우 잘 작성된 시방서가 특히 중요하다. 범주(statewide) 차원에서 일반 시방서가 작성되어 있지만 BIM FM 시방서 내용이 제공되는 데이터를 CMMS 쪽으로 들여올 수 있을 정도로 충분히 구체적이어야 한다. 그러나 CMMS 판매자와 데이터 구조에서의 차이를 수용하기 위한 주요 편집 없이 대부분의 주 기관들이 사용할 수 있을 정도로 시방서는 범용적으로 작성돼야 한다.

두 번째 학습 교훈은 A/E팀이 무엇을 제공할 수 있는지 이해하는 것이었다. 이러한 것은 '지침 및 표준'의 향후 버전뿐만 아니라 시방서 내에서 주 당국이 요구하는 것에 영향을 미쳤다. 4번의 공청회가 범주 차원에서 개최되었으며, 여기에서 주 FM 팀원들은 A/E 팀을 초청하여 BIM을 사용에 관한 현재의 경험과 스킬을 논의하였다. 이러한 공청회의 목적은 전달될 수 없었던 시방서, 지침 그리고 표준 내에 있는 어떤 것에 대한 요청을 방지하는 것이었다. 전반적으로 BIM에 대한 A/E 경험은 공평한 경험에서부터 위스콘신 주 2009 'BIM 지침과 표준'이 너무 엄격했다고 말하는 몇몇 회사에 이르기까지 다양했다. 밀워키에서 개최된 공청회에서 얻은 중요한 결론은 35개 기업을 대표하는 45명의 참석자 중 어떠한 사람도 COBie에 대해 들어본 적이 없었다는 것이었다. 이러한 것으로 인해 주 당국은 지침 및 표준의 향후 버전에 COBie를 포함시킬지 질문을 제기했다. 그러나 기업이 이것을 채택하기 위해서는 먼저 이것을 인지해야 한다. 따라서 산업이 익숙하지 않는 어떤 것을 요구해야 하는지 또는 산업이 표준 관행으로 무엇을 채택할 때까지 기다려야 할지를 결정하는 것은 주 당국에게는 무척 어려운 일이다.

양 프로젝트의 경우 BIM에서의 건축 그대로(as-built) 정보량은 총괄 계약자 그리고/또는 공사 관리자가 사용하는 요건과 프로세스에 의해 결정되었다. 양 프로젝트는 BIM에서의 정보를 전달했지만 FM의 방대한 작업은 데이터를 청소하고 이것을 CMMS 쪽으로 업데이트하는 데 필요한 데이터 구조를 결정하는 것이었다. BIM의 활용이 산업 전반적으로 계속 진화함에 따라 기술과 프로세스 관점에서 새로운 개발에 적극적으로 참여해야 한다.

파일럿 프로젝트에서 얻은 가장 인상 깊은 결과는 FM 내에서 사용할 수 있는 꾸준히 덧붙여지는 BIM을 수령하기 위해서는 제공되어야 하는 데이터의 수준과 품질을 명확하게 정해야 한다는 것이었다. 이러한 정보를 전달하기 위해서는 어떤 건축 요소가 모델화되어야 하며 어떤 정보가 각 요소와 관련되어야 하는지를 담기 위해 BIM 지침과 표준을 업데이트할 필요가 있다는 것이다. 그러나 이러한 것은 간단한 작업이 아니다. 단일 건물 내에서조차도 수많은 자산이 있다는 점을 감안하면 단계 별로 이러한 요건을 개발할 필요가 있다. 필요한 정보를 수집할 수 있도록 그리고 이것을 CMMS 쪽으로 업로드할 수 있는 포맷이 되도록 하기 위해 이러한 프로세스에 FM 직원과 IT 직원들을 모두 포함시켜야 한다.

요 약

이 사례 연구에 설명되어 있는 2개의 파일럿 프로젝트는 상이한 기술을 사용하였으며 상이한 프로젝트 팀을 가졌고 그리고 상이한 건물 유형이었다. 그러나 이것들은 공통의 비전을 가졌다. 시설 관리를 위한 데이터 품질 개선을 통해 데이터의 확실성 증대, 생산성 증가, 정보에 대한 용이한 접근을 제공하는 것(Napier 2009).

주 전반적으로 BIM FM의 구현은 초기 단계에 있다. 그러나 위스콘신 주는 다음 내용을 강력히 지지한다. "범정부적 리더십, 초기 채택 건축 리더십, 교육 지원, 그리고 명확한 성공을 위한 비즈니스 프로세스 리더십을 가지고, 위스콘신의 BIM 이니셔티브는 명확하게 다음과 같은 주 모토를 밝힌다. 'Forward (앞으로 향해)'"(Napier 2008). 현재까지 주 전반적으로 완료된 BIM FM 작업은 산업이 BIM FM 비전으로 나아가도록 지원할 기반을 형성했다.

추가 자원

BIM을 요구하도록 하는 위스콘신 주 행정 명령

행정 명령 145 : https://docs.legis.wisconsin.gov/code/executive-orders/
2003-jim-doyle/2006-145.pdf

감사의 글

본 사례 연구는 다음과 같은 사람들의 도움 없이는 마칠 수 없었을 것입니다.

위스콘신 행정부, 시설 관리 사무실, 이사, Keith Beck; 리버폴, 위스콘신 대학
시설 관리장, Michael Stifter, 그리고 IS 기술 서비스 시니어, Susan Bischof;
SDS 건축사 중 Revit 매니저인 Paul Kouba, 기록 건축가인 Matthew Long;
시니어 통합 건축 조율자인 Todd Hoffmaster를 포함하여 M. A. Mortenson
사; 총괄 매니저인 Jeff Madden; 공사 실무자인 RobWeise; 그리고 프로젝
트 매니저인 Craig Wacker.

참고문헌

Beck, K. 2011a. *Digital Facility Management Information Handover:
Current DSF Practices, Industry-wide Movement, Future Directions*,
A Research, Findings and Recommendations Report for the State
of Wisconsin, Department of Administration, Division of State
Facilities. DSF Project Number : 08H3M. Accessed December 27,
2011, at ftp://doaftp04.doa.state.wi.us/master_spec/DSF%20Digital%20
FM%20

_____. 2011b. *Building Information Modeling FM Handover*, Washington

DC : EcoBuild America.

Division of State Facilities. 2011. Accessed December 27, 2011, at www.doa.state.wi.us/index.asp?locid=4.

Napier, B. 2008. *Wisconsin Leads by Example*, *Journal of Building Information Modeling*, pp.30~1. www.wbdg.org/pdfs/jbim_fall08.pdf.

_____. 2009. *Building Information Modeling, a Report on the Current State of BIM Technologies and Recommendations for Implementation*, DSF Project Number: 08H3M. Accessed December 27, 2011, at ftp://doaftp04.doa.state.wi.us/master_spec/DSF%20BIM%20Gui delines%20&%20Standards/Handover/FM%20Findings&RecRpt.pdf.

Case Study 6 : 시카고 대학 행정 건물 개량

Angela Lewis, PE, PhD, LEED AP
Project Professional with Facility
Engineering Associates

관리 개요

시카고 대학 행정 건물 개량 사례 연구는 건설과 시설 관리(FM) 간 정보 인계에 대해 초점을 맞추고 있다. 따라서 주요 주체는 공사 관리자(CM), M. A. Mortenson사, 그리고 시카고 대학이었다. 사례 연구 대부분은 어떤 데이터를 어느 정도 수준까지 상세하게 수집할지에 대한 결정, 데이터 활용 방법에 대한 의사 결정권자와의 논의, 데이터 수집, 조직 및 체계화를 포함하여 건설에서 시설 관리로의 전환을 논의한다.

본 사례 연구를 통해 파악된 가장 중요한 사항은 BIM FM 내에서 기술 활용을 지원하는 프로세스가 초기 단계에 있다는 것이었다. 산업 내에서 프로세스를 진전시키기 위해 필요한 스킬로는 산업 전문성 간 커뮤니케이션할 수 있는 전문가의 능력, 컴퓨터화된 유지 관리 시스템(CMMS, Computerized Maintenance Management System)에 대한 전문가들 간 지식 확대가 있다. 따라서 소유자, 설계자, 건축자, 소프트웨어 기업, 그리고 FM 컨설턴트의 리더십은 BIM FM에 대한 산업의 비전을 진전시키는 데 필수적이다.

사례 연구에서 다루는 주요 도전은 다음과 같다.

- 시설 관리 프로세스와 의사 결정을 지원하기 위해 어느 정도 수준의 상세 정보를 수집해야 하는지에 대한 결정
- 시설 관리를 위해 3D BIM을 어떻게 활용해야 할지, 그리고(만약 있다면) 시카고 대학의 3D 모델 활용을 지원하기 위해 어떤 소프트웨어를 구해야 하는지를 결정하는 방법
- 본 대학에게 가치 있는 FM 툴을 전달하기 위해 다양한 팀원들의 스킬을 질서정연하게 활용하는 것

건설 팀과 FM 팀은 다양하면서도 상이한 기술을 활용했다. 설계 팀과 건설 팀이 활용한 소프트웨어는 Autodesk Revit, Autodesk Navisworks, 그리고 3D MEP 제작 소프트웨어였다. 또한 덕트 작업, 배관, 전기 시스템을 위해 가용할 수 있는 공간이 제한적이었기 때문에 기존의 건축 그대로 도면을 확인하기 위해 레이저 스캐닝을 활용해야만 했다.

Maximo는 본 사례 연구에서 논의되는 주요 시설 관리 소프트웨어이다. 공간 관리를 위한 Archibus, 그리고 프로젝트 관리와 조달을 위한 eBuilder의 활용도 간략히 논의되어 있다.

프로젝트를 통해 얻은 가장 큰 이점은 향후 개량과 새 건설 프로젝트에 도움이 될 수 있는 프로세스의 생성이었다. 이것은 건물 수명 동안 운영과 유지를 위해 활용할 수 있도록 건설 시 데이터를 포착하여 담는 프로세스이다.

서 론

시카고 대학은 Lake Michigan 호반으로부터 약 반마일, 그리고 시카고 시내로부터 약 6마일 떨어진 곳에 위치해 있다. 211에이커 캠퍼스에 위치한 15백만 평방피트의 건물 내에서 28,000명이 근무하거나 수업을 듣는다.

시카고 대학 행정 건물(그림 6.51)은 Main Quadrangles라고 알려져 있는 캠퍼스 센터에 위치해 있다. 1949년에 준공된 15,000평방피트의 캠퍼스 건물에는 대학의 행정 사무관들이 근무하고 있다.

그림 6.51 시카고 대학에 있는 행정 건물 외관(출처 : M. A. Mortenson사)

구조(structure, 골조)와 건물은 대부분의 다른 학교 행정 건물과 유사하다. 골조 시스템은 현장 타설 콘크리트이다. 냉각수와 증기는 캠퍼스 중앙 플랜트에서 공급된다. 신형 공기 조화기를 기계실 하부에 배치하여 기존의 장치와 교체하였다. 전기 재가열을 지닌 기존의 가변 풍량(VAV) 박스는 온수 재가열을 지닌 VAV 박스로 교체되었다.

2011년에 건물 일부를 개량하여 사무실 지역을 현대화하고, 화장실을 늘리며 그리고 기계 시스템을 업그레이드하였다. 개량 작업 시 건물 기능이 완전히 작동할 수 있도록 작업을 2단계로 시행할 필요가 있었다. 개량 첫 단계는 1층 북쪽에 있는 9개 사무실과 2층 남쪽에 있는 10개 사무실에 대한 공사였다. 적합한 스윙 공간을 확보하기 위해 건물 반대쪽에서 공사를 시행하였다. 또한 개량 공사는 기계실 내 하부에서 완료되었다. 본 사례 연구 시점에 건물 개량 2단계가 개념적 설계 중이었다.

건물 위치를 감안하여 건설 활동과 관련한 수많은 제약(주차, 차량 진입 그리고 운송을 포함함)이 있었다. 또한 구형 기계 시스템을 오프라인(offline)하고 신형 기계 시스템을 건물에 들여올 수 있는 방법을 계획할 필요가 있었다. 예를 들어 4개 섹션에서 외부 area well을 통해 공기 조화기를 들여와야 했다.

건물은 시카고 에너지 법령을 충족하도록 개량되었으며, 건물에 유입되는 일광을 최대화하기 위한 개념이 도입되었고, 가변 주파수 드라이브와 사용자 센서(occupancy sensor)가 설치되었다.

FM용 BIM 구현 목표

프로젝트 초기에 BIM FM에 관한 특정 요건은 설정되어 있지 않았다. 하지만 BIM 프로토콜 개발 시 BIM FM 이니셔티브의 가능성을 인식하였으며 이후 프로젝트 초기 단계 내내 추가로 조사하였다. 복잡하면서도 소규모인 이러한 개량 작업은 Mazimo를 덧붙이기 위해 활용할 수 있는 FM 데이터의 이력 데이터베이스(historical database) 개발하고 필요한 지원 프로세스를 파악하기 위한 우수한 파일럿 프로젝트였다. 파일럿을 위해 소규모의 건설 프로젝트를 선정함으로써, 다음과 같은 여러 가지 이점을 얻을 수 있었다.

■ 프로젝트 팀의 규모뿐만 아니라 데이터 세트가 비교적 소규모이기 때문에 데이터 세트에 대한 수정이 보다 용이해졌다.
■ 팀 조직 구조가 잘 통합되어 있었고 그로 인해 커뮤니케이션 및 승인 단계가 적었기 때문에 신속하게 변경을 할 수 있었다. 프로젝트 지속 기간 동안 새로운 아이디어와 프로세스가 종종 개발되었기 때문에 이러한 것은 특히 중요한 부분이었다.

계약 구조

최초 프로그래밍과 설계에서부터 건설과 인계까지 $3.3백만(미 달러)의 건설 프로젝트가 20개월(2010년 1월에 시작하여 2011년 10월에 종료)간 마무리되었다. 이 프로젝트는 M. A. Mortenson사가 체결한 리스크를 부담한 공사 관리자 계약을 활용하여 마무리되었다. 프로젝트 소유자는 시카고 대학이었으며 기록 건축사는 Gensler이었다. 건축사, 설계 컨설턴트, 그리고 공사 관리자 간 관계는 본 사례 연구 후반 섹션에 설명되어 있다. DdHMS가 MEP 엔지니어링을 마무리했다. ROCKEY Structures LLC는 구조 엔지니어링을 마무리했다. 계약상 관계를 설명하는 조직 차트는 그림 6.52와 같다. 설계 컨설턴트와 공사 관리자 간 점선은 두 당사자 간 비공식적 관계를 의미한다.

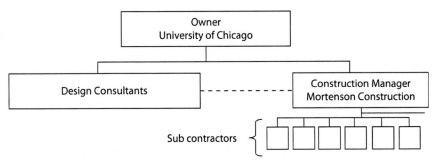

그림 6.52 파악된 핵심 이해관계자에 대한 리스크를 부담한 공사 관리자 계약 구조

계약서에서는 공사 관리자가 BIM을 사용하는 것, 즉 FM 팀에게 BIM 정보를 인계해야 한다는 요건이 명시되지 않았다. 그러나 BIM을 사용하는 것은 Mortensen의 표준 관행이며, 시카고 대학은 대부분의 새 건설과 중요 프로젝트에 BIM 사용을 시작하고 있다. 이것은 시카고 대학에서 소규모 개량에 BIM을 사용한 첫 번째 프로젝트였다. 합동 팀은 대학이 건물을 관리하는 효율성과 효과성을 향상시킬 수 있는 가능성을 인지했다.

프로젝트 팀

프로젝트 팀 멤버를 선정하는 것은 매우 중요한 사항이었다. 선정된 설계자는 BIM에 대한 관심과 이전 프로젝트에서 BIM의 탁월한 활용뿐만 아니라 시설 관리에 대한 지식과 협업 이력을 입증했다. 선정된 계약자는 BIM을 건설 프로세스의 필수적인 부분으로 활용했으며 자체적인 BIM 전문성을 가지고 있었다.

협 업

프로젝트 기간 동안 설계 팀, 건설 팀, 그리고 대학 팀은 공조했다. 몇몇 프로젝트 단계에서는 대학, 공사 관리자, Atuodesk, 그리고 BIM 간 상당한 콜라보레이션 노력이 있었다. 특히Autodesk는 프로젝트 팀에게 COBie에 대한 교육, 그리고 Revit과 Maximo 통합 시 발생하는 도전을 제공했다.

Mortenson이 구현하는 협업의 한 방법은 건설 현장에서의 컴퓨터 모니터와 현지의 컴퓨터의 활용에 관한 것이었다. 컴퓨터를 통해 가용할 수 있는 상이한 자원을 보여주는 홈 스크린의 스크린샷은 그림 6.53과 같다. 표시되어 있는 바와 같이, 이 컴퓨터는 프로젝트 팀에게 유용한 것으로써 작업 현장에서 바로 계약 도면, 조율 모델, 제출서, 승인된 샵 도면, 프로젝트 FTP 사이트, 기타 프로젝트 고유의 자원에 접속하기 위한 것이었다. 건설 시 긴밀한 공조 관계를 형성함으로써 공사 관리자와 FM 팀은 BIM FM 인계 솔루션을 성공적으로 구현할 수 있었다.

하청계약자 사전 심사

Mortenson은 기본적인 BIM 스킬을 입증할 수 있는 하청계약자를 선정하기 위해 사전 심사 프로세스를 활용한다. 사전 심사 프로세스에는 시범 모델 활용이 포함되는데, 이러한 시범 모델을 이용하여 잠재적 하청계약자는 2D 모델을 3D 조율 모델로 전환하는 방법을 입증해야 한다. 하청계약자의 스킬을 측정하기 위해 사전 심사 프로세스 결과를 면밀하게 검토한다.

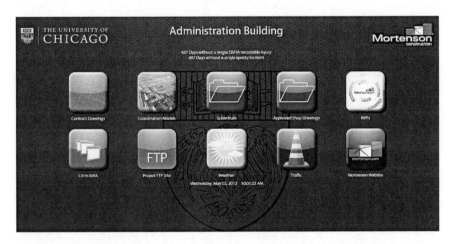

그림 6.53 팀 조율과 협업을 지원하는 건설 현장에서의 컴퓨터 스크린샷(출처: M. A. Mortenson사)

소규모 프로젝트 범위와 현지의 소규모 사업체 및 여성 소유주 사업체의 참여 강화를 조합함으로써 복잡한 개량작업에 필요한 BIM 경험을 가지지 못한 다수의 입찰자들이 생겼다. 대학과 Mortenson은 BIM으로 인해 현지 하청업자들이 프로젝트에 제안서를 제출하지 못하는 것을 방지하기 위해 Mortenson과 Autodesk는 현지 하청업자들에게 BIM 교육 세션을 제공했다(그림 6.54). 교육의 범위는 컴퓨터 이용의 가치를 하청업자들이 이해할 수 있도록 지원하는 것부터 BIM 활용의 이점에 이르기까지 다양했으며, 회사와 현지 소프트웨어 및 하드웨어 판매자를 연결시키고 BIM 활용 방법에 관한 질의응답이 이루어졌다.

교육의 핵심 키포인트는 다음과 같다.

■ BIM, 그리고 가상 설계 및 건설(VDC)에 대한 개요
■ 소유자에게 있어서 BIM의 이점
■ Navisworks와 MEP BIM 제작 소프트웨어의 실제 시연
■ BIM FM 프로세스 및 목표에 대한 개요
■ 현지 주제 전문가(subject matter expert) 패널의 포맷으로 BIM 활용을 개시하는 방법

그림 6.54 하청계약자들을 위한 BIM 교육 시간(출처 : M. A. Mortenson사)

시설 관리 시스템

시카고 대학은 현재 자산 관리와 공간 관리를 위해 각각 Maximo와 Archibus를 사용하고 있다. 양 시스템은 완전히 구현되어 있지만, 일일 운영을 지원하기 위해 2개 시스템을 보다 완전하게 통합하기 위한 효과적이면서도 효율적인 방법을 찾으려는 욕구가 강하다. 일상 작업 명령과 유지 트랙킹을 넘어서, 새로운 관점으로 자산 데이터를 포착하고 분석하게 되면 비용 절감과 팀 전체의 생산성 향상을 꾀할 수 있다. 예를 들어 보증 기간이 종료하기 전에 CMMS에 자산 데이터를 덧붙임으로써 보증 기간 만료 전에 Maximo에 메모장(reminder)을 설치할 수 있다. 이렇게 함으로써 대학의 비용이 아니라 판매자 또는 설치자의 비용으로 보증 문제를 해결할 수 있을 것이다.

FM 팀은 공간 관리를 위해 Archibus를 활용하며, 자산 관리, 유지 관리 및 작업 명령을 위해 Maximo를 활용하고(그림 6.55), 프로젝트 관리 및 조달을 위해 eBuilder를 활용한다. Maximo와 Archibus는 통합되어 있어서 Archibus에서 Maximo로 공간 정보의 데이터 교환이 가능하다. Archibus에는 건물 명칭, 룸 번호, 각 룸/건물에 배정된 부서, 가용할 수 있는 공간 높이 그리고 평방피트 단위의 룸 면적이 들어있다. 이러한 데이터는 공간에 자산을 배정하기 위해 Maximo 데이터베이스가 끌어올 수 있는 기반을 형성해준다. 그러나 eBuilder는 소프트웨어 프로그램과 통합되어 있지 않다. eBuilder는 RFI, 변경 명령,

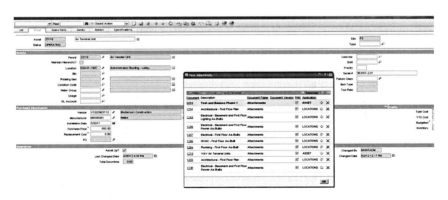

그림 6.55 자산 관리용으로 사용되는 Maximo 스크린샷(출처 : M. A. Mortenson사)

제출서, 인보이스, 스케줄링, 비용 요약을 관리하는 용도로 사용된다.

사례 연구 시점에 프로젝트 팀은 주로 자산 프로젝트 데이터를 Maximo 쪽으로 적절하게 수집, 포맷 및 들여오기 하는 방법에 관해 초점을 맞추고 있었다.

BIM의 개발 및 건축 그대로 상태를 문서화하는 것

건축사인 Gensler는 1947년의 최초 건축 그대로 도면을 이용하여 Revit에 설계 모델을 생성했다(그림 6.56). 1947년 이후 수많은 개량 프로젝트로 인해 팀은 공사가 시행돼야 하는 지역에 대한 실제 건축 그대로 상태를 문서화하기 위해 레이저 스캐닝을 사용해야 했다. 벽뿐만 아니라 MEP 시스템이 레이저 스캐닝의 주요 대상이었다.

공사 관리자는 레이저 스캐닝을 완료했으며, 3D 이미지를 Autodesk Revit 모델로 전환했고 그리고 건축사와 공조하여 레이저 스캐닝 프로세스를 통해 파악된 실제 현장 상태와 설계 Revit 모델을 맞췄다(그림 6.57).

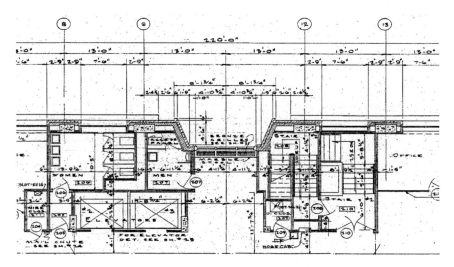

그림 6.56 1947년 수작업으로 그린 건축 그대로 도면 발췌(출처 : M. A. Mortenson사)

그림 6.57 설계 BIM을 이용한 레이저 스캔(포인트 클라우드) 오버레이(출처 : M. A. Mortenson사)

그림 6.58 레이저 스캐닝을 수행 중인 공사 관리자(출처 : M. A. Mortenson사)

레이저 스캐닝

레이저 스캐닝 기술은 측량술과 BIM에 대한 이해를 필요로 한다. 레이저 스캐닝을 작업하는 사람은 어떤 구성품이 모델화될 것인지에 대한 명확한 이해를 하고 있어야 하며 모델에서 이러한 구성품과 현장 조율을 맞출 수 있어야 한다.

레이저 스캐닝은 매우 유용하지만, BIM에 대한 스캔과 비교하여 정확도는 때때로 문제를 일으키기도 한다. 예를 들어 벽이 설치되어 있는 경우 이 벽은 약간의 각도를 이루면서 레이저 스캔에 표시될 것이다.

그림 6.59 1층에서의 타이트한 여유공간(tight clearance) (출처 : M. A. Mortenson사)

건축 그대로 모델을 개발하는 경우 이러한 상태를 면밀히 평가해야 한다. 평가 요소로는 특정 상태를 모델화하는 데 필요한 시간의 양 그리고 필요한 정확도가 있다.

BIM 내에서 상세 정도를 결정하는 것

3D 건설 모델에는 충돌을 최소화하면서 개량 작업을 시행하는 데 필요한 정도의 상세내용이 포함되었다. 예를 들어 단열을 포함하여 덕트 작업이 모델화되었을 뿐만 아니라 전기 도체, 위생공사 배관, 기계 배관, 그리고 소방 배관도 모델화되었다. 덕트 작업을 재구성하고 다른 유틸리티를 운영할 수 있는 공간이 기존 공간 내에서 매우 타이트하였기 때문에 이러한 것이 특히 중요했다 (그림 6.59).

BIM에 무엇이 담겨야 하는지 그리고 누가 해야 하는지를 결정할 수 있도록, 'AIA Document E202-2008 : 건물 정보 모델링 프로토콜 자료'를 기반으로 둔 개발 수준(LOD, Level Of Development) 매트릭스를 개발하여 어떤 요소가 어느 정도까지 모델화돼야 하는지를 정했다. E202 문서는 모델을 위해 점진적으로 상세화되는 5단계의 완성도를 규정한다. 일반적으로 5단계를 다음과 같이 설명할 수 있다.

- LOD 100 : 면적, 높이, 체적, 위치, 방향을 포함하여 전반적인 건물 용량감(massing)
- LOD 200 : 대략적인 수량, 사이즈, 위치, 방향과 함께 일반화된 시스템 및 어셈블리
- LOD 300 : 수량, 사이즈, 위치, 방향에 대한 정확한 정보와 함께 특정 시스템 및 어셈블리
- LOD 400 : 제작, 어셈블리, 상세 작성을 완료하기 위한 정확한 사이즈, 모양, 위치, 수량, 방향과 함께 구체적인 시스템 및 어셈블리
- LOD 500 : 정확한 사이즈, 모양, 위치, 수량, 방향 정보와 함께 건축 그대로 어셈블리

LOD 200에서는 모델에 추가되는 비기하학적 정보가 처음으로 권고된다.

프로젝트의 경우 시설 관리를 위해 LOD 500이 사용되었으며 그 외 대부분의 프로젝트 단계를 위해 LOD 300이 사용되었다(그림 6.60).

Revit 설계 모델을 생성한 후 하청 계약자들은 3D 조율 모델을 개발한 후 2D 제작 도면을 개발했다. 공사 관리자는 Navisworks를 이용하여 정기적인 모델 검토를 이끌었다. 이러한 검토를 통해 모델 내에서의 충돌을 조명하고 이러한 것의 해결 방안을 모색했다.

			Schematic Design	Design Development	Construction Documents (IFC)	Construction Model (Coord.)
		Project BIM Lead		Gensler		Mort
A. SUBSTRUCTURE	Foundation	Standard Foundations	100	200	NA	NA
		Special Foundations	100	200	NA	NA
		Slab on Grade	100	200	300	300
	Basement Construction	Basement Excavation	NA	NA	NA	NA
		Basement Walls	100	200	300	300
B. SHELL	Superstructure	Floor Construction	100	200	300	300
		Roof Construction	NA	NA	NA	NA
	Exterior Enclosure	Exterior Walls	100	200	300	300
		Exterior Windows	100	200	300	300
		Exterior Doors	100	200	300	300
	Roofing	Roof Coverings	NA	NA	NA	NA
		Roof Openings	NA	NA	NA	NA
C. INTERIORS	Interior Construction	Partitions (Exisiting & New)	100	200	300	300
		Interior Doors	100	200	200	200
		Ceilings (Existing)	100	200	200	200
		Ceilings (New)	100	200	300	300
	Stairs	Stair Construction	100	200	300	300
		Stair Finishes			100	100	100
	Interior Finishes	Wall Finishes			100	100	100
		Floor Finishes			100	100	100
		Ceiling Finishes			100	100	100

그림 6.60 프로젝트에 사용된 개발 매트릭스 레벨 부분(출처 : M. A. Mortenson사)

BIM 인계

건물 정보 모델링 인계 프로세스는 2가지의 주요 데이터 이전(설계에서 건설로 그리고 건설에서 시설 관리로)으로 이루어져 있다. 이러한 2가지 이전은 모두 다음에 논의하겠다.

설계와 건설 간 모델 인계

Mortensen과 Gensler는 잘 정립된 파트너십 관계를 맺고 있었기 때문에 건축사와 공사 관리자 간에 설계 BIM을 공유할 수 있는 수준의 신뢰를 형성하고 있었다. 공사 관리자는 공사 문서가 상당 부분 완료될 때까지 관여하지 않았을지라도 모델 공유는 보다 통합적인 접근법을 가능하게 했다. 프로젝트 후반부에 제기됐던 공사 관리자의 한계 중 하나는 설계 단계 충돌 감지를 할 수 있는 기회가 없었다는 것이었다. MEP 설계는 2D로 완료되었기 때문에(이러한 것은 3D 충돌 탐지를 불가능하게 했다) 설계 시 MEP 충돌은 거의 발견되지 않았다.

건설에서 시설 관리로의 인계

건설에서 시설 관리로의 인계 프로세스는 COBie를 활용하고 Revit 모델을 Maximo와 통합하기 위해 개시됐다. 처음에는 Revit과 Maximo를 통합시킬 수 있는 방법을 파악하기 위해 대학, Mortenson, Autodesk, 그리고 BIM 간 파트너십이 형성되었다. 최초 작업은 Autodesk가 개발한 개념을 입증하는 것이었다. 이러한 활동 시작 시점부터 Autodesk는 COBie의 활용과 구조에 대한 중요한 교육을 제공했다. 예비 조사와 최종 사용자 인터뷰 이후 팀은 다음과 같은 3단계 전략을 개발했다.

- 1단계

  자산 생성 : Revit에서 Maximo로 시설 유지 관리하는 데 필요한 핵심 정보와 함께 자산을 덧붙인다.

- 2단계

  자산 시각화 : 서비스 요청과 작업 명령 수행을 지원하고 향상시키기 위해 통합 시각화를 한다.

- 3단계

  자산 조정 : Maximo에서 데이터 교환이 이뤄진 후 Revit 모델에서 이러한 변경을 조정한다.

합동 팀은 '1단계 : 자산 생성'에 초점을 맞추기로 합의했다. Autodesk가 제공하는 Revit COBie 템플릿을 활용하여 Mortenson은 Revit MEP에 대표성 있는 데이터를 추가하고 COBie에서 데이터를 추출할 수 있었다. 그러나 1단계 작업이 진행됨에 따라 상당한 장애로 인해 팀은 Revit과 대학의 Maximo 데이터베이스 간 효율적인 인터페이스를 개발할 수 없었다.

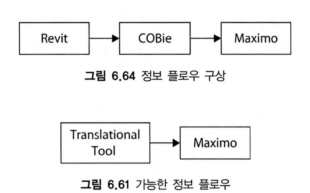

그림 6.64 정보 플로우 구상

그림 6.61 가능한 정보 플로우

제한적인 프로젝트 스케줄을 감안하여 팀은 건설 프로세스로부터 정보를 수집하는 것에 대한 집중과 전략을 수정하여 Maximo에 덧붙일 수 있는 통일성 있는 구조로 이것을 구성하기로 결정했다. 따라서 데이터 플로우는 그림 6.64에서 6.61로 변경되었다. 이러한 프로젝트를 지원하기 위해 공사 관리자는 제3의 데이터베이스 컨설턴트를 고용했다. 제3의 데이터베이스 컨설턴트의 역할은 어떤 데이터를 수집할지 결정하고 엑셀 스프레드시트 내에서 데이터를 조직화할 수 있는 방법을 파악하며 그리고 Maximo에 성공적으로 업로드할 수 있도록 데이터를 맵핑(mapping)하는 방법을 결정하는 것을 지원하는 것이었다.

마침내 해석 도구(스프레드시트 형태로 된 COBie의 수정판)를 생성하여 건설 프로세스 시 정보를 수집하고 이것을 Maximo 쪽으로 들여왔다. 대학의 니즈와 맞지 않는 필드를 제거하고 새 필드를 추가하여 COBie에 포함되지 않았던 정보 요건을 다루었다. 해석 툴은 19개 탭을 보유한 표준 COBie와 비교하여 4개 탭을 포함했다. 현재의 해석 툴은 대학에서 중요한 툴로 인식되어 있으며 그 툴의 향후 버전은 룸 치수 및 예방적 보수(PM) 절차와 같은 정보를 위해 추가 탭을 포함하게 될 것이다. 다음을 포함하여 다양한 FM 정보가 수집되었다(그림 6.62과 6.63).

- 자산 명칭
- 판매자 정보
- 구매 가격
- 자산 위치
- 바코드 번호

- 설치 계약자
- 보증 정보
- 예상 장비 수명
- 일련 번호

Name	Design Manufacturer	Design Model Number	Installed Manufacturer	Applicable Vendor	Warranty Duration	Expected Life
Air Terminal Unit	Nailor	NAILOR-D30HQW	M0000001	M0000001	2	10 Years
Air Handler Unit	McQuay	McQuay-CAH017GDAC	M0000002	M0000002	2	10 Years
Split A/C Unit	Carrier	Carrier-40MVC012	M0000003	M0000003	2	5 Years
Supply Fan	Carrier	AirFoil AFMV01181	M0000003	M0000003	2	5 Years
Return Fan	Carrier	AirFoil AFMV01181	M0000003	M0000003	2	5 Years
Hot Water Recirculation Pump	Armstrong	Armstrong 1.25B 1050-001	M0000004	M0000004	2	10 Years
Silencer	Vibro-Acoustics	EXPD-MHV-F1-L11165	M0000005	M0000005	2	20 Years
Air Cooled Condenser	Carrier	Carrier-3BMVC012	M0000003	M0000003	2	10 Years
F1	Lightolier	LIGHTOLIER CFH2GPF217UNVP2	M0000006	M0000006	2	2000 Hours
F1A	Lightolier	LIGHTOLIER CFH2GPF217UNVP3	M0000006	M0000006	2	2000 Hours
F2	Lightolier	LIGHTOLIER D6132BU-8021CLW	M0000006	M0000006	2	1000 Hours
F3	Lightolier	LIGHTOLIER PTS7T254E8UP2, PTS7248E8UP2, PTS7EP	M0000006	M0000006	2	1000 Hours
F4	Axis	AXIS CUB-F-4-T8-2-AP-X-X-P-UNV-1-CA36	M0000007	M0000007	2	1000 Hours
F5	Lightolier	LIGHTOLIER SS3S125HPFUNVP2	M0000006	M0000006	2	1000 Hours
F6	Lightolier	LIGHTOLIER KW4A232UNVP2	M0000006	M0000006	2	1000 Hours
F7	Lightolier	LIGHTOLIER 22MC6WH	M0000006	M0000006	2	2000 Hours
F8	Lightolier	LIGHTOLIER 6003NWH, 6001NWM	M0000006	M0000006	2	1000 Hours
F9	Kurt Versen	Kurt Versen H8432	M0000008	M0000008	2	50,000 Starts
F10	Kurt Versen	Kurt Versen H8455	M0000008	M0000008	2	50,000 Starts
F11	Lumetta	Lumetta P2094	M0000009	M0000009	2	2000 Hours
X1	Lightolier	LIGHTOLIER MJES2RW23	M0000006	M0000006	2	3 Years
Drinking Fountain	Elkay	Elkay EDFPBMV117C BI-LEVEL	M0000010	M0000010	2	15 Years
Urinal	Toto	TOTO TEU1UN w/ Vitreous China Urinal	M0000011	M0000011	2	10 Years
Water Closet	Toto	TOTO CT708E w/ Vitreous China Elongated Bowl	M0000011	M0000011	2	10 Years
Lavatory	Kohler	Kohler K-2610	M0000012	M0000012	2	10 Years

그림 6.62 해석 툴의 자산 유형 탭 부분(출처 : M. A. Mortenson사)

Asset Name	Asset Type	Asset Location	Asset Status	Bar Code	Commissioning Date	Bin Number
VAV-001	Air Terminal Unit	D20-00-004	OPERATING	23120	6/1/2011	
VAV-101	Air Terminal Unit	D20-01-100C	OPERATING	23119	6/1/2011	
VAV-102	Air Terminal Unit	D20-01-121-1	OPERATING	23121	6/1/2011	
VAV-102	Air Terminal Unit	D20-01-121-2	OPERATING	23121	6/1/2011	
VAV-102	Air Terminal Unit	D20-01-121-3	OPERATING	23121	6/1/2011	
VAV-102	Air Terminal Unit	D20-01-121-4	OPERATING	23121	6/1/2011	
VAV-102	Air Terminal Unit	D20-01-121-5	OPERATING	23121	6/1/2011	
VAV-102	Air Terminal Unit	D20-01-121-6	OPERATING	23121	6/1/2011	
VAV-102	Air Terminal Unit	D20-01-121-7	OPERATING	23121	6/1/2011	
VAV-102	Air Terminal Unit	D20-01-121-8	OPERATING	23121	6/1/2011	
VAV-102	Air Terminal Unit	D20-01-121-9	OPERATING	23121	6/1/2011	
VAV-102	Air Terminal Unit	D20-01-121-10	OPERATING	23121	6/1/2011	
VAV-102	Air Terminal Unit	D20-01-121-11	OPERATING	23121	6/1/2011	
VAV-102	Air Terminal Unit	D20-01-121-12	OPERATING	23121	6/1/2011	
VAV-102	Air Terminal Unit	D20-01-121-13	OPERATING	23121	6/1/2011	
VAV-103	Air Terminal Unit	D20-01-120	OPERATING	23122	6/1/2011	
VAV-104	Air Terminal Unit	D20-01-121-7	OPERATING	23123	6/1/2011	
VAV-105	Air Terminal Unit	D20-01-121-13	OPERATING	23124	6/1/2011	
VAV-106	Air Terminal Unit	D20-01-121-13	OPERATING	23125	6/1/2011	
VAV-107	Air Terminal Unit	D20-01-121-13	OPERATING	23126	6/1/2011	

그림 6.63 해석 툴의 자산 탭 부분(출처 : M. A. Mortenson사)

- CFM이나 GPM과 같은 성능 유닛
- 설치일
- 시운전 일자

스프레드시트에 포함되는 장비는 공기 터미널 장치, 공기 취급 장치, 분할 시스템(split system), 공급 및 환수 팬, 온수 재순환 펌프, 공기 냉각 콘덴서, 수음기, 소변기, 수세식 화장실, 세면소, 그리고 조명 고정물로 제한되었다. 픽리스트(pick list, 자재불출목록)를 생성하여 스펠링, 대문자 사용 및 간격 숫자를 포함하여 자산 명명(naming)을 표준화하는 것뿐만 아니라 스프레드시트 사용이 용이하도록 했다.

대학에서 이러한 프로세스로 인한 중요한 이점은 건설 프로세스에 바코딩을 편입시킨 것이었다. 시카고 대학팀은 보수를 추적하기 위해 모든 운영 가능 장비 부분에 바코드를 부착하고 있다. Mortenson은 장비가 현장에 설치됨에 따라 대학의 바코드를 보다 효율적으로 설치할 수 있다는 판단을 내렸다. 그림 6.64는 Mortenson에게 제공되어 공사 시 설치 계약업자가 장비에 부착한 대학 바코드를 나타낸 것이다.

그림 6.64 건설 시 제공되는 대학 바코드(출처 : M. A. Mortenson사)

이 프로세스의 두 번째 중요한 결과는 운영 및 유지 문서 그리고 건축 그대로 데이터를 Maximo에 통합한 것이었다. 문서를 대학에 전자 포맷으로 인계함에 따라 해석 툴을 이용하여 자산을 인계 문서 명칭과 맞추었다. 이러한 연결 활동 덕분에 대학 직원들은 Maximo 내에서 운영 및 유지 정보에 신속하게 접근할 수 있게 되었다.

CMMS 테스트 사이트

데이터를 Maximo에 업로드하는 프로세스가 개발되었기 때문에 테스트 사이트를 이용하여 데이터를 활성(live) 데이터베이스에 업로드하기 전에 그 데이터가 정확하게 업로드 및 맵핑하는지를 확인하였다. 테스트 사이트를 활용하지 않는 경우 부정확한 데이터가 기존 데이터를 치환하고 중요한 데이터를 삭제하며 정확한 정보를 복구하기 위해 재작업이 필요할 수도 있다.

명명법(naming convention)

해석 툴을 이용하여 문서를 Maximo 쪽으로 정확하게 들여오기 위해서 공간 및 시설 관리 팀이 사용하는 명명법과 설계 및 건설 팀이 사용하는 명명법을 맞출 필요가 있었다. 드랍다운 메뉴를 생성하여 데이터 입력 에러를 줄이기 위해 픽리스트를 활용할 수 있도록 했다.

프로세스 변경을 통해 기대되는 비용 절감

설계 및 건설 단계에서 자산 데이터 수집 및 장비 바코딩 시 상당한 비용 절감 가능성이 있다. 이러한 요구를 실현하는 핵심은 가장 적절한 시간에 활동을 수행함으로써 자산 인벤토리 데이터 수집 프로세스를 합리화할 수 있는 방법을 파악하는 것이다. 사용 후(postoccupancy) 자산 인벤토리(inventory, 재고조사)는 낭비와 재작업을 의미하는데, 이러한 것은 간소화 프로세스와 최적의 효율성을 지향하는 산업 의도와 상반된 것이다. 건설 시 자산 인벤토리를 수행하는 경우 이것은 추가 작업을 생성하는 것이 아니라 자산 데이터 수집을 위한 활동이 되어야 한다.

건설 시(사용 후와 상반되는 것) 자산 인벤토리를 수행하는 것에 대한 잠재적 비용 절감을 측정하기 위해 건물을 사용한 후 제3자가 일반 자산 인벤토리와 바코딩을 수행하는 데 소요되는 비용을 활용할 수 있다. 일반 자산 인벤토리와 바코딩 활동의 비용은 평방피트당 $0.30~0.60이 될 수 있다.

일반 자산 인벤토리에는 다수의 데이터 항목을 지닌 수천 개의 데이터 열이 포함된다. 자산 인벤토리를 완료한 후 대학은 여전히 수작업으로 데이터를 입력할 필요가 있다.

따라서 자산 데이터가 CMMS에 자동으로 덧붙여지는 경우 상당한 시간 절약 효과가 발생한다. 또한 자산 인벤토리를 사용 후 기간 동안 수행하는 경우 이러한 것은 건물 사용자에게 방해를 유발할 수도 있다.

시설 관리를 위한 건물 정보 모델링 활용

시카고 대학에서 BIM 개념은 향후 건축 및 개량 프로젝트에 수많은 잠재적 이점을 가져다준다. 3D 시각화 모델이 아직 Maximo와 통합되지는 않았지만 모델의 뷰(view)를 Maximo 내에서 자산과 연결할 수 있다는 것은 대학 엔지니어와 기술공들에게 있어서 매우 값진 것이었다. 자산 시각화에 앞서 최근에 완료한 '1단계 : 자산 생성'은 BIM을 사용하든 또는 사용하지 않든 상관없이 향후 프로젝트에 매우 유용할 것이다. 해석 툴은 정보 수집하는 데 성공적이 었다는 것이 입증되었다. FM용 BIM을 사용함으로 인한 그 외 2가지 이점은 다음과 같다(Black, Wilson 등 2011).

■ 데이터의 값과 정확성을 향상시키면서 건물 자산과 정보의 관리 개선
■ 공사 시 FM 데이터를 수집하고 이것을 시설 관리 소프트웨어 쪽으로 바로 들여올 수 있기 때문에 운영으로 프로젝트 인계와 이전의 합리화

프로젝트 팀이 맞닥뜨리는 난제 중 하나는 어떤 포맷의 모델을 유지할 것인지 결정할 필요가 있다는 것이었다. 이 당시 Navisworks와 같은 소프트웨어를 활용해서 모든 BIM 정보를 단일 모델로서 조율하고 업데이트하는 것은 불가능했다. 따라서 프로젝트 팀은 다수의 상이한 소프트웨어 패키지를 조달하고 팀이 FM용 BIM을 사용할 수 있도록 하는 것이 (현재의 기능 때문에) 불가능 하다고 판단했다.

필요한 스킬

BIM FM의 개념과 프로세스는 아직 진화 중이기 때문에 팀원들이 프로젝트에 활용하는 개념과 스킬을 면밀히 고려해야 한다. 필요한 몇몇 스킬로는 어떤 계약 구조가 혁신을 지원하기에 가장 적합한지에 대한 이해가 있다(예를 들어 위험을 부담한 공사 관리자 계약을 수반하는 초기 파트너 형태). 또한 팀원들은 유연해야 하며 제한적인 정보를 가지고 새로운 프로세스를 개발할 수 있는 능력을 지녀야 한다. 데이터 수집 프로세스 수립을 담당하는 팀원이 발생하는 문제 해결에 투입돼야 한다. 최소 1명 이상의 팀원이(시설 사용자 측면에서 그리고 프로그래밍 측면에서) CMMS에 정통해야 한다. 이 장에 설명되어 있는 프로젝트에 필요한 구체적인 스킬은 데이터베이스 관리 및 Maximo 통합에 대한 익숙함이었다. 마지막으로 FM 내의 정보 활용 그리고 건설 및 FM 간 정보 인계가 증가함에 따라 FM 조직 내에서 더 많은 사람들이 데이터베이스 관리 스킬을 지녀야 할 것이다.

학습 교훈 및 도전

본 사례 연구에서 파악된 학습 교훈과 도전은 사람, 프로세스, 그리고 소프트웨어에 초점을 맞춘다. 이러한 분야에서의 특정 도전과 학습 교훈은 다음 섹션에 설명되어 있다.

팀과 프로세스 도전 및 학습 교훈

BIM FM 통합 프로세스에 관한 주요 도전 중 하나는 기획, 설계, 건설, 운영, 인벤토리, 조달, 유지 관리, 계약, 그리고 정보 시스템에 관여되는 사람과 부서의 숫자이다. 모든 이해관계자들은 수집할 필요가 있는 가치 있는 인풋을 가지고 있다. 이러한 정보를 포착하는 데 필요한 시간과 노력을 과소평가해서는 안 된다. 예를 들어 이전에 논의했던 바코딩 이니셔티브는 부서 간 아이디어 공유를 전제로 한다. 새로운 그리고 보다 효율적인 프로세스를 밝혀내기 위해서는 이러한 노력이 필요하다. 이러한 노력의 성공 여부는 기관 전체의 이익을 위해 협업을 활성화하고자 하는 부서장에게 달려 있다.

프로세스 개선을 이루기 위해 실무 단계의 FM 전문가는 프로젝트에 맞는 BIM 전략을 이해하고 FM 팀원들의 우선순위를 커뮤니케이션할 수 있는 능력을 지녀야 한다. 또한 매우 중요한 사항으로서, 팀원들 중 1명이 BIM FM 전문가로 임명돼야 한다. 적합한 스킬을 지닌 팀원을 찾아내는 것이 중요하다. 팀 내에서 필요한 스킬을 지닌 사람이 없는 경우 그러한 사람을 팀에 포함시킬 수 있는 방법을 모색하여 필요한 교육을 제공해야 한다.

BIM FM의 구현은 초보 단계에 있다. 따라서 유사한 프로젝트에서 작업을 했던 FM 팀과 서비스 제공자를 구하는 것은 매우 어려운 일이다. 잠재적으로 더 큰 도전은 데이터를 활용하여 시설 관리 의사 결정을 하는 경우 발생하는 생산성 향상을 수량화하는 것이다.

소프트웨어 도전 및 학습 교훈

소프트웨어 배치 성공 여부는 주로 규정된 프로세스 그리고 소프트웨어에 대한 프로젝트 팀원들의 익숙함에 달려 있다. 본 사례 연구에서 2개의 주요 소프트웨어 제품은 Revit과 Maximo였다. 설계 및 건설팀은 Revit에 익숙했다. 시설 관리 팀은 Maximo에 익숙했다. 단, 1명의 팀원도 2가 소프트웨어 제품 모두에 능숙하지 않았다. 2개 소프트웨어 프로그램을 통합하고자 하는 경우 정보 시스템부와 정보 기술부가 중요한 역할을 한다는 것을 인지해야 한다.

통합 프로세스를 위해서는 다음과 같은 사항에 대한 결정이 필요하다.

- 정보를 어떻게 저장할 것인가?
- 정보를 어디에 저장할 것인가?
- 누가 데이터 접근권을 가질 것인가?

핵심 학습 교훈 중 하나는 BIM FM 전략 내에서 데이터베이스 관리의 중요성이었다. 산업 전문가들은 BIM에서 'I', 즉 정보를 강조했다. 그러나 설계자, 건축자, 그리고 소유자들이 가치 있는 정보를 활용하려고 함에 따라 가치 있는 데이터베이스 전문성이 훨씬 더 중요해지고 있다.

향후 방향

시카고 대학에서 FM용 BIM 활용 방법에 대한 개념이 진화함에 따라 Maximo 내에서 BIM을 활용할 수 있는 다양한 방법이 제시되고 있다. 2단계 : 자산 시각화, 3단계 : 자산 조정을 넘어서는, 1가지 활용 가능한 방법은 Maximo에 의해 생성되는 작업 명령서 내에 BIM 모델의 정적 3D 이미지를 담는 것이었다. 이러한 것을 활용하면 사용자는 모델을 내비게이트하는 데 필요한 스킬을 사용하지 않고도 모델로부터 이러한 이미지를 볼 수 있게 된다. 그 덕분에, 보수 기술자들은 그 물품이 건물 내 어디에 위치해 있는지, 수리를 하기 위해 어떤 도구가 필요한지 그리고, 또는 장비가 문 뒤에 있는지, 천정 위에 있는지 또는 특정 키나 접속 카드가 필요한지를 알 수 있게 된다.

요 약

시카고 대학 사례 연구는 BIM FM 활용에 대한 최초 개념을 시카고 대학 행정 건물의 운영 및 유지를 지원하기 위해 설계 및 건설 시 관련 자산 데이터를 포착할 수 있는 합리화된 이니셔티브로 어떻게 진전시켰는지를 보여주고 있다. COBie는 활동 초기에 표준 지침으로서 역할을 했다. 프로젝트가 진행됨에 따라 다양한 이해관계자로부터 인풋을 수집했다. 데이터 포착 포맷은 대학에 적합한 맞춤식 솔루션으로 진화했다. 이니셔티브 완료 시점에 대학은 해석 툴을 개발하였는데, 이 툴은 건물 인계 전 자산 정보를 효율적으로 수집하기 위해 향후 프로젝트에 사용될 것이다. 이 툴은 BIM을 사용하든 하지 않든 상관없이 유용할 것이다.

1단계 : 자산 생성이 성공적으로 완료되면서, 2개의 추가 단계에 대한 입증이 남아 있다. 2개 단계 즉, 2단계 : 자산 시각화 그리고 3단계 : 자산 조정은 향후 활용할 사례로서, 향후 대학은 이러한 2가지 사례를 조사하여 대학의 장기 운영 및 유지 전략에 부가되는 가치를 평가할 것이다.

핵심 학습 교훈은 다음과 같다.

- 소규모 프로젝트는 건설과 시설 관리 간 정보 인계와 IBM 활용을 진전시킬 수 있는 엄청난 기회를 제공해준다.
- 설계 프로세스 초기에 레이저 스캐닝을 활용하는 경우 건축 그대로 도면을 생성하는 데 도움이 되며, 또한 건축 그대로 상태를 확인하는 데 소요되는 시간을 크게 줄일 수 있다.
- 어떤 데이터를 활용하여 FM 결정을 해야 할지를 명확하게 규정할 필요가 있다. 시설 관리 팀은 의사결정을 위해 대량의 정확한 기록 데이터를 활용한 적이 없었기 때문에, 데이터 중심적 FM 의사결정에 대한 데이터의 가치는 아직 확인되지 않았다.
- 산업 내 수많은 사람들이 BIM을 들어본 적이 있지만 거의 대부분 사람들이 이것을 정의하지는 못하고 있기 때문에, BIM이 무엇이고 그 이점이 무엇인지를 포함하여 BIM에 대해 팀원들을 교육시킬 필요가 있다.

프로젝트 팀은 수많은 난관에 부딪혔지만, 그로 인해 만들어낸 해석 툴은 시카고 대학 내에서 향후 건축 시 시설 관리 정보 인계 활동을 위한 강력한 기반을 제공해준다.

감사의 글

본 사례 연구는 다음 사람들의 상세 정보 제공과 현장 방문 없이는 작성되지 못했을 것입니다. M. A. Mortenson사의 프로젝트 부장, Andy Stapleton, LEED AP; 그리고 시카고 대학, 주요 프로젝트 이행, 프로젝트 매니저, Patrick Wilson.

참고문헌

American Institute of Architects. 2008. AIA Document E202-008: Building Information Modeling Protocol Exhibit.

Black, B., P. Wilson, A. LoBello, and A. Stapleton. 2011. *Next Steps with BIM: Use on Renovation Projects and Team Selection Tips. A Case Study of the University of Chicago Administration Building*, Construction Owners Association of America (COAA), 2011 Fall Owners Leadership Conference, Las Vegas, November 10, 2011.

부록 A

약어 리스트

약어	의미
AEC	Architecture Engineering and Construction
API	Application Programming Interface
BAS	Building Automation System
BEP	BIM Execution Planning
BGS	Building Gross Square Footage
BIM	Building Information Modeling
bSa	building Smart alliance
CAD	Computer-Aided Design
CAFM	Computer Aided Facility Management system
CFD	Computational Fluid Dynamics
CMMS	Computerized Maintenance Management System
CMR	Construction Manager at Risk
COBie	Construction Operations Building information exchange
DGSF	Department Gross Square Footage
DNSF	Department Net Square Footage
DVA	Department of Veterans Affairs
EAM	Enterprise Asset Management
ERDC	Engineering Research and Development Center
ERP	Enterprise Resource Planning
EUL	Equipment Useful Life
FLCM	Facility Life-Cycle Management
FM	Facility Management
GIS	Geographic Information System
GSA	General Services Administration
GUID	Globally unique identifier
HBC	Healthcare BIM Consortium
IaaS	Infrastructure as a Service
IFMA	International Facility Management Association
IPD	Integrated Project Delivery

약어	의미
IWMS	Integrated Workplace Management System
LEED	Leadership in Energy and Environmental Design
LOD	Level of Detail
MHS	Defense's Medical Health Service
NBIMS	The National Building Information Model Standard
NEST	National Equipment Standard Team
NIST	National Institute of Standards & Technology
NRC	National Research Council
NSF	Net Square Footage
NUI	Natural User Interface
O&M	Operation & Maintenance
ODC	Office of Design and Construction
PBS	Public Building Service
RFID	Radio-Frequency Identification
ROI	Return on Investment
SaaS	Software as a Service
SDK	Software Development Kit
SPie	Specifiers' Properties information exchange
TCO	Total Cost of Ownership
VDC	Virtual Design and Construction

부록 B

Software Cross References

Software name	Company and Website	References to software items
Adobe Acrobat	Adobe Systems, Inc. www.adobe.com/products/acrobat.html	Chapter 6, case study 5
AEC CADduct	Technical Sales International, Inc. http://aec-apps.com/content/cad-duct	Chapter 6, case study 3
AEC CADpipe	Orange Technologies, Inc. www.cadpipe.com/	Chapter 6, case study 3
AiMTM Maintenance Management	AssetWorks, Inc. www.assetworks.com/products/ aim-maintenance-management	Chapter 6, case studies 2 and 5
Archibus Space Inventory and Performance	www.archibus.com/index.cfm/pages .content_application/template_id/847/section/ Space%20Inventory%20&%20Performance/ path/1.3.29.92/menuid/93	Chapter 6, case study 6
AutoCAD	Autodesk, Inc. http://usa.autodesk.com/autocad/	Chapter 6, case studies 1, 3, 4, and 5
BlueBeam PDF Revu	BluBeam Software, Inc. www.bluebeam.com/us/products/revu/ standard.asp	Chapter 6, case study 5
eBuilder Document Management	www.e-builder.net/products/ document-management	Chapter 6, case study 6
EcoDomus FM	EcoDomus, Inc. www.ecodomus.com/ecodomusfm.html	Chapter 3 Chapter 4 Chapter 6, case studies 2 and 3
Enterprise Building Integrator	Honeywell Inc. https://buildingsolutions.honeywell.com/Cultures/e n-US/ServicesSolutions/ BuildingManagementSystems/ EnterpriseBuildingsIntegrator/	Chapter 6, case study 3
FAMIS (CMMS)	Accurent LLC, www.accruent.com/products/enterprise-facility.html	Chapter 6, case study 3
FM : Interact	FM : Systems, Inc. www.fmsystems.com/	Chapter 6, case studies 1 and 4

Software name	Company and Website	References to software items
GoToMeeting	Citrix Systems, Inc. www.gotomeeting.com/fec/	Chapter 6, case studies 1 and 3
LogMeIn	LogMeIn, Inc. https://secure.logmein.com/products/central/	Chapter 6, case study 5
Maximo Asset Management	www-01.ibm.com/software/tivoli/products/ maximo-asset-mgmt/	Chapter 6, case study 6
Meridian Enterprise	BlueCielo www.bluecieloecm.com/en/products/ bc-meridian-enterprise/	Chapter 6, case study 3
Metasys®: Building Management System	Johnson Controls, Inc. www.johnsoncontrols.com/content/us/ en/products/building_effi ciency/building_ management/metasys.html	Chapter 6, case study 5
Navisworks Manage	Autodesk, Inc. http://usa.autodesk.com/navisworks/	Chapter 6, case studies 1, 3, and 4
Onuma System	Ounuma Systems, Inc. www.onuma.com/products/ OnumaPlanningSystem.php	Chapter 3 Chapter 6, case study 2
Revit Architecture	Autodesk, Inc. www.autodesk-revit.com/	Chapter 2 Chapter 6, case studies 1, 2, and 3
Revit MEP	Autodesk, Inc. http://usa.autodesk.com/revit/ mep-engineering-software/	Chapter 6, case study 3
Revit SEPS BIM Tool	Developed by Design and Construction Strategies www.dcstrategies.net/resources/seps-bim-tool	Chapter 2
Revit Structure	Autodesk, Inc. http://usa.autodesk.com/revit/ structural-design-software/	Chapter 6, case study 3
Skire Unifier	Skire is an Oracle Company http://www.skire.com/index.php/solutions/ capital-projects/	Chapter 6, case study 5
Submittal Exchange	Textura Corp. www.submittalexchange.com/public/	Chapter 6, case study 5

Software name	Company and Website	References to software items
Tekla Structures	Tekla is a Trimble Company www.tekla.com/us/products/full/Pages/Default.aspx	Chapter 6, case study 3
Telka BIMsight	Tekla is a Trimble Company www.teklabimsight.com/	Chapter 6, case study 2
TOKMO	EcoDomus, Inc. www.ecodomus.com/ecodomuspm.html	Chapter 6, case study 1
Vela Mobile Systems	Autodesk, Inc. www.velasystems.com/constructionfield-software-products/#vela-mobile	Chapter 2
WebTMA	TMA Systems, Inc. www.webtma.com/Products/WebBasedSolutions/WebTMAClientHosted.aspx	Chapter 6, case studies 4 and 5

색 인

Established in 1990 as a nonprofi t 501(c)(3) corporation, the IFMA Foundation works for the public good to promote research and educational opportunities for the advancement of facility management. The IFMA Foundation is supported by the generosity of the facility management community, including IFMA members, chapters, councils, corporate sponsors and private contributors who are united by the belief that education and research improve the facility management profession. To learn more about the good works of the IFMA Foundation, visit www.ifmafoundation.org. For more information about IFMA, visit www.ifma.org.

Contributions to the IFMA Foundation are used to :

- Advance FM education—ncrease the number of colleges and universities offering accredited FM degree programs worldwide and to keep facility managers up to date on the latest techniques and technology
- Underwrite research—o generate knowledge that directly benefits the profession
- Provide scholarships—o support education and the future of the facility management profession by encouraging FM as a career of choice.

Without the support of workplace professionals, the IFMA Foundation would be unable to contribute to the future development and direction of facility management. If you care about improving the profession and your career potential, we encourage you to make a donation or get involved in a fund—raising event. Donations can be made at www.ifmafoundation.org.

IFMA FOUNDATION SPONSORS AT PUBLICATION

Major Benefactor
Corporate Facilities Council of IFMA

Platinum Sponsors
A&A Maintenance
Atlanta Chapter of IFMA
Bentley Systems
East Bay Chapter of IFMA
FM:Systems
Greater Philadelphia Chapter of IFMA
Greater Triangle Chapter of IFMA
Herman Miller
ISS
Milliken
Utilities Council of IFMA

Gold and Silver Sponsors
Aramark
Boston Chapter of IFMA
Capital Chapter of IFMA
Central PA Chapter (Pennsylvania)
CORT Furniture
Denver Chapter of IFMA
DTZ a UGL Company
Emcor
Houston Chapter of IFMA
New York City Chapter of IFMA
Public Sector Council of IFMA
Silicon Valley Chapter of IFMA
Sodexo
Steelcase
Teknion
Academic Facilities Council of IFMA
Autodesk
Canadian Chapters of IFMA
Charlotte Chapter of IFMA
Dallas / Fort Worth Chapter of IFMA
Fire Detection, Inc.
FMN (Facility Management Netherlands)
Graphic Systems, Inc.
Greater Louisville Chapter of IFMA
Indianapolis Chapter of IFMA
Manufacturing Council of IFMA
New Jersey Chapter of IFMA
Orange County Chapter of IFMA
Kayhan International
Sacramento Valley Chapter of IFMA
San Antonio Chapter of IFMA
San Diego Chapter of IFMA
San Francisco Chapter of IFMA
Southeast Michigan Chapter of IFMA
Southeast Wisconsin Chapter of IFMA
Staples Advantage
Suncoast Chapter of IFMA
West Michigan Chapter of IFMA

Additional copies of this book and other IFMA Foundation and IFMA publications can be ordered through the IFMA bookstore online at www.ifma.org.

BIM 기반 시설물 유지관리

초판인쇄	2014년 5월 12일
초판발행	2014년 5월 19일

저　　자	IFMA, IFMA Foundation
역　　자	강태욱, 심창수, 박진아
펴 낸 이	김성배
펴 낸 곳	도서출판 씨아이알

책임편집	박영지, 이지숙
디 자 인	강범식, 최은선
제작책임	황호준

등록번호	제2-3285호
등 록 일	2001년 3월 19일
주　　소	100-250 서울특별시 중구 필동로8길 43(예장동 1-151)
전화번호	02-2275-8603(대표)　**팩스번호** 02-2275-8604
홈페이지	www.circom.co.kr

ISBN　979-11-5610-043-0　93540
정 가　25,000원